家装水电工施工技能视频宝典

方厂移　方昕宇　主　编

电子工业出版社

Publishing House of Electronics Industry

北京·BEIJING

内 容 简 介

本书结合国内家装水电技术的发展和最新施工技术，全面介绍了现代室内水电装修的相关内容。本书涵盖家装电工仪表、工具的使用，家装水电材料的选用，强弱电及给排水的施工图识图、设计、安装等，基本包含了现代家装对水电工的全部技能要求和必要的理论知识。

本书采用实物、实操图示及绘制的示意图示，辅以简洁、容易理解的文字描述，适合家装水电工、公装水电工、物业水电工、农村基层水电工自学或提高，也适合需要进行家装的业主参考。

未经许可，不得以任何方式复制或抄袭本书之部分或全部内容。
版权所有，侵权必究。

图书在版编目（CIP）数据

家装水电工施工技能视频宝典 / 方厂移，方昕宇主编. —北京：电子工业出版社，2020.8
ISBN 978-7-121-39383-9

Ⅰ.①家… Ⅱ.①方… ②方… Ⅲ.①房屋建筑设备－给排水系统－建筑施工②房屋建筑设备－电气设备－建筑施工 Ⅳ.①TU821②TU85

中国版本图书馆 CIP 数据核字（2020）第 148749 号

责任编辑：康　霞
印　　刷：三河市鑫金马印装有限公司
装　　订：三河市鑫金马印装有限公司
出版发行：电子工业出版社
　　　　　北京市海淀区万寿路 173 信箱　邮编：100036
开　　本：787×1 092　1/16　印张：21　字数：537.6 千字
版　　次：2020 年 8 月第 1 版
印　　次：2020 年 8 月第 1 次印刷
定　　价：78.00 元

凡所购买电子工业出版社图书有缺损问题，请向购买书店调换。若书店售缺，请与本社发行部联系，联系及邮购电话：（010）88254888，88258888。

质量投诉请发邮件至 zlts@phei.com.cn，盗版侵权举报请发邮件至 dbqq@phei.com.cn。
本书咨询联系方式：lijie@phei.com.cn。

前言

家居装修时会碰到不少问题，其中最难的既不是软装装修风格也不是住宅布局，而是水电安装问题。家装水电安装知识的缺乏及水电安装质量不达标会导致很多问题。例如，安装质量不好会产生严重的安全问题，也可能产生卫生间漏水问题；缺乏安装知识，会使日后家居生活产生诸多不便，也会影响家居装修的整体舒适、美观。

为了满足广大从事家装水电安装人员规范施工、家装业主验收参考的需要，我们编写了《家装水电工施工技能视频宝典》这本浅显易懂、综合性较强的技能型书籍。本书采用实物、实操图示及绘制的示意图示，结合简洁、容易理解的文字描述，适合初中以上文化程度的读者阅读学习。本书介绍的是最新的水电工施工技术，图文并茂，可操作性强，便于自学以提高业务能力，力求简明实用。

水电施工中的同一项目，有多种不同的施工工艺，读者在阅读和选择施工工艺时，应根据具体情况、具体要求选择，不能一味追求新技术、新工艺。例如导线连接工艺，现在出现了各种压线帽、快速接头，大大提高了施工效率。因此很多施工人员喜欢使用压线帽、快速接头，并告诉业主，这种工艺比传统工艺美观、安全、经济。美观、经济不可否认，但在大电流情况下的安全性是值得怀疑的。因此笔者认为，像照明灯具这类小功率电器的连接，使用压线帽、快速接头是有安全保障的，也方便日后维护，但对于电源插座这些大电流、干线线路的并线连接，则应采用传统的绕线工艺，并做搪锡处理。本书对各种施工工艺都进行了介绍，并且说明了各种工艺的适用条件，在阅读时应予以注意。

在学习和实践过程中，部分读者对强电存在着畏惧，除了学习必要的安全知识，掌握水电施工规范是最重要的。只要按照施工规范施工，水电施工是很安全的，当然在施工过程中还是要时刻把安全放在首位。

本书的学习和实践目标定位在操作工艺上。读者首先应按书中的工艺要求进行试安装或试接线，再逐步提高安装或接线的质量和工艺水平。不要急功近利，一定要先学好基础，通过大量的实践认知后，处理相关问题便能驾驭自如。另外要注重在实践中反复训练和提高。

家装水电施工技术在不断发展，新工具、新工艺不断涌现，施工技能书籍不可能紧密跟随新技术、新工艺的发展步伐。因此通过本书学习一些基本技能，是一个入门过程，技能的提高还要靠自己后续实践，通过网络学习、交流经验，才能更好地掌握和精通水电安装这门技术。

本书由方厂移、方昕宇组织编写。由于编者水平有限，书中难免存在错误和不妥之处，恳请广大专业人士和读者朋友给予批评指正。

本书部分视频请登录华信教育资源网（http://www.hxedu.com.cn）注册后即可免费下载观看。

编　者

目 录

上篇 家装电气安装技能

第1章 电气家装仪表的使用方法与技巧 (2)
- 1.1 试电笔 (2)
  - 1.1.1 低压试电笔的类型及功能特点 (2)
  - 1.1.2 试电笔的使用 (3)
- 1.2 万用表 (7)
  - 1.2.1 万用表的类型及功能特点 (7)
  - 1.2.2 数字式万用表的使用 (7)
- 1.3 兆欧表 (11)
  - 1.3.1 兆欧表的类型及功能特点 (11)
  - 1.3.2 手摇式兆欧表的使用 (11)
  - 1.3.3 数字式兆欧表的使用 (13)
- 1.4 钳形表 (14)
  - 1.4.1 钳形表的分类及特点 (14)
  - 1.4.2 常用钳形表的结构、面板及说明 (15)
  - 1.4.3 钳形电流表的使用方法 (16)
- 1.5 网络测试仪 (16)
  - 1.5.1 网络测试仪的类型及功能特点 (17)
  - 1.5.2 简易型网络测试仪的使用 (17)
- 1.6 插座测试仪 (18)
  - 1.6.1 插座测试仪面板结构 (19)
  - 1.6.2 插座测试仪的使用 (19)
- 1.7 水准仪 (20)
  - 1.7.1 水准仪的类型及功能特点 (20)
  - 1.7.2 基本型水准仪的使用 (20)
  - 1.7.3 激光墨线仪的使用 (21)
- 1.8 家装电气安装仪表的选用 (24)
  - 1.8.1 简易仪表的选用 (24)
  - 1.8.2 较高要求仪表的选用 (24)
  - 1.8.3 专业要求配置 (25)

第2章 电气安装工具的使用方法与技巧 (27)

2.1 电工钳 (27)
- 2.1.1 电工钳的类型及功能特点 (27)
- 2.1.2 钢丝钳 (28)
- 2.1.3 尖嘴钳 (30)
- 2.1.4 斜口钳 (30)
- 2.1.5 剥线钳 (30)
- 2.1.6 压线钳 (32)
- 2.1.7 断线钳 (33)

2.2 螺丝刀 (33)
2.3 扳手 (34)
2.4 电工刀 (36)
2.5 手锤 (37)
2.6 錾子 (37)
2.7 手锯 (38)
2.8 电热工具 (39)
- 2.8.1 热风枪 (40)
- 2.8.2 搪锡炉 (40)
- 2.8.3 电烙铁 (41)

2.9 电动工具 (42)
- 2.9.1 电锤 (42)
- 2.9.2 冲击电钻 (45)
- 2.9.3 电动螺丝刀 (46)
- 2.9.4 云石机 (46)
- 2.9.5 开槽机 (49)

2.10 电线管敷设工具 (50)
- 2.10.1 割管剪刀 (50)
- 2.10.2 弯管弹簧 (50)
- 2.10.3 穿线器 (51)
- 2.10.4 放线架 (52)
- 2.10.5 弹线器 (52)
- 2.10.6 并线器 (53)
- 2.10.7 钢卷尺 (54)
- 2.10.8 攀高工具 (54)

2.11 家装电气安装工具的选用 (55)

第3章 认识和选用电气安装材料 (57)

3.1 电线与电缆 (57)
- 3.1.1 强电电线与电缆 (57)
- 3.1.2 弱电电缆 (63)

3.2	绝缘恢复材料	(65)
	3.2.1 绝缘胶带	(65)
	3.2.2 绝缘管	(65)
3.3	绝缘端子	(66)
3.4	铝箔胶带	(69)
3.5	导线敷设材料	(70)
	3.5.1 钢钉线卡、钢精扎片	(70)
	3.5.2 PVC电工管及附件	(73)
	3.5.3 PVC线槽及配件	(74)
3.6	开关、插座面板	(75)
3.7	接线盒	(79)
3.8	灯具	(80)
3.9	断路器	(82)
3.10	配电箱	(82)
3.11	等电位箱	(83)
3.12	弱电箱	(83)
3.13	防护辅助工具材料	(84)

第4章 电气施工图识图方法 (87)

4.1	电气施工图的组成	(87)
4.2	配电线路的标注方式	(89)
4.3	照明设备的标注方式	(92)
	4.3.1 配电箱及设备的标注方式	(93)
	4.3.2 常用照明灯具标注方式	(94)
	4.3.3 常用照明附件的表示方法	(96)
	4.3.4 其他用电设备的标注方式	(97)
4.4	电气施工图识读方法	(97)
4.5	照明电气施工图识读实例	(99)
	4.5.1 照明电气系统图识读	(99)
	4.5.2 电气平面施工图识读	(101)
4.6	弱电施工图识读	(102)
	4.6.1 弱电线路设备的标注方式	(102)
	4.6.2 弱电系统图识读	(103)
	4.6.3 弱电平面施工图识读	(106)

第5章 导线连接与绝缘恢复技能 (108)

5.1	线头绝缘层的剥削	(108)
5.2	导线与导线的连接	(110)
	5.2.1 单股铜芯导线的连接	(111)
	5.2.2 多股铜芯导线的连接	(115)
	5.2.3 铜芯导线的其他连接方式	(117)

		5.2.4 铜导线连接搪锡	（118）
5.3	铝导线连接		（118）
		5.3.1 绞接法连接铝导线	（118）
		5.3.2 压接法连接铝导线	（119）
		5.3.3 铝导线与铜导线的连接	（121）
5.4	导线端头连接		（122）
5.5	导线连接的要求		（127）
5.6	导线绝缘层的恢复		（127）

第6章 掌握住宅电路设计 （130）

6.1	供电系统的选择		（130）
6.2	负荷计算		（131）
		6.2.1 一般住宅用电负荷的计算方法	（131）
		6.2.2 计算住宅用电负荷应考虑的主要因素	（133）
6.3	住宅电气配置设计		（134）
		6.3.1 住宅电气设计的原则	（135）
		6.3.2 客厅电气配置设计	（136）
		6.3.3 主卧电气配置设计	（141）
		6.3.4 儿童房电气配置设计	（142）
		6.3.5 书房电气配置设计	（143）
		6.3.6 餐厅电气配置设计	（145）
		6.3.7 厨房电气配置设计	（146）
		6.3.8 卫生间电气配置设计	（147）
		6.3.9 阳台电气配置设计	（150）
		6.3.10 住宅电气配置设计	（151）
		6.3.11 住宅常用配电方式	（152）

第7章 室内电气暗装布线的方法与技巧 （156）

7.1	电气规划、设计和定位		（156）
		7.1.1 电气规划	（156）
		7.1.2 水平基准线放线	（157）
		7.1.3 电位定位	（160）
7.2	布线线路设计及画线定位		（161）
7.3	开槽、开孔及电箱和底盒的埋设		（169）
7.4	线管加工		（173）
7.5	线管的敷设		（175）
7.6	线管穿线		（178）
7.7	套管内的导线通断和绝缘性能测试		（179）
7.8	填封线槽		（180）
7.9	预埋施工		（181）
		7.9.1 预埋施工内容及施工要点	（182）

7.9.2 预埋件的制作与埋设 (183)
7.9.3 木砖、木榫的制作与埋设 (186)
7.10 配合土建工程预埋管路的暗敷布线 (188)

第8章 室内电气明装布线的方法与技巧 (191)

8.1 线槽布线 (191)
8.1.1 线槽布线的配电方式 (192)
8.1.2 布线定位 (194)
8.1.3 线槽的拼接安装 (195)
8.1.4 用配件安装线槽 (199)
8.2 瓷夹板布线 (200)
8.2.1 瓷夹板的安装 (200)
8.2.2 瓷夹板布线的步骤 (200)
8.2.3 瓷夹板布线的要点 (201)
8.3 护套线布线 (202)
8.3.1 主要施工材料 (202)
8.3.2 护套线铝片卡布线的步骤 (203)
8.3.3 护套线铝片卡布线的要点 (206)
8.3.4 护套线塑料线钉布线 (207)
8.3.5 在预制楼板中敷设塑料护套线的做法 (207)
8.3.6 塑料护套线的布线要求 (208)

第9章 常用家装线路与电气设备安装的方法与技巧 (210)

9.1 照明线路开关控制的安装与排放 (210)
9.1.1 一地控制 (210)
9.1.2 两地控制 (211)
9.1.3 多地控制 (212)
9.2 开关、插座面板的安装 (214)
9.2.1 开关、插座面板的结构及拆解方法 (214)
9.2.2 开关、插座面板的安装步骤 (215)
9.3 配电箱的安装 (217)
9.4 弱电箱的安装 (223)
9.5 网线连接 (227)
9.5.1 网线线对、水晶头及网络插座 (227)
9.5.2 网线线序的排列（EIA/TIA标准） (227)
9.5.3 网络插座打线 (227)
9.5.4 网线水晶头的制作 (231)
9.6 电话线连接 (233)
9.6.1 电话插座接线 (233)
9.6.2 电话线水晶头的制作 (233)
9.7 电视线连接 (234)

9.7.1　电视 F 头的制作…………………………………………………………（234）
　　　9.7.2　电视插座连接……………………………………………………………（237）
　9.8　常用弱电面板接线…………………………………………………………………（238）
　　　9.8.1　VGA 面板接线……………………………………………………………（238）
　　　9.8.2　HDMI 面板接线…………………………………………………………（240）
　　　9.8.3　其他常用弱电面板接线…………………………………………………（242）
　9.9　常用灯具的安装……………………………………………………………………（245）
　　　9.9.1　灯头盒的安装……………………………………………………………（245）
　　　9.9.2　荧光灯的安装……………………………………………………………（246）
　　　9.9.3　筒灯的安装………………………………………………………………（249）
　　　9.9.4　吸顶灯的安装……………………………………………………………（250）
　　　9.9.5　吊灯的安装………………………………………………………………（251）
　　　9.9.6　壁灯的安装………………………………………………………………（252）
　　　9.9.7　灯具的安装规范…………………………………………………………（252）
　9.10　浴霸的安装…………………………………………………………………………（252）
　　　9.10.1　吊顶式浴霸的安装………………………………………………………（252）
　　　9.10.2　壁挂式浴霸的安装………………………………………………………（255）

第 10 章　接地装置………………………………………………………………………（257）
　10.1　保护接地与保护接零………………………………………………………………（257）
　　　10.1.1　使用范围…………………………………………………………………（257）
　　　10.1.2　表示方法…………………………………………………………………（258）
　　　10.1.3　选择………………………………………………………………………（258）
　　　10.1.4　高层住宅保护接零的做法………………………………………………（260）
　　　10.1.5　接地装置的组成及类型…………………………………………………（261）
　　　10.1.6　接地体的埋设……………………………………………………………（265）
　10.2　住宅等电位连接设计………………………………………………………………（267）
　　　10.2.1　总等电位连接……………………………………………………………（267）
　　　10.2.2　局部等电位连接和辅助等电位连接……………………………………（269）
　　　10.2.3　等电位连接的安装要求和导通性测试…………………………………（270）

下篇　水　路　安　装

第 11 章　给排水常用材料………………………………………………………………（274）
　11.1　室内给水管材………………………………………………………………………（274）
　　　11.1.1　各种室内给水管材的性能特点…………………………………………（274）
　　　11.1.2　PP-R 管的规格……………………………………………………………（275）
　　　11.1.3　PP-R 管的选择……………………………………………………………（277）
　11.2　PP-R 给水管件、材料……………………………………………………………（279）
　11.3　排水管件……………………………………………………………………………（282）
　　　11.3.1　常用室内 PVC 管件………………………………………………………（283）

  11.3.2 PVC 排水管件……………………………………………………………………（284）

第 12 章 给排水设计与安装……………………………………………………………（286）

 12.1 室内给排水系统………………………………………………………………………（286）

  12.1.1 室内给水系统…………………………………………………………………（286）

  12.1.2 室内排水系统…………………………………………………………………（287）

 12.2 给排水器具布局………………………………………………………………………（288）

  12.2.1 卫生间布局……………………………………………………………………（289）

  12.2.2 厨房布局………………………………………………………………………（290）

 12.3 器具定位………………………………………………………………………………（292）

  12.3.1 器具定位的过程及方法………………………………………………………（292）

  12.3.2 常用器具给排水预留尺寸参考数据…………………………………………（292）

 12.4 管路设计及画线定位…………………………………………………………………（300）

 12.5 给排水管路的开槽……………………………………………………………………（302）

 12.6 给排水管道的安装……………………………………………………………………（303）

 12.7 给水管道试压…………………………………………………………………………（308）

 12.8 同层排水系统…………………………………………………………………………（310）

 12.9 排水系统的其他问题…………………………………………………………………（313）

 12.10 常用洁具的安装………………………………………………………………………（315）

附录 A 家装常用尺寸数据…………………………………………………………………（320）

上 篇

家装电气安装技能

第1章 电气家装仪表的使用方法与技巧

【本章导读】

本章介绍了家装电工常用仪表的相关知识及使用技巧，这些知识与技巧是家装电气操作安全的重要保障，也是家装电气质量检验的重要手段。本章重点讲述常用电气家装仪表的使用方法和技巧。

家装电气安装中，施工安全、安装质量是最重要的。掌握各种仪表的性能和使用技巧，可以使看不见的电流及电气指标清晰可见，使电气施工工作安全可靠。家装电工仪表较多，我们可以根据实际要求选用，做到经济、够用、可靠、安全。

【学习目标】

① 掌握常用家装电工仪表的种类及性能。
② 掌握常用家装电工仪表的基本操作。
③ 掌握应用各种工具提高施工质量，保障施工安全。

1.1 试 电 笔

试电笔也叫测电笔，简称"电笔"，按测量电压高低分为高压（10kV以上）试电笔、低压（500V以下）试电笔、弱电（6~12V）试电笔。家装电工施工中常用的是低压试电笔，其基本功能是用来测试电线中是否带电、辨识相线与零线，多功能试电笔还可进行通断测试、断点测试等。

1.1.1 低压试电笔的类型及功能特点

根据应用要求不同，试电笔有不同类型，低压试电笔的类型及功能特点见表1-1。

表1-1 低压试电笔的类型及功能特点

类 型	结 构 图 例	功 能 特 点
普通笔式试电笔（A）	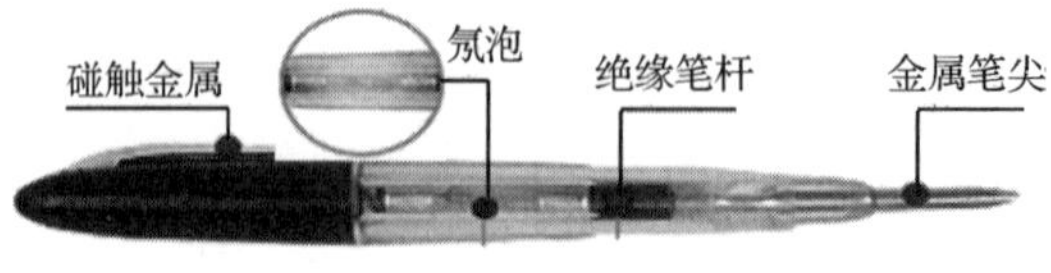 碰触金属　氖泡　绝缘笔杆　金属笔尖	结构简单，可以判断电线是否带电，判断相线与火线，可根据氖泡发光亮度粗略估计电压高低。缺点是在室外氖泡亮度不易观察，只能测试60~500V电压

续表

类型	结构图例	功能特点
普通螺丝刀式试电笔（B）	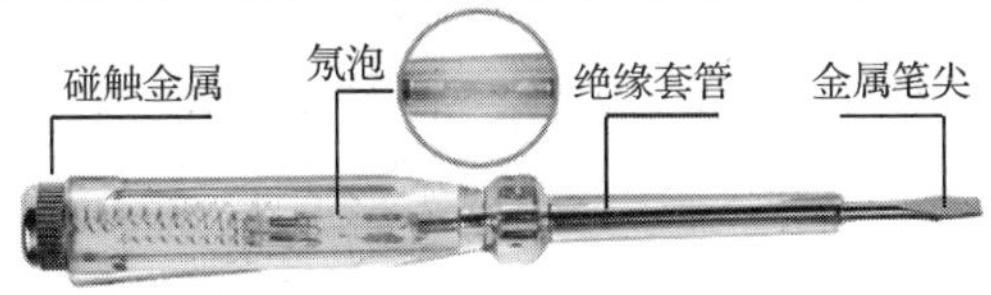 碰触金属　氖泡　绝缘套管　金属笔尖	具有与普通笔式试电笔相同的特点，笔尖为一字形螺丝刀，可进行一般小螺钉的拆卸操作
带信响式试电笔（C）	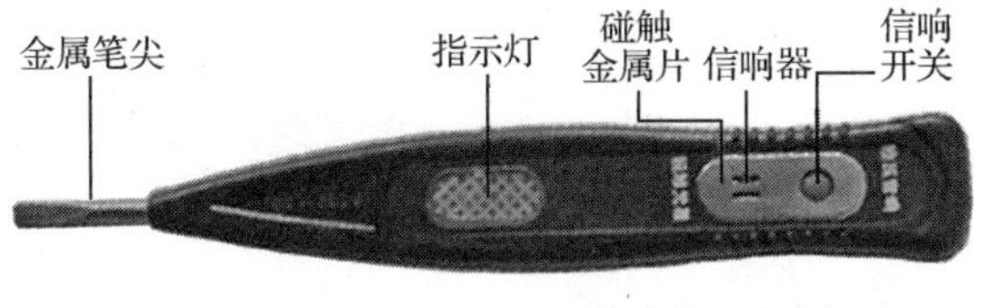 金属笔尖　指示灯　碰触金属片　信响器　信响开关	除了具有普通试电笔的功能外，还可以通过信响器判断带电情况，克服普通氖泡亮度不够的缺点。但必须使用 2 节纽扣电池才能正常工作
无源数显试电笔（D）	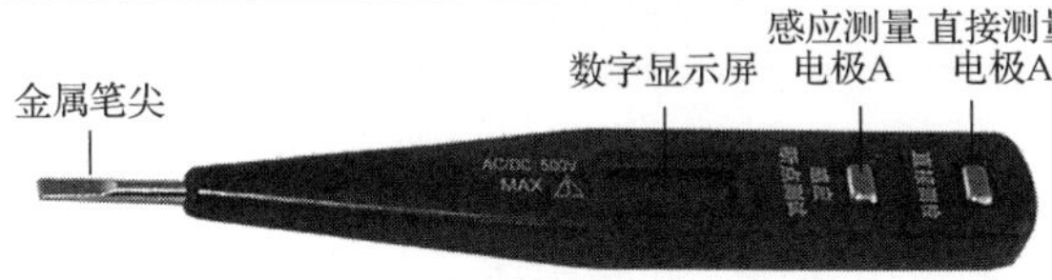 金属笔尖　数字显示屏　感应测量电极A　直接测量电极A	不用上电池即可数字显示，有 12、36、55、110、220 五挡显示电压，可直接、感应测试
非接触式试电笔（E）	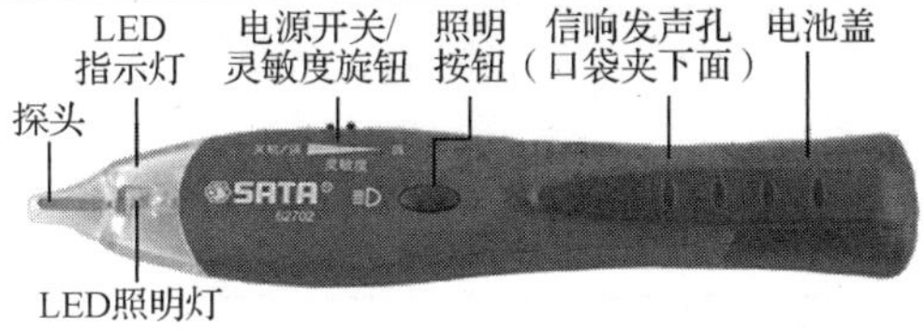 LED指示灯　探头　电源开关/灵敏度旋钮　照明按钮　信响发声孔（口袋夹下面）　电池盖　LED照明灯	完全非接触式，更加安全可靠，探测灵敏度可调，适应不同强度电压。声光两种显示，并且具有照明功能。必须上电池
LED显示式试电笔（F）	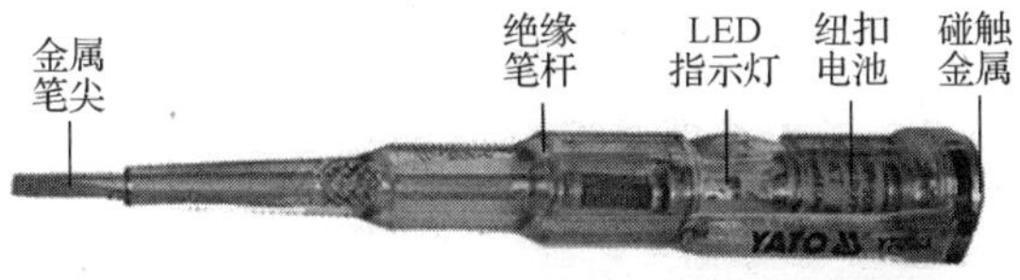 金属笔尖　绝缘笔杆　LED指示灯　纽扣电池　碰触金属	用LED指示灯指示带电状态，并且可以感应测试带电情况。必须上电池
有源数显试电笔（G）	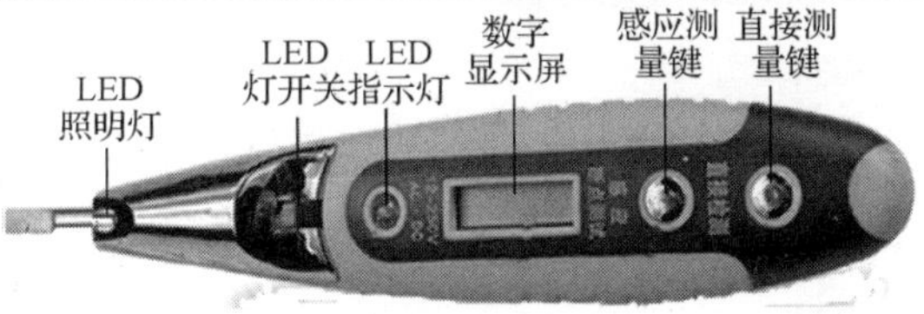 LED照明灯　LED灯开关　LED指示灯　数字显示屏　感应测量键　直接测量键	需要上电池使用，液晶数显、LED双重显示，同上有五挡数显，并且带LED照明灯，方便暗处使用

1.1.2 试电笔的使用

试电笔不仅能测试电线中是否带电，正确掌握各种试电笔的使用技巧，还可以进行多种电气测量，为电工操作带来极大方便。

1. 试电笔验证检测

试电笔的检测结果直接关系到操作者的人身安全，因此在使用之前必须检测试电笔的功能是否正常。各类试电笔验证检测见表 1-2。

表1-2 各类（对应表1-1中的类型）试电笔验证检测

类型	A、B、C、D、E类	F、G类（具有自检功能）	
验证	使用前，应先在确认有电的带电体上试验，检查其是否能正常验电，具体操作见表1-3及表1-4	用两只手分别接触笔尖及尾部金属部分	灯亮则功能正常，不亮则须更换电池，或者部件故障不可使用
		用两只手分别接触笔尖及直接检测按钮	

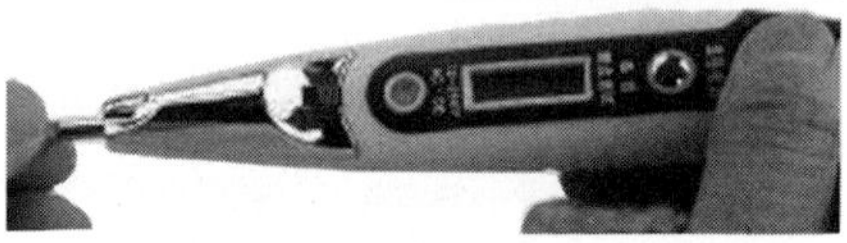

2. 直接检测

直接检测是用试电笔尖直接接触带电导体，判断导体是否带电及交流电的相线（火线）与零线。对导体裸露部分操作时，直接检测最可靠。各类试电笔直接检测操作方法见表1-3（注非接触式试电笔不能直接检测）。

表1-3 各类（对应表1-1中的类型）试电笔直接检测操作方法

类型	操作图例	操作要点
A		用手接触碰触金属（口袋夹），笔尖接触带电导体，氖泡亮则带电，不亮则不带电
B	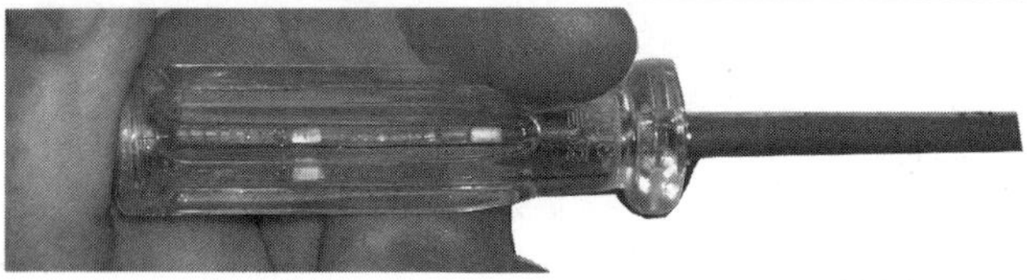	用手接触碰触金属（尾部金属盖），笔尖接触带电导体，氖泡亮则带电，不亮则不带电
C	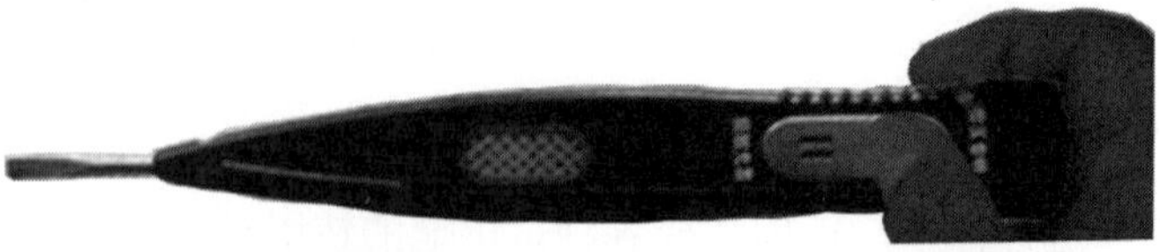	用手接触碰触金属，笔尖接触带电导体，氖泡亮则带电，不亮则不带电，如按下信响开关，则在发光的同时会发出蜂鸣声
F	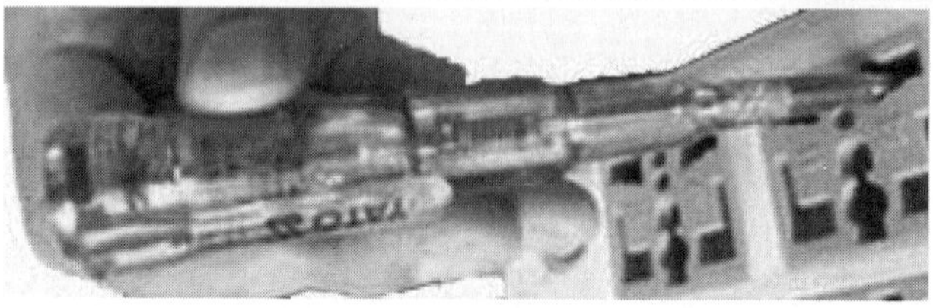	用手握住笔杆（不可接触尾部金属部分），笔尖接触带电导体，LED灯亮则带电，不亮则不带电

续表

类型	操作图例	操作要点
D、G	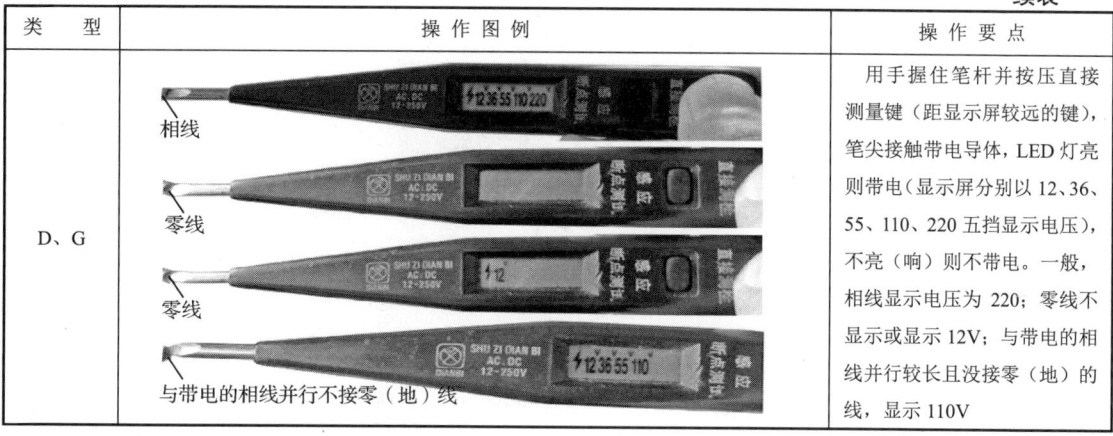	用手握住笔杆并按压直接测量键（距显示屏较远的键），笔尖接触带电导体，LED灯亮则带电（显示屏分别以12、36、55、110、220五挡显示电压），不亮（响）则不带电。一般，相线显示电压为220；零线不显示或显示12V；与带电的相线并行较长且没接零（地）的线，显示110V

注意事项：

① 无论哪种试电笔，在直接测试时，不可接触金属笔尖部分。

② 用此方法可判断交流电的相线（火线）与零线，A、B、C、F类灯亮为相线，不亮为零线。

③ 低压试电笔不可测试500V以上的电压带电体。

④ 在室外光线明亮的情况下，必要时用一只手拿试电笔测试，用另一只手遮挡光线观察指示灯（特别是普通氖泡类试电笔），以确定指示灯是否发光。

⑤ 对于普通氖泡类试电笔，如果氖泡靠近笔尖端亮，则带电体带负电；如果氖泡靠尾端亮则带正电；若两端都亮则为交流；若都不亮则不带电。

3. 感应测试

感应测试时，试电笔不用直接接触带电体，靠近带电体（如隔着绝缘皮）就可测试，不会破坏绝缘导线绝缘层，同时方便查寻绝缘层完好却导体断路的导线断点。只有D、E、F、G试电笔具有感应测试功能，具体见表1-4。

表1-4 试电笔感应测试

类型	操作图例	操作要点
D、G		用手握住笔杆并按压感应测量键（距显示屏较近的键），笔尖接触绝缘电导体绝缘表皮，如果显示屏显示带电符号"⚡"，则带电，否则不带电
F		用手握住笔杆并接触尾部金属部分，笔尖接触绝缘电导体绝缘表皮，若LED灯亮则带电，若不亮则不带电

续表

类型	操作图例	操作要点
E		用手握住笔杆，探头靠近或接触带电导体，LED灯亮则带电，不亮则不带电。对不同的电磁环境进行灵敏度调节，可减少误判

注意事项：

① 感应测试受环境影响较大，有时导体本身不带电，由于复杂电磁环境因素而显示带电，从而产生误判。因此平时使用时应积累不同电磁环境下的显示经验。

② 与直接检测一样，可判断交流电的相线与零线。显示器有"⚡"指示（或者指示灯亮、信响器发声），则与笔尖（探头）靠近的导线为相线，否则与笔尖靠近的导线为零线。

③ 非接触式试电笔（E类）在较低电压下可调高灵敏度，减少漏判；如遇有相邻较近的带电相线，可将灵敏度调低些，从而可提高判断准确度。

④ 有多根绝缘线并排在一起时，如果有一根带电，其他导线没接零或接地，则用感应试电笔接触每根导线绝缘层，可能也有带电"⚡"指示。

4. 应用技巧

灵活运用试电笔，可以为电工操作带来便捷。试电笔除了可以判断导体是否带电外，还可利用其在不带电的情况下检测导体的通断，相当于万用表的通断检测功能；也可以在带电的情况下，不用剥离绝缘皮查寻绝缘导体的断点位置，这是一般仪器所不具有的功能。具体见表1-5。

表1-5 试电笔的应用技巧

应用技巧	操作图例	操作要点
用自检功能判断绝缘线路的通断状态		F、G两类试电笔具有自检功能，当一只手接触导体的一端，另一只手按自检方式握住试电笔，并用笔尖接触导体的另一端时，如导线是导通的，则相当于试点笔处在自检状态，指示灯点亮，自检正常，表示导体是导通的；指示灯不亮，则表示导体断路
用感应检测功能查寻绝缘导线断点所在的位置		D、E、F、G类试电笔具有感应功能，将有断路的绝缘导体一端接到交流相线上，试电笔按感应测试方法，让笔尖（探头）从带电端开始，沿导线移动，在带电符号（指示）消失处，即为导体断路处

1.2 万用表

万用表是电工电子类领域应用最普遍的仪表,其基本功能是测量电阻、交流电压、直流电压、交流电流、直流电流、电容、三极管放大倍数等,应用非常广泛。室内电工施工主要使用交流电压测量、通断测量,用数字表也可查寻绝缘导线的断点。在功能应用上与试电笔有重叠。万用表在电压测量、通断测量上更准确可靠,但体积大,使用没试电笔方便。

1.2.1 万用表的类型及功能特点

万用表的种类、型号很多,可以分为指针式、数字式、笔式,各自的特点见表1-6。

表 1-6 万用表的类型及功能特点

类型	图例	功能特点
指针式	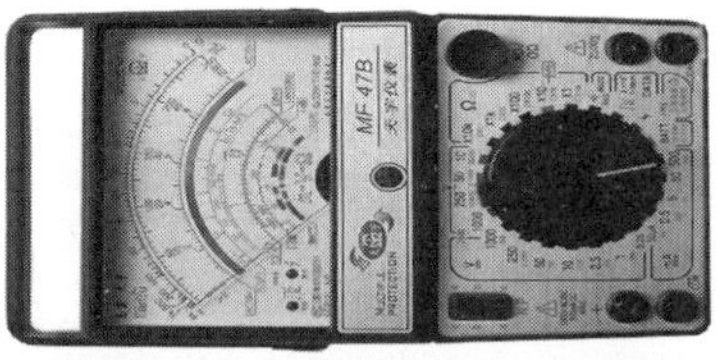	通过指针的偏转角度指示测量数值的大小,结构简单,指针的摆动能客观反映被测量的变化过程,读数稳定。它的缺点是读数不直观、怕振动,在电子电路测量中,对被测量电路的影响较大等。在家装施工中建议用数字式万用表较好
数字式	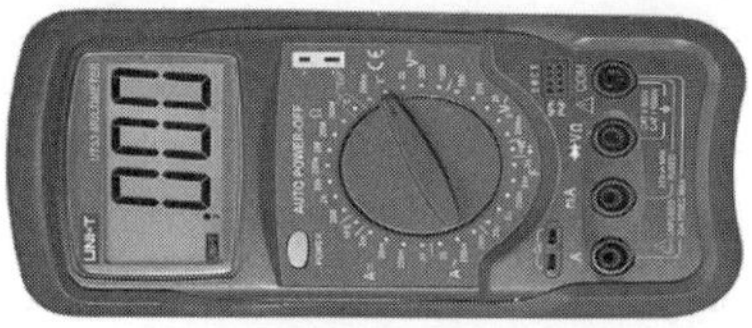	通过液晶显示屏显示测量数值,具有直观、灵敏度高、不怕振动、对被测电路影响小、功能多等优点。但数字式万用表在交流电压小挡位、电阻大挡位测量数值有时跳动较频繁,初学者不易确认测量具体数值
笔式	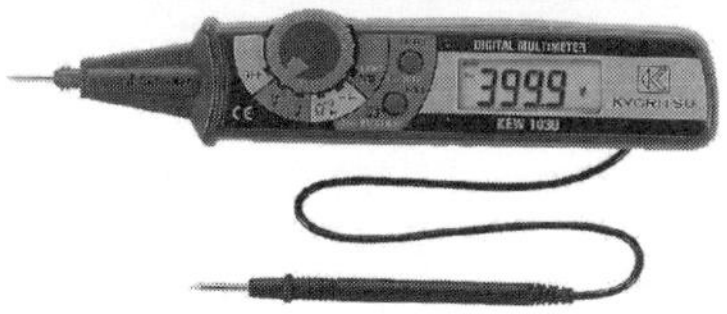	具有常规万用表的基本功能,具有体积小,携带方便的特点。受体积的局限性,在功能、测量精度上比常规万用表逊色。家装电工使用笔式万用表是不错的选择

1.2.2 数字式万用表的使用

数字式万用表能通过液晶屏显示的数字、标点和量程来读数,比指针式万用表读数更准确、直观、方便。家装电工建议配备数字式万用表,故这里只介绍数字式万用表的使用,指针式万用表的使用请参考有关书籍。

1. 面板的主要部件

数字式万用表的型号很多,各种型号的基本功能相同,随着一些高级功能的加入,数字式万用表的功能也越来越综合,这里以天宇 DT-9205T 型数字式万用表为例,实物如图 1-1 所示。

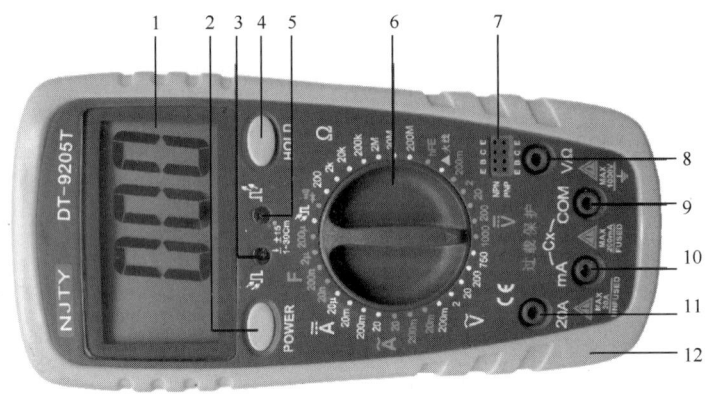

图 1-1 DT-9205T 型数字式万用表实物图

图 1-1 中主要部件的名称和功能详见表 1-7。

表 1-7 DT-9205T 型数字式万用表面板上主要部件的名称和功能

编号	名称	功能
1	液晶显示屏	以数字直观显示被测量的数据
2	电源开关	测量使用时,应按下此开关,万用表才能工作
3	红外接收窗	测试红外遥控器时,将遥控器发射窗对准此接收窗
4	读数保持按钮	测量时读数看不清或需要给其他人看时,按下此键,把测量数据保持住,方便拿到其他地方看
5	检测指示灯	检测红外遥控器时,若遥控器红外发射功能正常,则此灯闪烁指示
6	挡位选择旋钮	选择测量功能(如测量电阻或测量电压、电流等)及量程
7	三极管 β 值测量孔	可以测量 NPN、PNP 三极管的直流放大倍数(β 值)
8	↦VΩ 表笔插孔	电阻测量、交/直流电压测量、晶体管 PN 结测量挡位红表笔插孔
9	COM 表笔插孔	黑表笔插孔,各种测量信号的公共端
10	mA 插孔	毫安级电流测量、电容测量红表笔插孔
11	20A 插孔	20A 大电流测量红表笔插孔
12	缓冲胶套	软胶套,在万用表跌落时,起到缓冲作用,可以保护万用表的安全

2. 家装电工常用功能的使用

数字式万用表的功能很多,一些功能为电子线路检测所用,家装电工用不上,这里只介绍家装电工常用的功能,其他功能的使用方法请参考有关书籍。

1)交流电压测量

交流电压测量是家装电工最常用的操作,可以用此判断插座、灯线等是否带电,并准确测量电压大小,以判断电源电压是否正常。具体步骤见表 1-8。

表 1-8　交流电压测量步骤

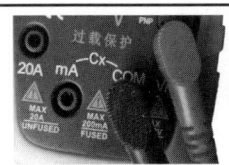 ① 选择挡位：红表笔插在 V/Ω 孔，转动挡位旋钮，指向交流电压"Ṽ"范围的某一量程，其原则是量程比待测电压大且尽量接近（本例为 250V 挡）。若不知道待测电压范围，可选最高量程，再根据读数，可按上面原则选择合适挡位，进行更精确的测量	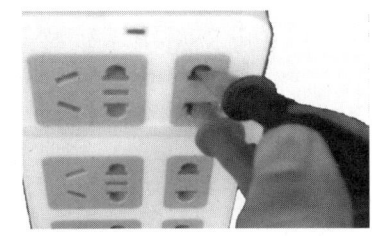 ② 测量：用两表笔分别接触被测电源的两极，不分极性顺序
 交流200V挡显示　交流750V挡显示　高压标志	③ 读数：测量结果在显示屏上直接显示出来，读数时注意小数点的位置，如最高位显示"1"，后面没有任何显示，则表明量程偏小，读数溢出，应增大量程。有些表的交流 750V 挡显示屏有高压标志"⚡"提示，提示操作注意安全。测量 220V 市电，用不同挡位显示，如左图所示

2）直流电压测量

直流电压测量是电子电路最常用的检测，家装电工也有所应用，可以检测各种仪表的电池电压，以判断电池电量，更好地维护仪表。具体操作步骤见表 1-9。

表 1-9　直流电压测量步骤

 ① 选择量程：红表笔插在 V/Ω 孔，转动挡位选择开关，指向"V̄"范围内的某一量程。量程选择方法同交流电压测量	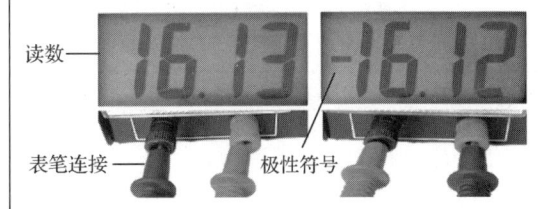 读数　　表笔连接　　极性符号
② 测量：用两表笔分别接触被测直流电源的两极，表笔可以不分极性顺序	③ 读数：如读数前无符号显示，则电源极性对应为红正黑负，如显示有"—"号，则反过来为黑正红负

3）通断检测

准确测量导体电阻需看液晶显示屏读数，导体导通与断开电阻值分别接近"0"或"∞"，我们不需要知道确切电阻值。有些万用表具有通断检测功能，通过蜂鸣器的鸣叫与否表示导体通断情况，不用看表盘，大大方便了通断检测效率。

数字式万用表通断挡与二极管测量共用一挡。检测时红表笔插在"V/Ω"插孔，挡位指向"·))⊣⊢"位置，红黑表笔接触被测电路两端，不同导体通断检测结果如图 1-2 所示。

若被测电阻小于 50Ω，则蜂鸣器会发出续响声，指示导体两点间导通，显示屏显示的是被测导体两端的电压，若电压大于 2V，则显示"1"溢出状态，如蜂鸣器发声表示导体导通，有些数字式万用表还有 LED 灯点亮提示。

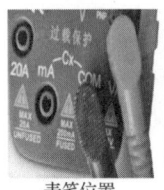  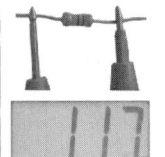 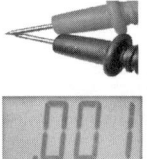 

| 表笔位置 | 挡位位置 | 82Ω读数 | 短路读数 | 通断指示灯 |

图 1-2　不同导体通断检测结果

4）试电笔功能

灵活运用万用表，可以扩展万用表的功能，做到一表多用。交流 750V 可作试电笔功能用，可以判断相线与零线及导体是否带电。具体方法步骤见表 1-10。

表 1-10　指针式万用表试电笔功能

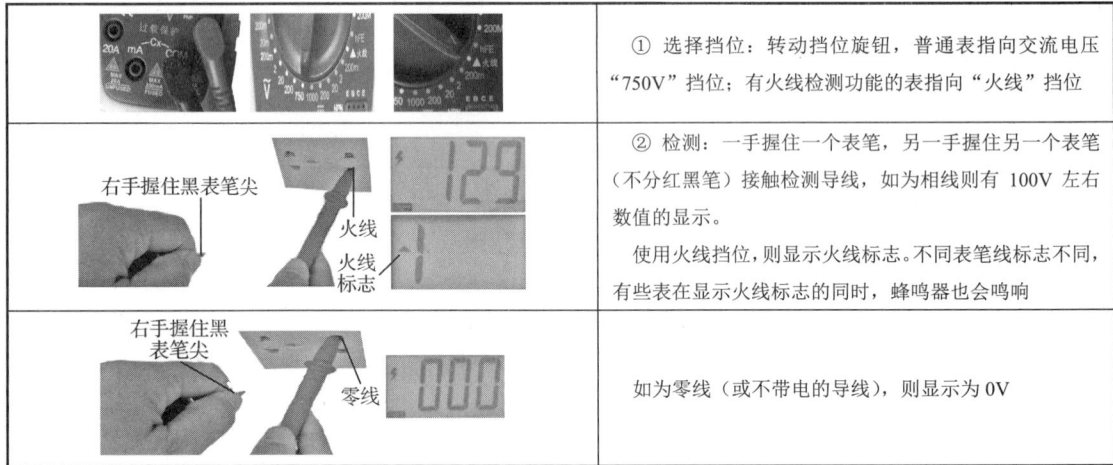

注意事项：万用表的试电笔功能是没有试电笔时应急使用的，一般情况下还是建议使用试电笔进行检测，更加方便、安全、准确。

5）感应检测

数字式万用表交流电压挡可以扩展感应检测功能，并判断导线的断点。以断点检测为例，其检测步骤及过程见表 1-11。

表 1-11　数字式万用表感应及断点检测

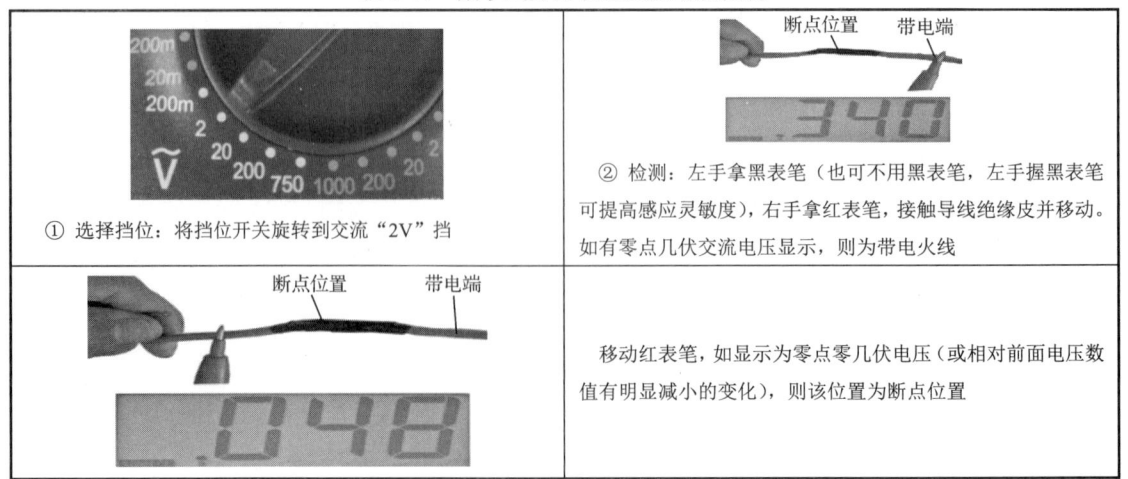

有些数字式万用表有感应检测挡位,感应检测称为"EF"检测,如优利德 UT60H 万用表,使用方法与上述方法类似,请查看其说明书。

1.3 兆 欧 表

在电动机、电器和供电线路中,绝缘性能的好坏对电力设备的正常运行和安全用电起着至关重要的作用。表示绝缘性能的参数是电气设备本身绝缘电阻值的大小,绝缘电阻值越大,其绝缘性能越好,电力设备线路也就越安全。家装中主要用来检测布线的绝缘质量。

绝缘电阻值的大小除了与绝缘材料、环境温度和湿度等因素有关之外,还与工作电压有关。万用表的欧姆挡及低电压条件下测量得到的电阻值,在电气线路中没有应用价值。电气设备实际的工作条件是几百伏或几千伏,测量电气设备的绝缘电阻要根据电气设备的额定电压等级来选择仪表。兆欧表是一种专用于测量绝缘电阻的直读式仪表,又称绝缘电阻测试仪。

1.3.1 兆欧表的类型及功能特点

兆欧表的种类、型号很多,可以分为手摇式、电子式两大类,各自特点见表 1-12。

表 1-12 兆欧表的分类和特点

类 别	图 示	特 点
手摇式兆欧表	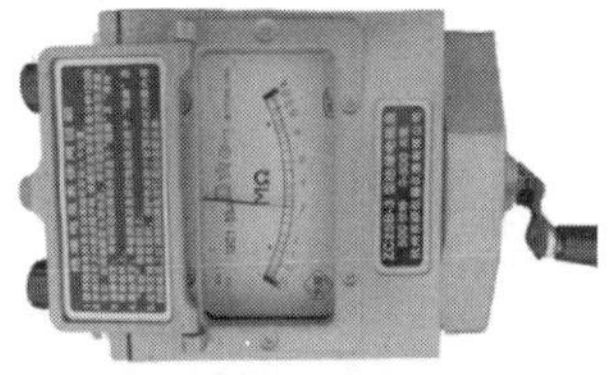	手摇式兆欧表由高压手摇发电机及磁电式双动圈流比计组成,具有输出电压稳定、读数正确、噪声小、振动轻等特点,并且装有防止测量电路泄漏电流的屏蔽装置和独立的接线柱 有测试 500V、1000V、2000V 等规格(注:该电压规格是与被测电气设备的工作电压相匹配的,即 1000V 的兆欧表宜用来测量工作电压为 1000V 以下的电气设备)
电子式兆欧表	 (a)模拟指针式　　(b)数字式	采用电池供电,带有电量检测,有模拟指针式和数字式两种。具有操作方便、输出功率大、带载能力强、抗干扰能力强等优点 输出短路电流可直接测量,不需带载测量进行估算

1.3.2 手摇式兆欧表的使用

1. 面板结构

手摇式兆欧表的面板上主要有 3 个接线端子、刻度盘和摇柄,如图 1-3 所示,各部件功能作用见表 1-13。

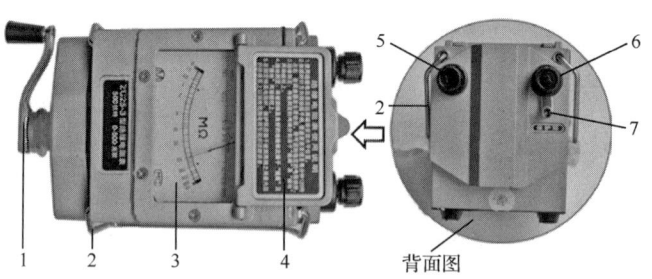

图 1-3　手摇式兆欧表面板结构

表 1-13　手摇式兆欧表面板上主要部件的名称和功能

编 号	名 称	功 能
1	直流发电机手柄	摇动手柄使发电机产生检测所需高压。手柄内部有棘轮，在手柄高速摇动时，发电机转子保持 120r/min 的额定转速
2	提手	方便携带
3	表盘	用指针指示测量结果数据
4	盖板	用于保护表盘，防止不使用时表盘受撞击而损坏
5	接地端 E	检测电气设备对地绝缘电阻时，用单根绝缘导线连接到被测设备外壳或可靠接地；检测电气设备内不同绕组间绝缘电阻时，接其中一个绕组接线端
6	线路端 L	检测电气设备对地绝缘电阻时，用单根绝缘导线连接到被测设备待测端；检测电气设备内不同绕组间绝缘电阻时，接其中一个绕组接线端
7	保护环（屏蔽端 G）	测量电缆时，L 接芯线，E 接外壳，G 接芯线与外壳之间的屏蔽层

2. 手摇式兆欧表的使用

手摇式兆欧表的使用步骤见表 1-14。

表 1-14　手摇式兆欧表的使用步骤

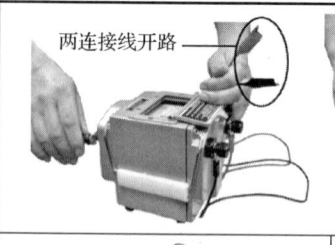 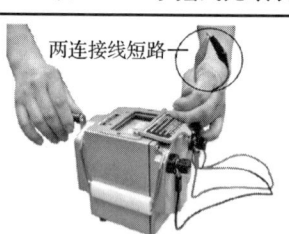	1. 开路试验：将两连接线开路，摇动手柄使发电机达到 120r/min 的额定转速，观察指针是否指在标度尺"∞"的位置。如果是，说明正常 2. 短路试验：将两连接线短路，摇动手柄使发电机达到 120r/min 的额定转速，观察指针是否指在标度尺"0"的位置。如果是，说明正常
 	3. 连接被测设备： ① 兆欧表与被测设备之间用单股线分开单独连接，并保持线路表面的清洁干燥 ② 检测电气设备对地绝缘电阻时，"E"接被测设备外壳或可靠接地，"L"接设备被测端 ③ 测量电气设备内两绕组之间的绝缘电阻时，将"L"和"E"分别接两绕组的接线端 ④ 如测量电缆的绝缘电阻，为消除因表面漏电产生的误差，"L"接线芯，"E"接外壳，"G"接线芯与外壳之间的绝缘层

续表

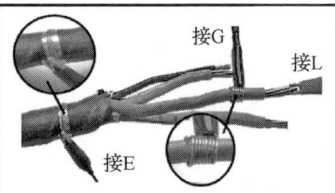	⑤ 检测电缆时，外壳应用一定宽度的铜箔包裹并用铜线绞紧（没有铜箔，也可以用铜线在外壳上缠绕一定的宽度），再将"E"接线夹在铜线上，芯线与外壳间如没有屏蔽层，也要和外壳同样的方法处理，再夹持"G"接线，然后再检测
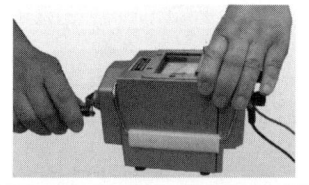 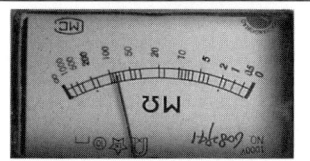	4. 测量读数：① 兆欧表置于水平位置，一手稳住摇表，另一手摇动手柄，应由慢渐快，均匀加速到120r/min；② 从刻度盘上指针所指的示数读取被测绝缘电阻值的大小，本例约为 80MΩ；③ 读数完毕，一边慢摇，一边拆线（特别是检测电容、电缆时），然后将被测设备放电。放电方法是将测量时使用的地线从摇表上取下来与被测设备短接一下即可（不是对摇表放电）

注意事项：① 被测设备必须与线路断开，不可带电测量。对于大电容设备还要进行放电。
② 兆欧表的额定电压一定要与被测电气设备或线路的工作电压相适应，以免损坏设备。
③ 兆欧表的测量范围要与被测绝缘电阻的范围相符合，测量时指针处在两黑点间，误差较小。
④ 兆欧表未停止转动之前或被测设备未放电之前，严禁用手触及。拆线时，也不要触及引线的金属部分。
⑤ 兆欧表线不能绞在一起，要分开。
⑥ 测量中发现指针指零，应立即停止摇动手柄，以免损坏兆欧表。

1.3.3 数字式兆欧表的使用

数字式兆欧表的型号很多，各型号的面板结构不尽相同，但主要接线端子、显示屏基本相同，这里以较常见的胜利VC60D+为例说明。图1-4所示为VC60D+数字式兆欧表的面板结构。其主要部件的名称和功能见表1-15。

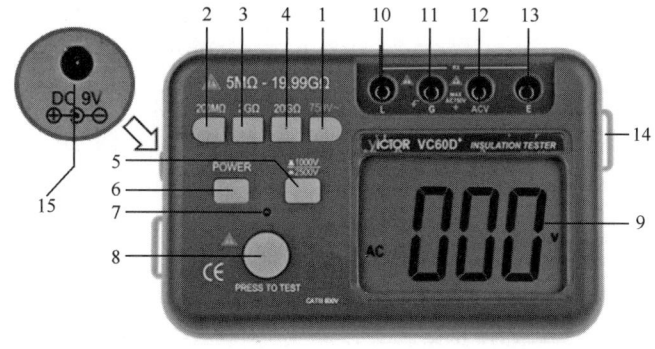

图1-4 VC60D+数字式兆欧表的面板结构

数字式兆欧表虽然型号多，但测试绝缘电阻时兆欧表与被测设备的连接与手摇式兆欧表相同，参考表1-14。高档数字兆欧表包含一些数字式万用表的功能，在挡位、量程选择上与数字式万用表基本相同。

数字式兆欧表检测绝缘电阻时，检测前要先进行测量量程及测试电压的选择。测试电压应根据被测线路或设置的绝缘等级选择，家装线路检测一般可选择500V或1000V，检测设备绝缘电阻时，检测电压不要超过相应绝缘等级的电压要求，否则容易损坏设备。

选择测试好测量量程、测试电压后，正确连接好测试线，按压测试按钮，保持规定测试时间后读数，读数完毕及时松开测试开关。如果仅最高位显示"1"即表示超量程，需要更换更高量程挡再读数。

表1-15　VC60D＋数字式兆欧表面板上主要部件的名称和功能

编号	名称	功能
1	电压选择开关	选择AC～750V挡
2、3、4	量程选择	检测绝缘电阻时，分别选择200MΩ/2GΩ/20GΩ量程
5	电压等级选择	检测绝缘电阻电压等级选择，弹起为1000V，按下为2500V
6	电源开关	自锁式电源开关（POWER）
7	高压提示灯	按下测试按钮，高压输出正常时，该灯点亮
8	测试按钮	连接好测试设备后，按此按钮进行测试。松开时自动弹起
9	显示屏	显示测量数据及单位符号
10	线路端L	接被测线路端插孔
11	保护端G	检测交流电压时，插黑表笔；检测电缆绝缘电阻时，接芯线与外壳之间的屏蔽层
12	ACV端	检测交流电压时，插红表笔
13	接地端	接被测对象的接地端插孔
14	背带绳接口	连接背带绳
15	电源适配器插孔	使用外接直流电源时接电源适配器，极性内正外负

1.4　钳形表

钳形电流表简称钳形表。用普通电流表测量电路中的电流需要将被测电路断开，串入电流表后才能完成电流的测量工作，这在大电流场合非常不方便。钳形表可以直接用钳口夹住被测导线进行测量，这使得电工测量过程变得简便、快捷，从而得到广泛应用。

1.4.1　钳形表的分类及特点

根据原理、用途、外形等特点钳形表分为多种不同类型，家装电工常用钳形表的分类及特点见表1-16。

表 1-16 家装电工常用钳形表的分类及特点

类型	图例	特点
指针式		测量结果通过指针方式指示,结构简单;指针能直观反映示数的变化;电流测量是无源的,不用电池也可测量,但不能承受剧烈撞击、读数不直观
数字式		测量结果通过数字方式指示,读数直观、准确,功能多,能承受一定的撞击而不损坏

1.4.2 常用钳形表的结构、面板及说明

数字式钳形表一般带有交直流电压测量、通断检测、电阻检测、交流电流检测等电工常用功能,家装电工配备一块数字式钳形表,不需要再配备万用表。这里以 UT201 型数字式钳形表为例,介绍其功能和使用方法技巧,其面板结构如图 1-5 所示,各部分功能说明见表 1-17。

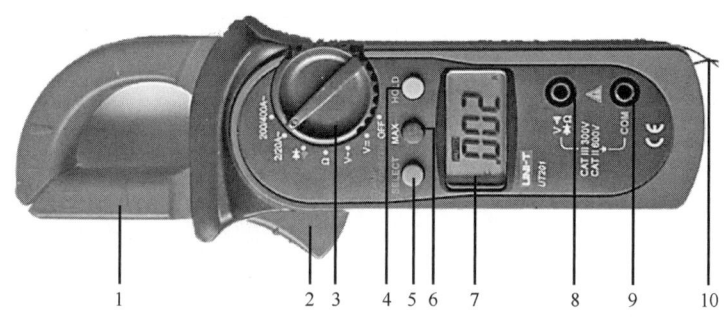

图 1-5 UT201 型数字式钳形表面板结构

表 1-17 UT201 型数字式钳形表面板功能说明

图中标号	部件名称	功能说明
1	钳口	测量交流大电流的一种传感器,通过电磁原理将穿过其中导线中的电流转换为钳形表头能测量的电流。待测导体必须垂直穿过钳口中心
2	钳口扳机	按压扳机,使钳口顶部张开方便导体穿过钳口,松开扳机,钳口闭合后才能读出数据
3	挡位/量程开关	用于进行功能与挡位转换
4	保持开关	测试完成后,按下保持开关(HOLD)可使显示屏读数处在锁定状态,测试读数还能保持,方便读数
5	功能键	挡位开关在"⋅))"位置时,进行晶体管检测功能与通断检测功能切换
6	最大值检测键	按下此键,显示的是测量值的最大值,适于捕捉一些脉动检测信号中的最大数值
7	LCD 显示屏	测试结果显示

续表

图中标号	部件名称	功能说明
8	输入端口	测量电阻、晶体管、通断、交流电压时，红表笔接该端口，黑表笔接"COM"端口
9	公共接地端	测试公共接地端口
10	手提带	方便携带的提带

1.4.3　钳形电流表的使用方法

钳形表有很多型号、种类和款式。不同厂家、不同型号的钳形表，其外壳的形状和键钮的部位也是不同的，但很多基本的键钮标记、功能和使用方法都是相同的，一般只有个别键钮是不同的。

深入了解一个典型的钳形表键钮标记和调整方法，对于其他钳形表的使用是很有用的。这里以 UT201 型数字式钳形表为示例进行说明。钳形表与普通万用表的使用方法相同，这里不重复说明，只介绍钳形表交流电流挡的使用。

钳形表相比一般万用表测量交流电流要方便得多，不需要断开导线，可直接测量，具体见表 1-18。

表 1-18　钳形表测量交流电流

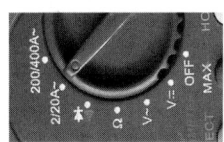 ① 选择量程：根据估测将挡位开关旋至适当挡位，并使保持开关（HOLD）处于松开状态。本表交流电流为半自动量程，2/20A 可以根据测量结果自动在 2A 和 20A 两挡间转换，200/400A 转换方式类似	 ② 夹持被测导线：按下钳口开关，钳住被测导线的一端 如果被测数值较小，可以将被测导线在钳上多绕几圈，则实际数值为读数除以所缠绕的圈数，这样可以提高检测精度
 ③ 读取数值：如果仅最高位显示"1"即表示超量程，应换高一量程以提高准确度。如果因环境条件限制，如在暗处无法直接读数，则按下"HOLD"开关，拿到亮处读取	 ④ 如果钳口夹持两根以上导线则不能测量导线电流。如果同时夹持单相的火线与零线或对称三相负载的三相导线，则测量的是电路泄漏电流，可以检测线路是否对地漏电

1.5　网络测试仪

网络布线是现代家居装修的重要组成部分，网络布线的特殊性使其检测方式与普通市电线路不同。网络测试仪可以检测网络布线、网络接口连接状态，并可查寻故障，是网络布线必备的工具。

1.5.1 网络测试仪的类型及功能特点

网络测试仪的种类、型号很多，有简易型、综合型、专业型，各自特点见表 1-19。

表 1-19 网络测试仪的类型及功能特点

类 型	图 例	功 能 特 点
简易型	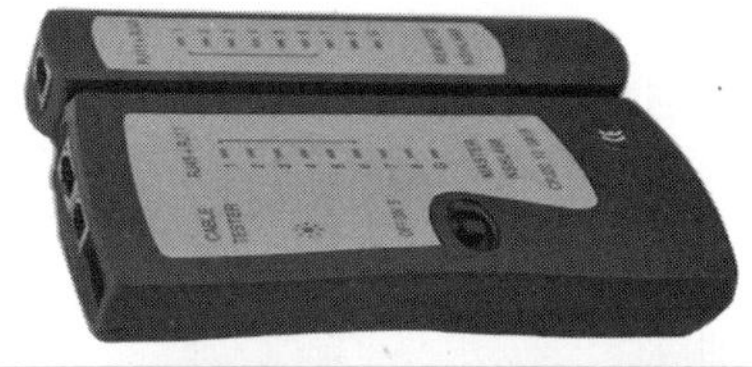	可以检测网线、电话线、同轴电缆的通断及线序，检测电话线、网线水晶头制作的好坏等基本功能，可以满足家装网络安装的一般要求
综合型	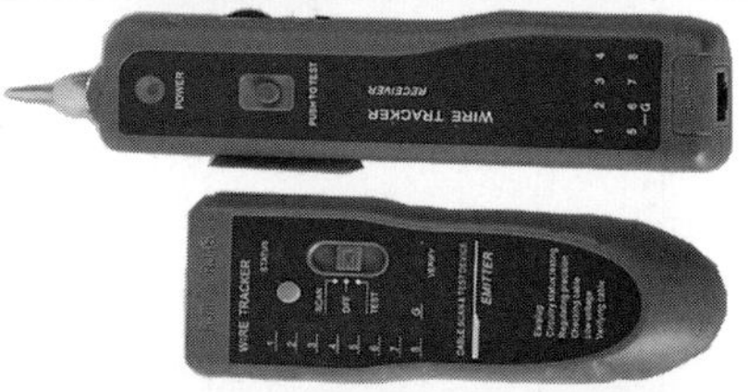	可以检测电话线、网线、同轴电缆、USB 线通断及线序，在众多线中寻找线对，在墙、地板中查找线路走向，测量线材长度，也可应用于电力布线的查找
专业型		具有检测电话线、网线等短路、断路、错线、绞线对错误及地线的通断，在线采集网路上所有活动设备的名称、IP 地址及 MAC 地址，并辨识出路由器、印表机及 PC 等专用设备，离线显示线序，测量线缆长度等

1.5.2 简易型网络测试仪的使用

简易型网络测试仪型号很多，检测功能有多有少，主要是测试常见网线、电话线、同轴线、USB 线。测试方法相同，只是接口类型有差别而已。

通常家装水电工用简易型网络测试仪检测网线通断状态，可满足普通家庭新装水电的网络测试要求。如对旧房水电或新房开发商安装的水电进行改造，需要对已有的水电走向进行查找，可以配备综合型网络测试仪。终合型网络测试仪可参照简易型测试仪及产品说明。

1. 简易型网络测试仪的面板结构

这里以 NF468B 型三用网络测试仪为例，面板结构如图 1-6 所示。

2. NF468B 型三用网络测试仪的使用

NF468B 型三用网络测试仪的使用见表 1-20。

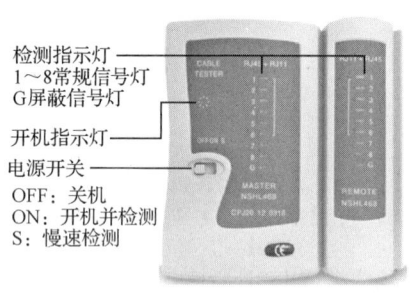 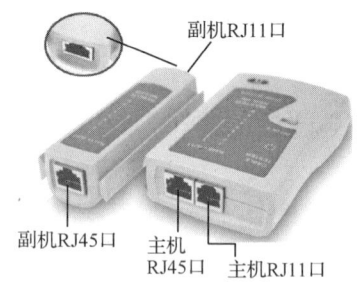

图 1-6　NF468B 型三用网络测试仪的面板结构

表 1-20　NF468B 型三用网络测试仪的使用

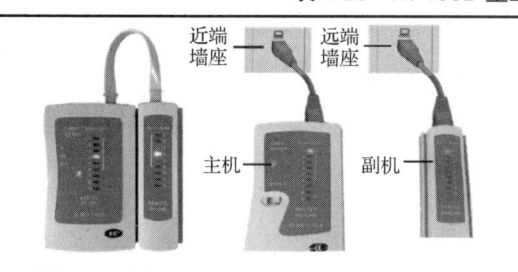 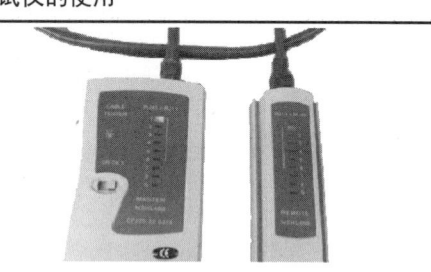

1. 连接设置：将被测试网线或电话线两端分别插在主机与副机的 RJ45 或 RJ11 端口，如暗布线可用网络跳线分别将主、副机插到网络线的两端墙中			2. 开机：将开关置于"ON"位置进行常速测试，如进行慢速测试（测试过程，1~8 信号灯闪烁速度较常速测试慢），则将开关置于"S"位置
3. 网络线连接状态的判断：			
接线正常信号指示灯循环闪亮顺序			接线非正常信号灯情况
非屏蔽 RJ45 网线	1-2-3-4-5-6-7-8	某根线断（如 3 号线）	主、副机 3 号灯不亮
屏蔽 RJ45 网线	1-2-3-4-5-6-7-8-G	几条线断	几条线对应的主、副机灯都不亮
RJ12 网络线	1-2-3-4-5-6	乱序（如 2、4 号线乱序）	主机：1-2-3-4-5-6-7-8-G 副机：1-4-3-2-5-6-7-8-G
RJ11 电话线	1-2-3-4	短路	两根短路，主机显示不亮，副机短路的两根线灯都微亮；3 根以上短路主、副机对应线号的灯都不亮
① 若测试配线架和墙座模块，则需两根匹配跳线（如 110P4-RJ45）引到测试仪上 ② 同轴电缆测试：需配置 BNC 转 RJ45 转接头。电缆正常，则两端 BNC 灯同时闪绿色灯			

1.6　插座测试仪

家装电源插座只有正确布线和接线，才能保证使用安全。家装电气安装完成后，插座测试仪可以很方便地检验插座的接线是否正确，并能检验漏电保护器触发是否正常，触电流是否符合要求。对施工者与业主来说，都是一个不错的校验工具。

1.6.1 插座测试仪面板结构

插座测试仪型号很多，但结构基本相同，这里以 VC469 为例，外形及面板如图 1-7 所示，各部件作用见表 1-21。

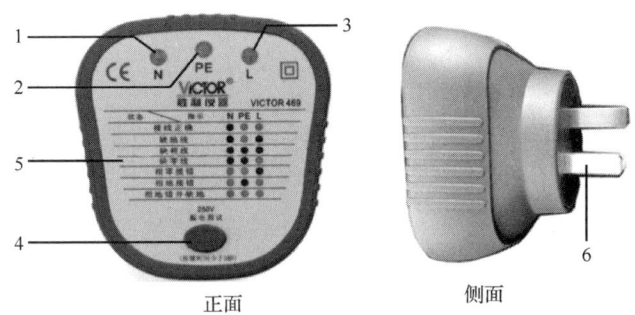

图 1-7 VC469 面板结构

表 1-21 VC469 面板各部件名称及功能

序 号	名 称	功 能 说 明
1	零线（N）指示灯	三只灯点亮的组合状态，指示插座的接线状态
2	地线（PE）指示灯	
3	相线（L）指示灯	
4	漏电测试按钮	测试漏电保护器触发功能按钮，接线及漏电保护器正常时，按此按钮漏电保护器应跳闸
5	状态指示说明	指示灯组合对应的插座接线状态，方便使用中判断故障
6	插头	连接被测插座

1.6.2 插座测试仪的使用

家装电路安装完成后，通电后将插座测试仪插到被测插座上，如图 1-8 所示。根据测试仪三只指示灯点亮的组合判断插座的接线状态。指示灯组合对应的接线状态见表 1-22。

图 1-8 插座测试仪的使用

表 1-22 插座测试仪的指示状态表（● 灯不亮 ○ 灯亮）

状 态	指 示		
	N	PE	L
接线正确	●	○	○
缺地线	●	●	○
缺相线	●	●	●
缺零线	●	●	○
相零接错	○	○	●
相地接错	○	●	○
相地错并缺地	○	○	○

排除故障,在接线正常的情况下,接漏电测试按钮,如漏电保护器跳闸,则表明保护器触发正常,否则说明保护器有故障。

1.7 水 准 仪

家装水电安装常涉及一些水平校准,如插座、灯具等安装要水平且高度统一。进行水平校准时,水准仪是必要的。

1.7.1 水准仪的类型及功能特点

水准仪由简单人工安平到电子自动安平,由简单画线到激光投线,使安平方式变得简单可靠。各种类型的水准仪大致可分为三大类,具体见表1-23。

表1-23 水准仪的类型及功能特点

类 型	图 例	说 明
基本型		通过水准泡人工安平。根据不同要求,水准泡有1只、2只、3只的,现一般为3只,分别可在水平、竖直、45°3个方向上安平
数显型		通过水准泡进行人工基本安平,在误差角度小于3°(有些可达5°)范围内,由电子自动安平校准,使安平误差更小。校准后可检测平面与水平面间的角度,并由显示屏用数字显示出来。大多数具有激光墨线功能
墨线仪		通过水准泡进行人工基本安平,在误差角度小于3°(有些可达5°)范围内,由电子自动安平校准,使安平误差更小。校准后可投射水平、竖直线。常见的有2线、3线、5线墨线仪,使用安平施工效率更高。使用中如出现安平误差超过规定时能自动报警

1.7.2 基本型水准仪的使用

基本型水准仪也叫水平尺,通过观察水准泡的位置来调平水平尺或检验被测面的水平状态。三泡水平尺可分别检验水平面、竖直面、45°面。结构如图1-9所示。

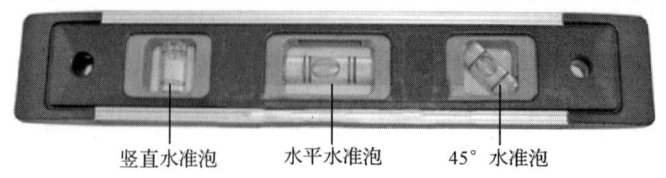

图1-9 三泡水平尺的结构

水平面检验的使用方法是将水平尺放在被测物体上，观察中间水平水准泡，水泡向哪边偏，表示哪边偏高，即需要降低该侧的高度或调高相反侧的高度，将水泡调整至中心，表示被测物体在该方向是水平的。水平面校准、竖直面校准、45°面校准分别如图1-10～图1-12所示，有些水平尺的45°水准泡角度可调，并有角度刻度，可以根据需要松开两颗锁紧螺钉，调整水泡角度，从而可检测任意角度平面，如图1-13所示。

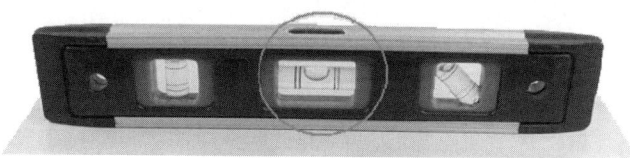

图1-10 水平面校准

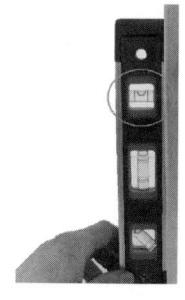 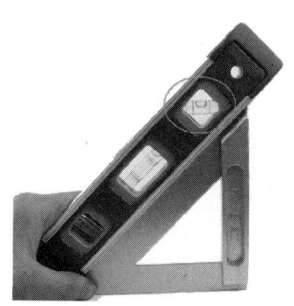 

图1-11 竖直面校准　　　　图1-12 45°面校准图　　　　图1-13 可调水准泡

数显水准仪也叫数显水准尺。手动安平与电子自动安平相结合，并有角度检测、斜率检测功能，有些具有激光墨线功能，在一定程度上可替换激光墨线仪。

数显水准尺的使用基本功能与基本型水准尺相同。在手动水平安平操作误差角度小于3°的状态下，可进行电子自动水平校准，使水平安平校准更精确。

专业家装水电在有较高要求时才会使用数显水准尺，有关使用方法可参阅产品说明书。

1.7.3 激光墨线仪的使用

激光墨线仪也叫激光投线仪、激光水平仪、激光标线仪等。它可以在自动安平情况下在水平、竖直方向投射出水平线、竖直线，方便水平、竖直画线操作。

1. 激光墨线仪的结构

激光墨线仪的结构如图1-14所示，各部件名称及功能说明见表1-24。

2. 激光墨线仪的类别

激光墨线仪按投射线的数量多少，常见的有2线、3线、5线三类，具体见表1-25。

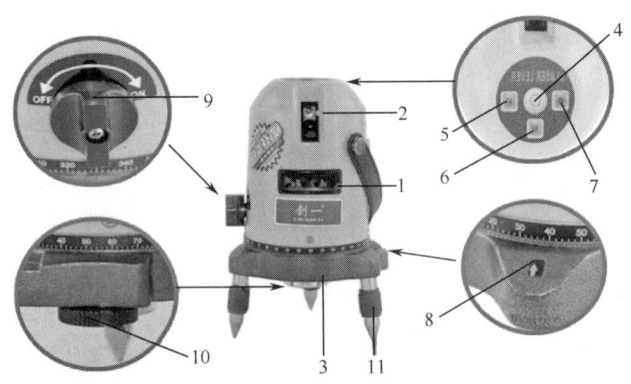

图 1-14 激光墨线仪的结构

表 1-24 激光墨线仪的部件名称及功能说明

序 号	名 称	功 能 说 明
1	水平投射窗	水平激光线投射窗口
2	垂直投射窗	垂直激光线投射窗口。2 线机只有一个；3 线机有 2 个；5 线机有 4 个
3	底座	机芯底座。机芯可以在底座垂直轴上旋转 360°
4	水准泡	圆形水准泡。手动安平时，调整 3 个支脚微调旋钮使水泡处在圆圈中心
5	水平线开关键（H）	水平投射线开关，按一次打开，再按一次关闭
6	垂直线开关键（V）	垂直投射线开关。1 线机按一次垂直线开，再按一次垂直线关；3 线、5 线机，按此开关，垂直线以 V1 亮→V2 亮→V3 亮→V4 亮→全灭循环变化
7	光线增强键	室外使用时，光线不易辨认，可以按此键增强光线亮度
8	角度标线	标记机芯旋转角度
9	开关	电源及机芯锁紧开关。运输及不使用时，用此开关锁紧机芯，使机芯安全；使用时用此开关松开机芯，使机芯能自动安平
10	垂直旋转微调旋钮	微调机芯在水平方向上的旋转角度，微调整垂直线的位置
11	底座高度微调旋钮	手动安平时，用此旋钮微调 3 个支脚高度，使水准泡在圈中心

表 1-25 激光墨线仪的类别

类别	外观	投射效果图	说明
2 线			一个水平投射窗、一个垂直投射窗；投射水平线与垂直线各一条，两个增强点
3 线			一个水平投射窗、2 个垂直投射窗；投射一条水平线两条垂直线、两个增强点、一个下垂点
5 线			一个水平投射窗、4 个垂直投射窗；投射一条水平线 4 条垂直线、两个增强点、一个下垂点

3. 激光墨线仪的使用

激光墨线仪的使用方法见表 1-26。

表 1-26 激光墨线仪的使用

类别	图例	说明
调整仪器		① 将仪器放置在欲打线的基准平面或脚架上 ② 开机后激光闪烁报警，则调整仪器放置位置或微调脚架使仪器安放面趋于水平，直到警报解除（仪器在 3° 内自动安平） ③ 通过摇动手柄或升降脚架来调整仪器架设高度 ④ 如果激光线较暗或明亮不一，检查光线出口，若有污垢，请用棉花棒浸酒精以后擦拭干净
操作方法		① 把开关旋转到"ON"位置，即解除锁紧状况，开启电源，此时水平激光线与垂直激光线将点亮并投影在目标上。可以用 H、V 按键控制水平、垂直线的开关 ② 在水平方向旋转仪器，使垂直激光线落在所需要的位置（如需容易观察激光线，请使用红色激光眼镜） ③ 操作完毕后需要关闭电源，将旋钮开关旋到"OFF"位置，否则会影响精度
水平自检		① 找一平整墙面，在距离 5m 的地方架设仪器 ② 将开关打开，点亮水平激光与垂直激光线 ③ 在十字交点做一记号 A ④ 水平转动仪器大约 60°，测量水平激光线到 A 点的距离 E，若 $E \geq 2mm$，则该仪器水平精度已超差
竖直自检		① 找一平整墙面，在距离 5m 的地方架设仪器 ② 将开关打开，点亮水平激光与垂直激光线 ③ 水平转动仪器，使垂直激光线正向投射到墙面上，在垂直激光线处挂一重锤作为标准铅线，线长 3m，并且尽量贴近墙面，然后微调仪器，使垂直激光线的上部和标准铅线重合 ④ 观察垂直激光线下部，看是否与铅线重合，若偏差大于 2mm，则该仪器垂直精度已超差 ⑤ 每次使用仪器前，请先检查精度，若仪器精度超差，请送经销商或制造商维修

注意事项：

① 使用过程中切不可以直视激光光束，以免损伤眼睛。

② 应小心使用仪器，妥善保管避免强烈震动或跌落而损坏仪器。

③ 移动或运输仪器前，请将开关旋钮置于锁紧状态，避免影响精度。

④ 仪器在使用及存储过程中不可浸水或长时间放置在雨中及潮湿地区。

⑤ 保持激光输出窗的清洁，定期用洁净的软布或蘸过酒精的棉签轻擦干净。

⑥ 长期不用应取出电池，不用时应将仪器放在仪器箱或软包内，并置于通风干燥的房间内。

1.8 家装电气安装仪表的选用

家装水电工仪表的选用应根据实用、经济、够用的原则，按施工者的专业要求等级、个人使用习惯的不同灵活选用。具体配置方案很多，这里只提供3种不同层次的配置参考。仪表有指针式与数字式两类，一般要求的数字式仪表与指针式仪表价格相近，甚致更低。数字式仪表不怕震动，更适合家装水电工作的流动性，因此建议尽可能选用数字式仪表，使用更便捷、可靠。

1.8.1 简易仪表的选用

简易仪表的选用原则是可以满足家装安装的一般检测要求。建议配置参考表1-27。

表1-27 简易仪表的配置

仪　表	图　例	功能作用
有源数显试电笔	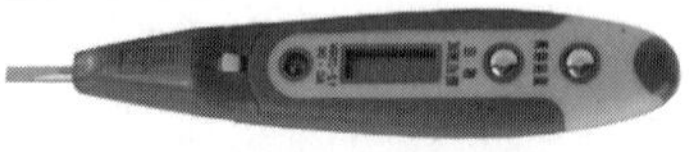	可以进行带电检测、火线检测、通断检测、断点检测、简单照明（参考型号：LA5110419、帕司特916110、BT9001）
数字式兆欧表	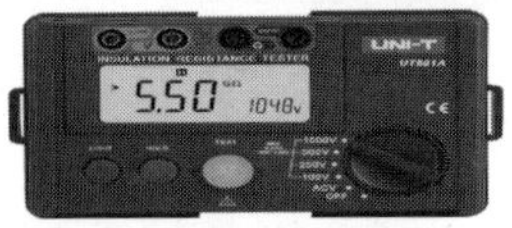	进行线路绝缘检测（参考型号：UT501A、VC60B＋、AR907A＋）
简易网络测试仪	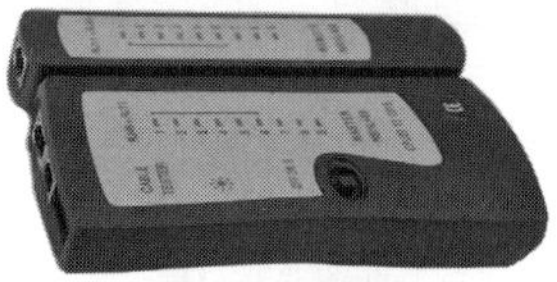	进行网络线路连接状态基本检测、线序检测（参考型号：NF468、SY-468、XT-248BNC）
插座测试仪		进行电源插座接线状态检测、漏电保护器触发检验（参考型号：TASI-8750、VC-469、P11-470）
三泡水平尺		用于插座、开关等安装的水平校验（参考型号：GWP-91A、STANLEY42-264-20、长城91A、Wately00075）

1.8.2 较高要求仪表的选用

相对基本要求，较高要求仪表的功能强、安装操作效率高。具体参考表1-28。

表 1-28　较高要求仪表的配置

仪表	图例	功能说明
有源数显试电笔		可以进行带电检测、火线检测、通断检测、断点检测、简单照明。一般检测，方便携带（参考型号：LA5110419、帕司特916110、BT9001）
数字式钳形表		交流大电流检测、交直流电压检测、通断检测、电阻检测（参考型号：UT-202A、TY-3266TD、VC-6056A＋、DT-266、DT-3266、LM-T3102、DM-6266）
数字式兆欧表		进行线路绝缘检测（参考型号：UT511、UT501A、AR3125）
综合功能LED显示网络测试仪		进行网络线路连接状态检测、线序检测，对网络线或一般金属导线进行寻找，墙内及地板下寻线等（参考型号：XQ-350、SNL-869BTS、SL-601、NF-806R、NF-801R、NF-801B）
带激光墨线数显水准尺		用于插座、开关等安装水平的校验，具有简单激光墨线功能（参考型号：Shahe5416-150、Exploit-222502、Z-J600、P-DLL、EXPLOIT-222501、LV-DLM60）
插座测试仪		进行电源插座接线状态检测、漏电保护器触发检验（参考型号：TASI-8750、VC-469、P11-470）

1.8.3　专业要求配置

专业从事家装电气安装，其安装效率是主要要求，因此配置主要从提高工作效率出发，并满足专业验收工作要求。具体参考表 1-29。

表 1-29　专业要求配置

仪表	图例	功能说明
非接触式试电笔		可以进行带电检测、火线检测、断点检测、简单照明。一般检测，方便携带（参考型号：Sata-62702、NF-608、UT-12B、MS-8900、fluke1AC-C2-Ⅱ）
数字式多功能绝缘电阻测试仪		电阻检测、交直流电压检测、通断检测、多种电压等级绝缘电阻检测（参考型号：BM3549、YH-512、DT-5500、UT-531、MS-5203、VC-3125、VC60D＋）

续表

仪　表	图　例	功　能　说　明
数字式钳形表	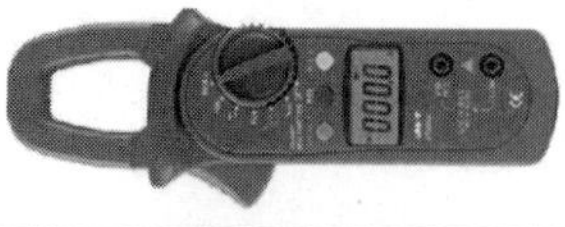	交流大电流检测、交直流电压检测、通断检测、电阻检测（参考型号：UT-202A、TY-3266TD、VC-6056A＋、DT-266、DT-3266、LM-T3102、DM-6266）
带长度测量功能网络测试仪	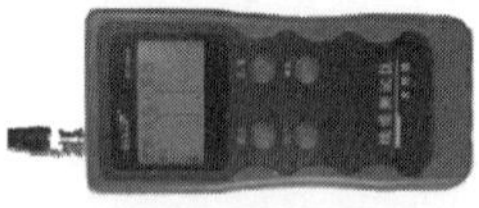	多种网络线通断检测、线序检测、串扰检测、长度检测、寻线功能（参考型号：NF-868、SML-VLS、NS-DX、3LW8108-A、SML-8868、NF-308、nLink-820）
三泡水平尺		一般插座、开关安装安平检验（参考型号：GWP-91A、STANLEY42-264-20、长城91A、Wately00075）
5线激光墨线仪	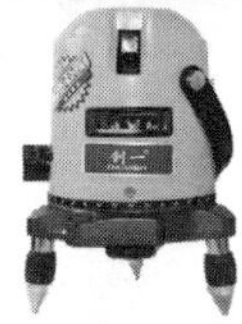	基准墨线定位，插座、开关统一高度定位，插座、开关安装墨线参考，灯具安装定位，安平检验（参考型号：AK-77、EK-266P、EK-166P、CY501）
插座测试仪	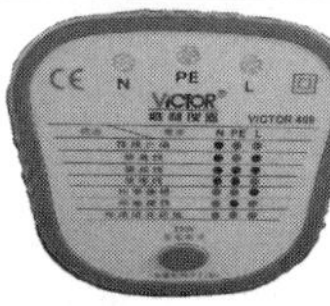	进行电源插座接线状态检测、漏电保护器触发检验（参考型号：TASI-8750、VC-469、P11-470）

第 2 章　电气安装工具的使用方法与技巧

【本章导读】

本章详细介绍了家装水电工常用工具的相关知识及使用技巧，是提高家装电气操作效率的重要手段，也是家装电气操作安全的保障。学习本章，应重点掌握常用工具的使用方法。

工欲善其事必先利其器。掌握好家装各种工具的性能和使用技巧，可以提高施工操作的工作效率，使施工操作事半功倍，也可以使施工操作安全可靠。家装水电工工具较多，有必备的，有专业的。我们可以根据实际要求选用，做到经济、够用、可靠、安全。

【学习目标】

① 掌握常用家装水电工工具种类及性能。
② 掌握常用家装水电工工具基本操作。
③ 掌握应用各种工具提高施工效率，保障施工安全。

2.1　电　工　钳

电工钳是电工必备工具，主要用于导线夹持、缠绕、剥线、剪切、压接、扳旋小型螺母及其他夹持、剪切、扳旋等操作。

2.1.1　电工钳的类型及功能特点

常用电工钳有钢丝钳、尖嘴钳、剥线钳、斜口钳、压线钳、断线钳，其功能特点见表 2-1。

表 2-1　电工钳的类型及功能特点

类　型	图　　例	功　能　说　明
钢丝钳	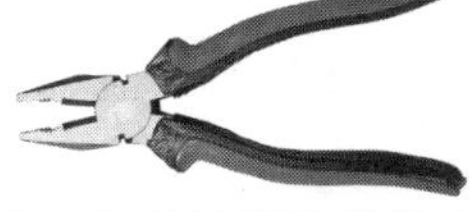	具有夹持、缠绕、剥切导线绝缘层、剪切导线、剪切较硬小钢丝、小型螺母扳旋等功能，比尖嘴钳夹持力量大
尖嘴钳		具有夹持、缠绕、剥切导线绝缘层、剪切导线、小型螺母扳旋等功能，相比钢丝钳可在较小空间操作

续表

类型	图例	功能说明
斜口钳	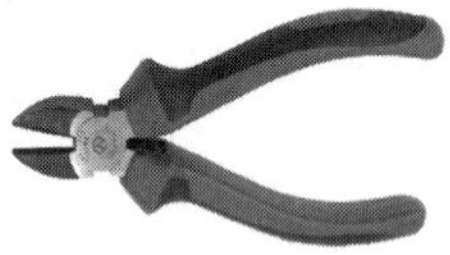	主要用于剪导线，部分斜口钳附加有剥线功能
剥线钳	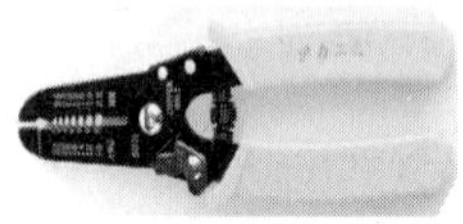	主要用于导线绝缘层的剥切，部分剥线钳也具有导线剪切功能
压线钳	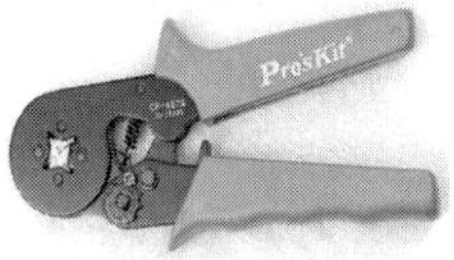	用于导线端子压接及软导线免焊锡处理导线端子，使软导线端头不会散乱，方便导线与设备间及导线与导线间的连接并保证连接的可靠性
断线钳	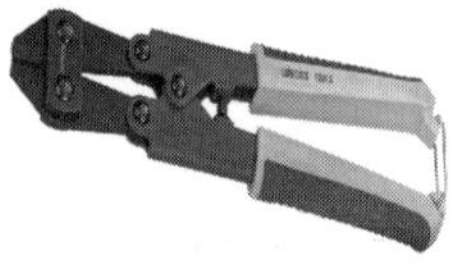	用于较硬、较粗线的剪切，弥补钢丝钳、尖嘴钳、斜口钳等剪切力不足的缺点

2.1.2 钢丝钳

钢丝钳为电工通用工具，可以完成有关导线的大部分操作，并可扳旋小型螺母。

1. 钢丝钳的结构

钢丝钳的结构及各部件功能见表2-2。

表2-2 钢丝钳的结构及各部件功能

图例	序号	名称	功能说明
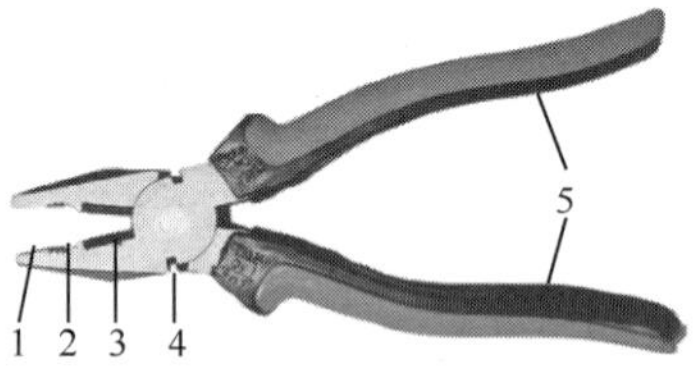	1	钳口	用来弯折、缠绕、夹持导线、线头
	2	齿口	用来扳旋小型螺母
	3	刀口	用来剪切导线、剥切导线绝缘层
	4	侧口	用来剪切较硬的线材，如钢丝
	5	手柄	套有绝缘套，带电剪切导线时，起到绝缘作用，保护操作者安全

2. 钢丝钳的应用

使用钢丝钳的过程中，灵活变通可以有多方面的应用，具体见表2-3。

表 2-3　钢丝钳的应用

应用	图例	说明
手持方法	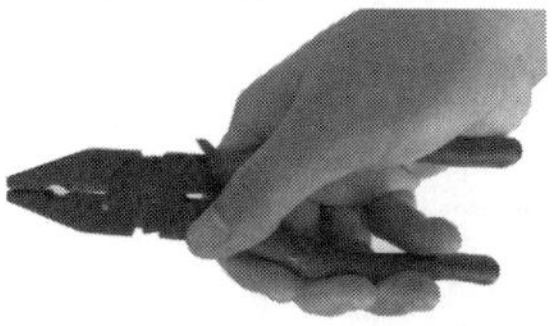	用大拇指握住一只手柄；食指、中指、无名指一起握住另一只手柄且小指内插在这只手柄内侧。用小指外拨张开钳口，剪切、夹持时，由大拇指、食指、中指、无名指用力。正确握钳可以使钳口张开、夹持灵活操作
钳口、齿口绞紧多股线		用钳口或齿口同时夹持多股线，向顺时针（或逆时针）一个方向拧转多股导线
弯折和缠绕导线		对于一般导线，用手握住导线的一端，用一只钳夹住导线的另一端进行缠绕与弯折操作；如导线较多、较硬时，可用两只钳子分别夹持缠绕、弯折的导线两端（两钳头持距离根据操作要求调整）进行操作
扳旋螺母	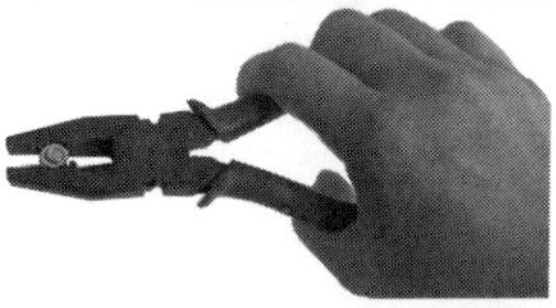	用齿口夹住被扳旋的螺母，大拇指、另外 4 只手指分别夹住两手柄并顺（逆）时针用力
剪切导线		将导线夹在刀口间，用力握两手柄，即可剪断导线
剪切钢丝	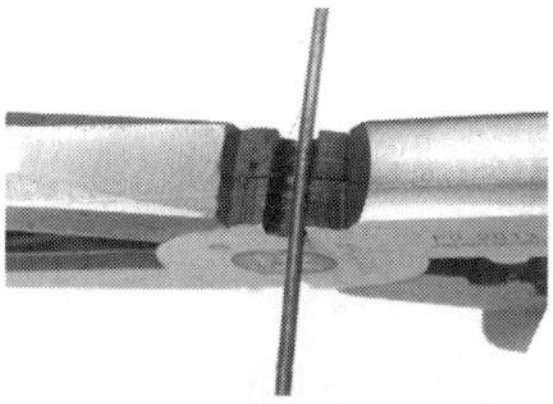	张开钳口，侧口两缺口对齐，将硬钢丝放入侧口中，握紧钳柄闭合钳口，侧口缺口交错，错开剪切钢丝。侧口剪切力大于刀口剪切力，适于硬且直径不大的钢丝类线材剪切
剥切绝缘导线绝缘层	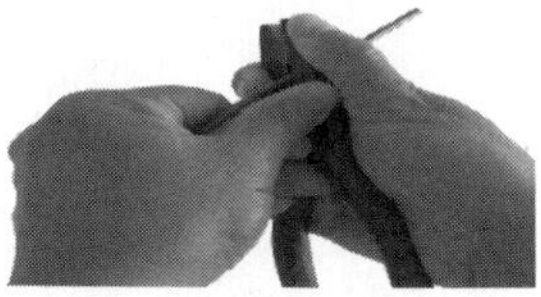	用刀口夹住导线轻切绝缘层，右手用力向外勒绝缘层，左手在导线另一端（两端距离不可太远）用力向左拉导线，即可剥切导线绝缘层。剥切技巧主要在右手用力力度的掌握上，因此，此技巧要多加练习掌握力度运用

注意事项：

① 钢丝钳常有 150mm（6 寸）、175mm（7 寸）、200mm（8 寸）3 种规格。

② 钢丝钳手柄绝缘护套耐压一般为 500V，带电操作时要检查手柄的绝缘性能是否良好。

③ 带电操作时，手离金属部分距离应不小于 2cm，确保操作安全。

④ 剪切带电导线时，严禁同时剪切相线与零线或两根不同相的相线，以免发生短路。

⑤ 钳转轴处要常加润滑油，防止生锈，保持转轴转动灵活。

2.1.3 尖嘴钳

尖嘴钳的结构与钢丝钳基本相同,不同的是钳口部分尖细,适用于狭小空间操作。尖嘴钳的操作方法同钢丝钳也基本相同。尖嘴钳的应用图例见表2-4。

表2-4 尖嘴钳的应用图例

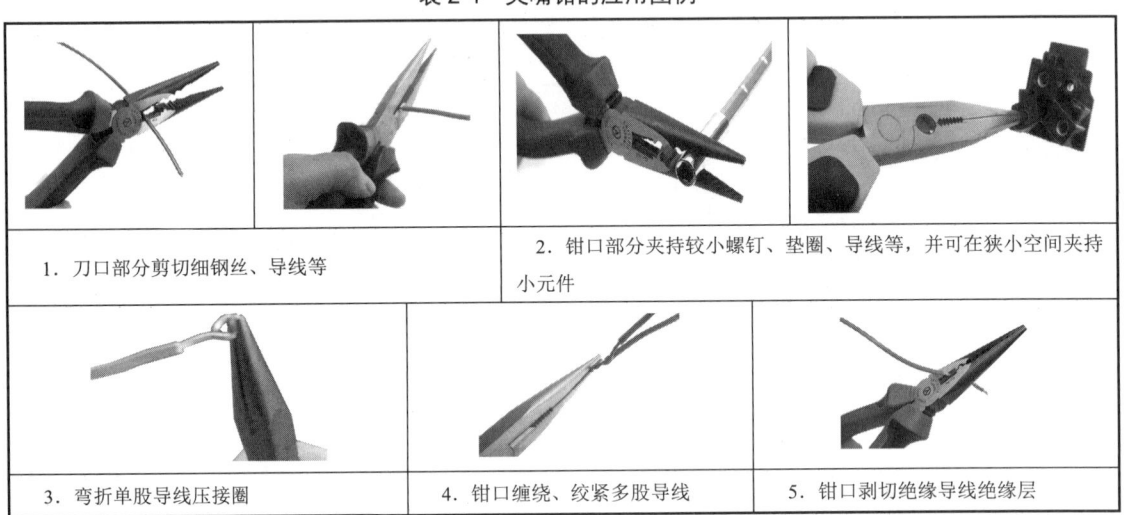

1. 刀口部分剪切细钢丝、导线等	2. 钳口部分夹持较小螺钉、垫圈、导线等,并可在狭小空间夹持小元件
3. 弯折单股导线压接圈	4. 钳口缠绕、绞紧多股导线
	5. 钳口剥切绝缘导线绝缘层

注意事项:
① 绝缘用柄破损,切不可剪切带电导线。
② 带电操作时,手离金属部分的距离应不小于2cm,确保操作安全。
③ 钳口较细小,不可夹持大的物体及用力过大,以免损坏钳口。
④ 钳转轴处要常加润滑油,防止生锈,保持转轴转动灵活。

2.1.4 斜口钳

斜口钳只有刀口,没有钳口与齿口,主要用于导线剪切。由于刀口的特殊结构,相比钢丝钳、尖嘴钳,剪切导线更方便,切口更平齐,线头可保留更短,也可以进行绝缘导线绝缘层剖切。操作方法与钢丝钳基本相同,斜口钳的应用图例如图2-1所示。

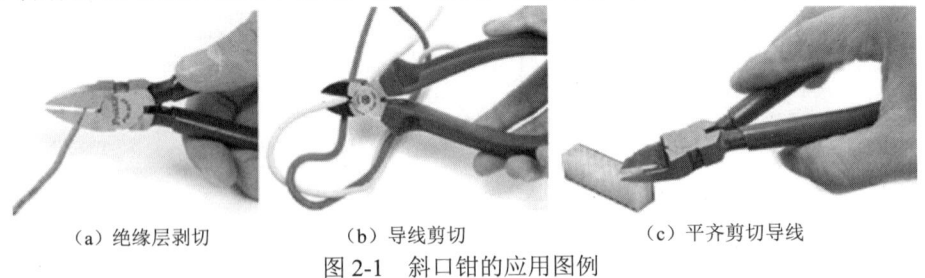

(a) 绝缘层剥切　　(b) 导线剪切　　(c) 平齐剪切导线

图2-1 斜口钳的应用图例

2.1.5 剥线钳

剥线钳专用于6mm²以下绝缘线绝缘层的剥除。与钢丝钳、尖嘴钳、斜口钳相比,剥除导线绝缘层时更方便，对导线损伤更小。

钳类操作大致相同。剥线钳根据剥线方式不同，大致有 5 种。外形结构及使用方法见表 2-5。

表 2-5 剥线钳的外形结构及使用

类型	图示		
手动型		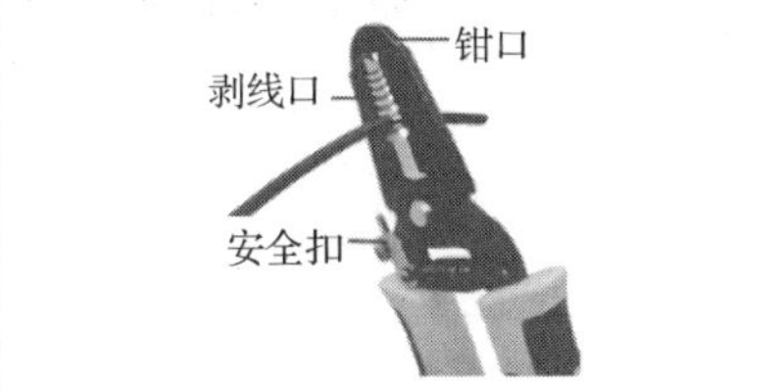 钳口、剥线口、安全扣	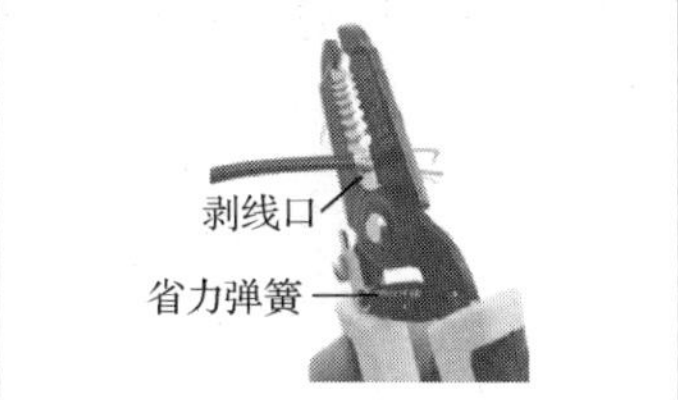 剥线口、省力弹簧
	剥线方法：将导线线头卡入与线径相对应的剥线口的孔径中，握紧钳柄、闭合钳口并外拔钳口，即可剥切掉绝缘层；剥线口下方的断线口可剪切导线；头部钳口可夹持导线外皮拔掉绝缘外皮；省力弹簧可自动张开钳口，使操作更省力、灵活		
自动型	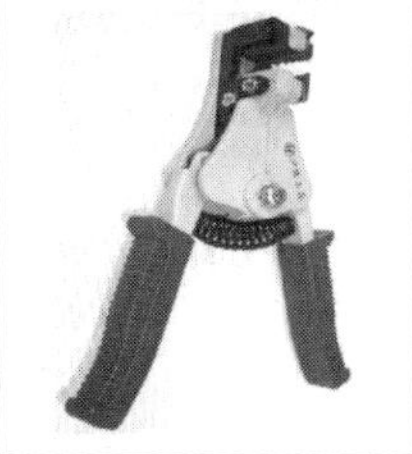	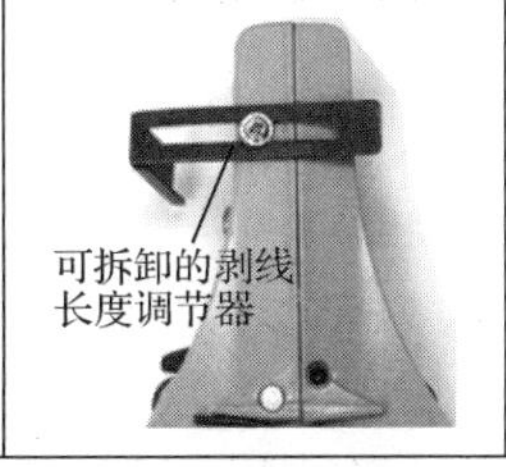 可拆卸的剥线长度调节器	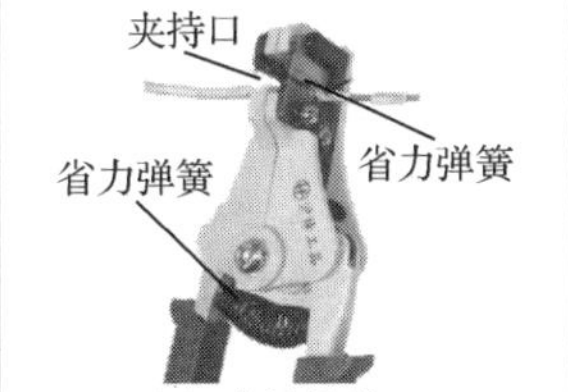 夹持口、省力弹簧 (a)夹持导线 (b)张开钳口
	剥线方法：松开手柄，将导线同时夹在夹持口与剥线口，剥线口中的孔径需与线径相适应，然后用手握住手柄使钳口张开，即完成剥线过程。有些剥线钳后背可安装剥线长度调节器，可控制剥线长度		
鸭嘴型	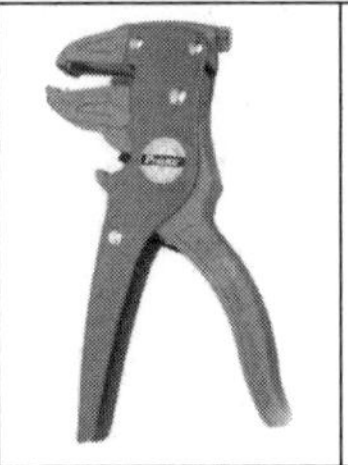	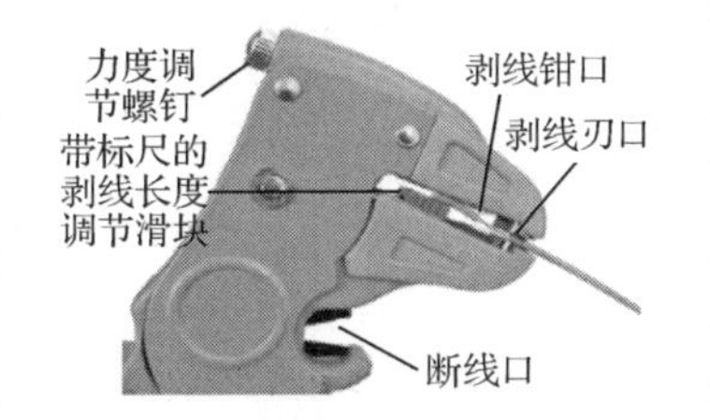 力度调节螺钉、带标尺的剥线长度调节滑块、剥线钳口、剥线刃口、断线口	剥线方法：松开手柄，张开剥线钳口，将导线放在剥线口中，用手握住手柄，钳口闭合，自动剥除外皮。滑动标尺可调节剥线长度；力度调节螺钉可调节适应线径，右旋适应小线径，反之适应大线径；断线口可剪导线。一次可同时剥 2～3 根线
端面型	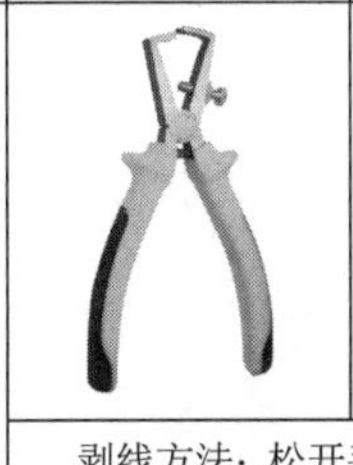	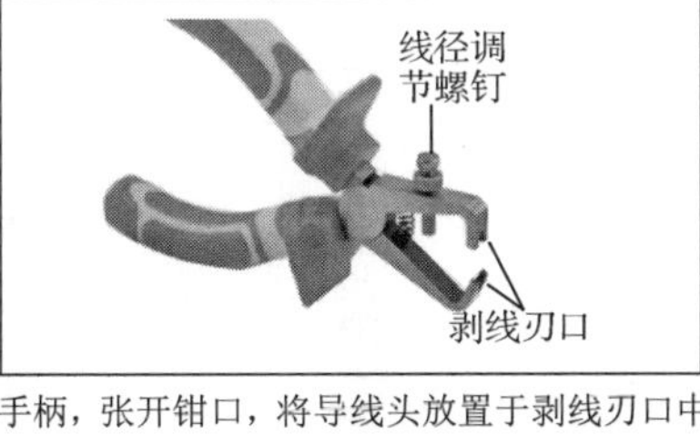 线径调节螺钉、剥线刃口	
	剥线方法：松开手柄，张开钳口，将导线头放置于剥线刃口中，握紧剥线钳手柄并外拉钳和线，即可剥除外皮。调节线径螺钉可适应不同线径，右旋螺钉适应大线径，反之适应小线径		
多功能型		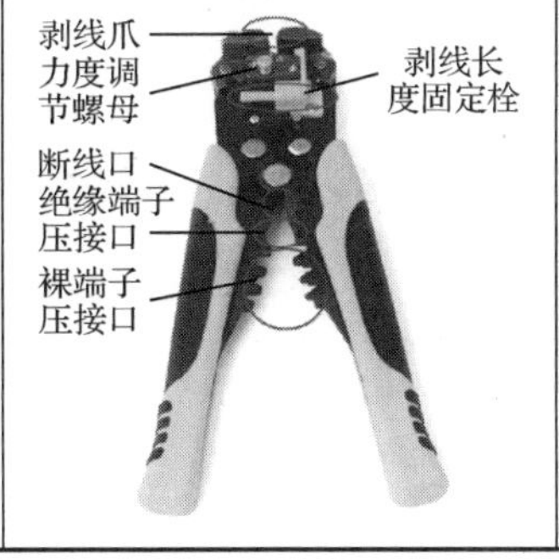 剥线爪、力度调节螺母、断线口、绝缘端子压接口、裸端子压接口	剥线长度固定栓

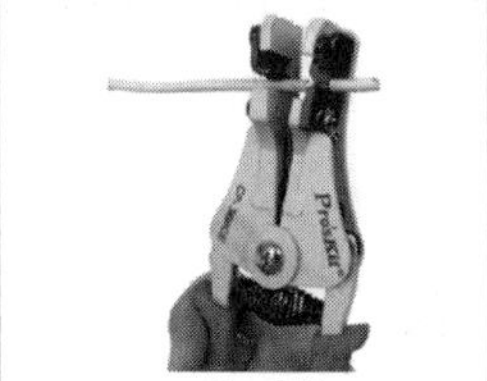

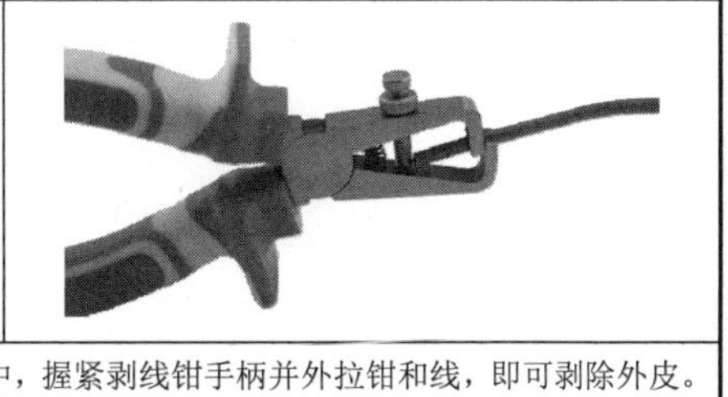

续表

多功能型	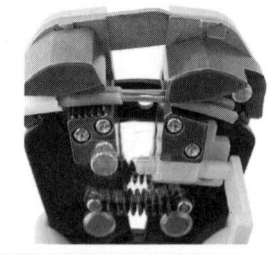	剥线方法：松开手柄，剥线爪张开，将导线置于剥线爪间，握紧手柄，两剥线爪即分开并剥切导线外皮。一次可同时剥2～3根线。调节力度螺母可适应不同线径导线，右旋紧螺母，适应小线径导线，反之适应大线径导线；剥线长度固定栓可上拨，可抵住剥线头，控制剥线长度，如剥线头长度较大，则应拨下该栓；断线口可剪切导线；压接口可压接常用绝缘端子、裸端子

2.1.6 压线钳

不同用途对应不同的压线钳，在强电、弱电安装中有许多不同端子种类，对应许多不同种类的压线钳，使用方法相似。这里介绍家装中用到的电工压线钳。具体见表2-6。

表2-6 压线钳的使用

管形端子专用钳	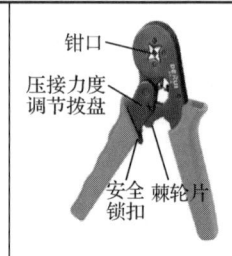	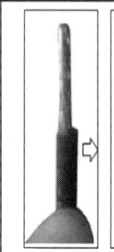	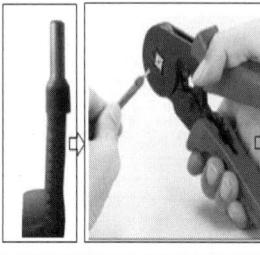	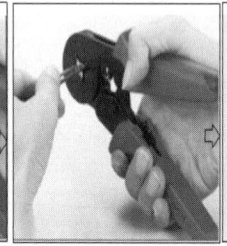	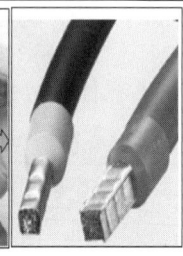
	使用方法：管形端子一般用于多股软线端头的压接，提高软线与设置端子连接的导电性与抗拉性。将导线端头剥去与管形端子长度相适应的长度，插入管径与线径相配的管形端子中，并使裸线头全部插入端子金属管内，松开压线钳柄，钳口张开，将插有导线的端子插入钳口，握紧钳柄直到压线钳的安全扣自动松开，端子即压接成功，压好的端子端面形状如图。压接端面有正四边形、正六边形两种。根据端子压接要求，可调节压接力度拨盘调节压接的力度；在压接过程中，如中途需要松开钳口，可将安全扣向钳口方向按压，即可松开钳口					
钳口可拆卸式	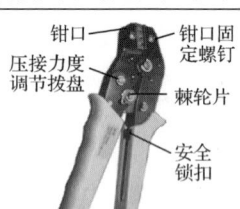	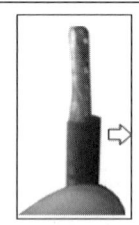	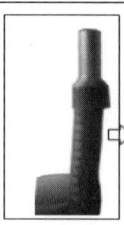	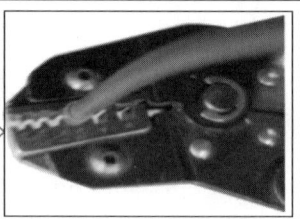	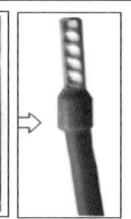
	使用方法：图中以管形端子压接为例说明，操作过程与管形压线钳操作相同，不同管径的端子应放在对应的钳口中。压接后端面也基本相同，但端子只有一面有压痕。该型压线钳松开钳口螺钉，可更换钳口模块。各种端子压接方法具体在后面有关章节介绍					
其他形式的压线钳	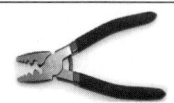				
	简易型：外形与普通钢丝钳相似，但钳口形状按压接端子要求制作，不可拆卸。适用于小型、较薄的端子压接		大力型：钳口使用了两级杠杆，故咬合力度更大，用于大型、较厚的端子压接，钳口可根据端子需求更换。家装中不常用		手动液压式：钳口咬合力度更大，适用于大型、较厚的端子压接，钳口可更换。家装中不常用

2.1.7 断线钳

断线钳使用了两级杠杆作用，钳口剪切力度更大，能剪切更粗、更硬的导线等。使用方法见表 2-7。

表 2-7 断线钳的图例及使用

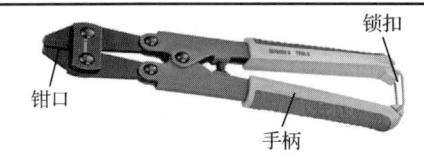

使用方法：打开锁扣，用双手张开手柄，钳口张开，将要剪切的导线放在钳口，再双手合紧手柄，即可剪切导线。断线钳手柄有不同长度，较长的手柄可以剪切更粗的钢丝

2.2 螺丝刀

螺丝刀是一种坚固和拆卸螺钉的工具，习惯称呼有起子、改锥、螺丝批等。螺丝刀头有多种类型，常用的有一字型与十字型。

1. 螺丝刀的规格型号

螺丝刀的外形及型号很多，常见螺丝刀的外形及规格见表 2-8。

表 2-8 螺丝刀的外形及规格

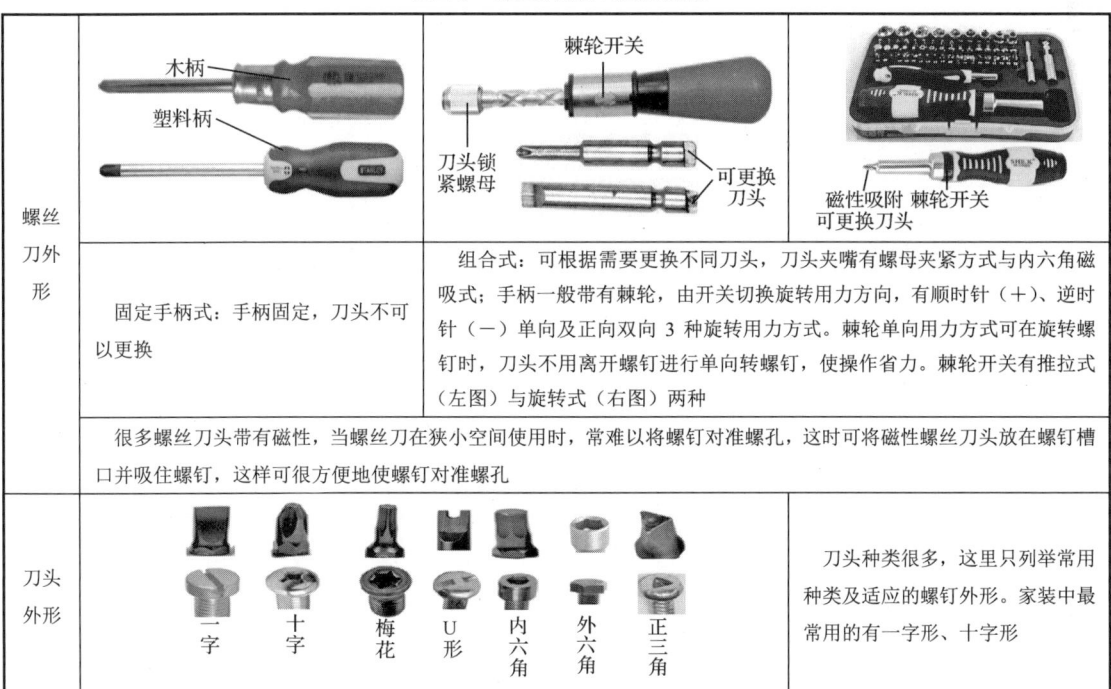

续表

规格	① 一字螺丝刀规格表示方式为：刀头宽度×刀杆，2×75mm 表示刀头宽 2mm，杆长 75mm ② 十字螺丝刀规格表示方式为：刀头号×刀杆，2"×75mm 表示刀头号为 2 号，金属杆长为 75mm。有的厂家用 PH2 表示 2 号刀头。一般可以用刀杆粗细大致估计刀头大小，0"、1"、2"、3"刀头对应的刀杆直径大约对应 3.0mm、5.0mm、6.0mm、8.0mm ③ 星形（梅花形）常用规格有 T5 T6 T7 T8 T9 T10 T15 T20 T25 T27 T30 T40 T45 T50 等

2. 螺丝刀的使用

螺丝刀使用见表 2-9。

表 2-9　螺丝刀的使用

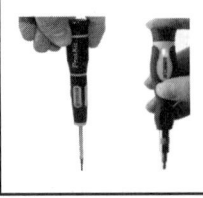	小螺丝刀：用来紧固电气装置桩头上的小螺钉，使用时可如左图拿捏螺丝刀柄末端捻旋，也可如右图，用食指顶住柄的末端捻旋		大螺丝刀：用于旋大螺钉，使用时用大拇指、食指、中指夹持刀柄，同时手掌顶住柄的末端，这样可防止螺丝刀头在旋动时从螺钉中滑脱

注意事项：

① 根据不同螺钉选用对应形状及对应大小的刀头，使刀头与螺钉尾部的槽形相吻合。
② 使用时将螺丝刀头放至螺钉槽口，并用力顶压螺钉，平稳旋转螺丝刀，用力要均匀，不要在槽口窜动。
③ 不要将螺丝刀当錾子使用，以免损坏螺丝刀。
④ 不要用大螺丝刀拧旋小螺钉，也不可用小螺丝刀拧旋大螺钉。
⑤ 使用较长螺丝刀时，可用右手压紧并拧旋手柄，左手握住螺丝刀杆中部，避免螺丝刀从螺钉中滑出。此时左手不可放在螺钉周围，以免螺丝刀滑时将手划伤。
⑥ 拆卸带电螺钉时，手不可触及螺丝刀的金属杆。

2.3　扳　　手

电工常用的扳手有活动扳手、呆扳手、套筒扳手，用于紧固和拆卸螺母。

1. 活动扳手

活动扳手也称为活络扳手，是紧固和拆卸螺母的专用工具。其扳口可在一定范围内调节以适应不同大小的螺母，是电工常用的螺母旋具。活动扳手的结构及使用见表 2-10。

表 2-10　活动扳手的结构及使用

结构组成	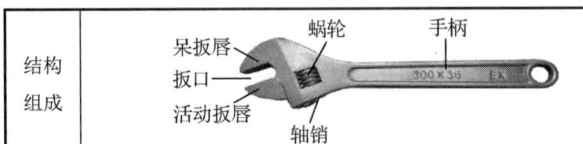	活动扳手由头部与和手柄组成。头部由呆扳唇、活动扳唇、扳口、蜗轮、轴销组成，扳口大小通过旋转蜗轮来调节

续表

规格	活动扳手规格用扳手长度×最大开口宽度（单位为mm）来表示，电工常用的规格有150mm×19mm（6寸）、200mm×24mm（8寸）、250mm×30mm（10寸）、300mm×36mm（12寸）四种规格		
使用			
	扳动大螺母时，常用较大的力矩，手应握在靠近手柄尾部处，手越靠后，扳动起来越省力		扳动小螺母时，需要不断转动蜗轮，调节扳口大小，手要靠近呆扳唇处，并用大拇指调制蜗轮，以适应螺母的大小

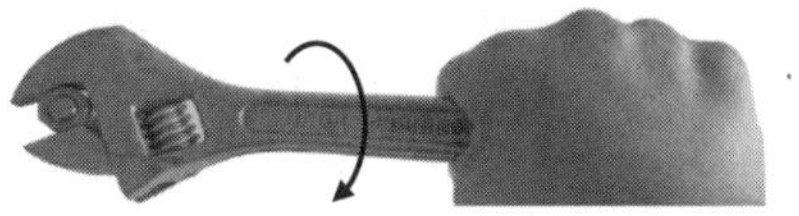

注意事项：

① 活动扳手的扳口夹持螺母时，应使呆扳唇处在着力点上（呆扳唇在上，活动扳唇在下），切不可反过来使用，以免损坏活动扳唇。

② 不得拿活动扳手当锤子使用。

③ 不可加接钢管来增加扳拧力矩，以免损坏扳手。

2. 其他类扳手

其他类扳手的使用方法与活动扳手相似，外形结构及特点见表2-11。

表2-11 其他类扳手

类型	图解	说明
呆扳手	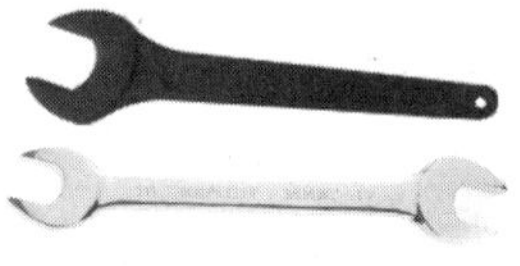	呆扳手的开口宽度不能调节，有单端开口和两端开口两种形式，分别称为单头扳手和双头扳手。单头扳手的规格以开口宽度表示；双头扳手以两端开口宽度表示，如8×10、32×36等。备用几把常用规格呆扳手，使用比活动扳手更方便
梅花扳手		梅花扳手都是双头形式，它的工作部分是封闭圆，封闭圆内分布了12个与内六角螺母相配的孔形。适用于空间小、不便于使用活动扳手与呆扳手的场合。其规格表示方法与双头呆扳手相同
内六角扳手		内六角扳手外形如图，主要用于拆装内六角螺钉。其规格以六边形对边的尺寸表示，最小尺寸为3mm，最大尺寸为27mm
套筒扳手	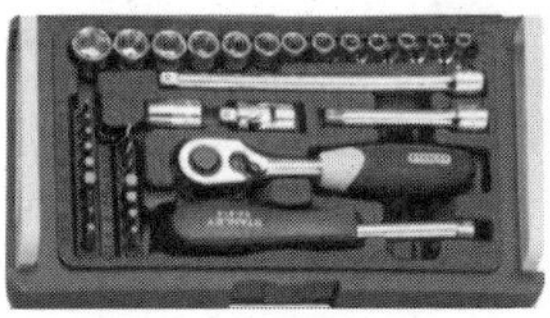	套筒扳手简称套筒，由一套尺寸不等的梅花筒、手柄、接杆、万向接头、旋具接头、弯头手柄等组成。套筒的内六棱尺寸根据螺栓的型号依次排列，可以根据需要选用。操作时根据作业需要更换附件，接长或缩短手柄。有些手柄带有棘轮装置，方便使用且省力。套筒扳手适用于一般扳手难以接近螺钉或螺母的场合
T形、三角形套筒	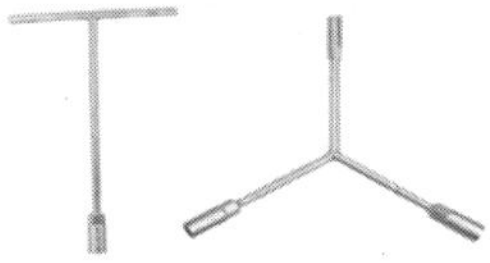	电工常拆装的螺钉与螺母规格不多，也可以只备几种常用规格的T形套筒或三角形套筒，如图所示。T形与三角形套筒使用更方便、实用
钩形扳手	 	又称半圆扳手、月牙扳手、侧面孔勾扳手，常见于一些特殊设置的拆装，如云石机锯片拆装、水表拆装等

续表

多功能扳手	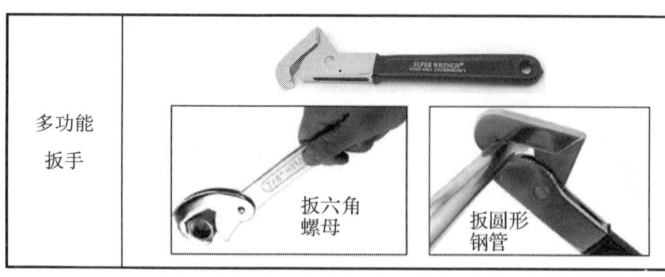	特殊钳口结构及钳口的防滑齿,使该扳手可扳六角、圆形螺钉及螺母,适用于管子、螺杆、螺母等紧固连接、快速拆卸,夹持时不易打滑

2.4 电工刀

电工刀是电工常用的一种切削工具,适用于在装配及维修工作中剥切绝缘导线外皮、切削木桩、切断缆索等。现代电工也常用美工刀替代电工刀,也是一个不错的选择。美工刀价格低廉,刀口锋利,在剥切导线绝缘层方面比电工刀更好用,但美工刀强度没有电工刀好,在某些使用方面没有电工刀可靠。电工刀的结构及使用见表2-12。

表2-12 电工刀的结构及使用

结构组成	普通电工刀由刀片、刀刃、刀把、刀挂构成。刀刃有直刃与弯刃两种,弯刃在切削导线外皮时更方便;直刃在切削木桩时更实用,因此可根据使用要求选择刃口形状
磨刃方法	电工刀的刀刃部分要磨得锋利才好剥切导线外皮,但不能磨得太锋利,太锋利容易削伤线芯,太钝则不易切削导线外皮。磨制刀刃时,底部平磨;磨面部时把刀背抬高5~7mm,使刀倾斜45°左右。磨好刃口后再磨点倒角,使刃口略微圆些,刃口锋利程度符合以上要求
导线切削	在切削导线外皮时,应使刀刃向外,以约45°角倾斜切入塑料层,然后把刀略微翘起一些,刀刃与导线呈约25°角,用刀刃的圆角抵住线芯往前推,这样不易伤线芯,切忌刀刃垂直对着导线切割导线绝缘皮,这样容易损伤芯线,造成在下道工序施工时芯线折断
用电工刀剥切导线线头的方法步骤	① 电工刀以 45° 角倾斜切入塑料层 ② 刀面与线芯保持约 25° 角向导线端头平行推进 ③ 力向外在导线塑料层削出一条缺口 ④ 另一部分塑料层剥离线芯,向后反向扳转 ⑤ 用电工刀切去翻转的这部分塑料层 ⑥ 线头的塑料层全部削去,露出线芯

2.5 手 锤

手锤也称为榔头,常见的有羊角锤、圆头锤、钳工锤。圆头锤是电工在安装电气设备时常用到的工具之一,主要用于施工过程中锤击等操作。圆头锤的结构及使用见表2-13。

表2-13 圆头锤的结构及使用

结构组成	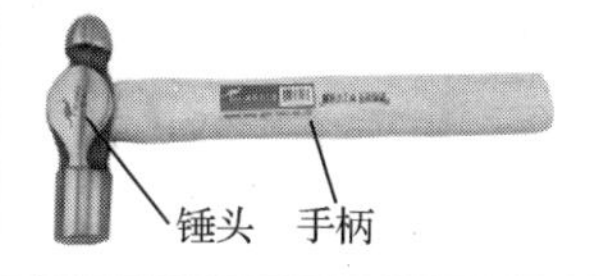 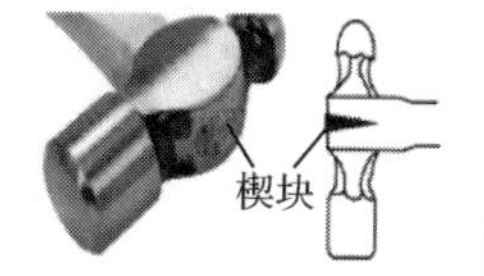	手锤由锤头、手柄和楔子组成,锤头是锤击主体,楔块的作用是防止手柄在使用过程中脱落。楔块可以是铁制的,也可用硬木制,在安装好手柄后,在锤头背面木柄端部打入
规格		手锤的规格以锤头的质量来表示,电工常用的规格有0.25kg、0.5kg和0.75kg等,锤长300~350mm
握锤方法	紧握锤法	   紧握锤是指从挥锤到击锤的全过程中,全部手指一直紧握锤柄
	松握锤法	  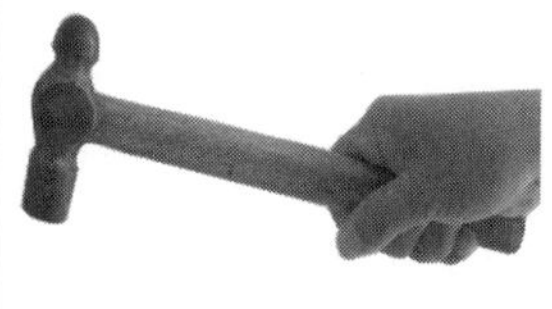 用大拇指和食指始终握住锤子的木柄;击锤时(锤头冲向錾子等物体),中指、无名指、小指一个接一个地握紧锤子的木柄,挥动锤子时以相反的次序放松。松握法可加强锤击力量,并且不易疲劳
挥锤方法	腕挥	仅用手腕的动作来进行锤击运动,采用紧握法握锤,用于在水泥墙凿打木枕孔
	肘挥	用手腕与肘部一起挥动作锤击运动,采用松握法握锤。因挥动幅度较大,锤击力大,应用最广
	臂挥	手腕、肘和手臂一起挥动,其锤击力最大,用于需大力锤击的场合

注意事项:

要根据各种不同操作需要,选择手锤的规格大小,使用过程中要时常检查锤头是否有松脱,手柄是否有断裂等现象,确保使用中锤头不会飞出伤人。

2.6 錾 子

錾子也称凿子,主要用于在墙上开孔等。尽管现在电动工具替代了錾子的大部分操作,但在一些特殊场合还是离不开它,在一些精细场合,还是需要用錾子进行修整。錾子的结构及使用见表2-14。

表 2-14 錾子的结构及使用

类型	尖錾		主要用来錾打混凝土墙面的木榫孔，也可用来打样冲给电动工具打孔定位。常用的规格有直径6mm、8mm和10mm三种
	扁錾		錾口部分扁平，电工用来在墙上錾打方形孔，电工常用的錾口宽为12mm和16mm
錾子握法		正握法：手心向下，用中指、无名指握住錾子，小指自然合拢，食指和大拇指作自然伸直地松靠，錾子头部伸出约20mm	 反握法：手心向上，手指自然捏住錾子，手掌悬空。錾子头部伸出约20mm
使用方法		左手握錾子抵住要錾孔的墙面，右手握锤子击打錾子头部；每击打一次，左手要将錾子拔起一些并将錾身转动上些角度，这样錾下的碎屑（灰沙石屑）就能及时排出，以免錾身胀塞墙内	

2.7 手　　锯

手锯又名钢锯，是一种锯割工具，可以锯割金属、木材、塑料等各种材料。手锯的结构及使用见表 2-15。

表 2-15 手锯的结构及使用

结构	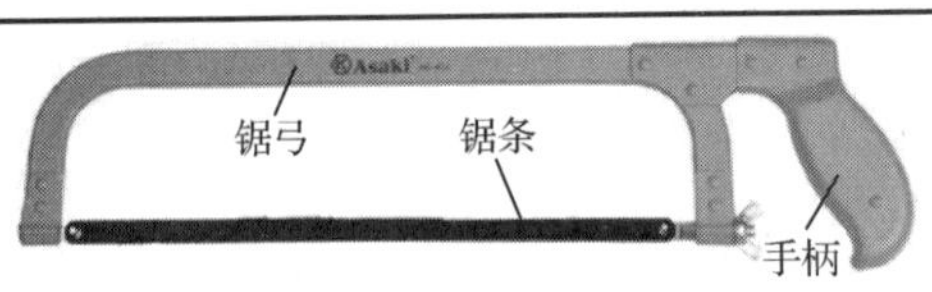 固定式（锯弓、锯条、手柄）	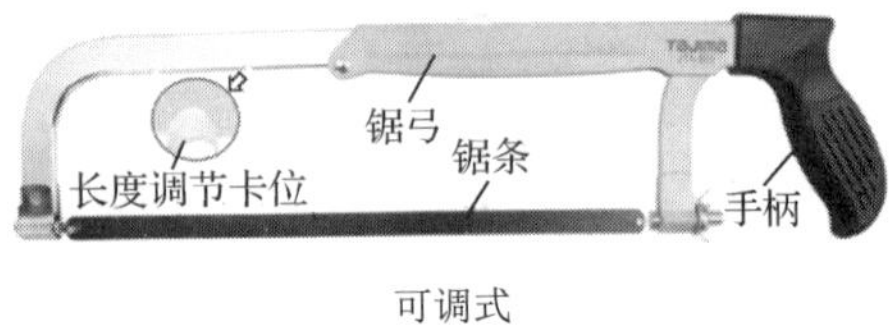 可调式（长度调节卡位、锯弓、锯条、手柄）
规格	锯条的长度有200mm（8寸）、250mm（10寸）、300mm（12寸）、350mm（14寸），常用的是300mm	
锯齿粗细	粗齿：25mm 齿数为14~18齿，适于锯削软钢、黄铜、铝、铸铁、人造胶质材料、木材等	中齿：25mm 齿数为22~24齿，适于锯削中等硬度钢、厚壁的钢管、铜管等	细齿：25mm 齿数为22~24齿，适于薄片金属、薄壁管子等
锯条安装	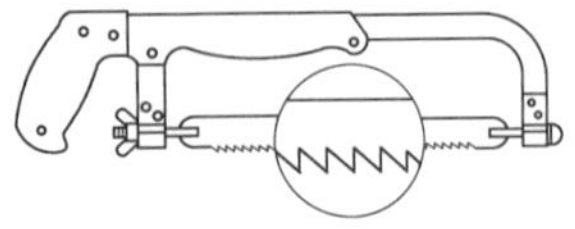 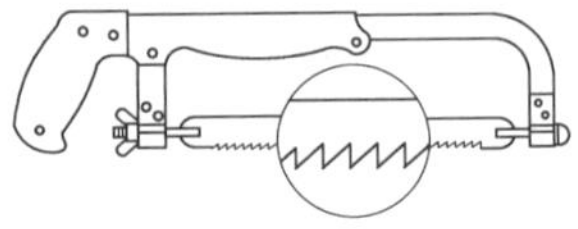 （a）正确　　（b）错误	正确的安装应使锯齿尖朝向前推的方向；锯条松紧度要合适，一般用两手指拧紧蝶形螺母即可，如果太松，操作时锯条易断
手锯握法		

续表

手锯握法	锯割槽板、木枕等小型木材及塑料时,将材料放在凳子等高处,使切割部分悬空,用左手拿住材料,右手握信锯弓手柄,来回推拉手锯即可,不用其他设备夹持		锯割钢管等金属材料时,要把金属材料夹在台虎钳上。割锯时,右手满握锯柄,左手轻扶在锯弓前端,使手锯保持水平,来回推拉
起锯	(a) (b)		(a) 远起锯:从工件远离自己的一端起锯。这种起锯方法是逐步切入材料,锯条不易卡住,也便于观察锯割线 (b) 近起锯:从工件靠近自己的一端起锯。此法若掌握不好,锯齿容易被工件的棱边卡住而崩裂
	起锯要点:① 起锯角度约15°左右;② 左手拇指靠住锯条,使锯条能正确地锯在所需要的位置;③ 当锯到槽深2～3mm 时,放开靠锯条的手,将锯弓改至正常锯削方向;④ 起锯时行程要短,压力要小,速度要慢,起锯角度要正确		
锯削压力	锯割运动时,推力和压力由右手控制,左手主要配合右手扶正锯弓,压力不要过大。手锯推出时为切削行程施加压力,返回行程不切削,所以不应施加压力,做自然拉回。注意:工件将要锯断时,推力和压力都应减小		
不同材料锯削方法	棒料	锯削棒料时,如果要求锯出的断面比较平整,则应从一个方向起锯直到结束,称为一次起锯。若对断面的要求不高,为减小切削阻力和摩擦力,可以在锯入一定深度后再将棒料转过一定角度重新起锯。如此反复几次从不同方向锯削,最后锯断,称为多次起锯	
	管子	(a) 管子的夹持　　(b) 转位锯削	① 对薄壁管子和加工过的管件,应夹在V形或弧形槽的木块之间,以防夹扁管件表面 ② 锯削到管子内壁处时,松开夹持,将管子沿推锯方向转过一些角度夹紧,继续锯削至内壁处,再转动管子,直至管子锯断,这样可免锯齿被管壁勾住
	薄板料	薄板料　锯条	① 锯削薄板料时,可将薄板夹在两木垫或金属垫之间,连同木垫或金属垫一起锯削,这样既可避免锯齿被钩住,又可增加薄板的刚性 ② 也可将薄板料夹在台虎钳上,用手锯作横向斜推,就能使同时参与锯削的齿数增加,避免锯齿被钩住,同时可以增加工件的刚性
	深缝料		当锯缝的深度超过锯弓高度时,称这种缝为深缝。在锯弓快要碰到工件时,应将锯条拆出并转过 90°重新安装,或者把锯条的锯齿朝着锯弓背进行锯削,使锯弓背不与工件相碰

2.8 电热工具

电工常用电热工具有热风枪、电烙铁、搪锡炉等,主要用于热缩管加热收缩、导线焊接、导线搪锡等操作。

2.8.1 热风枪

电工操作中,热风枪主要用于热缩管的加热收缩,也可用于其他需加热处理的场合,如通过加热解除生锈或太紧的螺帽及金属螺钉等。其结构及使用见表2-16。

表2-16 热风枪的结构及使用

结构介绍	使 用
风嘴、三挡开关、无级调温后盖、挂钩	
三挡开关包括关机、高温、低温三挡;后盖是无级调节温度旋钮,顺时针调高,逆时针调低;风嘴为热风出口	以加热热缩管为例,通过三挡开关、后盖调节好风口温度。开始加热时,风口从较远的距离且均匀地向热缩管加热,然后再慢慢靠近,直到热缩管均匀收缩并将包装物紧密包好为止

2.8.2 搪锡炉

电工对电线线头并线时,用搪锡炉对并线线头进行刷锡操作,以提高电线接头导电的可靠性,并且可阻止线路使用过程中线头的氧化。其结构及使用见表2-17。

表2-17 搪锡炉的结构及使用

结构	(a)通用调温型（熔锡锅、电源开关、调温旋钮）	(b)手提无调温型（熔锡锅、指示灯、电源开关、手柄）	(c)手提调温型（调温旋钮、电源开关、手柄、熔锡锅）
辅助材料	助焊剂,有专用焊锡膏,也可将松香溶于99%以上的酒精中得到		锡条,有各种不同纯度的锡条。电工刷锡用的锡条常用63A锡条(含锡73%,铅27%)
使用方法			① 将锡条切成3～4cm长的小段放于锡炉中,(手提式需打开支架)接通电源,将开关放置在"="挡持续加热,锡条熔化后,继续投放至锡水熔至4/5高度后,表面呈磷黄色,即可工作。搪锡时开关放置在"-"挡使焊锡保持在熔化状态(调温型将调温旋钮放置在250°)
使用方法		② 将绕制好的并线头在助焊剂中浸一下或用刷子在并线头上刷上助焊剂	③ 然后将浸过助焊剂的线头在锡炉中的锡水中浸1～2s拿出

续表

使用方法	④ 搪好锡的线头如图应呈银白色。注意：浸锡时不要将绝缘皮浸入锡水中	⑤ 接头若为如图直接方式，则用毛刷等将助焊剂刷在线头处，再用两只锡炉按图中方法浇锡

2.8.3 电烙铁

大批量线头刷锡用搪锡炉方便快捷，少量线头刷锡也可用大功率电烙铁。电烙铁是电子装配中的基本工具，种类很多；家装电工主要使用大功率外热式电烙铁。电烙铁的结构及使用见表 2-18。

表 2-18 电烙铁的结构及使用

结构及类型	 （a）小功率内热式	 （b）小功率外热式	 （c）大功率外热式
	小功率内、外式电烙铁主要用于电子产品装配、维修中焊接小电子元器件，大功率外热式电烙铁用于焊接较大的电子元器件，电工刷锡则需用 75W 以上的大功率烙铁		
电烙铁的握法	（a）握笔法：适合在工作台上，用中小功率直头烙铁	（b）正握法：适合中功率弯头烙铁，焊件竖直放置	（c）反握法：适合大功率直头烙铁，焊件水平放置，长时间工作不易疲劳
锡焊辅助材料	助焊剂（常用的有松香、专用助焊剂，或者将松香溶于 99% 以上的酒精中得到）	焊锡丝（焊锡丝中间含有起助焊作用的松香。焊锡丝中锡与铅的比例也有很多规格，常用的规格为锡 73%，铅 27%，直径为 0.3～3mm。电工可用 1mm 以上直径的焊锡丝）	
焊锡拿法	连接焊锡握法：手握焊锡丝，用拇指、食指、中指控制送丝速度，适合连续焊接	断续焊锡握法：手握焊锡丝，仅用拇指、食指、中指捏住焊锡丝，适合断续焊接	
锡焊五步法	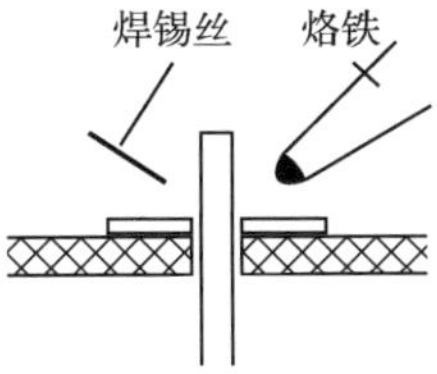	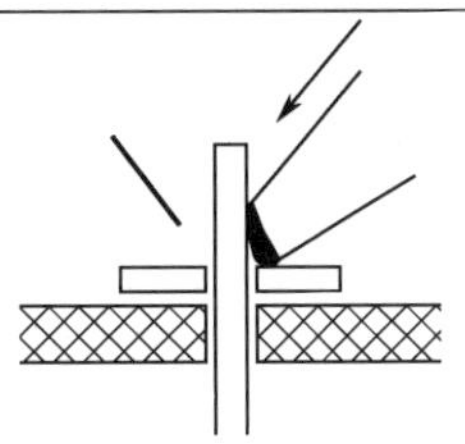	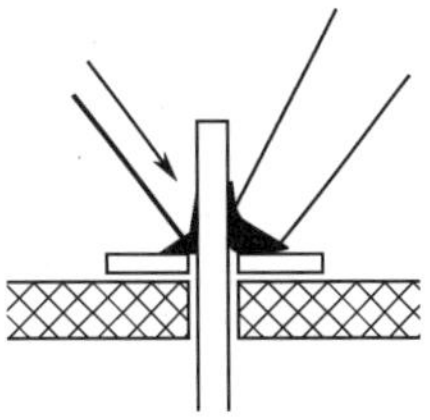

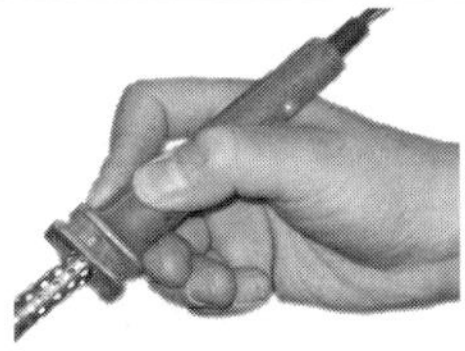

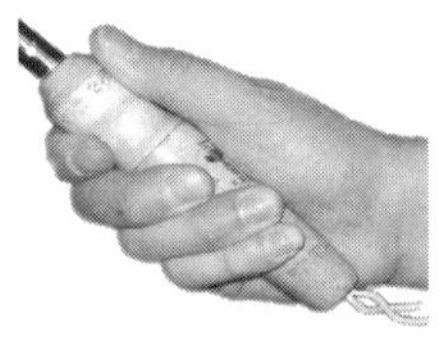

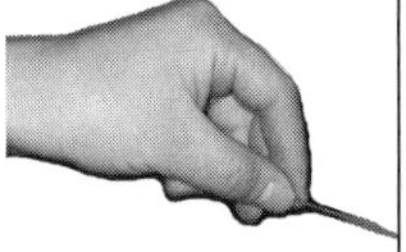

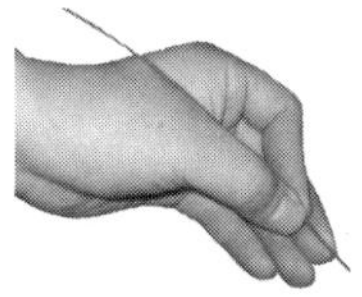

续表

锡焊五步法	准备施焊：焊接表面如无污物、干净无氧化可直接焊接，如氧化严重，应人工清除氧化层，并涂抹助焊剂。根据焊点大小，选用粗细合适的焊锡丝。烙铁头温度要高于焊锡丝熔化温度至少50℃以上，表面无氧化现象，无焊渣，保持有少量焊锡。一手拿焊锡丝，另一手拿烙铁	加热焊件：将烙铁头放在焊点上，同时加热要焊接的两个焊件。注意使烙铁头的大斜面接热容量较大的焊件，小斜面接热容量较小的焊件，如图所示，使两焊件同时均匀加热	送焊丝：小焊点一般经1～2s，大焊点根据具体情况适当调整加热时间，使焊件能熔化焊锡时，送焊丝至焊点，焊丝既接触焊件，也接触烙铁头
	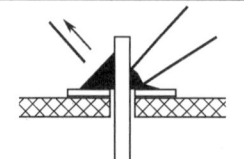	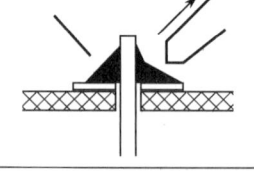	注意事项：焊剂加热后，挥发出的化学物质对人体是有害的，要保持室内空气流通；焊锡丝含铅量大，操作时，不应直接抓拿焊锡丝，应戴手套，工作结束后，要洗脸、洗手；使用烙铁时，要配置烙铁架，烙铁架放于右前方，并注意电源线不要与烙铁头相碰
	移开焊丝：焊丝熔化后，当达到焊点所需量后，要及时移开焊丝。若移开过早，则焊锡量不够，焊点太小，达不到一定强度。若移开太晚，焊点会过大，既浪费焊锡，又容易与周围焊点桥接，如图所示	移开烙铁：当熔化的液体焊锡完全均匀润湿焊点周围，并形成规则焊点后，应及时撤去烙铁。烙铁撤离时，沿与水平面呈45°方向撤离	

2.9 电动工具

电工常用电动工具包括电锤、冲击钻、手电钻、云石机、角磨机、开槽机、电动螺丝刀等。电动工具的使用可大大降低电工操作强度，提高工作效率。

电锤、冲击钻、手电钻、电动螺丝刀等通过增加一些附件进行多功能拓展，但各有特长，在使用时尽可能应用其主要功能，拓展功能只能在应急时使用。

2.9.1 电锤

电锤是电工最常用的电动工具之一，它不仅可以在硬度较大的建筑材料上钻大直径的孔，而且可以换上不同的工具头，完成凿、铲、钻等各种不同作业。

1. 电锤的结构

电锤通过机械原理，将电动机转轴的旋转运动，转换成轴向运动，使钻头、铲等具有一定的冲击力，可以在混凝土上钻孔、开槽等。不同品牌的电锤虽然外形不尽相同，但结构及使用方法基本相同。

典型电锤结构如图2-2所示，各部件功能见表2-19。重点了解电锤的功能转换开关及钻头、附件的装夹方法。

第2章 电气安装工具的使用方法与技巧

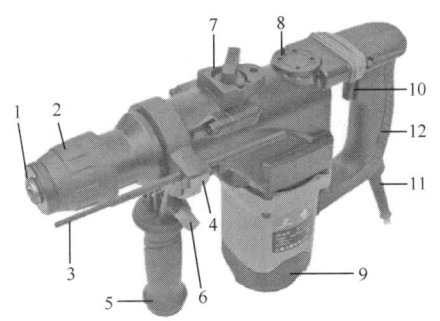

图 2-2 电锤结构图

表 2-19 电锤各部件功能

序 号	名 称	功 能 说 明
1	钻头夹	安装钻头处,常见为方形钻夹,也有少量为三角形钻夹。更换钻头时需注意钻头柄形状要与钻头夹对应才能正确安装
2	钻头锁扣盖	钻头锁紧装置。安装钻头时,用手向电锤身方向按压,插入钻头后松开手,锁扣即自动弹回并锁住钻头,使其在使用过程中不会松脱
3	深度尺	调整深度尺位置,可以对钻孔深度进行控制
4	深度尺锁扣	对深度尺位置进行锁定定位
5	副手柄	与主手柄配合,可以用双手握持电锤,使操作更稳固、有力
6	副手柄锁紧螺母	副手柄锁紧装置,松开此螺母可拆卸副手柄
7	功能转换开关	电锤功能转换开关。转换时需按下开关尾部销子。二功能电锤有两挡:T挡为电镐挡,钻头只有锤击动作,不转动;T挡为电锤挡,同时有锤击及转动动作。三功能电锤增加了电钻功能,挡,只转动没有锤击动作
8	润滑脂加注盖	为电锤齿轮及锤击模块加注润滑脂,增强传动部件的灵活性并延长其使用寿命
9	碳刷安装处	电动机碳刷是易损件,需经常更换。此款机需拆开此处底座才能看到碳刷。不少机型在此处相对位置有两只塑料螺母,旋开螺母即可拆下碳刷
10	电源开关	有些机型有开关锁定机构,开关被按下后再按下锁定按钮锁定开关,再次按开关解除锁定
11	电源线	电源进线。特殊结构可减小电源线折断的可能性
12	主手柄	与副手柄配合,可双手握持电锤操作

2. 电锤的使用

电锤的主要功能是用于在水泥混凝土、砖墙上钻孔、錾孔、錾槽,也可以用于开空调孔,在木材、金属上钻孔等。

电锤体积较大,质量较小,适于在混凝土上钻孔、开槽等作业,在木材与金属上钻孔,只能做应急时的拓展应用。电锤的使用见表 2-20。

表 2-20 电锤的使用

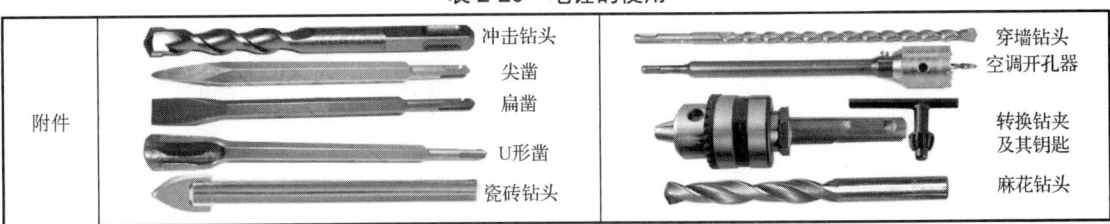

续表

附件	① 转换钻夹主要用于夹持用麻花钻及木工开孔器等不能使用冲击功能的开孔操作 ② 麻花钻头只能用于钻金属、木材、塑料等软质材料，不能用在建筑材料上打孔 ③ 冲击钻头、电镐凿、穿墙钻头、空调开孔器等只能用在建筑材料上进行冲击破碎、开孔操作，不能用在金属、木材、塑料等软质材料上作业操作 ④ 瓷砖三角形钻头专用在磁砖上开孔，不可用于其他材料上打孔
冲击钻头常用规格	① 常用规格，直径×长度：6mm、8mm×110mm；8mm×160mm；8mm、10mm、12mm×210mm；10mm、12mm、16mm、20mm×450mm 等 ② 穿墙钻头：长度为350mm，直径常用的有 16mm、18mm、20mm、22mm、25mm、28mm、32mm 等规格

钻头安装	① 按箭头方向按下钻头锁扣盖	② 插入钻头	③ 松开锁扣盖，并用手上、下推拉，检查钻头是否紧固

防护器具		使用电锤应佩戴护目镜，特别是在建筑顶部打电锤时，佩戴护目镜可防止碎屑落入眼睛，也可防止操作过程中，建筑材料崩裂损害眼睛

钻头夹的安装	固定螺钉　钻夹　两坑两槽连接杆　钻头固定钥匙	旋转钻夹使三爪开最大，将连接杆从钻夹后面旋紧，并从钻夹前头用固定螺钉锁紧连杆，即可像普通钻头一样安装在电锤上

钻头夹的运用	安装木材开孔器开锁孔	安装铁皮开孔器在铁皮上开锁孔	安装麻花钻头在金属上钻孔

空调开孔器的安装	①	②	③	① 将定位冲击钻头插入连杆前头孔中 ② 用螺钉对准钻头柄槽孔并锁紧钻头 ③ 将开孔碗旋紧在连杆上

电锤的使用方法	电锤的握持方法	电镐功能之凿功能	电镐功能之凿铲功能
	电锤功能之混凝土打孔	电锤功能之开空调孔	转换钻夹之电钻功能

2.9.2 冲击电钻

冲击电钻是一种同时具备钻孔和锤击的电动工具，它可同时做手电钻和小型电锤使用。其体积比普通手电钻大，比一般电锤小，使用方便，在家装行业中应用非常广泛。

1. 冲击电钻的结构

冲击电钻在结构、功能上与电锤基本类似，结构如图2-3所示。

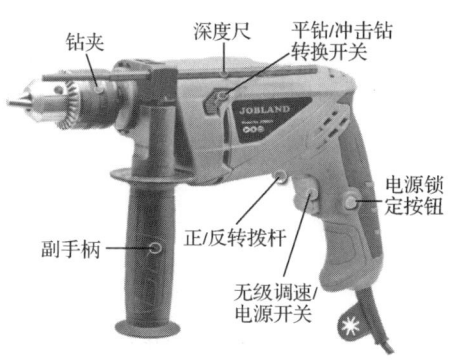

图2-3　冲击电钻的结构图

2. 冲击电钻的使用

冲击电钻的使用见表2-21。

表2-21　冲击电钻的使用

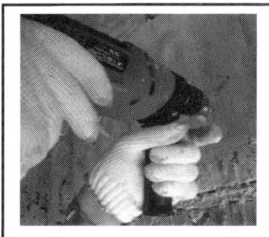	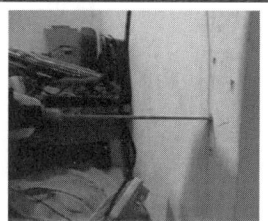	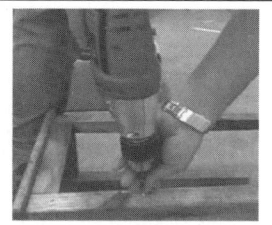	
混凝土钻孔：用冲击钻头，功能置冲击	穿墙眼：用穿墙冲击钻，功能置冲击	拧螺钉：使用螺丝刀，功能置平钻，可正/反转	金属钻孔：用麻花钻，功能置平钻

瓷砖钻孔：用三角钻头，功能置平钻	木材钻孔：用木工钻头，功能置平钻	金属板开孔：用金属开孔器，功能置平钻	木材开孔：用木材开孔器，功能置平钻
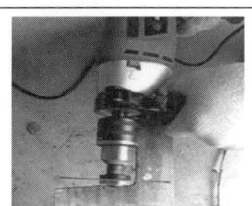			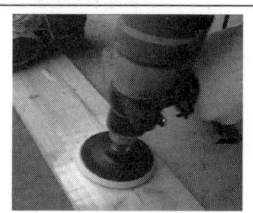
切割木材：用转换轴、木工锯片，功能置平钻	切割金属：用转换轴、金属锯片，功能置平钻	金属打磨：用转换轴、砂纸吸盘，功能置平钻	木材抛光：用转换轴、砂纸吸盘，功能置平钻

注意事项：切割木材、金属等为扩展功能，操作有一定的危险，操作时应谨慎，注意安全。

2.9.3 电动螺丝刀

电动螺丝刀，也称电批、电动起子，是用于拧紧和旋松螺钉用的电动工具。它具有调节和限制扭矩的机构，可以克服手电钻力矩不可调，在旋转螺钉时容易损坏螺钉或工件的缺点。家装配备电动螺丝刀可大大提高安装效率。

1. 电动螺丝刀的结构

电动螺丝刀有使用交流电和充电式两种类型，其结构图如图 2-4 所示。

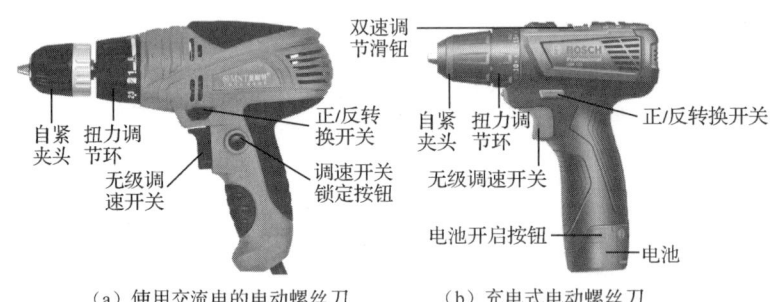

图 2-4 电动螺丝刀的结构图

2. 电动螺丝刀的使用

电动螺丝刀主要用于快速旋转螺钉，也可以作为手电钻使用，具体使用见表 2-22。

表 2-22 电动螺丝刀的使用

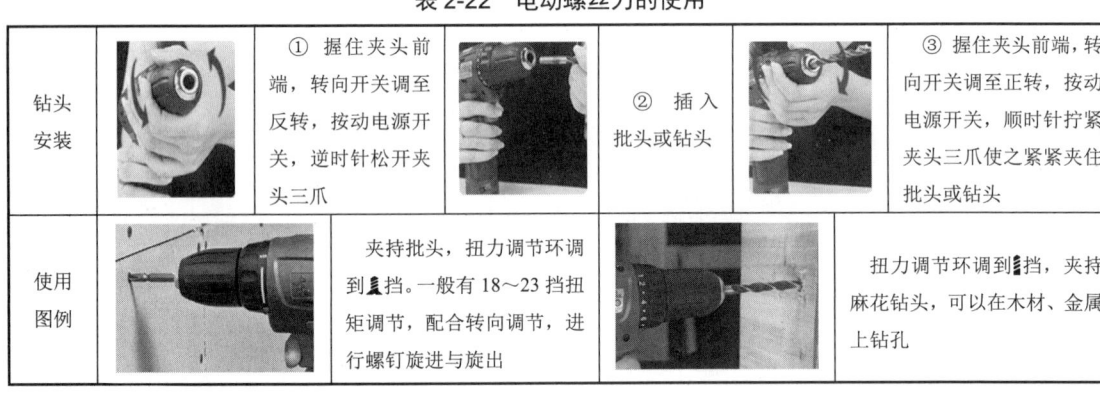

钻头安装	① 握住夹头前端，转向开关调至反转，按动电源开关，逆时针松开夹头三爪	② 插入批头或钻头	③ 握住夹头前端，转向开关调至正转，按动电源开关，顺时针拧紧夹头三爪使之紧紧夹住批头或钻头
使用图例	夹持批头，扭力调节环到⚙挡。一般有 18~23 挡扭矩调节，配合转向调节，进行螺钉旋进与旋出		扭力调节环调到⚙挡，夹持麻花钻头，可以在木材、金属上钻孔

2.9.4 云石机

云石机也称切割机，是一种切割石材的电动工具，具有体积小、操作方便等优点。配用不同的锯片，可以切割木材、金属、瓷砖、石材、混凝土等，在家装水电施工中是切割线槽的主要工具之一。

第2章 电气安装工具的使用方法与技巧

1. 云石机的结构

云石机的结构如图 2-5 所示,各部件功能见表 2-23。冷却水嘴是石材、混凝土切割时的附件。

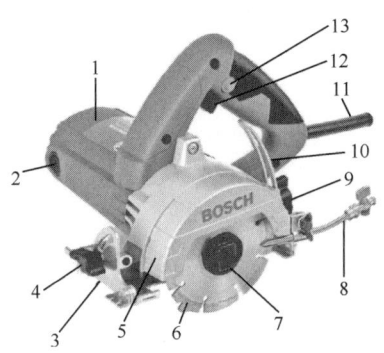

图 2-5 云石机的结构图

表 2-23 云石机各部件功能作用

序 号	名 称	功 能 说 明
1	电动机	云石机切割的动力
2	电动机碳刷	电动机碳刷更换处
3	调节平台板	云石机倾角、深度调节平台
4	倾角调节旋钮	松开旋钮可以调节云石机切割的角度
5	安全罩	防护切割过程的飞屑,保护操作的安全
6	切割片	可更换不同种类的切割片,适应不同的材料切割
7	切割片锁紧螺母	固定切割片
8	水嘴	接水管,在切割过程中给切割片喷水、降温,延长切割片的使用时间
9	深度调节螺母	松开螺母可调节云石机的切割深度
10	深度尺	固定切割深度,并显示切割深度
11	电源线	特殊出口可防止电源线折断
12	电源开关	位于手柄位置,在操作过程中方便操作
13	电源开关锁钮	按下开关后再按此按钮能自动锁定开关,再次按开关即可解除锁定

2. 云石机的使用

云石机的使用见表 2-24。

表 2-24 云石机的使用

锯片类型							
		木工锯片,适合切割木材、塑料等非金属材料		铝材锯片,适合切割铝、铜等软质金属材料		石材锯片,也称干片,适合切割石材、混凝土等建筑材料

续表

锯片类型	 树脂锯片,适合切割钢、铁等硬质金属材料	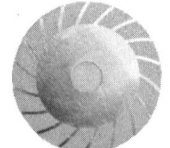 金刚石磨片,适合切割陶瓷、玻璃等硬质建筑材料	 瓷砖锯片也称干片,适合切割瓷砖、玻璃等硬质材料
锯片更换	 顺时针旋下轴中间的"M"螺栓	 如图方向放置好锯片,锯片应放平、落槽,并盖上压板	 用大孔扳手套住上盖板,用手将"M"螺栓逆时针旋到位  用小孔扳手逆时针方向旋紧"M"螺栓
冷却附件	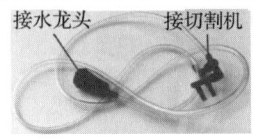 手动加水:水管一端接水龙头,另一端架在云石机上;如没有水龙头可接,也可将水桶放置于高处,将接水龙头那端放置于水桶内,利用虹吸原理加水	 自动加水:特别适合没有水龙头可接的情形。将水泵放置于水桶内,水泵与切割机接于联动插座上。启动云石机时,水泵自动启动加水,优点是水桶位置可低于云石机	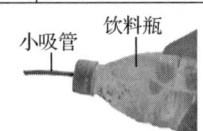 简易加水器:在空饮料瓶盖上插根口径较细的管,瓶内装满水。使用时左手操作云石机,右手捏压饮料瓶,并将细管对准锯片喷水
使用图例	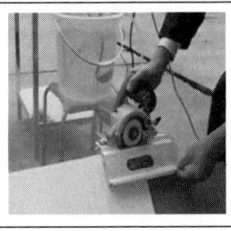		左图为手动加水与自动加水使用图例;右图为简易加水器操作图例
操作步骤	① 操作前检查电源电压和云石机额定电压是否相符,开关是否灵敏有效,锯片是否完好,确认无误后方可开机 ② 调节切割深度。旋松深度尺上的蝶形螺母并上、下移动平台板,在预定的深度拧紧蝶形螺母以固定平台板 ③ 安装冷水管。旋松固定管夹的蝶形螺母,将尼龙管接在水嘴上,拧紧蝶形螺母将水管用管夹夹紧。然后将尼龙管的一端接在水嘴上,另一端用连接器接到水龙头上。打开水龙头,调节水嘴上阀门可调节水量,调节切割深度时,要调节水管位置,否则锯片会损坏水管或得不到适当水流 ④ 启动。启动云石机,只要压下把手开关即可。放开把手开关,工具即停止转动。要使云石机连续转动,压下把手开关后再压下锁钮即可 ⑤ 调准平台板,应将切割机平台板前部边缘与加工件上的切割线对齐			
使用注意事项	① 启动时锯片不能接触工件,处在空转状态,待机具达到额定转速时才能接触工件切割 ② 多数情况下,云石机要带水作业,为防触电,操作过程中应戴橡胶胶手套,穿橡胶靴子,并要佩戴护目镜 ③ 操作前应仔细检查切割片是否有裂纹或损伤,如有裂纹或损伤应立即更换。应使用与工具配套的法兰压板等 ④ 不要损伤转轴、法兰压板(特别是安装表面)和螺栓,这些部件的损伤会导致切割片的损坏 ⑤ 工作时应紧握机具把手,严禁触摸旋转部位。防止冷却水进入电动机,从而导致触电事故或损坏电动机 ⑥ 禁止将机具开关长时间锁定在开的位置			

续表

保养常识	① 工作完毕，应切断电源，把机身表面水迹和污物擦干净，工作面涂油保护 ② 各紧固螺栓及转动部位要保持灵活，定期上油，防止锈蚀 ③ 作业完毕应使机具空转一会儿，以便除去机具内部的灰尘。机具内部灰尘积累将会影响其正常作业和机具的使用寿命 ④ 定期检查并更换碳刷。保持碳刷清洁，使其能在夹内自由滑动 ⑤ 定期对机具做绝缘检查，如发现漏电应立即排除，在潮湿环境下作业或长期不用时应定期做干燥处理 ⑥ 机具要在固定机架上存放，防止挤压、磕碰

2.9.5 开槽机

一般使用云石机及电锤相结合进行水电开槽，开槽效率低。开槽机是在云石机的基础上改进而来的，开槽时一次成型，具有效率高的特点，若结合除尘设备，可以做到无尘作业。

开槽机的结构与云石机的结构大体相同，主要不同表现在功率上加大，刀头加宽。具体结构如图 2-6 所示。

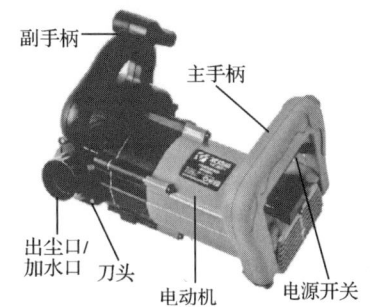

图 2-6 开槽机的结构图

开槽机的使用与云石机也基本相同，具体见表 2-25。

表 2-25 开槽机的使用

刀头类型		同云石机石材锯片，根据开槽宽度不同，同时使用 2~5 片		单刀头，开槽宽度有 25mm 和 35mm 两种规格		双刀头，开槽宽度为 50mm
刀头安装		① 拧出挡板螺钉，取下挡板		② 先放入第一个垫片		③ 放入刀头，后面每隔一个刀片放入一个垫片
		④ 根据开槽宽度放置相应数量的刀头，拧紧螺母		⑤ 用两只扳手正/反拧紧螺母		⑥ 安装好挡板，刀头安装完成。单/双刀头与此类似
开槽图例		老火砖墙壁开槽		混凝土路面开槽		花岗岩石材开槽

续表

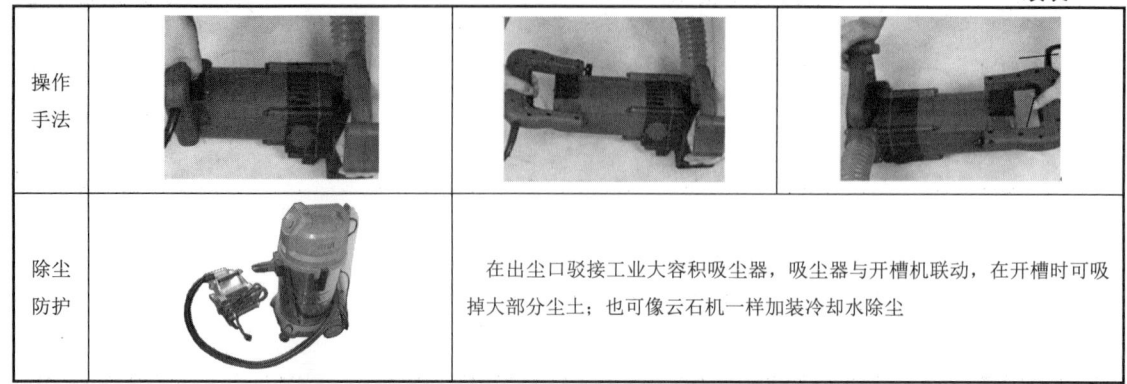

2.10 电线管敷设工具

家装电工的重要施工操作之一就是敷设电线管。用于电线管敷设时，割管剪刀、弯管弹簧、穿线器、放线架等是常用工具。

2.10.1 割管剪刀

割管剪刀可以剪切 PVC 电管、PPR 水管，是塑料类管子敷设中的必备工具，具体使用见表 2-26。

表 2-26 割管剪刀的结构及使用

2.10.2 弯管弹簧

电线管中间不能有 90°的直角弯头，需用弯管弹簧弯曲圆弧形弯头才容易穿电线。弯管弹簧的外形及使用见表2-27。

表2-27　弯管弹簧的外形及使用

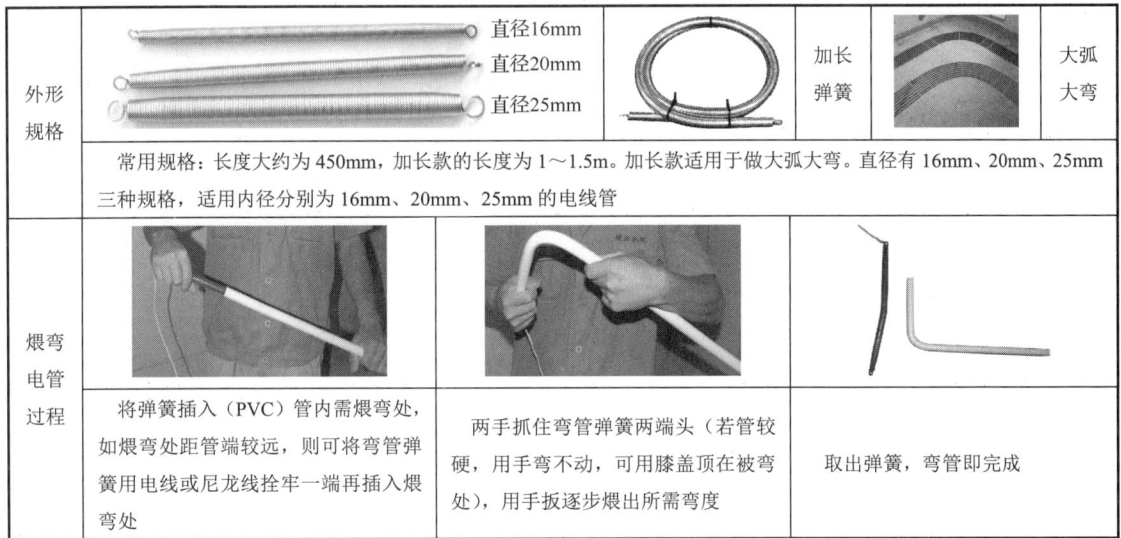

2.10.3　穿线器

穿线器是家装暗装线管道中的牵引引导绳，是一种高效的布线工具。可以在4分（16mm）以上的管道中使用，具体使用见表2-28。

表2-28　穿线器的使用

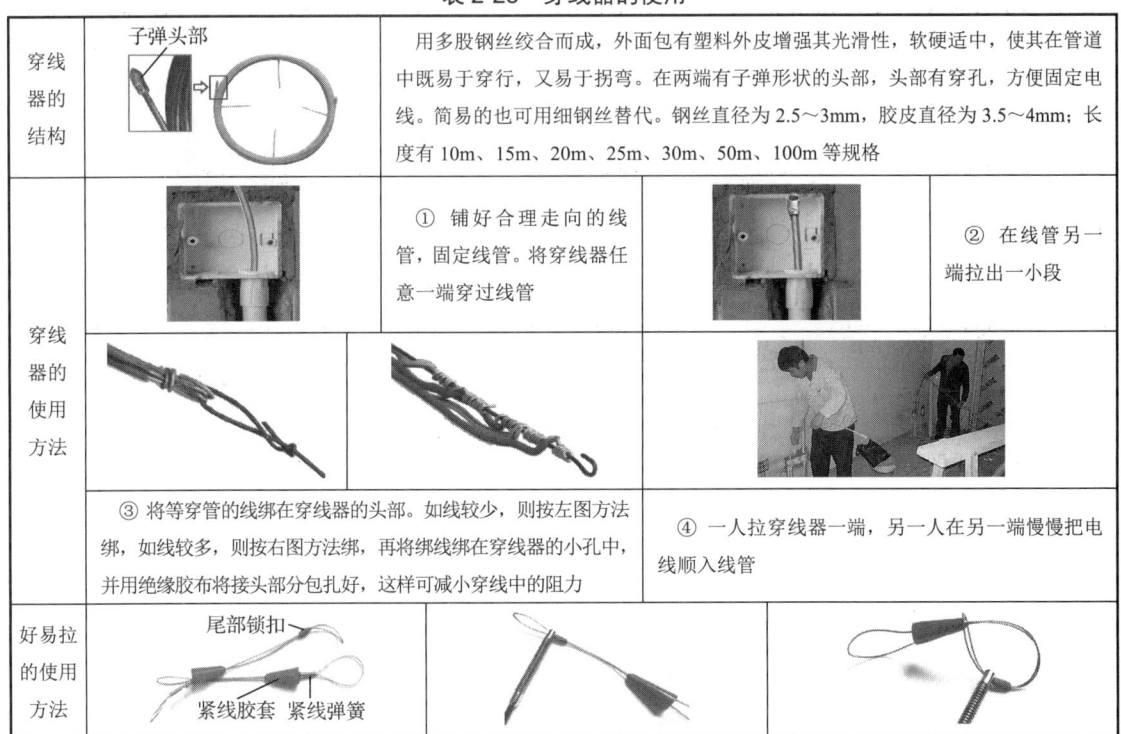

续表

好易拉用于穿线器牵引线头的捆绑，具有快捷、方便、牢固等优点	① 将好易拉的尾部穿进穿线器连接头的小孔里	② 将好易拉的头部穿过尾部，绕穿过去
③ 绕穿过去后把好易拉尾部用锁扣锁紧	④ 将好易拉的头部卷成两个8字形	⑤ 将要穿过的电线、网线按波浪形的方式从好易拉的8字形上下穿过
⑥ 穿过后将好易拉的紧扣弹簧往上推，越紧越好	⑦ 然后将胶套把线头一起套上，可防止掉线	⑧ 也可以同时绑住2条线、3条线，可以一次性拉几条线，使用方法跟单线是一样的

(左侧纵向表头：好易拉的使用方法)

2.10.4 放线架

在电线管穿线时，整圈的电线放线过程中，很容易使电线扭结在一起而出现死结。电线出现的死结在穿线拉扯时可能会使导线折断，或者即使没折断也会对导线造成损伤，这种现象在同时穿多根线时更常见。因此，放线时使用放线架是必要的。放线架有多种不同结构形式，常见的放线架形式见表2-29。

表2-29 各种不同形式的放线架

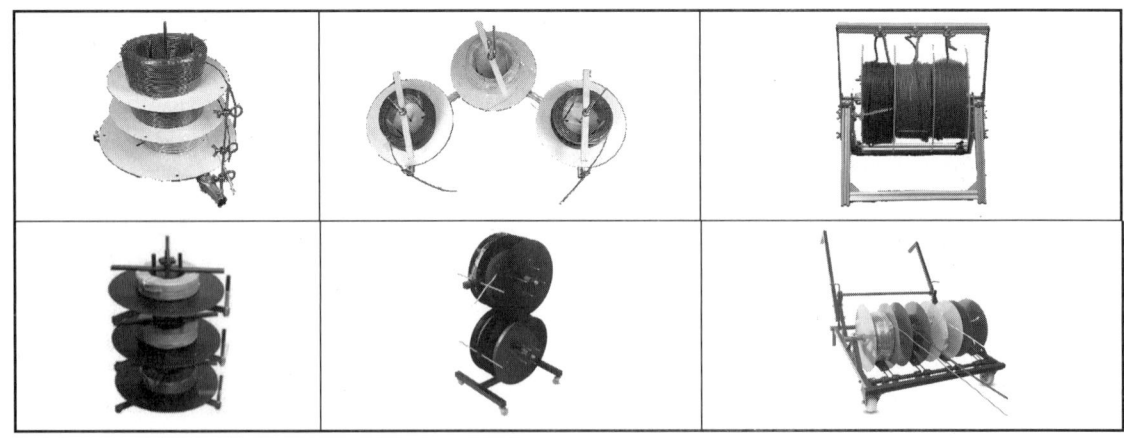

注意事项：放线架的结构很简单，只要能夹持线圈并灵活转动即可，各个线圈能独立旋转，互不影响最好。

2.10.5 弹线器

弹线器又叫墨斗，主要用于画较长的直线。在家装水电中，主要用于线槽画线定位，具体使用见表 2-30。

表 2-30 弹线器的使用

结构	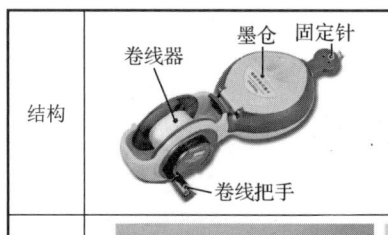	弹线器由墨仓、卷线器、墨线、固定针四部分构成。卷线器有手动卷线与自动卷线两种类型；墨线有尼龙线（耐磨）与棉线（吸墨好）两种。具体使用可以根据个人喜好选择
使用方法	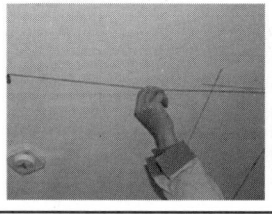 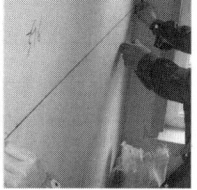	将弹线器的固定端针插在待画直线的起始端，压住压墨按钮同时转动手柄拉出墨线，到达合适位置后用一只手拉紧墨线，用另一只手往垂直方向拉起墨线，再松开手，墨线碰触地面或墙壁就画出一条直线。如果墙壁或地面较硬，则固定针不能插入固定，可两人配合操作

2.10.6 并线器

并线是家装接线的基本方法，传统方法是用钢丝钳手工绕线。手工绕线效率低且绕线的均匀度难以保证，对电工双手也有一定的损伤。并线器配合手电钻或电动螺丝刀使用，可大大提高绕线效率，从而减小劳动强度。并线器的使用见表 2-31。

表 2-31 并线器的使用

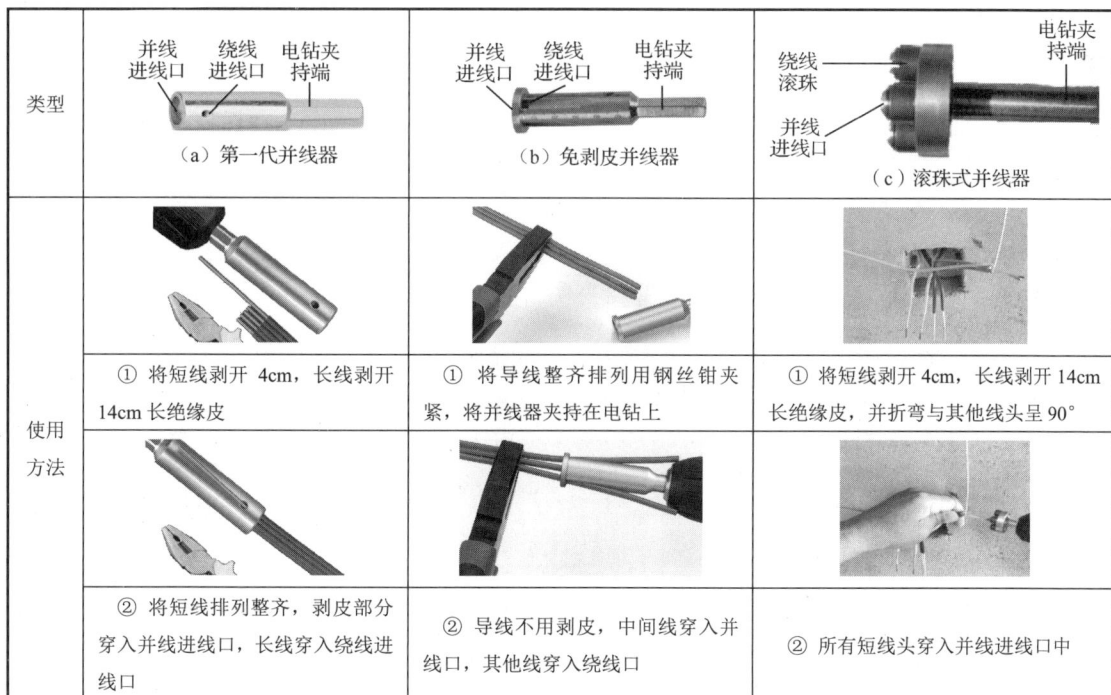

续表

注意事项：网上卖的比较好的是免剥皮式并线器，由于不用剥线，相对来说效率较高。该并线器如果使用不熟练，可能会绞断线头，因此建议，一要用废线练习熟练后再实地施工，二使用电动螺丝刀夹持并线器，根据实际情况调整转速，可减少断线现象。滚珠式并线器的长线是在滚珠的带动下绕线的，对线的损伤小，基本不会出现断线现象。

2.10.7 钢卷尺

钢卷尺是各种工程施工中最常用的一种长度测量工具，具有使用方便的特点，钢卷尺的使用方法见表2-32。

表2-32 钢卷尺的使用方法

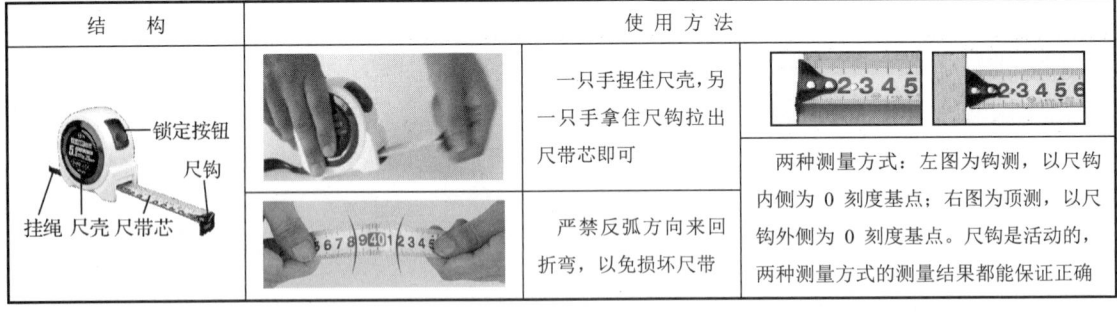

2.10.8 攀高工具

家装水电施工中，攀高是不可避免的。攀高工具主要是单梯和人字梯，梯子的正确使用是施工安全的重要保证。有关梯子的使用见表2-33。

表 2-33 梯子的安全使用

类型	图示	使用注意事项
单梯		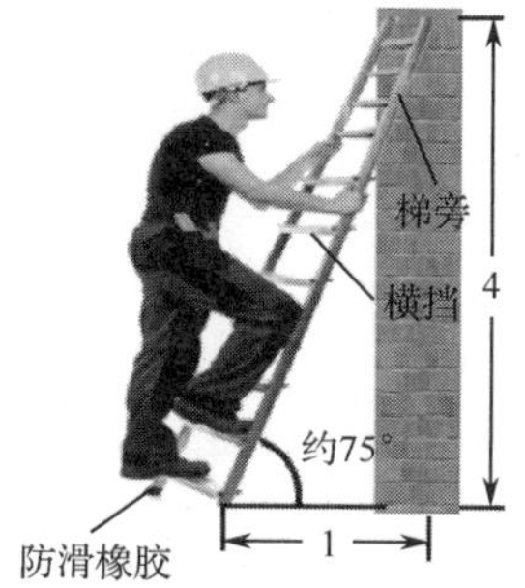  使用注意事项： ① 清除梯脚附近杂物。② 梯子最大倾斜不超过 4∶1。③ 上、下梯时要双手扶梯。④ 梯脚要装防滑橡胶。⑤ 梯上人脚距底面超过 2m 应有人扶梯。正确的扶梯方法是：扶梯人一只脚踏地，另一只脚踏稳梯子最低横挡，双手扶梯。⑥ 不能手拿工具上、下梯，工具应用工具包背着上、下，或者用绳子提升
单梯	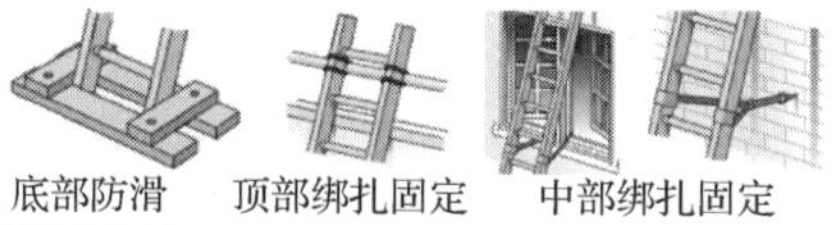 底部防滑　顶部绑扎固定　中部绑扎固定	⑦ 地面较滑或不平整时，用木板做马扎防滑；梯子较高时，应在顶部绑扎或在中部借助窗柱、膨胀钉等绑拉绳防止倾倒
单梯		 ⑧ 放置梯子的地方：梯台的周围必须牢固，无任何障碍物。如果是通道、走道，应当采取隔离措施，并贴置"勿碰撞"的警示标志。如果梯子靠放在门前，则必须把门锁住，不许打开
单梯		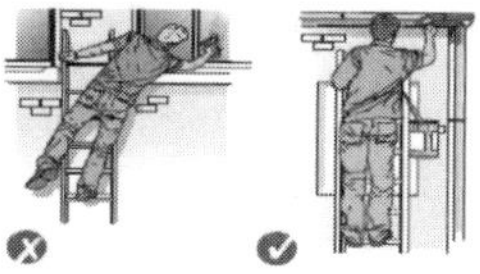 ⑨ 在梯子上工作：所操作的工作不应该距离梯子的最高处超过 1m，梯子的位置必须能够让操作人员方便操作
人字梯		使用注意事项： ① 打开及锁好限制跨度的安全拉绳，并放在平稳的平面。② 打开或关折梯子时手要远离梯绞链或梯锁角夹口。③ 不能踏在梯子顶端，脚离顶端不少于两挡。④ 在接近顶部操作时，双脚尽可能跨在梯子两侧，不能将人字梯做单梯使用
人字梯		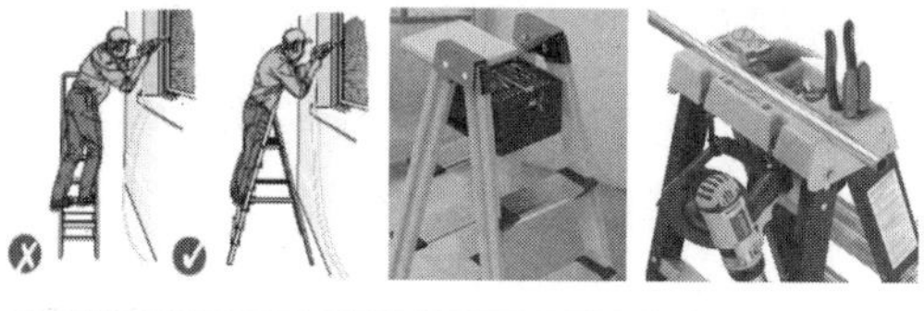 ⑤ 进行使用冲击钻等有水平冲击作用的施工时，人尽可能正对梯面站立。⑥ 为了安全和提高工作效率，使用顶面带工具箱的梯子，也可以自己参照图例自制梯子顶面的工具箱，挂载在普通梯子上

2.11 家装电气安装工具的选用

家装电工工具的选用，在实用、经济、够用的原则上，以提高工作效率为目的，电动工具为优选项，辅以手动工具。工具的选用要考虑个人使用习惯灵活进行。下面根据家装电工施工需求列出工具选用方案，在选用时可根据实际施工要求增减。选用方案见表 2-34。

表 2-34　家装电气安装工具的选用　　　　　　（1 寸约等于 3.33cm）

类别	说明
钳类	① 钢丝钳 8 寸；尖嘴钳 6 寸；斜口钳 6 寸。② 剥线钳选用手动型或鸭嘴型，较耐用。③ 压线钳为可选项。如采用多芯线布线则配备管形压线钳；灯线等小功率场合用奶嘴压线帽，配备奶嘴压线钳
螺丝刀	① 十字和一字螺丝刀分别配备 6mm×150mm 及 3mm×75mm 两种规格。② 电动螺丝刀配十字和一字 6mm×120mm 批头，建议配备充电型，如果有条件，交流型与充电型各配一套，用电方便时用交流型，不方便时用充电型
扳手	① 活动板手为 6 寸与 12 寸各一把。② 双头开口扳手，配备 6-7、8-10、14-17 三种规格
电工刀手锯	① 电工刀，也可选用美工刀。② 手锯也是必须配备的，可用于金属、木材、大管道的切割
手锤、錾子	① 锤子建议 0.5kg、0.75kg 各一把。② 尖錾与扁錾各一把
电热工具	① 热风枪。② 搪锡炉配通用型。③ 电烙铁配 150W 外热式
电动工具	① 配电锤就不用配备冲击钻，附件配 6、8、10、12 冲击钻头，穿墙钻头，电铲头，电凿头，19、25、30 金属开孔器。② 如果配备了电动螺丝刀，则可不配手电钻。③ 配云石机，开槽机为可选项，开槽机的开槽宽度有限，适用于开单槽，云石机配合电锤可开各种宽度的槽。云石机配合加水装置，也可以达到除尘效果
线管敷设工具	① 割管剪刀。② 弯管弹簧 16、20、25 长短各配一根。③ 穿线器配 30m 够用。④ 建议配备好易拉，使用方便，效率高，使用成本低。⑤ 配线架建议配备挂架式。⑥ 画线器还是手动式可靠些。⑦ 并线器可配备免剥皮式，如担心断线可选滚珠式。⑧ 5m 或 10m 钢卷尺
梯子	家装一般配一个人字梯即可，人字梯使用较安全

第 3 章　认识和选用电气安装材料

【本章导读】
　　本章详细介绍了家装常用电气安装材料的相关知识及选用，是合理利用资源、提高家装电气质量的重要前提，也是家装电气安全的保障。学习本章，应重点掌握常用材料的选用。
　　家装常用电工材料有导电材料、绝缘材料、敷设材料、开关、插座等，是家用电气线路的构成及安装基础。学习本章应掌握各种电工材料的性能特点，合理选用电气安装材料，做到高质又经济实用地安装家用电气电路。

【学习目标】
① 掌握常用家装电工材料种类及性能。
② 掌握家装电工材料的质量鉴别。
③ 结合家装电气工程实际合理选用电工材料。

3.1　电线与电缆

　　电线与电缆包括强电电线电缆与弱电电线电缆，是家装电气电路的主体。电线与电缆的选用直接关系到电气安全与弱电信号质量。

3.1.1　强电电线与电缆

1. 常用家用绝缘导线的型号、名称及用途

　　根据用途不同，强电电线与电缆有很多类型，家装电气电路电线与电缆主要以聚氯乙烯绝缘线为主，表 3-1 列出常用聚氯乙烯绝缘线。

表 3-1　常用聚氯乙烯绝缘线

结　构	型号	名　称	主要用途及敷设方式
	BV	铜（铝）芯聚氯乙烯绝缘线，单层绝缘	适用于各种交流、直流额定电压 500V 及以下户内动力和照明线路固定敷设，以及户外沿墙支架敷设导线
	BLV		
	BVV	铜（铝）芯聚氯乙烯绝缘聚氯乙烯护套电线，双层绝缘	
	BLVV		

续表

结　构	型号	名　称	主要用途及敷设方式
	BVVB2	铜（铝）二芯聚氯乙烯绝缘聚氯乙烯护套平形电线，双层绝缘	适用于各种交流、直流额定电压500V及以下户内动力和照明线路固定敷设，以及户外沿墙支架敷设导线
	BLVVB2		
	BVVB3	铜（铝）三芯聚氯乙烯绝缘聚氯乙烯护套平形电线，双层绝缘	
	BLVVB3		
	BVR	铜芯聚氯乙烯绝缘软线，单层绝缘	适用于各种交流、直流额定电压500V及以下户内动力和照明线路，活动不频繁场所的电源连接线
	BVVR2	铜二芯聚氯乙烯绝缘软线，双层绝缘	
	RVV2	铜芯聚氯乙烯绝缘平行软线，带有抗拉索，有2、3、4、5、6、7等芯数	适用于活动较频繁场所的电源连接线
	RVS	铜芯聚氯乙烯绝缘双绞合型软线	适用于250V以下移动电具、吊灯的电源连接导线

注：① 型号的简单识别：A-安装导线；B（B）-第一个表示布线，第二个表示玻璃丝编织；V（V）-第一个表示聚氯乙烯绝缘，第二个表示聚氯乙烯护套；L-铝，无L则表示铜；F-复合型；R-软线；S-双绞；X-绝缘橡胶。

② 额定电压用 U_0/U 表示，单位为千伏。U_0 表示任一主绝缘导体与"地"（金属屏蔽、金属套或周围介质）之间的电压有效值；U 为多芯电缆或单芯电缆系统任意两相导体之间的电压有效值。家用电线一般为0.6/1kV。

2. 常用绝缘导线的安全载流量

电流通过导线时，由于导线有电阻，所以会发热，从而使导线的温度升高，热量通过导线外包的绝缘层散发到空气中。如果散发的热量等于导线所发出的热量，则导线的温度不再升高。如果这个温度是导线的最高允许温度（一般定为65℃），则这时的电流就称为该导线的安全载流量或称导线的安全电流。若通过导线的电流超过其安全载流量，则导线的绝缘层就会加速老化，甚至损坏而引起火灾。

导线的安全载流量与导线环境的温度和布线方式有关。在不同环境温度和敷设方式下，几种常用导线的安全载流量见表3-2至表3-5。为了防止导线绝缘层过早老化，导线的载流量一般不应超过其安全载流量的70%。

表3-2　塑料绝缘导线明敷设时安全载流量（单位为A）

导线截面积 /mm²	铝芯塑料绝缘线				铜芯塑料绝缘线			
	25℃	30℃	35℃	40℃	25℃	30℃	35℃	40℃
1	—	—	—	—	18	17	15	14
1.5	—	—	—	—	22	20	19	17
2.5	23	21	20	17	30	28	25	23
4	30	28	25	23	40	37	33	30
6	39	3	33	30	50	47	43	38
10	55	51	47	42	75	70	64	57
16	75	70	64	57	100	93	85	76
25	100	93	85	76	130	121	110	99

表 3-3 铝芯绝缘导线穿 PVC 管敷设时的安全载流量（单位为 A）

导线截面积 /mm²	管内穿 2 根				管内穿 3 根				管内穿 4 根			
	25℃	30℃	35℃	40℃	25℃	30℃	35℃	40℃	25℃	30℃	35℃	40℃
2.5	16	14	13	12	15	13	12	11	14	13	11	10
4	24	22	20	18	21	19	17	15	19	17	16	14
6	29	27	24	22	26	24	22	19	24	22	20	18
10	43	40	36	32	36	33	30	27	31	28	26	23
16	53	49	45	40	47	43	40	35	42	39	35	31
25	72	67	61	54	66	61	56	50	57	53	48	43

表 3-4 铜芯绝缘导线穿 PVC 管敷设时的安全载流量（单位为 A）

导线截面积 /mm²	管内穿 2 根				管内穿 3 根				管内穿 4 根			
	25℃	30℃	35℃	40℃	25℃	30℃	35℃	40℃	25℃	30℃	35℃	40℃
1	12	11	10	9	11	10	9	8	10	9	8	7
1.5	14	13	11	10	13	12	11	9	12	11	10	9
2.5	21	19	17	16	20	18	17	15	18	16	15	13
4	31	28	26	23	27	25	23	20	25	23	21	19
6	37	34	31	28	35	32	29	26	31	28	26	23
10	58	54	49	44	48	44	40	36	42	39	35	31
16	69	64	58	52	62	57	52	47	55	51	46	41
25	96	89	81	73	88	82	74	67	75	69	63	57

表 3-5 BVV 型与 BLVV 型塑料护套线规格、结构尺寸及参考载流量（单位为 A）

标称截面积 /mm²	线芯结构		绝缘厚度/mm	护套厚度		最大外径/mm			BVV 型参考载流量/A			BLVV 型参考载流量/A		
	根数	直径 /mm		单/双芯	三芯	单芯	双芯	三芯	单芯	双芯	三芯	单芯	双芯	三芯
1.0	1	1.13	0.6	0.7	0.8	4.1	4.1×6.7	4.3×9.5	20	16	13	15	12	10
1.5	1	1.37	0.6	0.7	0.8	4.4	4.4×7.2	4.6×10.3	25	21	16	19	16	12
2.5	1	1.76	0.6	0.7	0.8	4.8	4.8×8.1	5.0×11.5	34	26	22	26	22	17
4	1	2.24	0.6	0.7	0.8	5.3	5.3×9.1	5.5×13.1	45	38	29	35	29	23
5	1	2.50	0.8	0.8	1.0	6.3	6.3×10.7	6.7×15.7	51	43	33	39	33	26
6	1	2.73	0.8	0.8	1.0	6.5	6.5×11.3	6.9×16.5	56	47	36	43	36	28
8	7	1.20	0.8	1.0	1.2	7.9	7.9×13.6	8.3×19.4	70	59	46	54	45	35
10	7	1.33	0.8	1.0	1.2	8.4	8.4×14.5	8.8×20.7	85	72	55	66	56	43

3. 按机械强度选择绝缘导线的最小允许截面

导线最小允许截面应符合机械强度要求。在不同场所使用的绝缘导线的最小允许截面可参照表 3-6 选用。

表 3-6　按机械强度选择绝缘导线的最小允许截面

序　号	用　　　途			线芯最小截面/mm²		
				铜芯软线	铜线	铝线
1	照明用灯头线	室内		1.0	1.0	2.5
		室外		1.0	1.0	2.5
2	移动式用电设备	生活用		0.75	—	—
		生产用		1.0	—	—
3	架高在绝缘子上的绝缘导线支撑点间距离 L	室内	L≤2m	—	1.0	2.5
		室外	L≤2m		1.5	2.5
		室内外	2<L≤6m		2.5	4
			6<L≤16m		4	6
			16<L≤25m		6	10
4	穿管敷设的绝缘导线			1.0	1.0	2.5
5	塑料护套线沿墙明敷			—	1.0	2.5
6	预制板板孔穿线敷设导线			—	1.5	2.5

4. 布线施工中导线颜色的选用

敷设导线时，相线 L、零线 N 和保护零线 PE 应采用不同颜色的导线加以区分。这样不仅为导线敷设及接线提供了方便，也为日后检修或更换导线提供了方便，为施工安全创造了条件。通过看导线的颜色，就能判断相线、零线和保护零线。

1）相线、零线和保护零线的颜色标志

相线、零线和保护零线的颜色标志都有相应标准，布线时不可随意选用颜色，以免在以后检修时产生错误判断，发生安全事故。具体颜色标志见表 3-7。

表 3-7　相线、零线和保护零线的颜色标志

类　别	颜色标志	线　别	备　注
一般用途导线	黄色	相线 L1 相	U 相
	绿色	相线 L2 相	V 相
	红色	相线 L3 相	W 相
	浅蓝色	零线或中性线	
保护接地（接零）中性线（保护零线）	绿/黄双色	保护接地（接零）中性线（保护零线）	颜色组合 3:7
二芯（单相电源供电）	红色	相线	
	浅蓝色	零线	
三芯（单相电源供电）	红色	相线	
	浅蓝色（或白色）	零线	
	绿/黄双色（或黑色）	保护零线	
三芯（三相电源供电）	黄、绿、红三色	相线	无零线
四芯（三相四线制供电）	黄、绿、红三色	相线	
	浅蓝色	零线	

2）导线颜色的选用

布线施工中导线颜色的选用应符合下列要求。

（1）同一建筑物内的导线，颜色选用标准应统一。

（2）相线颜色选用：

- 当三相电源引入三相电能表箱时，相线宜采用黄、绿、红三色。
- 从该三相电源箱引出的单相电源再引入单相电能表箱时，相线宜分别采用所接相线的颜色。
- 由单相电能表箱引入住户配电箱的相线，其颜色没必要与所接进户相线颜色一致，可用黄、绿、红中的任意一种。首选红色。
- 当用户采用三相电能表箱时，从三相电能表箱引入住户配电箱的相线颜色应和引进三相电能表的相线颜色一致。

（3）零线：首选浅蓝色线，少数也有选用白色的。同一建筑物内选用要一致。

（4）保护零线：首选绿/黄双色线。如无此颜色导线，也可用黑色导线。但此时零线需使用浅蓝色或白色导线，以使两者有明显区别，不允许选用绿/黄双色线和黑色以外的其他颜色导线。

（5）有条件限制不能按规定要求选择导线颜色时，可按以下要求使用导线。

- 相线可用黄、绿、红色中任意一种颜色，但不允许使用黑色、白色或绿/黄双色线。
- 零线可使用黑色，没有黑色导线时也可用白色导线。如果单相电源相线用红色导线，则零线也可使用黄色或绿色导线；如果相线使用绿色，则零线可使用黄色导线。零线不允许使用红色导线。三相四线制的零线用浅蓝色或黑色导线，也可用白色导线，不允许使用其他颜色导线。

3）相线、零线、保护零线等导线的符号标记规定

当通过颜色无法判断时，可根据导线的符号标记识别相线、零线和保护零线等。相线、零线、保护零线等导线的符号标记规定见表3-8。

表3-8　相线、零线、保护零线等导线的符号标记规定

序号	导线名称		符号标记	备注	
1	交流系统电源线	1相	L1	A或（a）	旧符号标记
		2相	L2	B或（b）	
		3相	L3	C或（c）	
		中性线（零线）	N	O或（o）	
2	交流系统设备端线	1相	U	A或（a）	
		2相	V	B或（b）	
		3相	W	C或（c）	
		中性线（零线）	N	O或（o）	
3	直流系统电源线	正极	L+	—	
		负极	L-	—	
		中间线	M	—	

续表

序号	导线名称	符号标记	备注
4	保护接地（接零）线（保护零线）	PE	—
5	不接地（接零）保护线	PU	—
6	保护接地（接零）与中性线共用一线	PEN	—
7	接地线	E	—
8	无噪声接地线	TE	—
9	与机壳、机架相连接线	MM	—
10	等电位线	CC	—

5. 家装电气电路布线导线的一般选用原则

一般家庭在没有特殊要求的情况下，按以下原则选用导线可满足一般应用。具体选用原则见表3-9。

表3-9 家装电气电路布线导线的一般选用原则

类别		说明	
导线芯数	单芯	穿线管明敷、暗敷布线；线槽明敷布线	
	双芯	用钢精扎片或钢钉线卡明敷布线。主要使用双芯护套线，少数场合选用三芯护套线，如双控开关；或在有保护接零的明敷布线中选用三芯护套线	
	三芯		
常用线径	铜芯/mm²	1、1.5、2.5、4、6、10、16	
	铝芯/mm²	2.5、4、6、10、16、25	
常用导线线径选用	进户线	铜线 6~10mm²；铝线 10~16mm²	要求较高时，可在此基础上线径增加一个线号，如铜线由 2.5mm² 增加到 4mm²；铝线由 4mm² 增加到 6mm²
	即热型热水器	铜线 4mm²；铝线 6mm²	
	一般空调线	铜线 2.5mm²；铝线 4mm²	
	柜机空调线	铜线 4mm²；铝线 6mm²	
	插座线	铜线 2.5mm²；铝线 4mm²	
	照明线	铜线 1.5mm²；铝线 2.5mm²	
	保护接地线	铜线 2.5mm²；铝线 4mm²	

注：线材首选铜线线材方案。

6. 电线电缆质量检验

电线是家装电气电路的主要材料，其质量的好坏直接关系到千家万户的用电安全。因此，在购买或选用时，如何快速、准确地检查电线质量的好坏，是必须掌握的技能。铜线质量判断方法见表3-10。

表3-10 铜线质量判断方法

方法	质量标准
看质量	质量好的电线，一般都在规定的质量范围内。塑料绝缘单股硬导线每卷质量：1.5mm² 为 1.8~1.9kg；2.5mm² 为 2.8~3.0kg；4mm² 为 4.1~4.2kg

续表

方　法	质　量　标　准
看铜质	合格铜芯线的铜芯应该是紫红色、有光泽、手感软。而伪劣铜芯线的铜芯为紫黑色、偏黄或偏白，杂质多，机械强度差，韧性不佳，稍用力即易折断且电线内常有断线现象。检查时，只要把电线一头剥开 2cm，然后用一张白纸在铜芯上稍微搓一下，如果白纸上有黑色物质，说明铜芯里杂质比较多
看认证	看有无质量体系认证证书；看合格证是否规范；看有无厂名、厂址、检验章、生产日期；看电线上是否印有商标、规格、电压等
看绝缘	外观应光滑圆整，色泽均匀，护套、绝缘、导体紧密不易剥离。截取一段绝缘层，看其线芯是否位于绝缘层的正中。不居中的是由于工艺不高而造成的偏芯现象
用手试	可取一根电线头用手反复弯曲，凡是手感柔软、抗疲劳强度好、塑料或橡胶手感弹性大且电线绝缘体上无龟裂就是优等品

3.1.2 弱电电缆

1. 常用弱电电缆

网络、电话、电视、监控、视频、音频等布线统称为弱电布线。弱电电缆种类较多，关系到家庭智能系统运行的质量。各种弱电电缆见表 3-11。

表 3-11 各种弱电电缆

类　型	结　构	说　明
同轴线		同轴电缆分为 50Ω基带电缆和 75Ω宽带电缆两类，基带电缆仅用于数字传输，宽带电缆用于电视系统。闭路系统的典型闭路线有 SYWV75-5，发泡芯。SYKV 系列藕式绝缘同轴电缆在家装中基本淘汰
5类、超5类双绞线		5类（CAT5）、超5类（CAT5E）双绞线，4 对双绞线。超5类虽可提供 1000M 传输，但工程上常用于 100M 网络布线。网线有非屏蔽（UPT）类与屏蔽类（STP），屏蔽类抗干扰能力强，但需要整个系统器件支持，故综合布线一般只采用非屏蔽类双绞线。CAT5E 是现行综合布线最常用的双绞线
6类双绞线		6 类双绞线（CAT6），与 5 类双绞线的区别是中间增加了绝缘的十字骨架，将双绞线的 4 对线分别置于十字骨架的 4 个凹槽内，并且电缆的直径更粗。如以后有升级 1000M 的愿望，则可选用 CAT6 非屏蔽类双绞线，可以兼容 100M 与 1000M 网络。同样不推荐使用屏蔽类 CAT6 双绞线
电话线		电话线有二芯、平行四芯、双绞四芯三种，一般家庭用二芯布线即可；在商业用户有内部程控电话交换机时，前台主机必须使用四芯电话线；或者普通布线考虑备份线路时，也使用四芯电话线

续表

类 型	结 构	说 明
音频线	双芯线 单芯线	用于音频信号传输，如话筒线、双声道音频信号线。话筒不平衡接法，只需用单芯线；话筒平衡接法、双声道音频信号传输，用双芯电话线
HDMI 高清线		5 对屏蔽线，4 根单线，是一种数字化视频/音频传输线，适合影像传输的专用型数字化接口，可同时传送音频和影音信号。HDMI 是高清音/视频传输方式

2. 常用弱电电缆质量检验

弱电电缆种类较多，质量标准虽各不相同，但其中的铜芯质量标准是相同的，即铜芯应呈紫红色，有光泽，手感软，与导线的判断方法相同。弱电电线中网线与电视闭路同轴线用量较多，劣质线材较多，这里主要介绍网线与同轴线电缆质量判断方法，见表 3-12 和表 3-13。

表 3-12　网线电缆质量检验

方　法	质　量　标　准
看导体材料	网线的导体材料有很多种类，包括全铜的、铜包铝的、铜包钢的、铜包铁的。好的网线导体是无氧全铜制作的。用剪刀从线芯斜角剪下去，看里面是否含有杂质或其他金属颜色，包铜的网线一般只在表层镀一层铜，截面可以看到白色铝、铁。包铜网线可以节省很多成本，但是会影响网线传输信息的速度和使用寿命
看柔韧性	纯铜芯网线线较柔软，劣质铜芯、包铜芯线一般较硬
看可燃性	网线的材料必须要求有阻燃性，正品网线的外皮会在焰火的烧烤之下，逐步被熔化变形，但外皮不会自己燃烧起来，如一点即着则为劣质线
看识别标志	正规品牌的网线外皮上都有网线的种类标识及厂家商标，如 CAT5 是 5 类线；CAT5E 是超 5 类线；CAT6 是 6 类线。无标识或标识不全的则可能是劣质网线
看直径	超 5 类网线线径约为 0.5mm，6 类网线线径约为 0.56mm。但是市面上很多网线线径只有 0.4mm 或更细，这类为劣质线材
看扭绞节距	为了增加双绞线电缆的抗干扰能力，每一条电缆中各对双绞线的扭绞节距是不同的。4 对双绞线的节距分别为 10mm、12mm、14mm、16mm；16mm、18mm、20mm、22mm 或 17mm、20mm、25mm、30mm 等。如果电缆中各对双绞线扭距均相同或扭距较大，则说明是劣质产品

表 3-13　同轴线电缆质量检验

方　法	质　量　标　准
看圆整度	标准同轴电缆的截面很圆整，电缆外导体、铝箔贴于绝缘介质的外表面，介质的外表面越圆整，铝箔与其表面的间隙就越小，越不圆整间隙就越大。间隙越小，电缆的性能越好
看介质	同轴电缆绝缘介质直径波动主要影响电缆的回波系数，此项检查可剖出一段电缆的绝缘介质，用千分尺仔细检查各点外径，看其是否一致
看编织网	剖开同轴电缆外护套，剪一小段同轴电缆编织网，对编织网数量进行鉴定，如果与所给指标数值相符则为合格，比所给指标数值少为不合格。另外对单根编织网用螺旋测微器进行测量，在同等价格下，线径越粗质量越好
看铝箔	剖开护套层，观察编织网和铝箔层表面是否保持良好光泽；也可剖出一小段铝箔在手中反复揉搓和拉伸，经多次揉搓和拉伸仍未断裂，具有一定韧性的为合格，否则为次品
看同心度	从截面看，发泡层、金属箔、编织网、护套层应均匀同心地包围着芯线。如电缆出现明显芯线偏心，则为劣质同轴线

3.2 绝缘恢复材料

在导线线头连接完成后，必须恢复连接时被破坏的绝缘层，要求恢复后的绝缘强度不得低于剖削前的绝缘强度。选择绝缘恢复材料，不仅要根据导线的工作环境进行，同时要考虑日后维护的方便性。

3.2.1 绝缘胶带

在电工技术上，用于包缠线头的绝缘胶带有黄腊带、PVC 胶带、黑胶带等。家装线路绝缘处理常用宽度为 20mm 的 PVC 电工胶带。常用绝缘胶带特性见表 3-14。

表 3-14 常用绝缘胶带特性

类型	图例	特性
黑胶带		又叫绝缘胶布，也称黑胶布。以棉布为基材，压延制成，具有良好的绝缘性和缠绕性。近年来，由于 PVC 胶带的发明，其渐被替代。但它在低温环境下的良好使用性能，是 PVC 胶带无法比拟的。缺点是防水性不是很理想
PVC 胶带		以软质聚氯乙烯（PVC）薄膜为基材，涂橡胶型压敏胶制造而成，具有良好的绝缘、耐燃、耐电压、耐寒等特性，适用于电线缠绕、绝缘保护等。与普通的绝缘胶带相比，其具有较好的防水、防潮等特性，色彩丰富
黄腊带		无碱玻璃纤维布均匀地浸以醇酸绝缘烘干而成。主要用于潮湿环境的电线连接处理工艺，正确的施工方法是在导线连接处包裹黄蜡带，再于外层包裹绝缘胶布或绝缘自粘带，视绝缘防潮环境要求的高低不同而采用不同的外包裹层
涤纶胶带		又称涤纶绝缘胶带，与塑料绝缘胶带用途相同，但耐压强度、防水性能更好。其在涤纶薄膜上涂敷胶浆卷切而成。其基材薄，强度高而透明，耐化学稳定性好，除了可包缠电线、电缆接头外，还可以绑扎物体、密封管子等。使用时需用剪刀或刀片在切断处划割一道浅痕，然后一扯即断
热缩带		由热缩基材和可熔性聚烯构成的复合带材；在加热到外层收缩温度时，内层熔融，从而使被防护带电体实现密封、绝缘一体化；具有施工方便、实用性强、易于剥离等特点；与其他绝缘材料良好匹配；可对任意形状的带电体进行绝缘防护且无须经过自由端

3.2.2 绝缘管

常用的绝缘管有热缩管、黄腊管。绝缘管用于绝缘恢复，比绝缘带更方便。

热缩管在遇热达到一定温度时，管径收缩后直径为原来的 1/2～1/3，具有较好的绝缘特性，广泛用于电子电工行业。热缩管有多种不同材料、不同色彩，有不透明的，也有透明的等。在家装线路中可用于导线绝缘的恢复、导线标号的打印等。热缩管加热，小直径的可用打火机加热，大直径的可用吹风机、热风枪加热。常用绝缘管特性见表 3-15。

表 3-15 常用绝缘管特性

类 型	图 例	性 能 说 明
单壁热缩管		按材质可分为 PE 热缩管、PVC 热缩套管、PET 热收缩管，色彩有多种。单壁热缩管的收缩率一般为两倍，主要应用于电线连接、焊点保护、电线端部线束、电子器件防护和绝缘处理
双壁热缩管		双壁管内层是热熔胶，具有良好的黏结性能，外层为柔软阻燃辐照交联聚烯烃，其收缩率达 3 倍，收缩后热溶胶能将连接两端的材料完全密封。广泛应用于接线防水、电线电缆分支处的密封防水、电线电缆的修补、水泵和潜水泵的接线防水等
黄腊管		一般以白色为主，主要原料是玻璃纤维，通过拉丝、编织、加绝缘清漆后完成。 在布线（网线、电线、音频线等）过程中，如果需要穿墙，或者暗线经过梁柱的时候，导线需要加护和防拉伤等，此时需要用到黄腊管

3.3 绝缘端子

传统导线连接及绝缘恢复，操作复杂且不利于日后维护。现出现了各种各样的绝缘端子，在一定范围内可替代传统导线操作，具有操作、维护方便的特点。需要注意的是，绝缘端子只能应用于小电流照明用电的导线连接，对于大电流插座回路连接，采用传统导线连接方式更可靠。

1. 奶嘴压线帽

奶嘴压线帽是专用于线缆紧固铰接的连接器件，具有使用方便、绝缘等级高的特点。奶嘴压线帽的外形及使用见表 3-16。

表 3-16 奶嘴压线帽的外形及使用

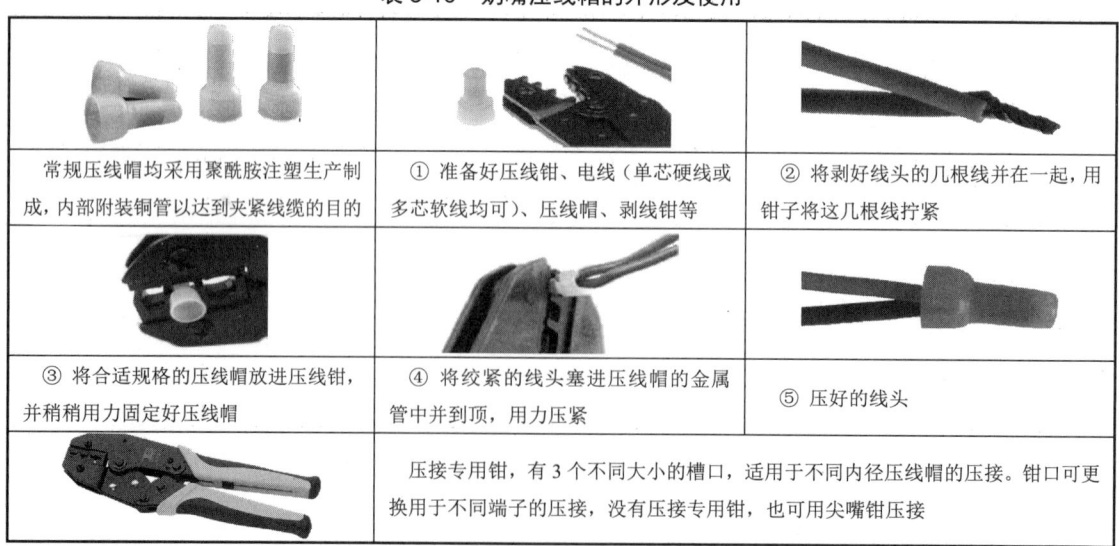

奶嘴压线帽的规格有 3 种，各种规格可压线线径见表 3-17。

表 3-17　奶嘴压线帽的规格及可压线线径

规　格	铜管直径/mm	可压线线径举例
小号	3.0	1mm²×4；1mm²×2＋2.5mm²×1；1.5mm²×3
中号	3.6	1mm²×6；1mm²×3＋1.5mm²×2；1.5mm²×4；2.5mm²×3
大号	5.4	2.5mm²×5；2.5mm²×3＋1.5mm²×3；4mm²×3

2. 螺旋式压线帽

奶嘴压线帽在压接时需专用压钳，并且为一次性的，日后维护重新接线时需更换新的压线帽。螺旋式压线帽接线时不需要使用专用压钳，并且可以重复使用。螺旋式压线帽的外形及使用步骤见表 3-18。

表 3-18　螺旋式压线帽的外形及使用步骤

螺旋式压线帽内有螺旋弹簧，通过螺旋旋转即可锁紧导线接头，完成导线连接并恢复绝缘	① 将要连接的导线端头剥去绝缘层 1～2cm	② 将要连接的导线并在一起放入压线帽内，右旋压线帽到底即可

3. 中接绝缘端子

中接绝缘端子用于导线的直接绝缘恢复，是绝缘胶布的替代品。其外形及使用见表 3-19。

表 3-19　常用中接绝缘端子的外形及使用

名　称	图　例	连接图例	说　明
普通中接端子			先把它套入一根电线上，再把削去胶皮的两根线头铜丝对绞缠绕，最后把它拉伸到接线中间用钳压紧即可
防水中接端子			使用方法与普通中接端子相同，在压紧后再用热风枪或电吹风加热端子，使外面热缩管收缩，可将绝缘端子两端密封，防水防潮
对接端子			电线对插端子，解决电线和电线之间的对接难度。公、母两端子分别与需连接的两线头压接，再把公、母两端对插即可实现电气连接。适于经常维护的小功率电器（如灯具）的连接

4. 分线端子

家装吊顶照明筒灯常常多灯共用同一回路，接线中分线很多，使用分线端子可以使施工效率大大提高，同时能保证安全。常用分线端子的使用见表 3-20。

表 3-20 常用分线端子的使用

类型	图 解			
固定分线端子	不用剥线，可以方便地从主导线中间分出一个分支	① 将分支导线插入内侧孔内	② 将主导线由侧面开口卡入槽内	
	③ 用钳子将联片压入	④ 联片压入的样子	⑤ 盖上盖子，完成接线	
可拔插式分线端子	分支导线可拔插，维护更方便	① 打开线夹塑料盖子，将主导线卡在金属片上	② 将线夹合上，用老虎钳把线夹夹紧，使线夹扣住	③ 将分支导线剥好外皮，放进分头端子里压好，这样就可用端子跟线夹相互接插了

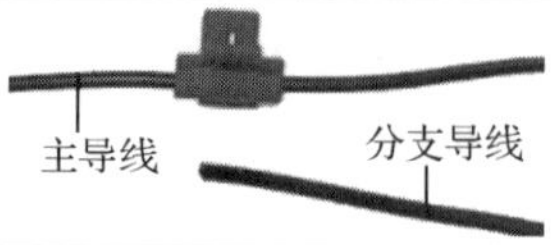

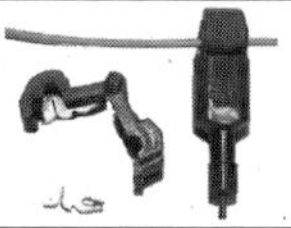

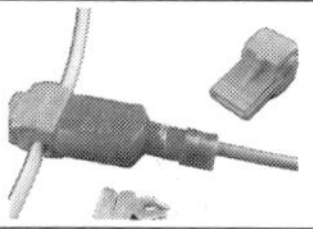

5. 快速导线连接器

快速导线连接器连接导线有方便快速、便于维护的特点。常见快速导线连接器见表 3-21。

表 3-21 常见快速导线连接器

类型	图 解			
插线式弹簧连接器	适于单股或多股硬线的连接，有 2~8 孔，对应用于 2~8 根线连接	① 按图中用连接器剥除绝缘皮长度	② 将剥去绝缘皮的导线完全插入连接器	③ 通过左、右转动同时拔动，可拆下导线（仅适于单股导线）
笼式弹簧连接器	可应用于硬导线及多股软导线的连接，有 2~5 孔，用于 2~5 根线的连接	① 按图中用连接器剥去绝缘皮长度	② 将黄色手柄扳起至垂直状，将导线插入对应的孔内	③ 将手柄扳回原状，接线完成
灯具快速连接器	用于单股导线与多股导线之间的连接，适用于灯具等小功率电器的连接	① 参照连接器上的图标，将导线剥去相应长度绝缘皮	② 单股导线直接插入圆孔，拆卸时逆时针转动向外拔出即可 圆孔侧只能接 1.0~2.5mm² 单股硬线	③ 方孔侧按连接器上的图标方向按到底，插入导线松开即可 方孔侧可接 1.0~2.5mm² 单股硬线或多股软线

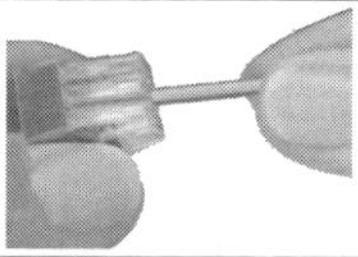

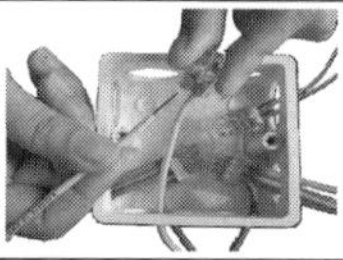

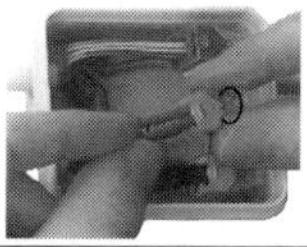

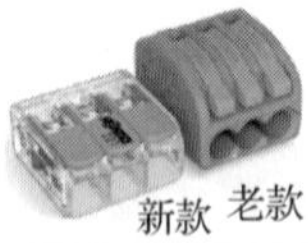

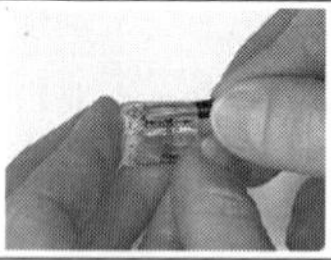

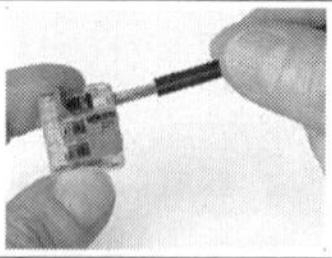

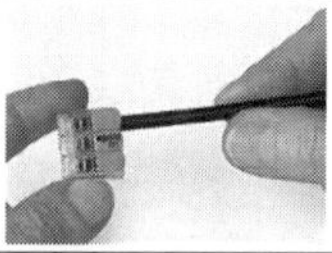

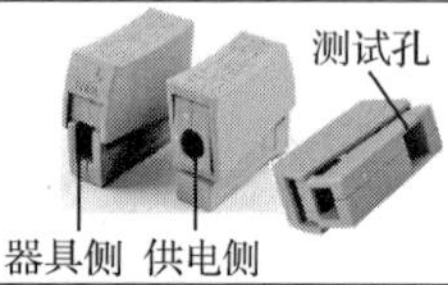

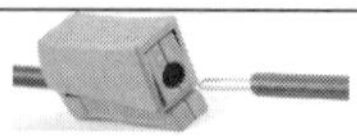

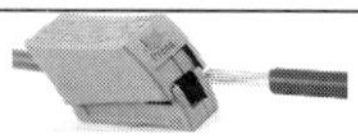

续表

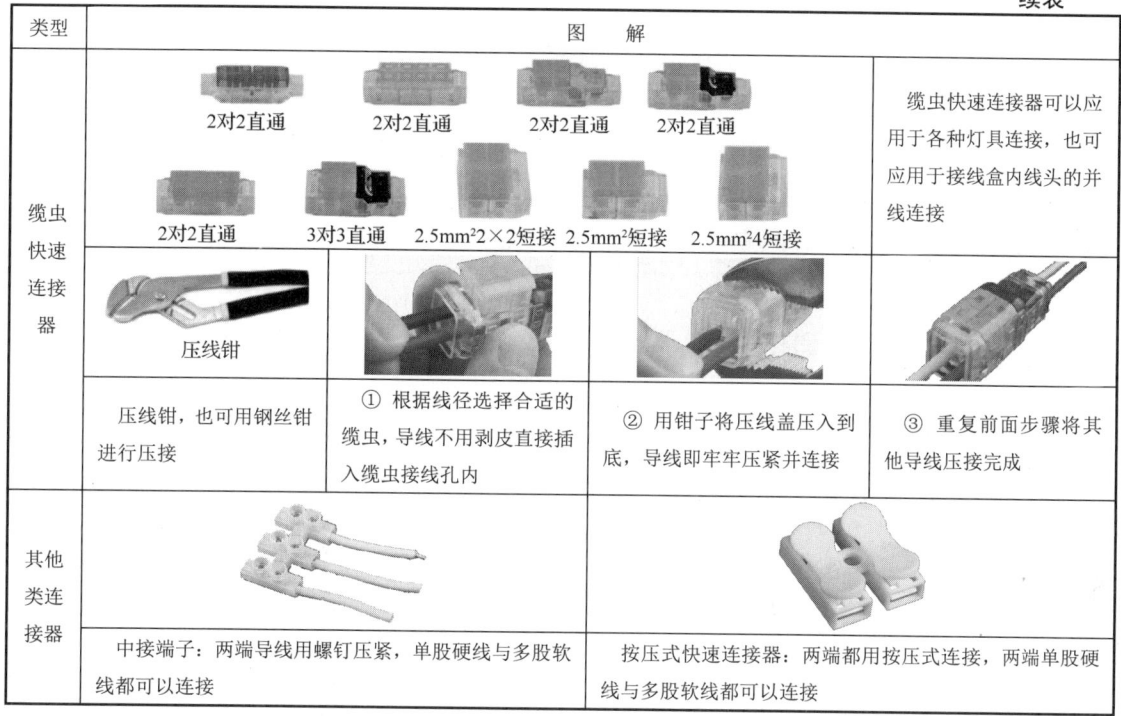

3.4 铝箔胶带

铝箔胶带采用压敏胶,具有黏性好、附着力强、抗老化等功效。在家装中主要应用于烟道密封连接的黏结、门窗缝隙密封黏结、热水管道保温黏结、立管隔音黏结、电磁屏蔽黏结等。具体用途及特点见表3-22。

表3-22　铝箔胶带的用途及特点

	铝箔胶带内附有衬纸,黏结时需先撕开衬纸		烟道接头处黏结密闭		门窗黏结密闭	
	电线管屏蔽黏结		立管隔音黏结		太阳能热水管道保温黏结	

3.5 导线敷设材料

导线敷设材料主要用于导线敷设中导线的固定、保护等,常用材料有钢钉线卡、钢精扎片、PVC 电工管及其附件、PVC 线槽及配件等。

3.5.1 钢钉线卡、钢精扎片

1. 钢钉线卡的类型

钢钉线卡用于明装导线的固定,不同的导线用不同形状和尺寸的线卡与其配合。常用线卡的外形及应用见表 3-23。

表 3-23 常用线卡的外形及应用

图例	说明	图例	说明
	单钉方形线卡:用于护套线等扁形线的固定		单钉圆形线卡:用于网线、同轴线等圆形导线的固定
	双钉方形线卡:宽度较大,可同时固定两根护套线		双线线卡:常用于双股 1mm²、1.5mm² 护套线的固定
	双钉圆形线卡:用于直径较大导线的固定,承力较大		无痕双钉钢钉线卡:钢钉在墙面留下的孔径细小,拆除后墙面损伤小,适用于临时布线的固定

2. 钢钉线卡的规格

钢钉线卡虽有不同类型,但规格标准基本相同,方形线卡以卡口宽度定义,圆形线卡以直径定义,单位均为 mm。常用的单钉线卡规格及适用导线见表 3-24。

表 3-24 常用的单钉线卡规格及适用导线

尺寸图例	规格	尺寸/mm				适用导线
		A	B	H	钢钉	
	F2.5	2.0	2.5	3.5	1.4×15	
	F4	3.5	4	5.5	1.7×14	
	F5	3.5	5	5.5	1.7×14	
	F6	4.1	6	6.0	1.7×16	
	F7	4.7	7	6.5	1.9×16	1.0mm² 2 芯护套线
	F8	5.0	8	7.0	2.1×19	1.5mm² 2 芯护套线
	F9	5.4	9	8.0	2.1×20	2.5mm² 2 芯护套线
	F10	5.6	10	8.0	2.3×21	4.0mm² 2 芯护套线

续表

尺寸图例	规格	尺寸/mm				适用导线
		A	B	H	钢钉	
	F12	5.6	12	8.5	2.3×23	6.0mm² 2芯护套线
	F14	7.0	14	10.0	2.3×23	8.0mm² 2芯护套线
	F18	8.5	18	12.5	2.6×27	
	F19	10.5	19	14.0	2.6×27	

电视线、计算机线、网络线一般用7mm圆形线卡

3. 钢精扎片

钢精扎片又称钢精扎头，常应用于护套线明敷的固定，其可以固定一根或多根导线，比现在常用的线卡使用起来更灵活，布线也更美观。钢精扎片的外形及规格见表3-25。

表3-25 钢精扎片的外形及规格

图例	说明
	其规格分为0号、1号、2号、3号、4号等，号码越大，长度越长。单根护套2×2.5²用1号，双根用3号。在室内外照明线路中，通常用0号和1号钢精扎片

4. 尼龙膨胀管

家庭装修中，照明灯具、配管支架和电源线保护管的固定，需要用尼龙膨胀管。常用尼龙膨胀管见表3-26。

表3-26 常用尼龙膨胀管

名称	图例	应用说明
塑料膨胀管		一般为六角形直管，常用规格有M6×25.5、M8×27。适用于大多数的墙体安装。安装在空心砖、多孔砖、加气混凝块墙面时，钻孔电钻不能用冲击模式，应用旋转模式
锚栓胶塞		有圆形、方形、菱形形状。常用规格有M6×29、M8×39、M10×40、M12×48.5。适用于大多数墙体。安装在空心砖、多孔砖、加气混凝块墙面时，钻孔电钻不能用冲击模式，应用旋转模式
飞机膨胀管		有金属与塑料两种材质。常用规格有 M8×32、M8×40、M10×32、M10×50等。适用于在石膏板、苯板、饰面板、石棉板、空心板、实心板等薄板材墙面上固定工件
石膏板膨胀螺钉锚栓		又称为尼龙快速壁虎、石膏板壁虎，适用于在石膏板、保温板等材料上固定工件，常用规格有A13×42、B14×28、C14×32、D14×23、F14×38、G13×42、H10×33 等

尼龙膨胀管需要正确安装后才能可靠固定工件，安装操作过程见表3-27。

表 3-27 尼龙膨胀管的安装操作过程

名 称	操 作 步 骤			
普通膨胀管	① 选用与膨胀管对应的钻头钻孔	② 用手或锤子打入膨胀管	③ 将工件对准膨胀管并拧入螺钉	④ 拧紧直至拧不动为止
飞机膨胀管	① 在空心墙上钻与膨胀管对应的孔	② 捏压膨胀管两侧使之径向变小并插入孔内	③ 将工件对准膨胀管并拧入螺钉	④ 拧紧直至拧不动为止
石膏板膨胀螺钉锚栓	① 借助螺丝刀将锚栓尖端按入石膏板表面	② 用螺丝刀将锚栓拧入石膏板并与之相平,若用电动工具则用低速旋拧,以免损坏石膏板	③ 将工件自攻螺钉旋入锚栓内	④ 拧紧直至螺钉与工件相平为止

普通膨胀管如要固定牢固,钻孔的孔径十分关键,不同墙体钻孔孔径也不尽相同。尼龙膨胀管钻孔孔径见表 3-28。

表 3-28 尼龙膨胀管钻孔孔径（mm）

墙 体 材 料	混凝土	加气混凝土	硅酸盐砌块
钻孔孔径（膨胀管管径减去尺寸）	0～－0.3	－0.5～－1.0	－0.3～－0.5

5. 金属膨胀栓

较大工件的塑料膨胀管是不能承受相应拉力的,这时需要使用金属膨胀栓。常见金属膨胀栓见表 3-29。

表 3-29 常见金属膨胀栓

名 称	图 例	说 明
普通膨胀栓		由沉头螺栓、胀管、平垫圈、弹簧垫和六角螺母组成。胀管通过螺钉旋紧拉暴,从而达到胀紧螺栓的目的。安装在空心砖、多孔砖、加气混凝块墙面时,钻孔电钻不能用冲击模式,应用旋转模式。钻孔孔径一般比螺栓直径约大 2mm
膨胀钩		在普通膨胀螺栓基础上,将螺栓头部做成钩状或圆环状,方便悬挂固定物。使用方法与普通膨胀栓相同。钻孔孔径一般比螺栓直径约大 2mm
击芯膨胀栓		胀管通过锤击胀芯,达到胀紧螺栓的目的。安装简易,快速膨胀,对于打孔深度无准确要求,具体可按螺帽和本体管上、下调节来实施。其抗拉力比普通膨胀栓大,固定物件更可靠。钻孔孔径与螺栓直径相同

续表

名 称	图 例	说 明
飞机膨胀栓		与塑料飞机膨胀管原理相同,安装方法也相同,但强度更好。钻孔孔径与膨胀管直径相同

金属膨胀栓的安装方法与塑料膨胀管基本相同。具体方法见表3-30。

表3-30 金属膨胀栓的安装方法

名 称	操 作 步 骤			
普通膨胀栓	用与膨胀螺栓外径规格相配的钻头,参照膨胀螺栓的长度钻孔,孔深钻至安装所需即可	用试管刷将孔内尘土清理干净	安装平垫、弹垫和螺母,将螺母旋至螺栓末端以保护螺纹,再将膨胀螺栓插入孔内	安装工件,拧动扳手直到垫圈和固定物表面齐平
		小技巧:将绝缘胶带拉长拉薄后缠绕在膨胀栓的位置,将胀管的缝隙及端头都封住,再放入墙孔内,可防止墙孔内的沙土进入胀管,从而螺栓更容易紧固			
击芯式膨胀栓	钻孔及清理与普通膨胀栓要求相同	用锤将膨胀芯打入	使击芯全部打入螺栓	安装工件,拧动扳手直到垫圈和固定物表面齐平

3.5.2 PVC电工管及附件

家装电工管常用的有PVC穿线管与塑料波纹管,用于暗装固定、保护电线和电缆。家装电工管及附件见表3-31。

表3-31 家装电工管及附件

名称	图 例	应 用 图 例	说 明
PVC穿线管			常见规格:公称外径16mm、20mm、25mm、32mm、40mm、50mm、63mm等。家装中最常用的是16mm、20mm两种,对应英制为4分、6分管。用于暗装固定导线。长度为4m
塑料波纹管			常见规格:公称外径10mm、13mm、15.8mm、18.5mm、21.2mm、25mm、28.5mm、34.5mm、42.5mm、54.5mm、67.2mm、80mm、106mm等。家装常用13mm、18.5mm、21.2mm,其对应的接头与灯头盒开孔相配。用于灯头盒引出线等活导线的防护

续表

名称	图例	应用图例	说　明
波纹管快速接头			快速接头是软管的配套产品，用于波纹管与灯头盒的连接，家装常用螺纹为 M16、M20 的接头，与灯头盒 16mm、20mm 开孔相配合
穿线管杯梳			也称锁扣、锁母、盒接头、螺接等。用于 PVC 穿线管与接线底盒的连接，家装中常用 16mm、20mm 的杯梳，分别与 16mm、20mm 的 PVC 穿线管相配
穿线管直接			穿线管长度为 4m，敷接时若穿线管长度不够，必须直接连接穿线管以增加长度
PVC 线管夹子			也称管卡、管码、抱箍等，用于 PVC 穿线管的安装固定

3.5.3 PVC 线槽及配件

PVC 线槽具有绝缘、防弧、阻燃自熄等特点，主要用于电气设备的内部布线，在 1200V 及以下的电气设备中对敷设其中的导线起机械防护和电气保护作用。线槽的类型很多，家装中常用的主要是封闭式方形线槽与半圆形地板线槽两种，其结构及应用见表 3-32。

表 3-32　PVC 方形线槽及配件与半圆形地板线槽的结构及应用

名　称	图例说明			
方形线槽	一般用于墙上明装电线的固定与保护，线槽用钢钉或螺钉固定。常用规格（截面宽 mm×高 mm）：20×10、25×14、30×15、40×20、50×25、60×30、80×40、100×40、100×60 等，家装中用 20×10、25×14 两种规格基本可满足要求。方形线槽安装可用附件连接，也可不用附件连接。长度为 4mm			
方形线槽附件	平转角	平转角应用	阴角	阴角应用
	阳角	阳角应用	直接	直接应用
	平三通	平三通应用	堵头	堵头应用
圆形地板线槽	截面为圆弧形，用于地面明装电线的固定与保护。在干净光滑的安装面可用双面胶固定线槽，不平整的安装面可用钢钉或螺钉固定线槽。以宽度（mm）定义规格，常用规格有 30、40、50、60、80、100 等，分别称为 3、4、5、6、8、10 号线槽。家装常用 30、40 规格。圆形地板槽安装一般不用附件			

3.6 开关、插座面板

开关、插座面板的尺寸有 86 系列、118 系列及 120 系列。根据功能模块及组合数量,各系列又派生出几种不同尺寸,开关、插座面板尺寸系列见表 3-33。

表 3-33 开关、插座面板尺寸系列

系列	派生尺寸	图例	尺寸	说明	
86 系列	86 型		86mm×86mm	目前国内最常用,款式也最多。功能模块固定	装 1 位功能模块
86 系列	146 型		146mm×86mm	目前国内最常用,款式也最多。功能模块固定	装 2 位功能模块
118 系列	小盒		118mm×72mm	这种面板是自由组合型,可以根据自己的要求组合成任何功能的开关面板,它是由边框和功能件组合成的,功能件可以选配,一般横向安装。购买时注意尺寸要与所装的暗盒配套。该系列在湖北、重庆地区使用较多	装 1 位或 2 位功能模块
118 系列	中盒		155mm×72mm		装 3 位功能模块
118 系列	大盒		196mm×72mm		装 4 位功能模块
120 系列	小盒		120mm×74mm	跟 118 系列一样是自由组合型,但小盒是竖向安装,中盒、大盒为横向安装。其也是由边框和功能件组合成的,但是尺寸会稍大一点	装 1 位或 2 位功能模块
120 系列	中盒		156mm×74mm		装 3 位功能模块
120 系列	大盒		200mm×74mm	这种型号是这 3 种系列中比较少见的,浙江一带会使用这类型号的开关面板	装 4 位功能模块
120 系列	方盒		120mm×120mm		
118 系列及 120 系列模块是通用的,一位模块大约为 36mm×40mm。模块有 1/3 位、1/2 位和 1 位,现在一般只有 1 位模块,1/3 位、1/2 位模块分别用 3 个或 2 个组合在 1 位模块中					

1. 开关

开关主要用于照明器具控制,开关类型多种多样,常见家装 86 系列开关见表 3-34。

表 3-34　常见家装 86 系列开关

分类方式	名称	面板结构	图形符号	说　　明
开关结构	接线开关		明装 暗装	开关动作通过拉线操作，延长了操作距离。适用于明装、建筑顶部走线的线路安装，可减少用线量，也更安全
	拇指开关		明装	开关翘板较小，操作力度较大翘板大，现在基本被大翘板开关替代
	翘板开关		暗装	开关翘板大、操作轻巧、美观大方，是现今主流开关面板
防护方式	普通型			翘板只作一般防护。适用于干燥环境使用，不适用于卫生间、厨房等潮湿环境使用
	防水型			翘板用硅胶做了密封处理，防水防潮。可在卫生间、厨房等潮湿环境使用
装配形式	一开单控			L_1 ── L_2 ；也称单联开关，控制一个回路通断
	二开单控			L_{1A}──L_{2A}　L_{1B}──L_{2B} ；也称二联开关，分别控制两个回路通断。有些开关 L_1 端内部连接在一起用一个接线端引出
	三开单控			L_{1A}──L_{2A}　L_{1B}──L_{2B}　L_{1C}──L_{2C} ；也称三联开关，分别控制 3 个回路通断。有些开关 L_1 端内部连接在一起用一个接线端引出
装配形式	四开单控			L_{1A}──L_{2A}　L_{1B}──L_{2B}　L_{1C}──L_{2C}　L_{1D}──L_{2D} ；也称四联开关，分别控制 4 个回路通断。有些开关的 L_1 端内部连接在一起用一个接线端引出
控制类型	单控			L_1──L_2 ；只能在一个地点控制电路的通断
	双控			L_1──L_2／L_3 ；也称单刀双掷开关。两只组合，可在两个不同地点控制同一回路的通断
	中途开关			L_{1A}──L_{2A}／L_{3A}　L_{1B}──L_{2B}／L_{3B} ；两个装在一起且同步动作的双控开关，与两只双控开关组合在一起可实现三控、多控
功能	调光开关			220V~ ；内置晶闸管控制电路，可用于白炽灯无级调光或风扇无级调速

续表

分类方式	名称	面板结构	图形符号		说明
功能	定时开关			$L_1 \longrightarrow L_2$	一般与插座组合，用于一些定时控制，如电饭煲的定时控制等

注：以上为单极开关，每个开关控制一根线（火线）。少数场合要求同时控制火线与零线，此时用到二极开关，由两个同步动作的单极开关组成，即可同步控制两根线的通断。多极开关在家装中使用较少，故有些书籍也将多联开关称为多极开关，如二开单控开关称为二极单控开关，请注意区分。

开关电压等级一般为 250V，电流等级有 0.3A、0.6A、1A、2.5A、5A、10A。一般照明灯选用 2.5A 以上电流等级。86 系列额定电流均为 10A。1A 以下一般用于门铃等弱电开关。

2. 强电插座

强电插座用于各种电器的电源连接，常见 86 系列强电插座见表 3-35。

表 3-35 常见 86 系列强电插座

分类方式	名称	图例	适应插头	说明
插头形式	扁插			扁插：中国、美国、加拿大、日本等亚洲、北美洲国家应用。一般家庭常用插座，应用中如遇其他类型插头，需接通用插排进行转换
	圆插			圆插：主要在欧洲一些国家应用，计算机电源线中较常见。国内家庭不建议安装，可安装国际通用式插座替代
	方插			方插：中国香港、英国、新加坡、澳大利亚、印度等国家和地区应用较多。国内家庭不建议安装，可安装国际通用式插座替代
	国际通用插座			国际通用插座：建议一般家庭安装此类插座，可以插接上面 3 种插头。一般左边式较常用
防护方式	普通插座		明装 暗装	只做一般防护。适用于干燥环境使用，不适用于卫生间、厨房等潮湿环境使用
	防水插座		防水	在普通插座上加装防水盒，防水防潮。可在卫生间、厨房等潮湿环境使用
接线类型附加功能	二孔		明装 暗装 防水	单相两极插座，只接火线与零线，没有保护接地。适用于外壳绝缘的电器连接，如电视等的连接
	三孔		明装 暗装 防水	单相带保护接地的两极插座，接火线、零线及保护线。适用于防护要求高的电器连接，如洗衣机、计算机、厨房电器等的连接
	五孔		明装 暗装	二孔与三孔插座组合，适用于同类型电器连接

续表

分类方式	名称	图例	适应插头	说明
接线类型附加功能	错位五孔		明装 暗装	二孔与三孔位置错开，方便同时插接两种不同插头
	一开三孔		明装 暗装	三孔插座与开关组合，通过开关与插座的串接，可用开关控制一些小功率电器
	一开五孔		明装 暗装	五孔插座与开关组合，通过开关与插座的串接，可用开关控制一些小功率电器

注：常用插座电压等级为250V，电流规格有10A、16A、20A、25A等，根据电器功率正确选用电流规格。空调插座需16A以上。

3. 弱电插座

弱电插座用于电话机、电视、音/视频、网络等弱电信号的连接。86系列弱电插座见表3-36。

表3-36　86系列弱电插座

名称	正面图例	反面图例	图形符号	说明
电话机			TP	用于电话连接，有2线与4线电话座
电视			TV	用于闭路电视信号连接
信息			TO	用于网络信号连接，有工具打线与免工具打线两种
VGA			VGA	用于计算机视频连接，有焊接式与免焊式两种
HDMI			HDMI	用于计算机HDMI信号连接，有焊接式与免焊式两种
USB			USB	用于计算机信号连接，有带放大器的与不带放大器的，带放大器可延长USB信号传输距离。有些USB插座与强电插座组合在一起，内置5V电源用于手机充电
AV			AV	视频与音频组合，用于音频与视频信号的传输连接
音频			M	用于扬声器音频信号传输连接
VGA、HDMI、USB、AV等几种组合在一个面板上				

3.7 接线盒

接线盒用于面板、灯头等的安装。接线盒按材质可分为金属铁盒与塑料盒,两种盒的尺寸、结构相同。家装中主要以塑料盒为主,这里只介绍塑料盒。家装中常用接线盒见表3-37。

表3-37 家装中常用接线盒

分类方式	类型	图例	说明
安装方式	明装		用于明装面板的安装,在上、下两面有扁形开口,适用于线槽接入
	暗装		用于暗装面板的安装,五面均有$\phi 16$、$\phi 20$两种开孔,分别适用于$\phi 16$、$\phi 20$两种穿线管接入。需接入穿线管的位置挡片要凿开,不接管的位置挡片不用凿开
86系列	1位		安装1位86型面板。暗盒四侧一般有组合卡口,可以将多只暗盒组合在一起,方便安装
	146型		安装146型面板
	2位	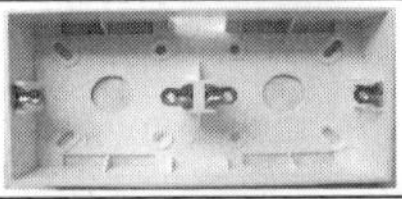	安装2位独立的86型面板
	3位	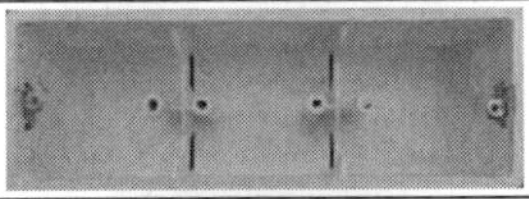	安装3位独立的86型面板
118/120系列	小盒	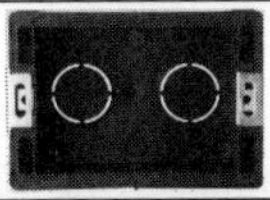	118型与120型底盒通用,小盒安装2位面板
	中盒		安装3位面板
	大盒	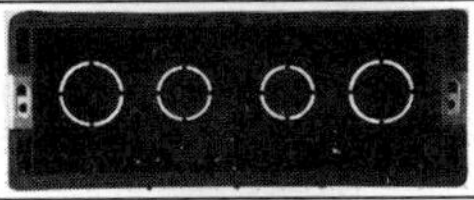	安装4位面板
	方盒		安装120系列方盒面板
灯头盒			暗装线路安装灯头及接线,也可作为穿线管中间接线盒

3.8 灯 具

灯光是一个家庭的情绪，它直接决定了家庭的外在氛围，所以选一款好的灯具是必不可少的。随着科技的进步，荧光灯、节能灯、LED 等新型光源相继出现，使照明灯具的外形、光效率均发生了翻天覆地的演进。

我们在选择灯具时，要一切朝着更节能、更绿色和环保的方向努力。灯具的类型很多，以适应不同场合照明，这里主要介绍家装灯具。家装常见灯具光源见表 3-38，常见灯具见表 3-39。

表 3-38 家装常见灯具光源

类 型	名 称	图 例	说 明
热辐射	白炽灯		最早使用的电灯光源，我国常见的白炽灯有卡口（B22）、螺口（大螺口 E27、小螺口 E14）。灯泡有透明玻璃、磨砂玻璃，磨砂玻璃的光线较柔和。由于该类光源效率低，逐渐被气体放电光源与 LED 光源取代
热辐射	卤素灯		在白炽灯内充入微量卤化物，效率、寿命较白炽灯高。家用有卤素灯珠，或将灯珠封在灯泡内，与白炽灯有相同的外形和通用的灯头
气体放电	日光灯		由水银蒸汽导电产生的紫外线激发灯管荧光粉发光，发光效率是白炽灯的 6~8 倍。灯管形状有直管、U 管、圆形、蝶形等。需要镇流器、启动器等的配合才能正常使用
气体放电	节能灯		将日光灯的电子镇流器与灯管做为一体，并且灯管使用稀土荧光粉，发光效率更高，可像普通白炽灯一样使用，因而越来越普遍
LED	LED 灯		是目前的最新光源，效率较气体光源更高，使用寿命更长。可以做成灯泡、灯管等形状，逐渐替换白炽灯、日光灯、节能灯等
LED	LED 灯带		把 LED 做成柔性带状，可成型各种形状，特别适于装饰性灯具

表 3-39 常见灯具

名 称	图 例	说 明
壁灯		壁灯又称墙灯，主要装设在墙壁、建筑支柱及其他立面上。壁灯的造型精致灵巧，光线柔和，在大多数情况下与其他灯具配合使用。壁灯一般为金属灯架，表面有镀铬、烤漆等，灯罩材料有透明玻璃、压花玻璃或半透明磨砂玻璃等

续表

名 称	图 例	说 明
吊灯		吊灯是用线杆、链或管等将灯具悬挂在顶棚上以作为整体照明的灯具。大部分吊灯带有灯罩。灯罩常用金属、玻璃、塑料或木制品等制作而成
吸顶灯		吸顶灯是直接固定在顶棚上的灯具,作为室内一般照明用,灯架通常为金属、陶瓷或木制品,灯罩的形状多种多样,有圆球形、半球形、扁圆形、平圆形、方形、长方形、三角形、锥形、橄榄形、垂花形等,其材质有玻璃的、塑料的、聚脂的、陶瓷的等
台灯		台灯又称桌灯或室内移动型灯具,多以白炽灯和荧光灯为光源。有大、中、小型之分。灯罩常用颜色适中的绢、纱、纸、胶片、陶瓷、玻璃或塑料薄片等材料做成。通常以陶瓷、塑料、玻璃及金属等制成各式工艺品灯座
落地灯		落地灯也是室内移动型灯具之一,又称座地灯或立灯,按照明功能可分为高杆落地灯和矮脚落地灯。它是一种局部自由照明灯具,多以白炽灯为光源,有大、中、小三种类型。落地灯的灯罩与台灯的灯罩相似,通常以纱、绢、塑片、羊皮纸等制成。有的艺术灯罩还绘、绣有图案和花边。灯杆以金属镀铬居多,结构安全稳定,方位、高度调控自如,投光角度随意灵活,是一种装饰效果较好的灯饰
射灯		射灯也称投光灯或探照灯。射灯是一种局部照明。射灯的尺寸一般比较小巧。射灯都有活动接头,以便能够随意调节灯具的方位与投光角度
筒灯		筒灯是一种嵌入到天花板内光线下射式的照明灯具。其最大特点是能保持建筑装饰的整体统一与完美,不会因为灯具的设置而破坏吊顶艺术的完美统一。可以用不同的反射器、镜片、百叶窗、灯泡来取得不同的光线效果。筒灯不占据空间,可增加空间的柔和气氛,如果想营造温馨的感觉,可试着装设多盏筒灯,减轻空间压迫感
吊扇灯		既可作为照明灯具,同时又具有电风扇的作用,一机两用,节省空间。一般电扇的电动机可正、反双向压动,从而使电扇一年四季都能发挥作用。吊扇灯有 3 个挡位调速,并且可以通过正、反挡获取凉风和暖风

灯具的选用原则:

① 由于气体灯管发光效率高、成本适中,故气体光源是现在的主流光源。

② 虽然 LED 光源目前成本较高,但较气体光源效率更高,可以做成各种形状,应用更灵活,终究会替代气体光源。

③ 直管型荧光灯管按管径大小可分为 T12、T10、T8、T6、T5、T4、T3 等规格。规格中"T+数字"组合表示管径的毫米数值。其含义:一个 T=1/8 英寸,一英寸为 25.4mm;数字代表 T 的个数,如 T12=25.4mm×(1/8)×12=38mm。

④ 现在销售的多为 T8 型荧光灯,常用 T8 型荧光灯的瓦数主要有 20W、30W、40W 几种。荧光灯的长度与瓦数成正比,即瓦数越大的荧光灯,长度越长。一般 T8 型荧光灯的平均寿命为 6000 小时左右。

⑤ 日光灯镇流器有电感式与电子式,电感式使用时噪声较大,一般使用电子式。

3.9 断 路 器

断路器，又称空气开关，也称自动开关、低压断路器。其原理是：在工作电流超过额定电流、短路、失压等情况下，自动切断电路。目前，家庭总开关常见的有闸刀开关配瓷插保险（已被淘汰）或空气开关（带漏电保护的小型断路器）。家装常用断路器见表3-40。

表3-40　家装常用断路器

分类方式	名　称	图　例	说　明
固定式	2P		固定安装在木台上，用于户外进线总开关
轨道式	1P		轨道式安装于配电箱内，可以多只组合。在配电箱中1P（18mm 宽）占一个安装位。1P断路器也称单极断路器，即只火线进断路器
轨道式	2P		2P断路器也称双进双出断路器，即火线和零线都进断路器，同时开关两根线，一般用于配电箱进线开关。占2P安装位
轨道式	DPN		DPN是火线和零线同时进断路器，切断时火线和零线同时切断，对用户来说安全性更高。与2P断路器的区别是，只占1P安装位
轨道式	带漏电断路器		简称漏电开关，又叫漏电断路器，在设备发生漏电故障时，对有致命危险的人身触电进行保护，具有过载和短路保护功能，可用来保护线路的过载和短路，也可在正常情况下作为线路的不频繁转换启动之用。占4P安装位
轨道式	DPN带漏电断路器		与普通漏电断路器的区别是只占2P安装位

注：目前家庭使用 DZ 系列空气开关，常见的有以下型号/规格：C6、C10、C16、C20、C25、C32、C40、C50、C63 等，其中 C 表示脱扣电流，即起跳电流，如 C32 表示起跳电流为 32A。

3.10 配 电 箱

家用配电箱是按电气接线要求将断路器组装在封闭箱内。正常运行时可借助手动或自动开关接通或分断电路。配电箱有明装箱与暗装箱。配电箱的结构见表3-41。

表 3-41 家装配电箱的结构

项 目	图 例		说 明
类型	 明装	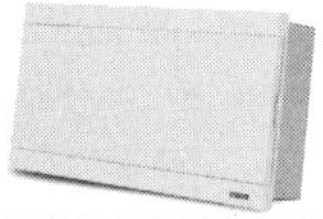 暗装	有明装与暗装两类。明装箱盖与箱体尺寸相同,如左图所示;暗装箱盖比箱体尺寸略大。家装配电箱一般以暗装为主
内部结构	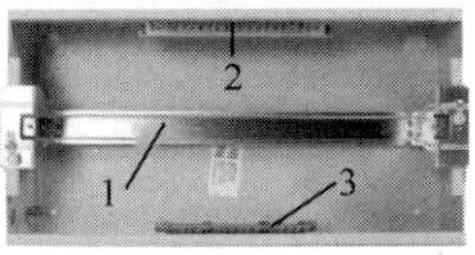		内部主要包括:1-安装导轨,用于安装断路器;2-零线(N)汇流排;3-保护地线(PE)汇流排

3.11 等电位箱

等电位端子箱是将建筑物内的保护干线,水煤气金属管道,采暖和冷冻、冷却系统,建筑物金属构件等部位进行连接,以满足电气安全规范要求。具体结构见表 3-42。

表 3-42 等电位箱结构

项 目	图 例	说 明
外形		它适用于电子设备的接地。各电子设备的独立保护接地(PE)和"工作参考地"均接至本箱,然后再独立引至接地装置,实现一点接地的要求(接地电阻值根据设计决定)
内部结构		主要由汇流排、接线端子等组成。安装时可让接地扁钢直接与汇流排用 2 颗 M8 螺母强力压接,并保证接触电阻足够小

3.12 弱电箱

弱电箱是现代家居装修中闭路电视、电话机、网络等弱电系统分线及设备安置箱。弱电箱随着智能建筑的发展也在不断发展变化。典型的弱电箱及模块见表 3-43。

表 3-43 典型弱电箱及模块

项 目	图 例	说 明
光纤弱电箱	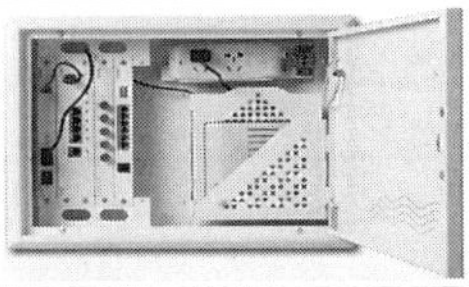	弱电箱有简易型与光纤入户型之分,简易型内部主要是模块安装机架;光纤型电箱除了有模块安装机架外,还包括光猫安装托盘、光纤绕线柱、光纤熔接盘等

续表

项 目	图 例	说 明
电视模块		一进多出电视模块，无源电视信号分配
电话模块	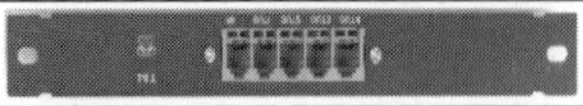	一进多出电话模块，无源电话分配，现在很少使用
交换机模块		家装网络信息点较多时用到，4个以下路由模块可满足
有线路由模块		不用无线网络时用到，无线路由可替代
无线路由模块		具有路由、有线交换、无线WiFi功能
POE路由模块		具有无线路由功能，还可能过POE端口，为POE面板提供网络信号及直流电源供给
交流电源模块		相当于电源插座，为箱内光猫、外置路由器等提供交流电源
直流电源模块		带开关电源，可直接为有源模块提供低压直流电源。常有9V与7.5V两种输出电压，注意与模块匹配
POE面板	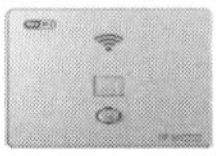	可安装在86底盒上，与86面板大小一样，兼具有线网络接口及WiFi功能，需配合有POE功能的交换机或路由器使用，统一进行管理和设置

3.13 防护辅助工具材料

在家装水电安装过程中，水电施工安全是第一位的。施工过程中需要配备一些防护工具和材料保证安全。常用防护辅助工具材料见表3-44。

表3-44 常用防护辅助工具材料

名 称	图 例	说 明
防护眼镜	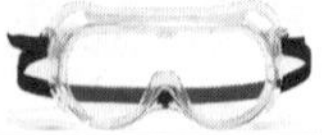	防沙尘、防冲击、防飞溅。在墙面、房顶打孔时可有效防护尘土对眼睛的侵害
护尘口罩		防护颗粒粉尘，有效保护施工过程中呼吸道系统的安全
防护服		开槽、打孔时穿连体防护服，可以保持衣物干净，对身体也有良好的保护作用
防护手套		施工过程中，需要一双防护功能好的防护手套

续表

名称	图例	说明
空调打孔防尘袋		一次性使用，在开孔时有效保持墙面洁净。使用时注意袋的开孔要与钻头直径相适应 使用方法：①确定需要打孔的位置，擦干净孔周围尘土。②揭下防尘袋背面的不干胶衬纸，将防尘袋粘在相应的位置，并压实压平。③把防尘袋轻轻拉开，达到理想防尘效果。④将钻头小心穿过防尘袋，开始打孔。注意将水钻拉出时要保持钻头旋转。⑤钻孔完毕，轻轻取下防尘袋并处理好
空调打孔防尘罩		与防尘袋功能相同，可重复使用 使用方法：在打孔位置上方适当位置钉一个小钉，将压片固定，将防尘罩压在压片下，钻头从防尘罩中间孔穿过即可打孔
电锤电钻防尘罩		适用于电锤电钻等的打孔防尘 使用方法：将附件胶圈及防尘罩按顺序穿在钻头上，即可开始打孔
手动钉枪	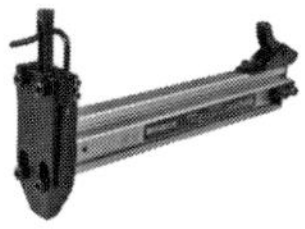 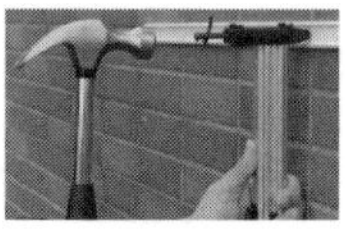	水电装修中经常要钉钉子，传统方法需要用手扶钉子，锤子很容易砸到手，并且钉子容易钉歪。有了手动钉枪，钉钉子再也不会砸到手，同时可以解决一些锤子不能钉到的情况，也大大提高了钉钉子的效率
底盒修复器	 只适用于86底盒 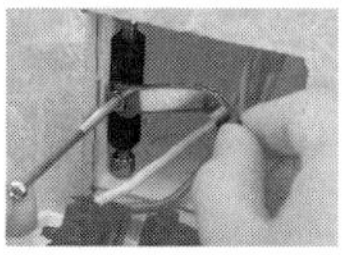	底盒上螺钉的两个耳，时间长了很容易坏。一般要将旧底盒挖出再安新盒。有了底盒修复器，可以使这种维护过程很简单 安装方法：①将面板安装螺钉旋进一个螺帽，按左图方法固定在修复器上。②调整好修复器的上、下螺钉高度，靠边缘放进底盒。③上面螺钉逆时针拧紧，下面螺钉顺时针拧紧，使修复器紧紧地撑在底盒内壁。④卸下前面用作拧紧修复器的扶手螺钉，即可正常安装面板
自锁式扎带	 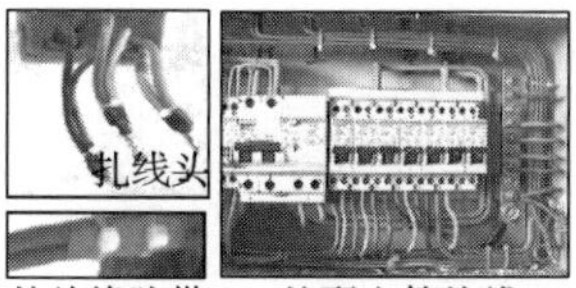 扎线头 扎绝缘胶带　扎配电箱的线	有多种颜色和宽度和长度规格可选，一次使用，不可重复使用。家装中建议选用白色或半透明扎带 最常应用的是配电箱整理导线时绑扎导线，可选用宽5mm长150mm左右的扎带 接线盒里线头可选用宽4mm长15mm的扎带，绑扎好线头再绕线，线头更扎实，不易散 包扎的绝缘胶带时间长了容易散开，如胶带包扎好后，再在胶带末端用扎带锁紧，则不会散开
可退式扎带	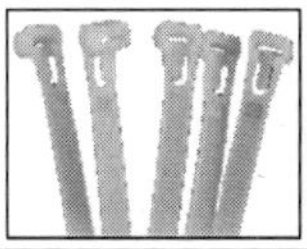 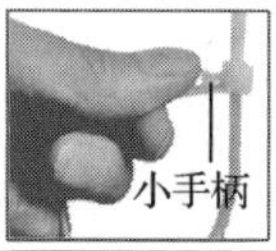  小手柄	在自锁式基础上，在锁扣处增加一个小手柄，锁紧后可按压小手柄，退出扎带，可重复多次，适于临时绑扎应用，如家电电源线绑扎等，布线中用得少

家装水电施工中，每个人都有自己的经验技巧，相互交流施工的经验技巧，可以提高自

己的施工水平和技能。一些水电施工技巧见表3-45。

表3-45 一些水电施工技巧

技 巧	图 例	说 明
自制钻孔储尘器		 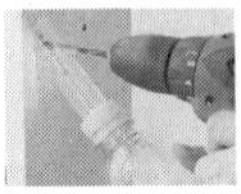 将 ϕ20 注射器针筒的封闭端切去，切口呈45°角，在45°角切口背面开口并粘一个直径略大于钻头的吸管，吸管与切口垂直。将饮料瓶盖开一个直径为20mm的孔，将针筒的另一端粘在瓶盖上。使用方法如图，选用一些小直径钻头
墙上钉钉技巧		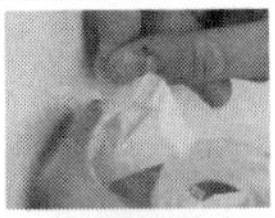 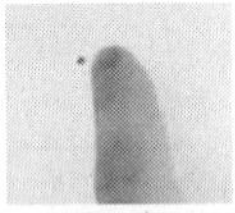 在粉刷好的墙上临时钉钉子时，在钉钉子的位置先贴一小块透明胶，这样钉子起出后，钉口周围不会崩口，再用白腻子修复后不会留下钉孔痕迹
瓷砖打孔技巧		    在瓷砖上打孔很容易打滑，因而容易将瓷砖打崩。有了瓷砖打孔定位器，就可以很好地解决这个问题

第4章 电气施工图识图方法

【本章导读】

本章介绍了家装电气施工必备的施工图识图基本知识,掌握电气施工识图的方法,是按规范施工的重要前提,也是提高电气施工技能的重要手段。本章重点学习电气施工图例符号识别、强弱电平面施工图的识图技能。

现代家装线路向智能化发展,新技术不断涌现,电气线路设计、施工越来越专业化。家装电工不可能掌握所有的知识技能,重点做好施工技能,但要能按照专业设计师的设计规范进行施工,施工识图是必不可少的技能。

本章介绍电气施工图的类型、电气符号、施工方式的表示方法、识图的基本步骤、系统图识图、强弱电施工平面图识图等内容,能满足当前家装电工识图的一般要求。

【学习目标】

① 了解电气施工图的种类。
② 掌握电气施工图图形符号、施工方式、施工部位的表示方式。
③ 掌握强弱电系统图、平面图的识图方法。

建筑电气施工图(电气施工图)与建筑施工图、建筑结构施工图、给排水施工图、暖通空调施工图一起构成一套完整的施工图。

电气施工图主要有两个方面的内容:一是供电、配电线路的规格和敷设方式;二是各类电气设备及配件的选型、规格和安装方式。电气施工图中导线、各种电气设备及配件等在图纸中用国际规定的图例、符号及文字表示,按比例绘制在建筑物的投影图中(系统图除外)。

电气施工图是土建工程施工图纸的主要组成内容。它将电气工程设计内容简明、全面、正确地标示出来,是施工技术人员及工人安装电气设施的依据。为了正确进行电气照明线路的敷设及用电设备的安装,从业人员必须看懂电气施工图。

4.1 电气施工图的组成

电气施工图设计文件以单项工程为单位编制。文件由设计图样(包括图纸目录,设计说明,平、立、剖面图,系统图,安装详图等)、主要设备材料表、预算和计算书等组成。

1. 图纸目录

图纸目录一般先列出新绘制的图纸,后列出本工程选用的标准图,最后列出重复使用图,内容包括序号、图纸名称、编号、张数等。

2. 设计说明

电气施工图设计以图样为主，设计说明为辅。设计说明主要说明那些在图样上不易表达的，或可以用文字统一说明的问题，如工程概况、设计依据、工程的类别、级别（防火、防雷、防爆及符合级别）、电源概况、线路敷设方式、电气保安措施、自编图形符号、施工安装要求和注意事项等。

3. 主要设备材料表

主要设备材料表包括工程中所使用的各种设备和材料的名称、型号、规格、数量，导线、照明器，开关及插座选型等，它是编制购置设备、材料计划的重要依据之一。

4. 系统图

电气照明系统图又称配电系统图，是表示电气工程供电方式、电能输送、分配控制关系和设备运行情况的图纸。

系统图用单线绘制，图中虚线所框的范围为一个配电盘或配电箱。各配电盘、配电箱标明其编号及所用开关、熔断器等的型号、规格。配电干线及支线用规定的文字符号标明导线的型号、截面、根数、敷设方式（如穿管敷设，还要标明管材和管径）。对各支线标出其回路编号、用电设备名称、设备容量及计算电流。

电气系统图有变/配电系统图、动力系统图、照明系统图、弱电系统图等。电气系统图只表示电气回路中各元器件的连接关系，不表示元器件的具体情况、具体安装位置和具体接线方法。

大型工程的每个配电盘、配电箱单独绘制其系统图。一般工程设计，常将几个系统图绘制到同一张图上，以便查阅。小型工程或较简单的设计，常将系统图和平面图绘制在同一张图上。

5. 平面图

电气照明平面图可表明进户点、配电箱、配电线路、灯具、开关及插座等的平面位置及安装要求。每层均应有平面图，但有标准层时，可以用一张标准的平面图来表示相同各层的平面布置。

在平面图上，可以表明以下几点：

（1）进户点、进户线的位置及总配电箱、分配电箱的位置。表示配电箱的图例符号还可表明配电箱的安装方式是明装还是暗装，同时根据标注识别电源来路。

（2）所有导线（进户线、干线、支线）的走向，导线根数，以及支线回路的划分，各条导线的敷设部位、敷设方式、导线规格型号、各回路的编号及导线穿管时所用管材管径都应标注在图纸上，有时为了图面整洁，也可以在系统图或施工说明中统一表明。

（3）灯具、灯具开关、插座、吊扇等设备的安装位置，灯具的型号、数量、安装容量、安装方式及悬挂高度。

常用的电气平面图有变/配电平面图、动力平面图、照明平面图、防雷平面图、接地平面图、弱电平面图等。

6. 安装详图（接线图）

安装详图又称大样图，多以国家标准图集或各设计单位自编的图集作为选用的依据。仅对个别非标准工程项目才进行安装详图设计。详图的比例一般较大，并且一定要结合现场情况，设备、构件尺寸详细绘制，也就是安装接线图。

4.2 配电线路的标注方式

1. 常用电线电缆的文字符号

电线电缆的品种很多，应用较为广泛的有裸导线、绝缘电线和电力电缆等。

1）裸导线

裸导线只有导电部分，没有绝缘层和保护层。电力系统中常用的裸导线有：
- 用于架空线路中的裸绞线：铜绞线（TJ）、铝绞线（LJ）、钢芯铝绞线（LGJ）。
- 用于供配电设备中的汇流排：矩形硬铜母线（TMY）、矩形硬铝母线（LMY）。

2）绝缘电线

绝缘电线用于低压供电线路及电气设备的连线，常用绝缘电线的种类及型号见表4-1。

表4-1　常用绝缘电线的种类及型号

型号	名称	型号	名称
BX	铜芯橡皮线	BVV	铜芯塑料护套线
BLX	铝芯橡皮线	BLVV	铝芯塑料护套线
BXR	铜芯橡皮软线	BXF	铜芯氯丁橡皮线
BV	铜芯塑料线	BLXF	铝芯氯丁橡皮线
BLV	铝芯塑料线	RVS	铜芯塑料绞型软线
BVR	铜芯塑料软线	RVB	铜芯塑料平行软线

导线 BX、BV、BLV、BVV 型号中字母的含义：①第一个字母"B"表示布线；②第二个字母"X"表示橡皮绝缘，"V"表示聚氯乙烯型绝缘线；③第三个字母"V"表示塑料护套；④型号中不带"L"为铜线，带"L"为铝线。

3）电力电缆

电力电缆用来输送和分配电能，按其绝缘材料及保护层的不同分为纸绝缘电缆（代号为Z）、塑料绝缘电缆（代号为V）、橡皮绝缘电缆（代号为X）。例如，VV是塑料绝缘铜芯塑料护套电缆，ZLQ是纸绝缘铝芯铅包电力电缆。型号中的Q表示保护层为铅包，如果是铝包，则为L。常用电缆型号见表4-2。

表 4-2　常用电缆型号

型号	名称		用途
YHQ	橡套电缆	软型橡套电缆	交流 250V 以下移动式用电装置，能受较小机械力
YZH	橡套电缆	中型橡套电缆	交流 500V 以下移动式用电装置，能受相当的机械外力
YHC	橡套电缆	重型橡套电缆	交流 250V 以下移动式用电装置，能受较大机械力
VV22	电力电缆	铜芯 聚氯乙烯绝缘 聚氯乙烯护套铠装电缆	敷设于地下，能承受机械外力作用，但不能承受大的拉力
VLV22	电力电缆	铝芯 聚氯乙烯绝缘 聚氯乙烯护套铠装电缆	敷设于地下，能承受机械外力作用，但不能承受大的拉力
KVV	控制电缆	铜芯 聚氯乙烯绝缘 聚氯乙烯护套电缆	敷设于室内、沟内或支架上
KLV	控制电缆	铝芯 聚氯乙烯绝缘 聚氯乙烯护套电缆	敷设于室内、沟内或支架上

2. 常用电线电缆线芯的规格及表示

电线电缆的线芯一般采用铜芯和铝芯，国家标准中，线芯的额定截面积有：0.2，0.3，0.4，0.5，1.0，1.5，2.5，4.0，6.0，10，16，25，35，50，70，95，120，185，240，300，单位为 mm^2。

在电气工程图中，表示导线截面积的同时表示出电线电缆的型号、线路的额定电压，如 BLV-500-3×16+1×10，表示铝芯塑料绝缘电线，额定电压为 500V，3 根相线截面积均为 $16mm^2$，1 根中性线的截面积为 $10mm^2$。

3. 线路敷设方式的文字符号表示

动力及照明配电线路一般采用绝缘导线或电力电缆，其敷设（也称配线）方式分为明敷和暗敷两大类。敷设方式的文字符号在旧的国家标准中通常采用汉语拼音的首字母表示，现在正逐渐推行的新标准用英文字母表示。现将两种方法的文字符号列于表 4-3 中。

表 4-3　线路敷设方式文字符号新旧对照

中文名称	旧标准	新标准	中文名称	旧标准	新标准
明敷	M	E	钢管配线	G	SC
暗敷	A	C	硬塑料管配线	VG	PC
瓷瓶配线	CP	K	金属线槽配线	GC	MR
铝卡片配线	QD	AL	塑料线槽配线	XC	PR
瓷夹配线	CJ	PL	电缆桥架配线	—	CT
塑料夹配线	VJ	PCL	钢索配线	S	M
穿阻燃半硬塑料管配线	BVG	FPC	金属软管配线	SPG	FMC
电线管配线	DG	MT	塑料波纹配线	—	KPC

4. 线路敷设部位的文字符号表示

线路敷设部位新、旧国家标准的文字符号对照见表 4-4。

表 4-4　线路敷设部位新、旧国家标准的文字符号对照

中文名称	旧标准	新标准	中文名称	旧标准	新标准
沿钢索敷设	S	SR	暗敷设在梁内	LA	BC
沿屋架或跨屋架敷设	LM	BE	暗敷设在柱内	ZA	CLC
沿柱或跨柱敷设	ZM	CLE	暗敷设在墙内	QA	WC
沿墙面敷设	QM	WE	暗敷设在地面或地板内	DA	FC
沿天棚面或顶板面敷设	PM	CE	暗敷设在屋面或顶棚内	PA	CC
在能进入的吊顶内敷设	PNM	ACE	暗敷设在不能进入的吊顶内	PNA	ACC

5. 线路功能的文字符号表示

PG——配电干线；PFL——配电分干线；LG——动力干线；LMG——动力分干线；MG——照明干线；MFG——照明分干线；KZ——控制线。

6. 导线的表示方式

1）导线根数表示

在照明平面图中，只要走向相同，导线组中无论导线的根数多少，均可用一根线条表示，其根数用短斜线表示。一般分支干线均有导线根数标识和线径标识，分支线则没有，这就需要施工人员根据电气设备要求和线路安装标准确定导线的根数和线径。

在施工时，各灯具的开关必须接在相线上，无论是几联开关，只送入开关一根相线。插座支路的导线根数由几联开关中极数最多的插座决定，如二三孔双联插座是三根线，若是四联三极插座，也是三根线。

电气施工图中导线常用的表达方式见表 4-5。

表 4-5　电气施工图中导线常用的表达方式

图例	导线表示
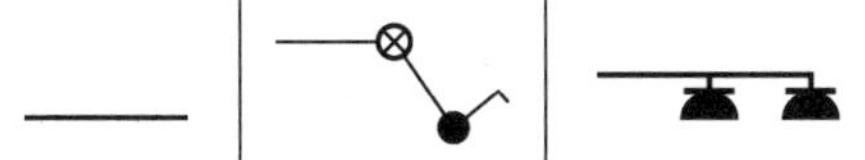	电气施工图中，一般导线布线不少于 2 根，故没有任何说明的单根线条一般表示 2 根导线；单相三孔插座回路中有 2 根配电线加 1 根 PE 线，也可用 1 根没有任何说明的线条表示
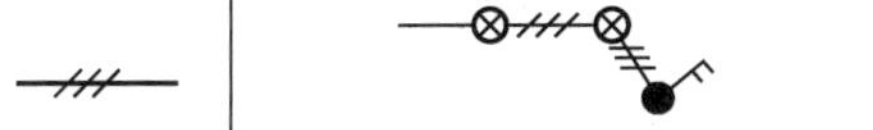	4 根以下导线用短斜线数目表示导线根数，如图示例中没有短斜线的为 2 根导线，有 3 根短斜线的表示 3 根导线
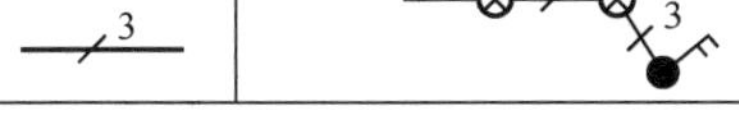	导线数量较多时，用 1 根短斜线加数字标注表示，标注的数字即表示导线的数量
W1　BV—3×2.5_PC20_WC.FC_L1, N, PE	系统图、入户线路中用文字符号表达线路编号、导线型号、规格、根数、线路敷设方式及部位等详细信息
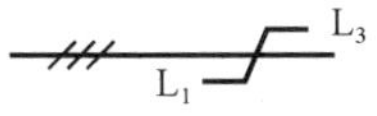	线路导线组两端线序需交换时的表示方式。图例表示 L_1 与 L_3 相线交换位置
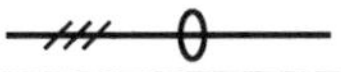	线条上加小圆圈表示线条所表达的多根线在同一根电缆中
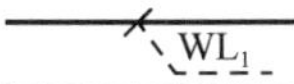	线路编号表示方式

续表

图 例	导 线 表 示
⌇⌇ L₁ L₂	线路交叉的画法
▬{ L₁ L₂ L₃	1 根线条表示多条线路的方式。在配电箱位置线路回路较多时，为了使图纸简明清楚，常用此种方式，用 1 根线延伸到相应位置再分开画
———— PE ————	保护接地线（PE 线）
——/——	零线（中性线）
——↗——	引向符号，向上配线
——↘——	引向符号，向下配线
↗	引向符号，垂直通过配线
⏚	一般接地符号

2）动力及照明线路在图上的文字符号表示

平面图上用图线表示动力及照明线路时，在图线旁还应标注一定的文字符号，以说明线路的编号、导线型号、规格、根数、线路敷设方式及部位等，其标注的一般格式为

$$a-d-(e \times f)-g-h$$

式中　a——线路编号或线路功能的符号；

　　　d——导线型号；

　　　e——导线根数；

　　　f——导线截面积（单位为 mm^2，不同的截面积应分别表示）；

　　　g——导线敷设方式或穿管管径；

　　　h——导线敷设部位。

例如：W1　BV－3×2.5－PC20－WC.FC－L1，N，PE，表示 W1 回路，导线为铜芯塑料绝缘线，3 根 2.5mm² 的导线，穿管管径为 20mm，硬塑料管，沿墙内或地面暗敷，3 根线分别为 L1 相线、零线、PE 保护线。

再如：W1　BV－4×25＋1×16－PC50－FC，表示 W1 回路，导线为铜芯塑料绝缘线，4 根 25mm² 的导线，一根 16 mm² 的导线，穿管管径为 50mm，硬塑料管，沿地面暗敷。

4.3　照明设备的标注方式

常用的照明设备，如照明配电箱、断路器、熔断器等需要在照明平面图上表示出来。这些设备在图上的表示方法一般采用图形符号和文字标注相结合的方式。

4.3.1 配电箱及设备的标注方式

配电箱是照明工程中的主要设备之一,是由各种开关电器、仪表、保护电器、引入引出线等按照一定方式组合而成的成套电器装置,用于电能的分配和控制。主要用于动力配电的称为动力配电箱;主要用于照明配电的称为照明配电箱;两者兼用的称为综合式配电箱。

配电箱的安装方式有明装、暗装(嵌入墙体内)及立式安装等几种形式。在平面图上用图形符号和文字标注两种方法表示。

1. 配电箱的图形符号

各种配电箱的图形符号见表 4-6。

表 4-6 各种配电箱的图形符号

序 号	图形符号	说 明
1	▭	屏、台、箱、柜的一般符号
2	▬	动力或动力照明配电箱,需要时符号内可标示电流种类符号
3	■	照明配电箱(屏),需要时允许涂红
4	⊠	事故照明配电箱(屏)
5	⊗	信号板、信号箱(屏)
6	◨	多种电源配电箱(屏)
7	[AW]	电度表箱
8	[LEB]	局部等电位连接箱
9	[MEB]	总等电位连接箱

2. 配电箱的文字符号

配电箱的文字标注格式一般为 $\dfrac{ab}{c}$ 或 a—b—c。当需要标注引入线的规格时,应标注为

$$a\dfrac{b-c}{d(e\times f)-g}$$

式中　a——设备编号;
　　　b——设备型号(常用代号有 AW 电表箱、AP 动力电箱、AL 照明电箱及动力电箱、ALE 应急照明电箱);
　　　c——设备容量(kW);
　　　d——导线型号;
　　　e——导线根数;
　　　f——导线截面积(mm^2);
　　　g——导线敷设方式及部位。

例如：$\dfrac{3\text{SAL}}{80\text{kW}}$ 表示 3S——商业用途；AL——照明配电箱；没有二级编号，表示为总配电箱；80kW——容量为80kW。

再如：$\dfrac{3\text{SAL}-1}{45\text{kW}}$ 表示 3S——商业用途；AL——照明配电箱；1——二级 1 号配电箱；45kW——容量为45kW。

3. 断路器的图形符号

断路器的图形符号见表 4-7。

表 4-7 断路器的图形符号

名称	图例	说明
断路器		一般标注格式为 a−b−c/i，式中，a 表示编号，b 表示设置型号，c 表示脱扣电流（C××适用电阻性负载，如照明；D××适用感性负载，如电动机、空调）；i 表示开关极数，如 CH2—63C16 2P 表示编号为 CH2，壳架等级为 63A，照明型脱扣电流 16A，2 极断路器
漏电断路器		一般标注格式为 a−b/c/d，式中，a 表示设置型号，b 表示脱扣电流，c 表示漏电动作电流（mA），d 表示漏电动作时间（s），如 A062G—16A/30mA/0.1s，表示型号 A062G，脱扣电流 16A，漏电动作电流 30mA，漏电动作时间 0.1s 的漏电保护断路器
隔离开关		一般标注格式为 a/b−c，式中，a 表示设备型号，b 表示开关极数，c 表示额定电流（A），如 INT100/2P—63，表示型号 INT100，2P 隔离开关的额定电流为 63A

4.3.2 常用照明灯具标注方式

照明灯具在平面图上采用文字标注和图形符号两种方法表示。

1. 常用照明灯具的文字标注

照明灯具的文字标注格式一般为 $a-b\dfrac{c\times d\times l}{e}f$。

灯具吸顶安装时为 $a-b\dfrac{c\times d\times l}{-}$。

式中　a——同类照明灯具的个数；
　　　b——灯具的型号或编号；
　　　c——照明灯具的灯泡数；
　　　d——灯泡或灯管的功率（W）；
　　　e——灯具的安装高度（m）；
　　　f——灯具的安装方式；
　　　l——电光源的种类（一般不标注）。

常用电光源的种类及代号见表 4-8。

表 4-8　常用电光源的种类及代号

电光源种类	代　号	电光源种类	代　号
白炽灯	IN	汞灯	Hg
荧光灯	FL	钠灯	Na
碘钨灯	I		

常用灯具类型及代号见表 4-9。

表 4-9　常用灯具类型及代号

灯具类型	代　号	灯具类型	代　号
普通吊灯	P	工厂一般灯具	G
壁灯	B	荧光灯	Y
花灯	H	隔爆灯	G 或专用符号
吸顶灯	D	水晶底罩灯	J
柱灯	Z	防水防尘灯	F
卤钨探照灯	L	搪瓷伞罩灯	S
投射灯	T	无磨砂玻璃罩万能型灯	W_w

照明灯具的安装方式及代号见表 4-10。

表 4-10　照明灯具的安装方式及代号

灯具的安装方式	代　号	灯具的安装方式	代　号
线吊式	CP	吸顶或直附式	S
自在器线吊式		嵌入式（嵌入不进入顶棚）	R
固定线吊式	CP1	顶棚内安装（嵌入可进入顶棚）	CR
防水线吊式	CP2	墙壁内安装	WR
吊线器式	CP3	台上安装	T
链吊式	Ch	支架上安装	SP
管吊式	P	柱上安装	CL
壁装式	W	座装	HM

例如：$6-S\dfrac{1\times 60\times IN}{2.5}Ch$ 表示有 6 盏搪瓷伞罩灯，每个灯内装有一个 60W 的白炽灯，链吊式安装，安装高度为 2.5m。

再如：$5-Y\dfrac{2\times 40}{-}S$ 表示有 5 盏荧光灯，每盏荧光灯内有 2 只 40W 的灯管，吸顶安装。

2. 常用照明灯具的图形符号

常用照明灯具的图形符号见表 4-11。

表 4-11 常用照明灯具的图形符号

图形符号	说　明	图形符号	说　明
⊗	灯或信号灯的一般符号	⊗→	聚光灯
⊗	投光灯的一般符号	⊗	防水防尘灯
●	球形灯	▽	吸顶灯
⌒	壁灯	⊗	花灯
⌒	弯灯	⊖	安全灯
⊙	隔爆灯	⊠	自带电源的应急灯
⊗↗	泛光灯	○	普通吊灯
⊖	矿灯	⊢⊣	单管荧光灯
⊨	双管荧光灯	☰	三管荧光灯
⊢5⊣	五管荧光灯（数字表示灯管数量）	△	深照型灯
△	广照型灯	→	疏散灯
▦	方格栅吸顶灯	↔	箭头表示疏散方向
▶	壁装坐灯	⊢⊣	镜前灯

4.3.3 常用照明附件的表示方法

1. 开关的表示方法

照明开关主要是指对照明电器进行控制的各类开关，常用的有翘板式和拉线式两种，电气照明平面上，照明开关通常用图形符号表示，表 4-12 中列出常用照明开关的图形符号。

表 4-12 常用照明开关的图形符号

名　称		图　例	说　明	名　称	图　例	说　明
开关，一般符号		✐		单极拉线开关	✐↓	
带指示灯的开关		✐⊗		双极拉线开关	✐↑	
单极开关		✐	明装	双极开关	✐	
		●	暗装	单极限时开关	✐	
		✐	密封（防水）	多拉开关	✗	
		✐	防爆	中间开关	✕	
双极开关		✐	明装	调光器	✗	暗装时小圆圈涂黑
		●	暗装	钥匙开关	🅀	
		✐	密封（防水）	"请勿打扰"门铃开关	⬭	
		✐	防爆	风扇调速开关	○	
三极开关（短斜线数量表示开关极数）		✐	明装	风机盘管控制开关	⬭	
		●	暗装	按钮	◎	
		✐	密封（防水）	带有指示灯的按钮	◉	
		✐	防爆	定时开关	⏱	

2. 插座的表示方法

插座主要用来插接照明设备和其他用电设备，也常用来插接小容量的三相用电设备，常见的有单相两孔、单相三孔（带保护线）插座和三相四孔插座。在动力和照明平面图中，插座往往采用图形符号来表示，工程中常见插座的图形符号见表 4-13。

表 4-13　插座电气平面图上的图形符号表示

名　称	说　明	图　例	名　称	说　明	图　例
单相插座	明装		带接地插孔的三相四孔插座	明装	
	暗装			暗装	
	密封（防水）			密封（防水）	
	防爆			防爆	
带接地插孔的单相三孔插座	明装		带中性线和接地插孔的三相五孔插座	明装	
	暗装			暗装	
	密封（防水）			密封（防水）	
	防爆			防爆	
多只插座	（示出 3 个）		防护插座	具有防护板的插座	
开关插座	带有单极开关的插座		联锁开关插座	带有联锁开关的插座	
隔离插座	带有隔离变压器的插座		熔断器单相插座	带有熔断器的单相插座	

注：特定插座可在插座符号旁标示文字符号，表示特定要求插座，如标示"K"表示空调插座；标示"R"表示电热水器插座。

4.3.4　其他用电设备的标注方式

在电气照明平面图上，一些安装固定的用电设备如电风扇、空调、电铃等也需要在图上表示出来，其图形符号见表 4-14。

表 4-14　其他常用电气设备的图形符号

名　称	图　例	说　明	名　称	图　例	说　明
电风扇		若不引起混淆，方框可不画	电钟		
空调		表示不出引线	电阻加热装置		
电铃			电热水器		

4.4　电气施工图识读方法

（1）熟悉电气图例符号，弄清图例、符号所代表的内容。图例符号以设备材料表中列举为准，设备材料表中没有的常用电气工程图例及文字符号，可参见国家颁布的《电气图形符号标准》。

（2）针对一套电气施工图，应先按以下顺序阅读，然后对某部分内容进行重点识读。

① 看标题栏及图纸目录，了解工程名称、项目内容、设计日期及图纸内容、数量等。

② 看设计说明，了解工程概况、设计依据等，了解图纸中未能表达清楚的各有关事项。

③ 看设备材料表，了解工程中所使用的设备、材料的型号、规格和数量，以及图纸中所用的图例符号。

④ 看系统图，了解系统的基本组成，主要电气设备、元件之间的连接关系及其规格、型号、参数等，掌握该系统的组成概况。

⑤ 看平面布置图，如照明平面图、防雷接地平面图等，了解电气设备的规格、型号、数量及线路的起始点、敷设部位、敷设方式和导线根数等。平面图的阅读可按照以下顺序进行：电源进线→总配电箱→干线支线→分配电箱→电气设备。

⑥ 看控制原理图，了解系统中电气设备的电气控制原理，以指导设备的安装调试。

⑦ 看安装接线图，了解电气设备的布置与接线。

⑧ 看安装大样图，了解电气设备的具体安装方法、安装部件的具体尺寸等。

（3）抓住电气施工图要点进行识读。识图时，应抓住要点进行识读，例如：

① 在明确负荷等级的基础上，了解供电电源的来源、引入方式及路数；

② 了解电源的进户方式是由室外低压架空引入还是电缆直埋引入；

③ 明确各配电回路的相序、路径，管线敷设部位、敷设方式及导线的型号和根数；

④ 明确电气设备、器件的平面安装位置。

（4）结合土建施工图进行阅读。电气施工与土建施工结合得非常紧密，施工中常常涉及各工种之间的配合问题。电气施工平面图只反映电气设备的平面布置情况，结合土建施工图的阅读还可以了解电气设备的立体布设情况。

（5）熟悉施工顺序，便于阅读电气施工图，如识读配电系统图、照明与插座平面图时，应首先了解室内配线的施工顺序。

① 根据电气施工图确定设备的安装位置、导线敷设方式、敷设路径及导线穿墙或楼板的位置；

② 结合土建施工进行各种预埋件、线管、接线盒、保护管的预埋；

③ 装设绝缘支持物、线夹等，敷设导线；

④ 安装灯具、开关、插座及电气设备；

⑤ 进行导线绝缘测试、检查及通电试验；

⑥ 工程验收。

（6）识读时，施工图中各图纸应协调配合阅读。对于具体工程来说，为说明配电关系时需要有配电系统图；为说明电气设备、器件的具体安装位置时需要有平面布置图；为说明设备工作原理时需要有控制原理图；为表示元件连接关系时需要有安装接线图；为说明设备、材料的特性、参数、图例时需要有设备材料表等。这些图纸的用途不同，但相互之间是有联系并协调一致的。在识读时应根据需要将各图纸结合起来识读，以达到对整个工程或分部项目全面了解的目的。

4.5 照明电气施工图识读实例

4.5.1 照明电气系统图识读

照明电气系统图是用图形符号、文字符号绘制的,用来表示建筑照明配电系统供电方式、配电回路分布及相互联系的建筑电气工程图,能集中反映照明的安装容量、计算容量、计算电流、配电方式、导线或电缆的型号、规格、数量、敷设方式及穿管管径、开关及熔断器的规格、型号等。通过照明电气系统图,可以了解建筑物内部电气照明配电系统的全貌,是用于电气安装调试的主要图纸之一。

1. 照明电气系统图识读的主要内容

(1) 电源进户线、各级照明配电箱和供电回路,表示其相互连接形式;
(2) 配电箱型号或编号,总照明配电箱及分照明配电箱所选用的计量装置、开关和熔断器等的型号、规格;
(3) 各供电回路的编号,导线型号、根数、截面积和线管直径,以及敷设导线长度等;
(4) 照明器具等用电设备或供电回路的型号、名称、计算容量和计算电流等。

2. 照明电器干路系统图识读

如图 4-1 所示为某商住楼一单元照明电气干路系统图。根据图 4-1 所示系统图可读出:

(1) 电表箱:编号为 AW-1,安装容量(P_e)为 104kW,使用系数(K_c)为 0.8,计算容量(P_{js})为 83.2kW,功率因数($\cos\phi$)为 0.9,计算电流(I_{js})为 140.5A。

(2) 电源进线:采用交联聚乙烯绝缘钢带铠装聚氯乙烯护套电力电缆,适用电压 600V (0.6kV),试验电压 1000V (1kV);芯线为 3 根 70mm² 线,用于三相相线,1 根 35mm² 线,用于零线;穿直径为 80mm 的钢管(SC);暗敷在地面(FC)。

(3) 总断路器:型号为 NSE-160/4P-140-EL,4P 断路器,脱扣电流 140A,漏电模块为脱扣型(EL),漏电动作电流 300mA,动作时间 0.4s。

(4) 楼层电表及断路器、楼层干线:电表额定电流 10A,最大电流 20A;断路器为 2P、脱扣电流 50A;楼层干线为 3 根耐压 750V、10mm² 铜芯聚氯乙烯绝缘线,穿直径为 32mm 的硬塑料管,沿墙暗敷接至楼层用户配电箱(三根线分别为相线、零线、PE 线)。

(5) 公共用电表箱:电表额定电流 5A,最大电流 20A;断路器为 4 只 DPN 断路器、脱扣电流 10A;分有线电视、宽带、公共照明、对讲系统电源四路,每路为 3 根耐压 750V、2.5mm² 铜芯聚氯乙烯绝缘线,穿直径为 16mm 的硬塑料管,沿墙或屋面顶棚暗敷(三根线分别为相线、零线、PE 线)。

(6) 等电位及 PE 保护:图中两小矩形符号分别为电表箱内的零线(N)汇流排、PE 线汇流排;进线通过 4P、脱扣电流为 50A 的断路器,由 4 根 16mm 的铜芯绝缘线引至 PRD-40r/4P 浪涌电流保护器(雷击保护器),保护器为 4P,在标准雷电波(8/20μA)冲击下,每路泄放电流40kA；PE汇流排及浪涌保护器分别用一根25mm²的铜芯绝缘线引至总等电位箱（MEB），总等电位箱由40×4镀锌扁钢引至基础主钢筋并与之焊接。

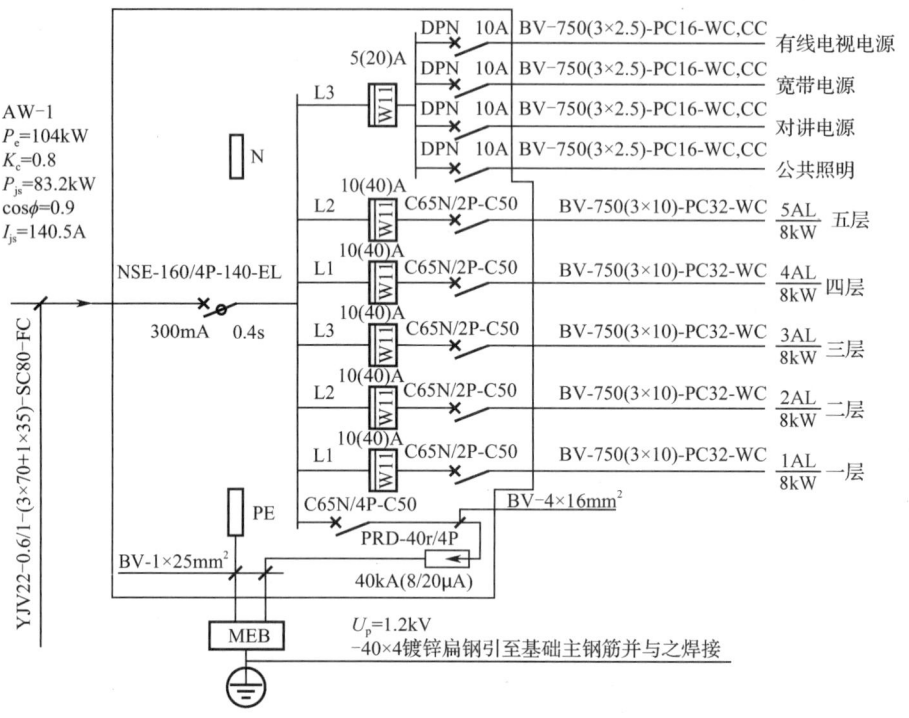

图4-1 某商住楼一单元照明电气干路系统图

（7）三相相线功率分配：为了三相负载尽可能均衡，一、四层分配至L1相，二、五层分配至L2相，三层及公共用电分配至L3相。

3. 户型电气系统图识读

图4-2为上例干路系统图中1~4楼户型电气系统图，也是常见的典型户型电气系统图。

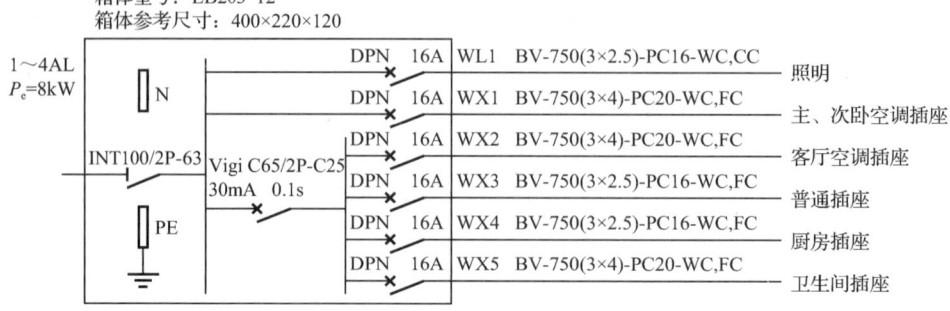

图4-2 户型电气系统图

根据图4-2可读出：

（1）配电箱：型号为LB203-12；箱体尺寸为400×220×120（长×宽×深）；1~4AL配

电箱相同,安装容量(P_e)为 8kW。

(2) 进线及总开关:进线规格由图 4-2 标注;总开关为型号 INT100/2P-63,表示 2P、额定电流为 63A 的隔离开关。注:隔离开关不能自动脱扣,需手动离合。

(3) 户型电气回路分配:共分配 6 路,其中 1 路照明回路,5 路插座回路;照明及主、次卧空调插座直通隔离开关,其余 4 路通过漏电保护器接至隔离开关;隔离开关型号为 Vigi C65/2P-C25,表示 2P、脱扣电流为 25A、漏电动作电流为 30mA、漏电动作时间为 0.1s。

(4) 断路器及布线:所有断路器为 DPN、16A,同时离合相线与零线,因而更安全;WL1、WX3、WX4 三路为 3 根 $2.5mm^2$ 的铜芯绝缘线,穿 16mm 硬塑料管,其余三路为 3 根 $4mm^2$ 的铜芯绝缘线,穿 20mm 硬塑料管;WL1 布线方式为墙内敷或顶棚内暗敷,其余为墙内暗敷或地板下暗敷。

4.5.2 电气平面施工图识读

家装电气平面施工图包括照明平面图和插座平面图。根据电气平面施工图的复杂程度不同,照明平面图与插座平面图可分开画。由于一般家庭照明只有一个回路,故常将两者画在同一张图上。

照明平面图主要表示电源进户装置、照明配电箱、灯具、插座、开关等电气设备的数量、型号规格、安装位置、安装高度,表示照明线路的敷设位置、敷设方式、敷设路径、导线的型号规格等。

图 4-3 为图 4-2 系统图所对应的电气平面施工图。

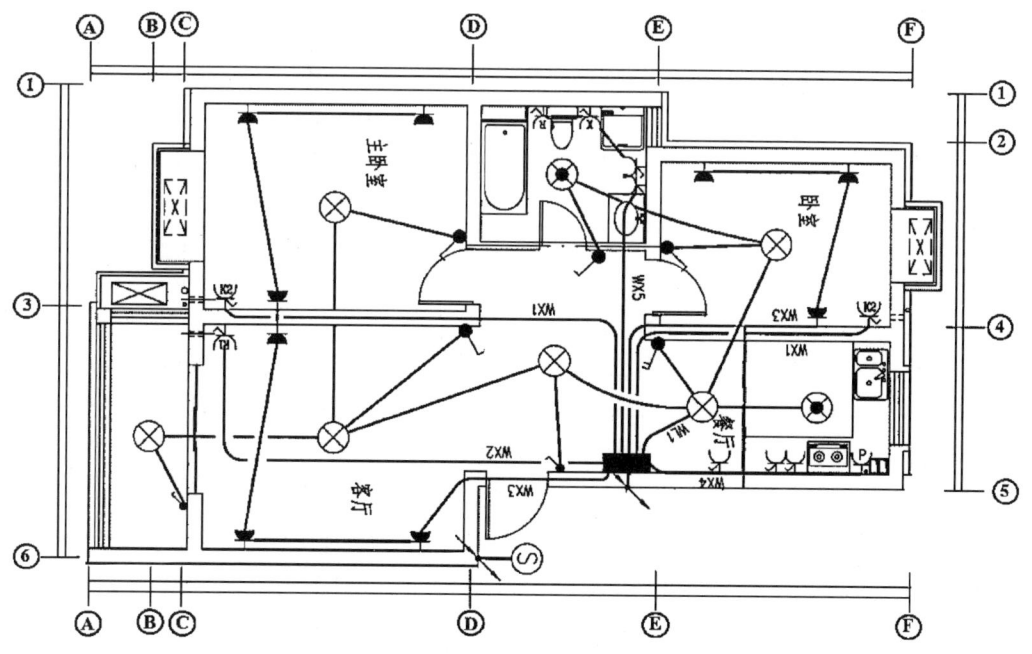

图 4-3 电气平面施工图

电气平面施工图识读由配电箱开始，沿线路走向顺序看图。

（1）WL1回路：由配电箱向右上至餐厅，安装一盏白炽灯；餐厅水平向右至厨房安装一盏防水灯，餐厅灯与厨房灯的开关由E4位置的双联开关控制；餐厅右上至次卧安装一盏白炽灯，开关位于房门内右侧；由次卧左上至卫生间安装一盏防水灯，开关位于门外右侧；餐厅左上至客厅玄关处安装一盏白炽灯，开关位于大门内左侧；接着左下至客厅中央安装一盏白炽灯，开关位于D3处；客厅水平左至阳台安装一盏白炽灯，开关位于门内右侧；由客厅上行至主卧安装一盏白炽灯，开关位于门内左侧。

（2）WX1回路：由配电箱右上至次卧F4处安装一只带开关空调插座，由配电箱左上至主卧C3处安装一只带开关空调插座。

（3）WX2回路：由配电箱左上至客厅C3处安装一只带开关空调插座。

（4）WX3回路：由配电箱左下至客厅D6处安装一只三孔插座；水平至客厅C6处安装一只三孔插座；上行至客厅C3处安装一只三孔插座；穿墙至主卧C3处安装一只三孔插座；上行至主卧C1处安装一只三孔插座；水平右行至主卧D1处安装一只三孔插座；由配电箱右行至次卧F4处安装一只三孔插座；上行至次卧F2处安装一只三孔插座；左行至次卧E2处安装一只三孔插座。

（5）WX4回路：由配电箱水平右行至油烟机一侧安装两只防水带开关三孔插座；右行至油烟机另一侧安装一只防水油烟机五孔插座。

（6）WX5回路：由配电箱上行至卫生间面盆侧安装两只防水带开关三孔插座；左上行至洗衣机一侧安装一只防水带开关三孔洗衣机插座；水平左行至座便器一侧安装一只防水带开关的三孔热水器插座。

（7）系统干线在E5位置垂直穿过，进户线在此系统干线分支接入；楼道公共照明线路在D6位置垂直穿过，并在此位置分接一个声光感应灯。

4.6 弱电施工图识读

4.6.1 弱电线路设备的标注方式

弱电包括电话、电视、计算机网络、安防等，是现代智能家居的重要组成部分，弱电布线施工技能是家装电工必须掌握的。家装弱电线路及设备在施工平面图中主要以图形符号标注，常用弱电线路及设备图形符号见表4-15。

表4-15 常用弱电线路及设备图形符号

分类	名称	图例	分类	名称	图例
电话及计算机网络	通信网络设备箱	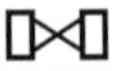 ▷◁	有线电视	层前端箱	VII
		 ▶◁		层放大器箱	
	多媒体弱电箱	ADD		分支器箱	VP
	电话插座	TP		电视插座	TV

续表

分类	名称	图例	分类	名称	图例
电话及计算机网络	2位电话插座	2TP	有线电视	终端电阻	
	计算机网络插座	TO		一分支器	
楼宇对讲	可视对讲系统主机			二分支器	
	可视对讲分机			四分支器	
	对讲系统电源			六分支器	
	电磁锁	EL		放大器	
	层间分配器箱	DEC	弱电线型	电话信号线	—F n
弱电线型	有线电视信号线	—TV n		网络数据线	— n
	对讲支线	—J—		对讲总线	—DJ—
	对讲电源线	—D—D—		弱电入户线	—DX—

4.6.2 弱电系统图识读

弱电系统包括有线电视、计算机网络、楼宇对讲、安防等智能系统。有线电视系统、计算机网络拓扑结构可以是星形，也可以是树形，或者是星形与树形混合结构；楼宇对讲系统、安防系统一般为总线型。

1. 楼栋电视干线系统图识读

图 4-4 为楼栋电视干线系统图。根据图 4-4 可识读出：

（1）电视信号由 1 根 50 钢管引入储藏室电视信号放大器箱。电视信号引入只需 1 根信号线，如果用 2 根信号引入线，则其中 1 根作为备份。

（2）电视信号放大器输出 11 分支信号，其中 1 分支引至门卫室，其他 10 分支分别引至 1～5 层电视分线箱，再由分线箱引至用户弱电信息箱，每层 2 个用户。从储藏室至 5 楼由两根 PC 管引上去，每根 PC 管内同轴线由低到高数量呈 5-4-3-2-1 递减，PC 管根据同轴线的数量减少，直径也由 40 减小到 20。进户为一根同轴线，穿 20PC 管入户。

2. 楼栋计算机网络、电话系统图识读

图 4-5 为楼栋计算机网络、电话系统图。根据图 4-5 可识读出：

（1）电话信号由 1 根 20 对 $0.5mm^2$ 的通信电缆穿 50 钢管引入储藏室配线架。计算机网络信号由 2 芯光纤穿 50 钢管引入储藏室，经光纤互联装置、交换机输出 11 路。图中 HUB 为集线器，现在基本不使用，主要使用路由、交换机设备。

（2）电话两对引至门卫室，每个用户两对（使用一对、备用一对），由储藏室至 5 楼，每层减 4 对，穿管（PC 硬塑料管）直径也相应由 40 递减至 20。

（3）计算机网络由交换机开始，1 路由 8 芯（4 对）五类网线引至门卫室，10 路分别引至楼层网络、电话接线箱，再由每个用户 1 路（每层 2 个用户）引入用户弱电信息箱。由储藏室至 5 楼，每层减 2 根，穿管（PC 硬塑料管）直径也相应由 40 递减至 20。

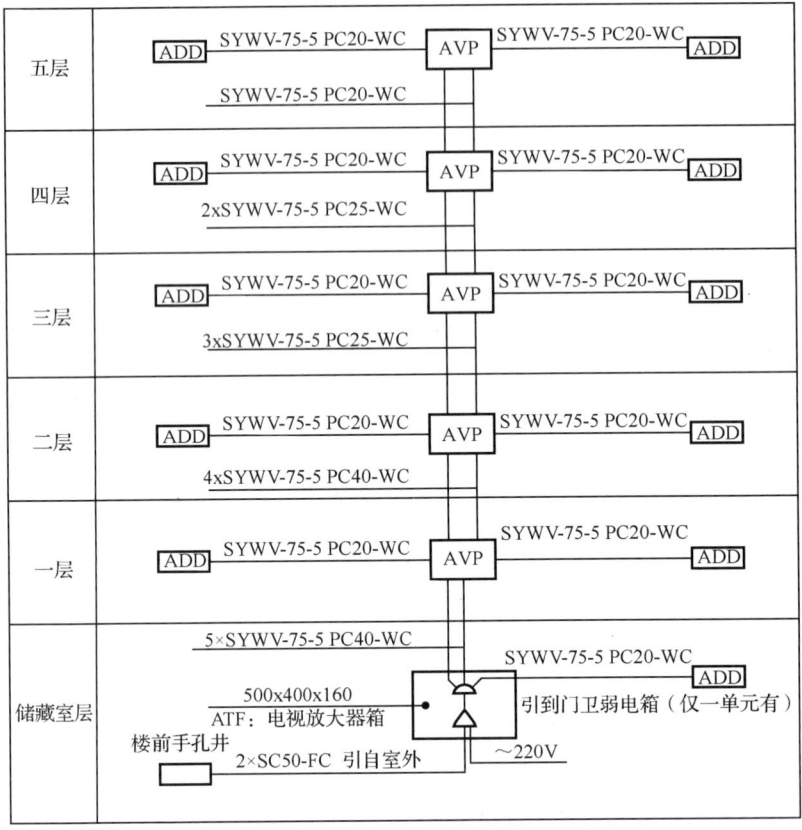

图 4-4　楼栋电视干线系统图

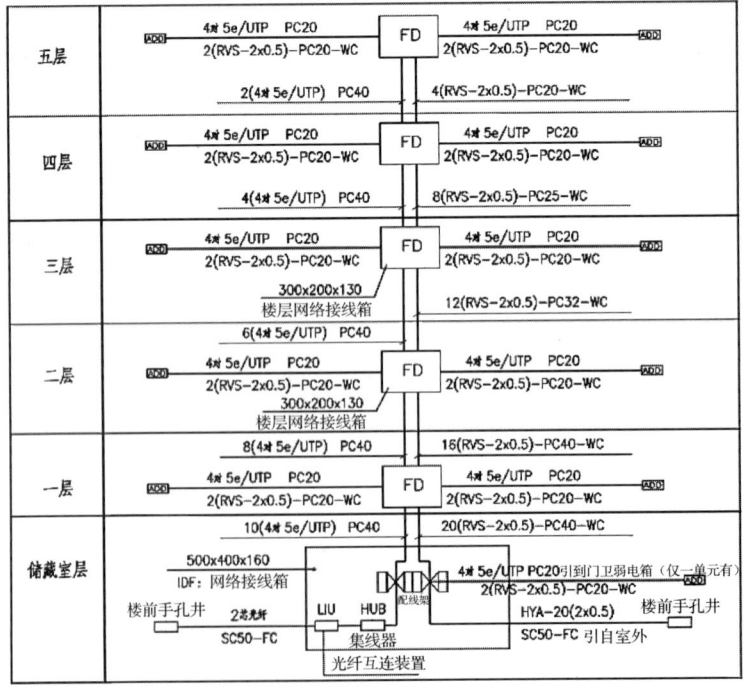

图 4-5　楼栋计算机网络、电话系统图

3. 楼宇对讲系统图识读

图 4-6 为楼宇对讲系统图。

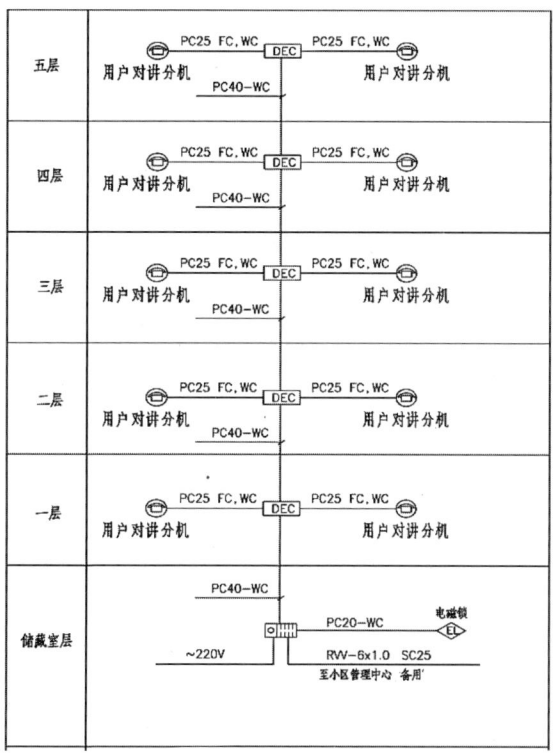

图 4-6　楼宇对讲系统图

根据图 4-6 可识读出：对讲系统图较简单，系统采用总线拓扑结构，从对讲主机由 6 芯软线引至每个楼层对讲接线盒，再由接线盒接至每个用户，其他包括电磁锁、小区管理中心等，所有用户都并接在这 6 芯线上。

4. 户型弱电系统图识读

图 4-7 为户型弱电系统图。

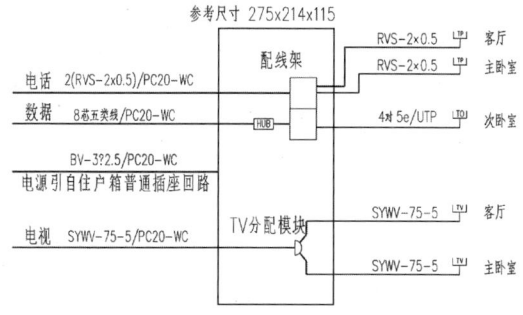

图 4-7　户型弱电系统图

通常户型弱电系统图采用星形拓扑结构，即电话进户线经电话分线器分出相应数量至各点；电视进户线经分支器分出相应数量的电视信息点；网络进户线经路由、交换机分出相应数量信息点。本例因每户有 2 对电话线，故电话进线直接经配线架至 2 个电话信息点——客厅与主卧；网络经交换机到配线架再到信息点——次卧，其实像这样只有一个信息点的情形可以不用交换机；电视经 2 分器分出 2 个信息点——客厅与主卧。

4.6.3 弱电平面施工图识读

弱电平面施工图主要用来表示弱电源进户装置、弱电信息箱、弱电插座等设备的数量、型号规格、安装位置、安装高度，弱电线路的敷设位置、敷设方式、敷设路径，导线的型号规格等。

图 4-8 为户型弱电施工图。由图可以读出：

（1）弱电信息箱位于客厅 D6 处，电话、电视、网络分别由楼层接线箱引入信息箱，电话 3 个信息点，电视 2 个信息点，网络 1 个信息点。

（2）电话线路：从信息箱左上行至次卧一个信息点，穿管直径 16mm，由信息箱引 2 对电话线穿 20PC 管水平左行到客厅 C6 位置，接一个信息点，另一对穿 16PC 管上行至主卧 C1 处接一个信息点。

（3）电视线路：从信息箱引 2 根同轴线穿 20PC 管，左上行至客厅 C3 与 D3 中间墙上接一个信息点，另 1 根线穿墙至主卧接一个信息点。

（4）网络线路：从信息箱开始引一根网线右上行至次卧 E2 与 F2 之间的墙上，穿 16PC 管。

（5）对讲分机在大门右侧，系统干线垂直穿过该位置。

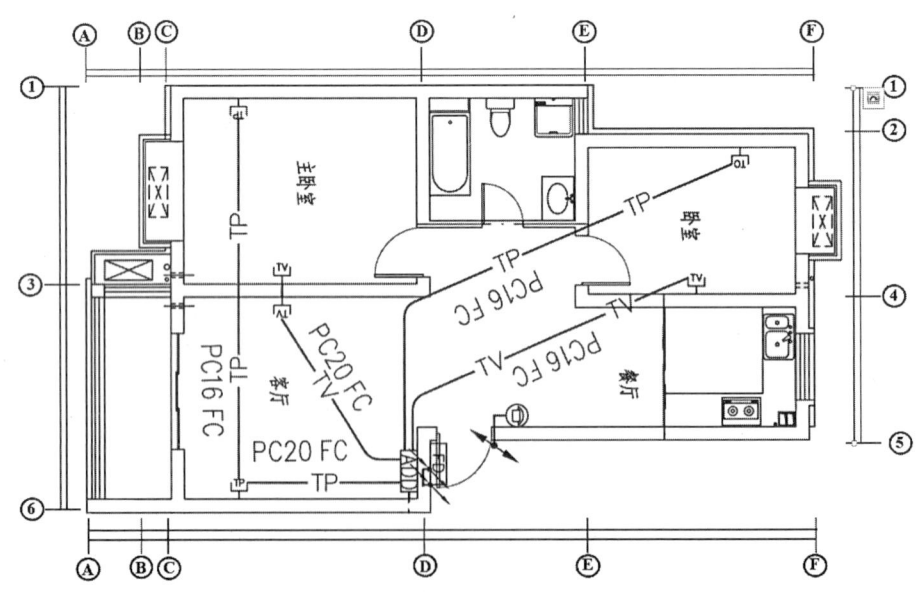

图 4-8　户型弱电施工图

家装水电工对电气识图要求不是很高，但要能看懂家装的基本强弱电施工图。识图除了需要掌握前面有关基本知识和技能外，实践经验也是必需的。平时施工过程中，应多将施工图纸和实际施工布置进行对比。经过一定的时间积累和经验总结，结合相关知识学习和思考，识读电气电路图的能力就会逐渐提高。

在开始识图时，要和设计人员多沟通，一方面对自己的识图结果进行确认，另一方面也是学习和进步的过程。电气识图可能对部分水电工是道障碍，但只要坚持虚心学习，理论实践相结合，这道障碍就一定会克服。

第 5 章 导线连接与绝缘恢复技能

【本章导读】

本章介绍导线连接与绝缘恢复的基本技能,这是家装电气施工安全规范的重要保证。正确连接导线和恢复绝缘层,才能使线路使用长久安全。学习本章,应重点掌握各种接线规范,特别是导线并头刷锡工艺,以及导线绝缘层恢复。

电气故障及事故大多是由导线连接、绝缘恢复不规范引起的,因此导线连接及绝缘恢复是电气施工的重要环节。本章主要内容包括导线绝缘切削、各种导线连接规范、导线绝缘恢复及其新技术的应用,以及导线连接、绝缘恢复方式的选择。

【学习目标】

① 掌握导线绝缘切削的 3 种方式。
② 掌握单股导线、多股导线等多种连接方式。
③ 掌握导线接头的绝缘恢复方法及技术要求。
④ 掌握导线连接、绝缘恢复方法的选择。

在电气装修工程中,导线连接是电工基本工艺之一。导线连接质量的好坏关系着线路和设备运行的可靠性和安全程度。对导线连接的基本要求是:电接触良好,机械强度足够,接头美观且绝缘恢复正常。

5.1 线头绝缘层的剥削

1. 塑料硬线绝缘层的剥削

根据导线直径和工具的不同,塑料硬线绝缘层的去除有多种不同的剥削方式,常见硬线剥削方式及适用条件见表 5-1。

表 5-1 常见硬线剥削方式及适用条件

使用工具	操 作 图 例	适 用 说 明
剥线钳	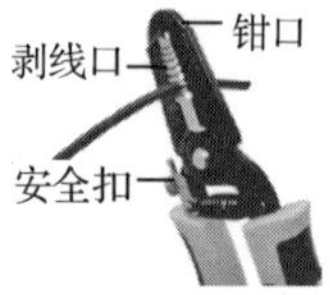	剥线钳有多种形式,各种剥线钳的剥线方法不同,具体使用方法见 2.1.5 节。各种剥线钳可剥削导线的直径不尽相同,一般适用于 4mm² 以下各种单股导线的剥削

续表

使用工具	操作图例	适 用 说 明
钢丝钳	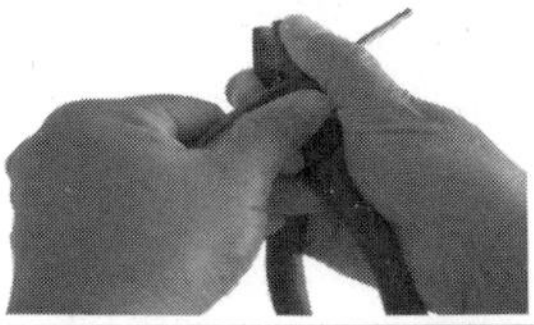	线芯截面积在 2.5mm² 及以下的塑料硬线可用钢丝钳剥削：先在线头所需长度交界处，用钢丝钳口轻轻切破绝缘层表皮，然后左手拉紧导线，右手适当用力捏住钢丝钳头部，向外用力勒去绝缘层。在勒去绝缘层时，不可在钳口处加剪切口，这样会伤及线芯，甚至可能将导线切断
电工刀		对于规格大于 4mm² 的塑料硬线绝缘层，直接用剥线钳或钢丝钳剥削较困难，可用电工刀剥削。先根据线头所需长度，用电工刀刀口对导线成 45°角切入塑料绝缘层，注意掌握刀口刚好剥透绝缘层而不伤及线芯。具体方法见 2.4 节

2. 塑料软线绝缘层的剥削

塑料软线绝缘层的剥削除用剥线钳外，也可用钢丝钳按照直接剥削 2.5mm² 及以下塑料硬线的方法进行，但不能用电工刀剥削。因为塑料软线太软，线芯又由多股铜线组成，用电工刀很容易伤及线芯。

3. 塑料护套线绝缘层的剥削

塑料护套线绝缘层分为外层的公共护套层和内部每根芯线的绝缘层。公共护套层一般用电工刀剥削，剥削方法见表 5-2。切去护套层后露出的每根芯线绝缘层，可用钢丝钳或电工刀按照剥削塑料硬线绝缘层的方法分别去除。钢丝钳或电工刀在切入芯线时应离护套层 5～10mm。

表 5-2　塑料护套线外层公共护套层的剥削方法

步 骤	图 例 说 明
1	在线头所需长度处，用刀尖对准护套线中间线芯缝隙处划开护套层。注意：若偏离线芯处，电工刀可能会划伤线芯
2	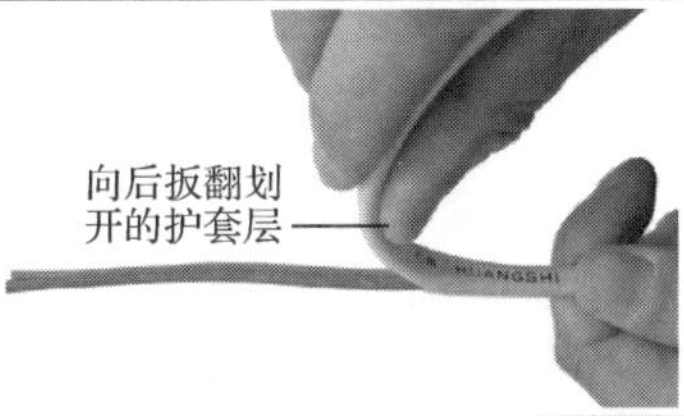 向后扳翻划开的护套层，并用电工刀把它齐根切去

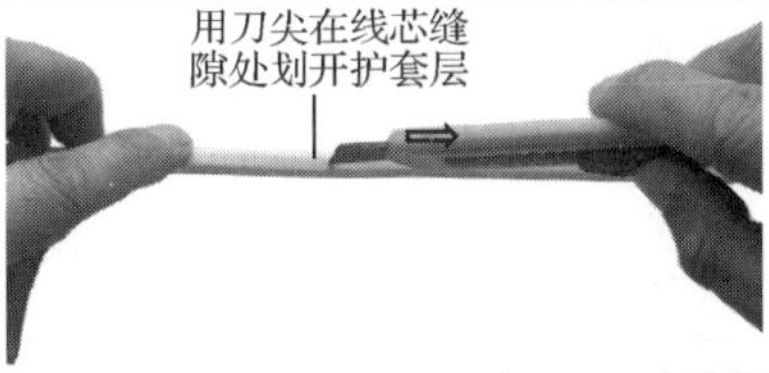

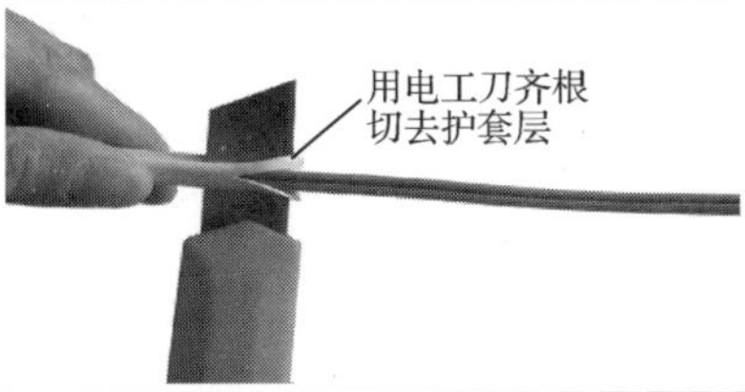

4. 橡皮线绝缘层的剥削

橡皮线绝缘层外面有一层柔韧的纤维编织保护层，先用剥削护套线护套层的办法，用电工刀尖划开纤维编织层，并将其反向后扳齐根切去，再用剥削塑料硬线绝缘层的方法，除去橡皮绝缘层，如橡皮绝缘层内的芯线上还包缠着棉纱，可将该棉纱层松开，齐根切去。

5. 花线绝缘层的剥削

花线绝缘层分为外层和内层，外层是一层柔韧的棉纱编织层。剥削时先用电工刀在线头所需长度处切割一圈拉去，然后在距离棉纱编织层 10mm 左右处用剥线钳或钢丝钳按照剥削塑料软线的方法将内层的橡皮绝缘层勒去。有的花线在紧贴线芯处还包缠有棉纱层，在勒去橡皮绝缘层后，再将棉纱层松开扳翻，齐根切去。花线绝缘层的剥削如图 5-1 所示。

图 5-1　花线绝缘层的剥削

6. 橡套软线护套层和绝缘层的剥削

橡套软线外包护套层，内部每根线芯上又有各自的橡皮绝缘层。外护套层较厚，可用电工刀按切除塑料护套层的方法切除，露出的多股芯线绝缘层可用剥线钳或钢丝钳勒去。

7. 铅包线护套层和绝缘层的剥削

铅包线绝缘层分为外部铅包层和内部芯线绝缘层。剥削时先用电工刀在铅包层切下一个刀痕，然后上下、左右扳动折弯这个刀痕，使铅包层从切口处折断，并将其从线头上拉掉。内部芯线绝缘层的剖除方法与塑料硬线绝缘层的剥削方法相同。铅包线绝缘层的剥削如图 5-2 所示。

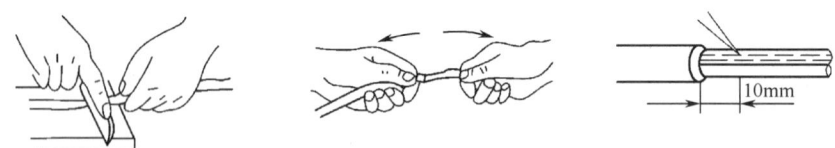

图 5-2　铅包线绝缘层的剥削

5.2　导线与导线的连接

常用导线按芯线股数不同，有单股、7 股和 19 股等多种规格，材质有铜芯和铝芯。单股与多股导线的连接方法各不相同。

5.2.1 单股铜芯导线的连接

单股铜芯导线有绞接和缠绕两种方法,绞接法用于截面积较小的导线,缠绕法用于截面积较大的导线。无论哪种导线连接方法,线头均需除去适当长度的绝缘层,如果线头氧化,颜色灰暗,还需用砂纸擦除氧化层再进行操作,这样才能保证导线的可靠连接。

1. 单股铜芯导线的直线绞接连接

单股铜芯导线的直线绞接连接操作见表 5-3。

表 5-3 单股铜芯导线的直线绞接连接操作

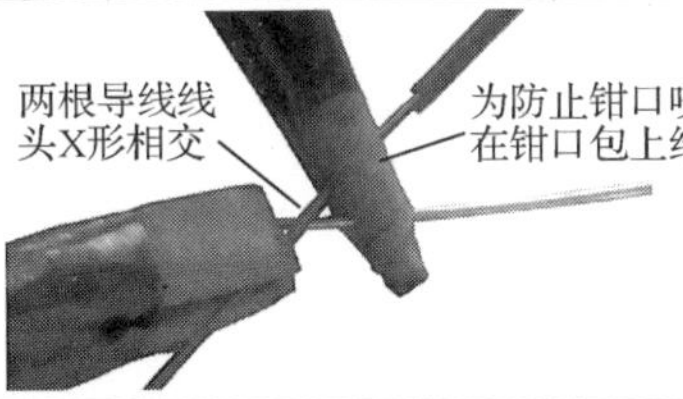

① 先将两根同规格的单股铜芯导线剥削去绝缘层并除去氧化层,然后把两根导线的线头成 X 形相交。注意,相连接的导线型号、规格必须相同,否则会因抗拉力的不同而容易断线	② 线头成 X 形相交后,将它们互相绞接 2～3 圈。导线较软时可直接用手绞接,导线较硬时可用两只钢丝钳或尖嘴钳绞接
③ 完成绞接 2～3 圈的导线	④ 用钳子扳直两个线头
⑤ 将一根导线线头在导线上紧贴缠绕 6 圈左右	⑥ 剪去多余线头并钳平线头末端及切口毛刺
⑦ 用同样的方法将另一线头紧贴缠绕 6 圈左右	⑧ 单股导线直线绞接完成

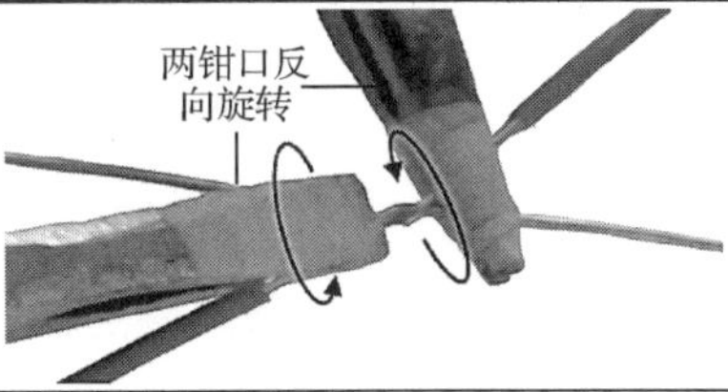

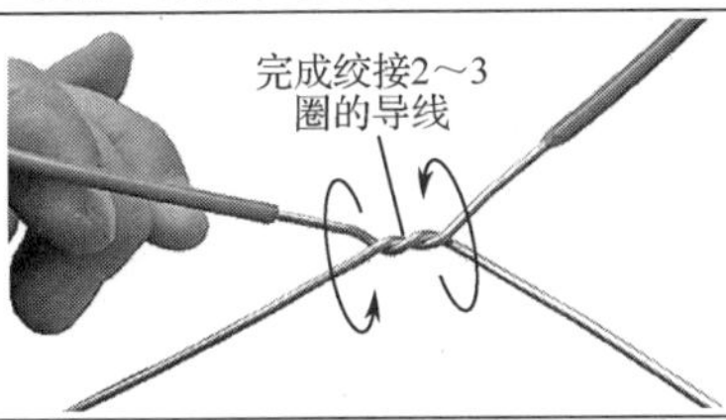

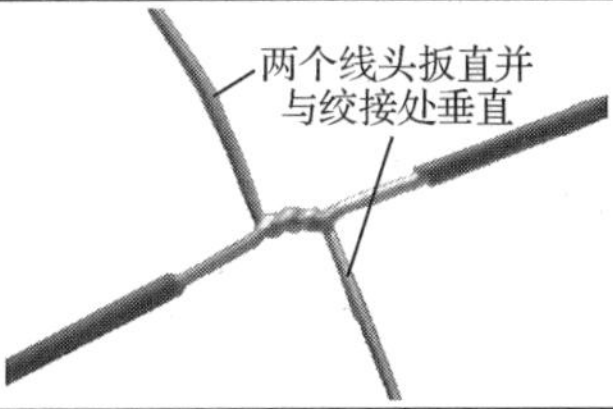

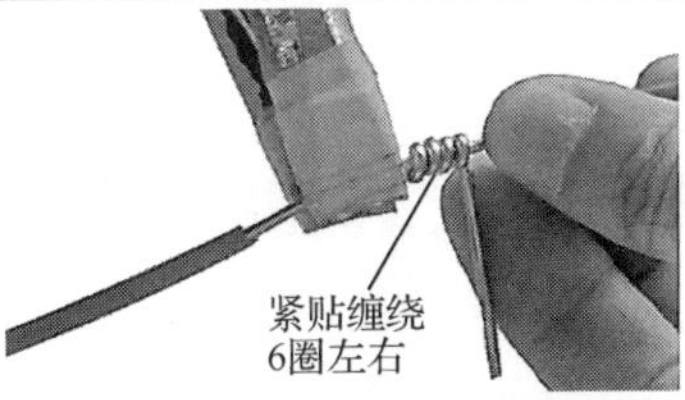

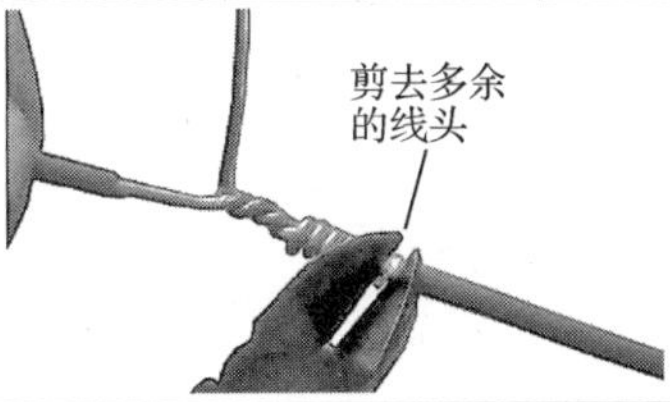

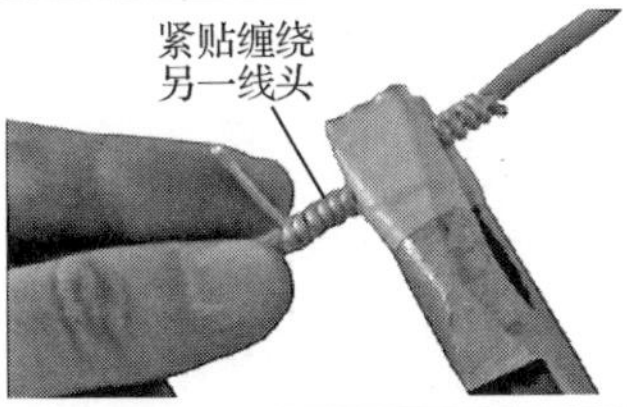

续表

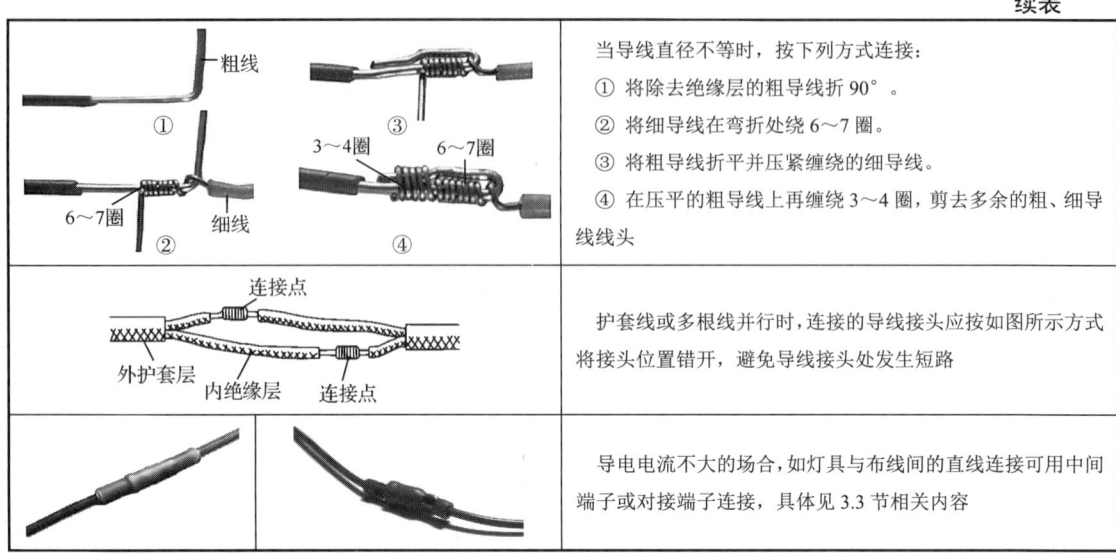

	当导线直径不等时，按下列方式连接： ① 将除去绝缘层的粗导线折90°。 ② 将细导线在弯折处绕6～7圈。 ③ 将粗导线折平并压紧缠绕的细导线。 ④ 在压平的粗导线上再缠绕3～4圈，剪去多余的粗、细导线线头
	护套线或多根线并行时，连接的导线接头应按如图所示方式将接头位置错开，避免导线接头处发生短路
	导电电流不大的场合，如灯具与布线间的直线连接可用中间端子或对接端子连接，具体见3.3节相关内容

2. 单股铜芯导线的T形绞接连接

单股铜芯导线的T形绞接连接操作见表5-4。

表5-4　单股铜芯导线的T形绞接连接操作

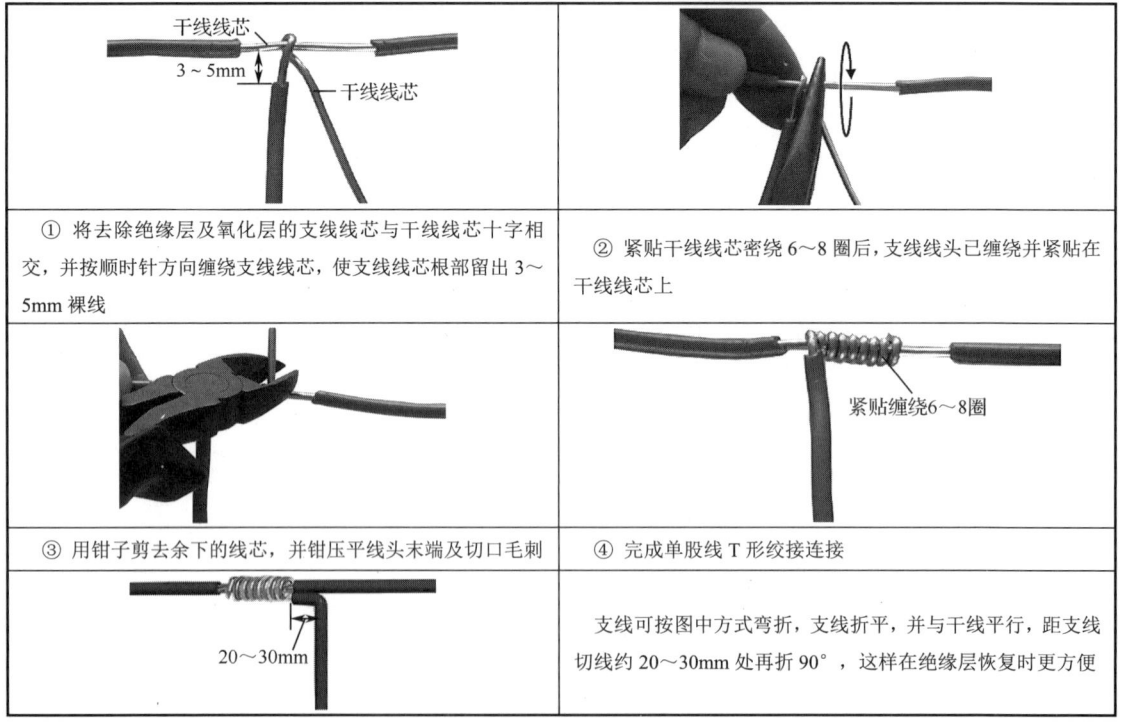

① 将去除绝缘层及氧化层的支线线芯与干线线芯十字相交，并按顺时针方向缠绕支线线芯，使支线线芯根部留出3～5mm裸线	② 紧贴干线线芯密绕6～8圈后，支线线头已缠绕并紧贴在干线线芯上
③ 用钳子剪去余下的线芯，并钳压平线头末端及切口毛刺	④ 完成单股线T形绞接连接 支线可按图中方式弯折，支线折平，并与干线平行，距支线切线约20～30mm处再折90°，这样在绝缘层恢复时更方便

续表

	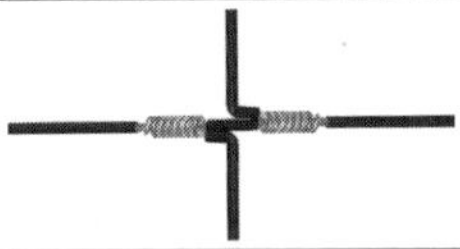	护套线或多根线并行时,十字连接的导线接头应按如图所示方式,将接头位置错开,避免导线接头处发生短路
	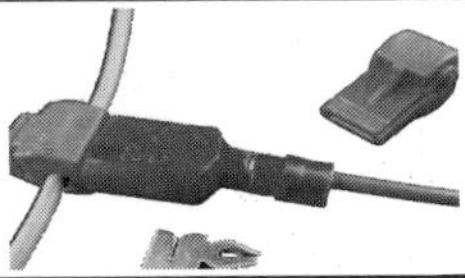	导电电流不大的场合,如灯具与布线间的直线连接可用分线端子连接,具体见3.3节相关内容

3. 单股铜芯导线并头绞接

在现代家装线路布线中不允许有接头,接头都在接线盒中且采用并头连接。并头连接更可靠,布线更美观,是现代家装线路最常用的导线连接方式。单股铜芯导线并头绞接操作见表5-5。

表5-5 单股铜芯导线并头绞接操作

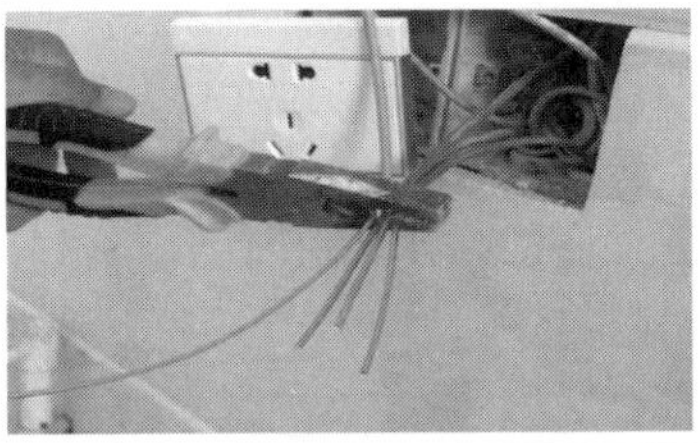 ① 将剥去绝缘层及氧化层的铜芯导线头用钢丝钳夹在一起,其中一根线头比其他要长些	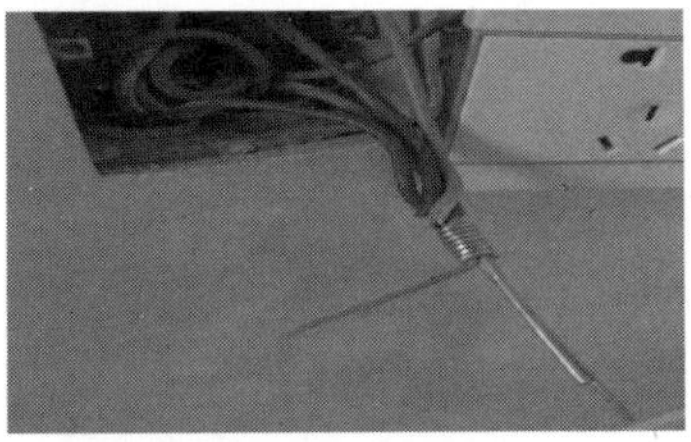 ② 将长的那根线头紧贴其余几根线绕5圈左右,剪去多余的线头,再将其余导线中的一根扳90°
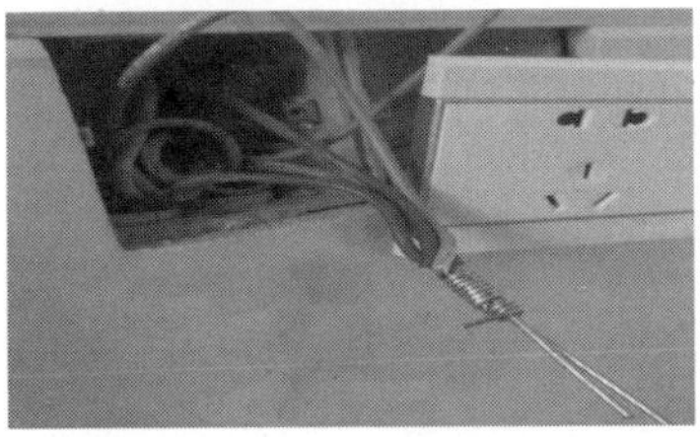 ③ 将扳弯的线在余下的线头上再绕2~3圈,并剪去多余线头	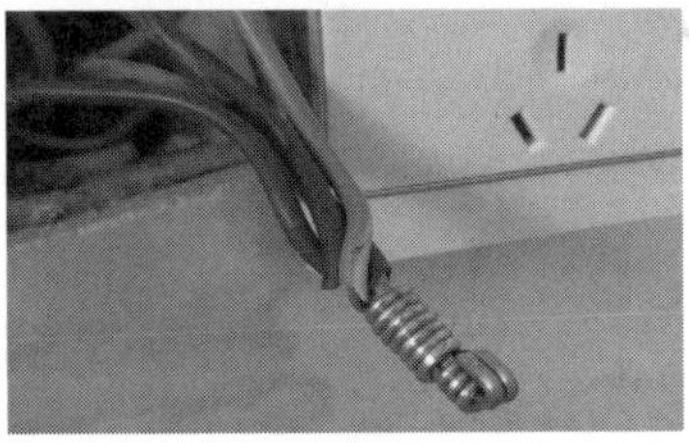 ④ 将最后余下的线头反折过来,剪去多余线头,使反折线头的长度与2~3圈的宽度相等
 	并头操作的主要原则: ① 线径较细、线较软时可直接用手缠绕,当线径较粗、较硬时可用两只钢丝钳配合着缠绕线头。 ② 当线头在4根以下时只需缠绕1次,在4根以上时线头应按以上步骤缠绕2次。 ③ 绝缘剥除长度,以4根2.5mm² 铜线并头为例,最长的约100mm,其次约60mm,其余约40mm。 ④ 当导线电流较小时,可用压线帽与快速接头进行并头连接,具体见3.3节相关内容

4. 单股铜芯导线的直线缠绕连接

单股铜芯导线的直线缠绕连接操作见表5-6。

表 5-6　单股铜芯导线的直线缠绕连接操作

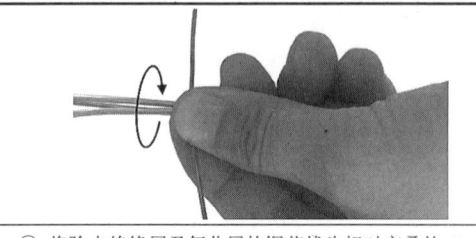
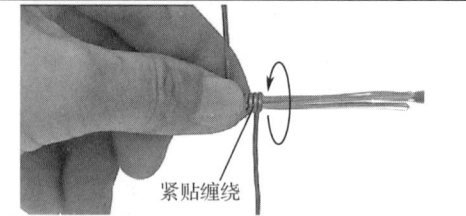

① 将除去绝缘层及氧化层的铜芯线头相对交叠约 60mm，并在重叠处填入一根相同直径的芯线，然后用直径约 1.6mm 的裸铜线在其上进行缠绕

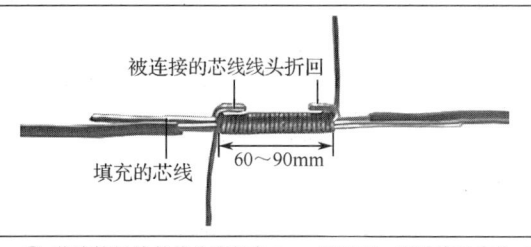
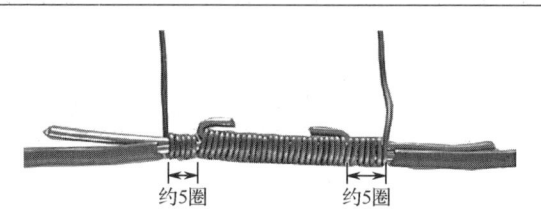

② 若连接导线的线头直径在 5mm 及以下，则缠绕长度为 60mm，若直径大于 5mm，则缠绕长度为 90mm，分别将被连接的两根线头折回，再在两端导线各自缠绕 5 圈使导线连接不会松动

③ 最后用钢丝钳剪去多余的细裸铜丝，单股铜芯导线缠绕连接即完成

5. 单股铜芯导线的 T 形缠绕连接

单股铜芯导线的 T 形缠绕连接操作见表 5-7。

表 5-7　单股铜芯导线的 T 形缠绕连接操作

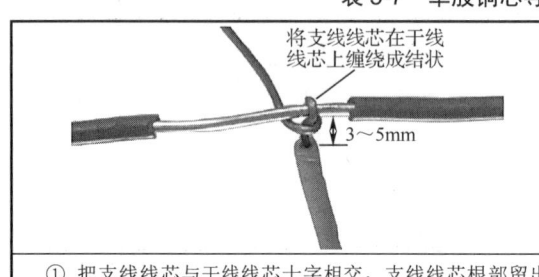

① 把支线线芯与干线线芯十字相交，支线线芯根部留出 3～5mm 裸线，然后把支线线芯在干线上环绕扣结

② 把支线线芯拉紧扳直，沿干线线芯顺时针贴紧并紧密缠绕

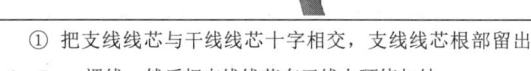
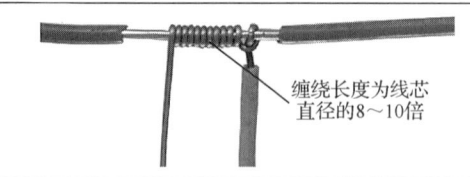
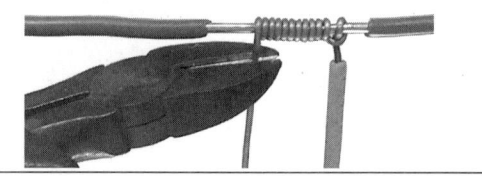

③ 为保证接头部位有良好的电接触和足够的机械强度，应确保缠绕长度为线芯直径的 8～10 倍

④ 将支线多余的线头用钢丝钳剪掉，单股导线 T 形缠绕连接即完成

续表

以上方法适用于截面积较小的单股导线T形缠绕连接;对于用绞接方法较困难,截面积较大的单股导线T形连接,可采用与直线缠绕连接相同的方法,按图示方法缠绕 

5.2.2 多股铜芯导线的连接

1. 多股铜芯导线的直线连接

多股铜芯导线的直线连接操作见表5-8。

表5-8 多股铜芯导线的直线连接操作

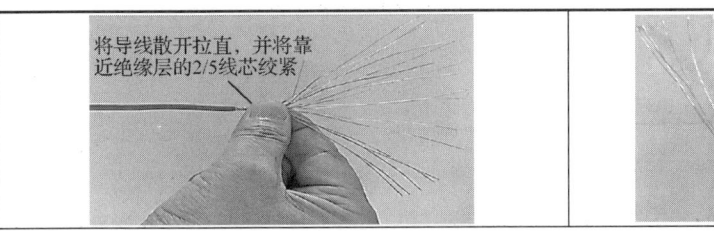	
① 多股导线对接时,把两根多股导线的线芯散开拉直,并在靠近绝缘层2/5线芯处将该段线芯绞紧,把余下的2/5线头分散成伞状	
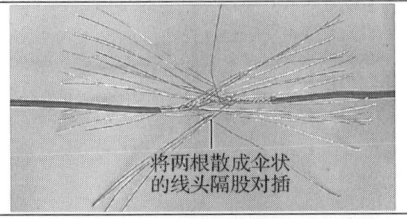	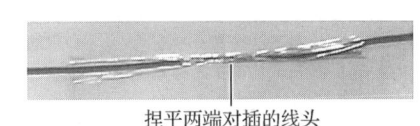
② 把待连接的两个分散成伞状的导线线头隔股对插,然后捏平两端对插的线头	
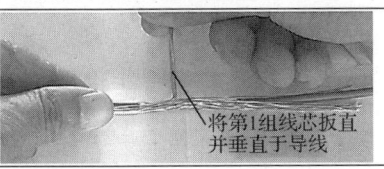	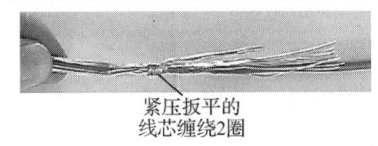
③ 把一端的线芯近似均分成3组,将第1组线芯扳起,垂直于线头,按顺时针方向紧压扳平的线芯缠绕2圈,余下的线芯按线芯平行方向扳平	
	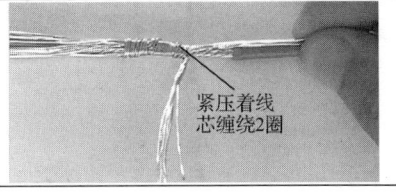
④ 接着将第2组线芯扳成与线芯垂直方向,按顺时针方向紧压着线芯缠绕2圈,余下的线芯按线芯平行方向扳平	

续表

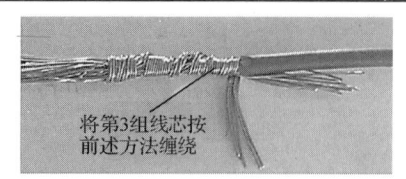	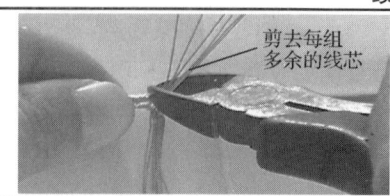
⑤ 然后将第 3 组线芯扳成与线芯垂直方向，按顺时针方向紧压着线芯平行方向缠绕 3 圈后，剪去每组多余的线芯，钳平线端	
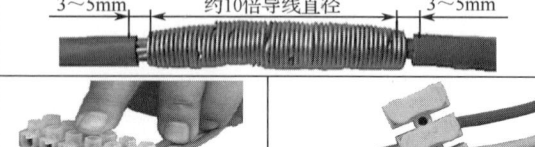	⑥ 将线芯的另一端按照与上述同样的操作步骤进行连接，多股铜芯导线直接连接完成
	其他情形：小电流多股导线也可将线头用管形端子压接（见 2.1.6 节），再用中端子连接（见 3.3 节）

2. 多股铜芯导线 T 形连接

多股铜芯导线 T 形连接操作见表 5-9。

表 5-9　多股铜芯导线 T 形连接操作

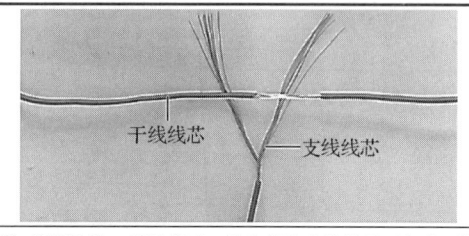	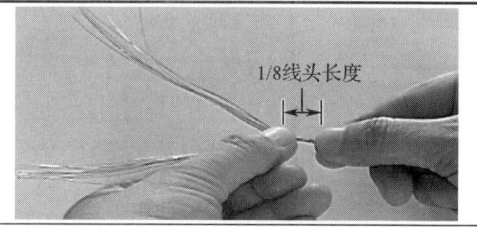
① 多股导线 T 形连接时，首先将除去绝缘层及氧化层的支线线芯散开钳直，并在距绝缘层 1/8 线头长度处将线芯绞紧，然后把余下的线芯均分成两组后排列整齐	
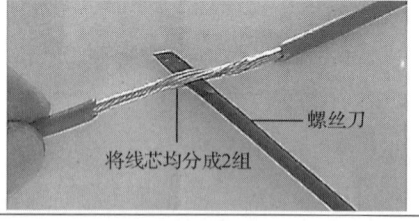	
② 用螺丝刀将除去绝缘层的干线线芯撬开均分两组，把支线线芯的一组插入两组干线线芯中间，另一组放在干线线芯的前面	
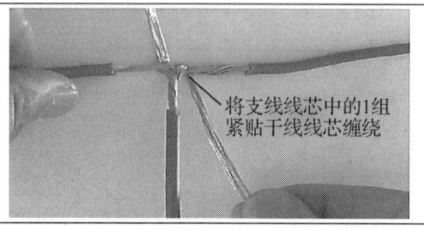	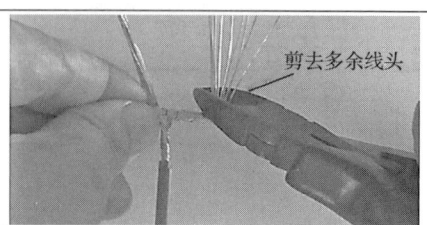
③ 将其中一组支线线芯沿干线线芯按顺时针方向紧紧缠绕 4～5 圈，剪去多余线头，钳平线端	

续表

 将另一组支线线芯反方向紧贴干线缠绕	
④ 然后将另一组支线线芯按顺时针方向沿干线另一端紧紧缠绕4～5圈	
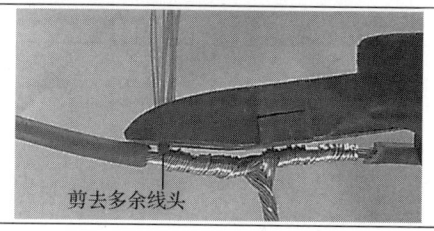 剪去多余线头	 钳平线头切口
⑤ 用斜口钳剪去多余线头,用钢丝钳钳平线端,多股导线T形连接完成	

5.2.3 铜芯导线的其他连接方式

铜芯导线的其他连接方式见表5-10。

表5-10 铜芯导线的其他连接方式

连接方式	图 例	操作步骤
软导线与硬导线连接		① 将软导线线芯拧紧成单股 ② 将拧紧的软导线紧贴在硬导线线芯上缠7～8圈 ③ 将硬导线线芯折回压紧软导线
软导线并头连接		① 将并头连接的软导线线芯交叉 ② 将交叉线芯拧紧,拧紧长度为导线直径的10倍左右
软导线与硬导线并头连接		① 将软导线线芯拧紧成单股 ② 将拧紧的软导线紧贴在硬导线线芯上缠7～8圈 ③ 将硬导线线芯折回压紧软导线
多股导线与单股导线T形连接		① 在离多股导线左端绝缘层口3～5mm处的芯线上,用螺丝刀把多股芯线分成较均匀的两组(7股线的线芯3、4分) ② 把单股芯线插入多股芯线的两组芯线中间,但单股芯线不可插到底,应使绝缘层切口离多股芯线约3mm。接着用钢丝钳把多股芯线的插缝钳平、钳紧 ③ 把单股芯线按顺时针方向紧缠在多股芯线上,每圈紧挨密排,绕足10圈;然后切断余端,钳平切口毛刺

5.2.4 铜导线连接搪锡

小电流、干燥环境下铜导线按以上方法连接完成后即可进行绝缘恢复；当导线电流较大、环境较潮湿时，在连接完成后，还需要给导线接头搪锡并进行绝缘恢复，以保证导线接头连接可靠，避免遭潮气侵蚀。导线搪锡方法见表 5-11。

表 5-11 导线搪锡方法

方法	图例	操作说明
烙铁搪锡		① 在连接好的线头上刷焊锡膏，或者将适量松香熔化在线头上。 ② 使用 100～200W 大功率烙铁加热线头。 ③ 当线头上的助焊剂冒烟时，用 2.0～3.0mm 的焊锡丝接触线头，使焊锡丝熔化并浸满接头缝隙。 具体步骤可参见 2.8.3 节。此方法效率较低，但对各种接头都适用
锡炉浸锡	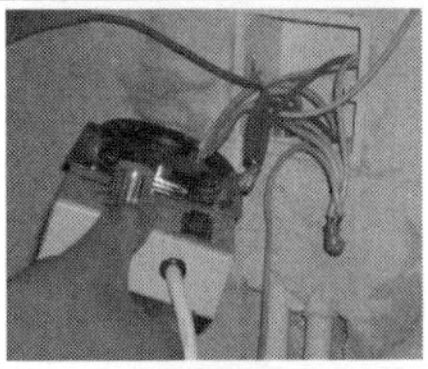	① 将焊锡条熔化在搪锡炉中。 ② 将并头连接好的导线线头在焊锡膏中浸一下。 ③ 将浸过助焊剂的线头在锡炉的锡水中浸 1～2s 拿出。 此方法效率高，但只适用于并头连接的线头搪锡。现代家装中导线连接一般使用并头连接，故此方法应用最广泛
锡炉浇锡	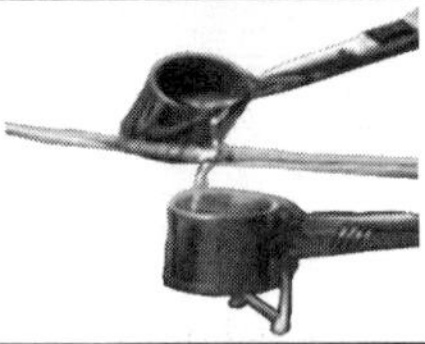	接头若为直接方式，则用毛刷等将助焊剂刷在线头处，再用两只锡炉按图中方法浇锡。 锡炉的使用方法见 2.8.2 节

5.3 铝导线连接

铝导线在空气中极易氧化，生成一层导电性不良并难以熔化的氧化铝膜。铝导线连接稍不注意，就会影响接头质量，因此必须十分重视。

铝导线之间的连接最好采用铝接线管（直线连接）、铝压线帽、铝鼻头（终端）等器材，采取压接、钎焊、电阻焊及气焊等方法，若有困难，可用绞接法。

5.3.1 绞接法连接铝导线

对于单股铝导线，绞接法不太适宜，一是很难绞紧，二是易产生氧化膜使接触不良。对于 $16mm^2$ 及以上的多芯铝导线，绞接法较适宜。多股导线之间绞接，接头能够绞紧，接触电阻较小，因而是施工中常用的一种连接方式。

绞接前，先用铜丝刷或钢丝刷刷去铝导线芯线外表面的氧化膜（注意：不得用电工刀刮或砂纸打磨，以免损伤导线或减小导线的截面积），最好在芯线端头涂抹一层导电膏或中性凡士林后再刷，然后用清洁的抹布抹去含有氧化膜屑的导电膏或凡士林（不必彻底擦干净表面的导电膏或凡士林）。绞接力必须控制得当。用力太小，接触不良；用力太大，易损伤导线。可用电工钳轻轻咬着绞接。绞接法有搭接法和缠绕法两种。

（1）搭接法：适用于 16～25mm² 的铝导线，如图 5-3 所示，用 4～6mm² 的单股铝导线分 5 段缠绕搭接的部分。搭接部分长度为 250～300mm。

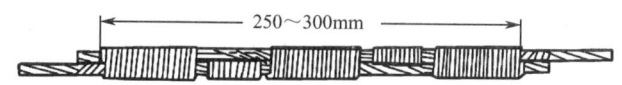

图 5-3　铝导线搭接法

（2）缠绕法：同多股铜芯导线的直线连接，如表 5-8 所示。

5.3.2　压接法连接铝导线

1. 压接管压接连接

采用压接管连接的接头，比用绞接法连接的接头更漂亮，接触更良好，不仅适合铝导线连接，也可用于铜导线，或者铜导线与铝导线之间的连接，因而在住宅电源线或路灯架空线施工中应用广泛。导线压接操作见表 5-12。

表 5-12　导线压接操作

步　骤	图　例	操　作　说　明
①		根据导线横截面积选择压模和铝导线连接套管
②		把连接处的导线绝缘护套剥除，剥除长度应为铝套管长度的一半加 5～10mm（裸铝导线无此项）。再用钢丝刷刷去芯线表面的氧化层（膜）
③		用另一洁净的钢丝刷蘸一些凡士林锌粉膏（凡士林锌粉膏有毒，切勿与皮肤接触，也可刷蘸导电膏）均匀地涂抹在芯线上，以防氧化层重生
④		用圆条形钢丝刷消除铝套管内壁的氧化层及油垢，最好也在管子内壁涂上凡士林锌粉膏或导电膏
⑤		把两根芯线相对地插入铝套管，使两个线头恰好在铝导线连接套管的正中连接
⑥		根据铝套管的粗细选择适当的线模装在压接钳上，拧紧定位螺钉后，把套有铝套管的芯线嵌入线模
⑦		对准铝套管，用力捏夹钳柄进行压接。先压两端的两个坑，再压中间的两个坑，压坑应在一条直线上。接头压接完毕后要检查铝套管弯曲度不应大于管长的 2%，否则要用木槌校直；铝套管不应有裂纹；铝套管外面的导线不得有"灯笼"形鼓包或"抽筋"形不齐等现象

续表

步骤	图例	操作说明
⑧		擦去残余的凡士林锌粉膏，在铝套管两端及合缝处涂刷一层快干的沥青漆
⑨		在铝套管及裸露导线部分先包两层黄蜡带，再包两层黑胶布，一直包到距绝缘层20mm的地方
其他压接方式		导线连接管有圆形与椭圆形，导线在圆形管中按上面的方法在管中间处连接，若为椭圆形管，则导线按左图方法进行搭接
	并头压接	T形压接	十字压接
压接钳		小面积连接管压接用普通压接钳即可，大面积连接管压接则需用液压钳

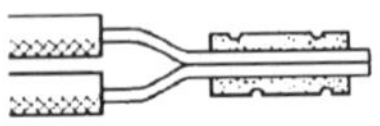

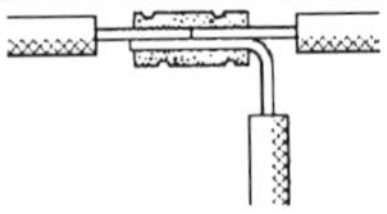

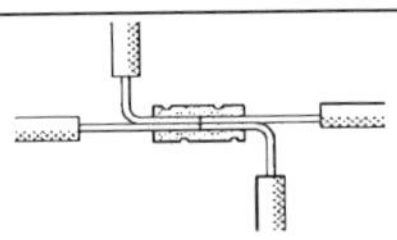

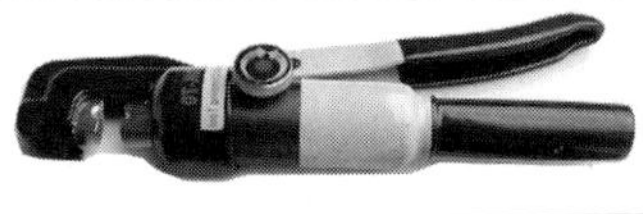

2. 用压线帽并头压接铝导线

铜导线与铝导线并头终端都可用压线帽压接，压线帽为镀银紫铜套（用于铜导线压接）或铝合金套（用于铝导线压接），压线帽外为高强度树脂防护帽，用于绝缘，其需专用压接钳压接。压线帽压接操作见表5-13。

表5-13 压线帽压接操作

图例	操作说明
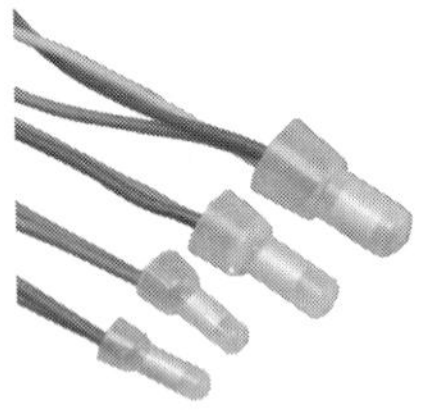	① 先将几根连接线的端头绝缘层剥去20~30mm。 ② 端头对齐用电工钳绞紧成一束，剪去多余长度，留13~15mm端头。 ③ 插入压线帽，并用压线钳敲压线帽，使导线端头深入到底。 ④ 选用合适的压模夹住压线帽，压紧即可。 ⑤ 如果压线帽内孔空间较大，可将导线端头留长些并回折再插入压线帽内压接。 具体步骤参见表3-18

3. 螺钉压接的中端子压接铝导线

小面积单股铝导线可用螺钉压接的中端子压接，具体操作见表5-14。

表5-14 螺钉压接的中端子压接铝导线操作

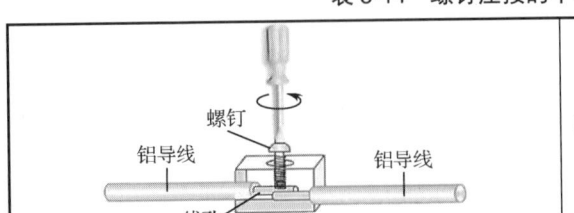

① 首先，除去铝导线的绝缘层，用钢丝刷刷去铝导线线头的铝氧化膜，并涂上中性凡士林；然后，将导线线头插入接头的线孔内，再旋转压线螺钉压接，从而完成导线螺钉的压接

续表

② 铝导线在瓷接头上直线压接	③ 铝导线在瓷接头上T形分支压接
螺钉压接法适用于负荷较小的单股铝导线连接，通常用于导线与开关、灯头、熔断器、仪表、瓷接头和端子板的连接。 如果有两个或两个以上的线头要接在一个接线板上，应先将这几根线头拧成一股，再进行压接。如果直接扭绞的强度不够，则可在扭绞的线头处用小股导线缠绕后，再插入接线孔压接	

5.3.3 铝导线与铜导线的连接

铜、铝是两种不同的金属，它们有着不同的电化顺序，要是把铜和铝简单地连接在一起，在"原电池"的作用下，铝会很快失去电子而被腐蚀掉，从而造成接触不良，直至接头被烧断，因此应尽量避免铜、铝导线的连接。

实际施工中不可避免地会碰到铜、铝导线（体）的连接问题，通常可采取以下一些连接方法，具体见表 5-15。

表 5-15 铝导线与铜导线的连接

图示	说明
	用复合脂处理后压接，即在铜、铝导线连接表面涂上铜铝过渡的复合脂（导电膏），然后压接。此方法能有效防止连接部分表面被氧化，防止空气和水分侵入，缓和原电池电化作用。这是一种最经济、简便的铜铝过渡连接方法。 操作时，先将连接部位打磨，使其露出金属光泽。若是两根导线之间连接，则应先预涂一层 0.05～0.1mm 厚的导电膏，并用铜丝刷轻轻擦拭，然后擦净表面，重新涂敷 0.2mm 厚的导电膏，再用螺栓紧固。需注意：导电膏在自然状态下的绝缘电阻很高，基本不导电，只有外施一定的压力，使微细的导电颗粒挤压在一起才呈现导电性能
	搪锡处理后连接，即在铜导线表面搪上一层锡，再与铝导线连接。由于锡、铝之间的电阻系数比铜、铝之间的电阻系数要小，产生的电位差也较小，所以电化学腐蚀有所改善。搪锡层的厚度为 0.03～0.1mm。 搪锡焊料配方有两种：锡 90%、铅 10%，流动性好，焊接效率高；锡 90%、锌 10%，防潮性能好。具体操作方法参见表 5-11
	采用铜铝过渡管压接：铜铝过渡管是一种专门供铜导线和铝导线直线连接用的连接件，管的一半为铜，另一半为铝，是经摩擦焊接成的。使用时，将铜导线插入管的铜端，将铝导线插入管的铝端，用压接钳冷压连接
	采用圆形铝套管压接：先清除连接导线端头表面的氧化膜和铝套管内壁氧化膜，然后将铜导线和铝导线分别插入铝套管两端（最好预先在接触面涂上薄薄的一层导电膏），再用六角形压模在压钳机上压成六角形接头，两端还可用中性凡士林和塑料封好，以防止空气和水分侵入，阻止局部电化腐蚀

5.4 导线端头连接

安装配线要与电气设备相连接。为保证导线端头与电气设备的电接触及其机械性能，$10mm^2$及以下的单股铜芯导线、$2.5mm^2$及以下的多股导线，能直接与电气设备连接，大于上述规格的多股或单股导线，通常都在线头上焊接或压接接线端子，再与电气设备连接。

导线端子与设备的连接方式有很多种，常见电气设备的接线桩有针孔式、平压式、瓦形式三种，见表5-16。

表5-16 电气设备接线桩的常见形式

类型	图例	示意图	说明
针孔式			用于中小电流导线端头连接，常见于家装中开关、插座面板的导线端头连接
平压式			用于中小电流导线端头连接，常见于家装中灯头、插线排的导线端头接线
瓦形式			用于较大电流导线端头连接，常见于断路器等大电流器件的导线端头连接

1. 导线与针孔式接线桩的连接

导线与针孔式接线桩的连接见表5-17。

表5-17 导线与针孔式接线桩的连接

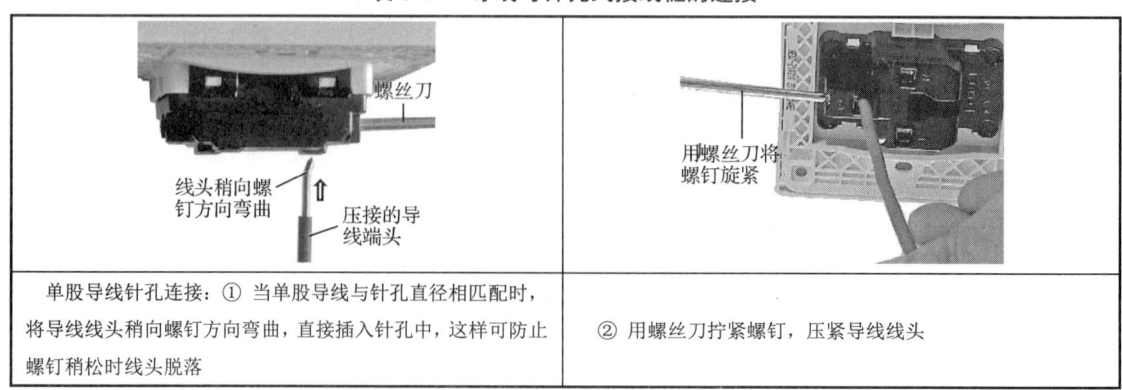

单股导线针孔连接：① 当单股导线与针孔直径相匹配时，将导线线头稍向螺钉方向弯曲，直接插入针孔中，这样可防止螺钉稍松时线头脱落	② 用螺丝刀拧紧螺钉，压紧导线线头

续表

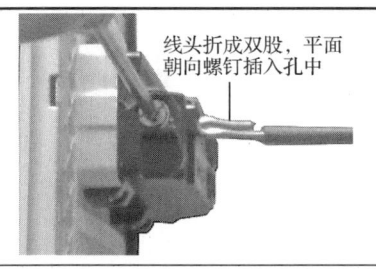	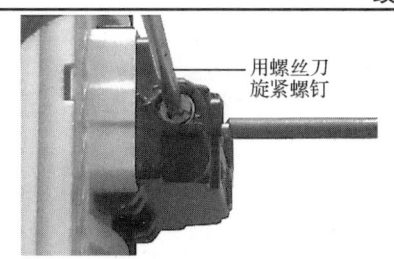
③ 当导线线芯比针孔小太多时，应将线头折成双股，平面朝向螺钉方向插入针孔中	④ 用螺丝刀旋紧螺钉，使螺钉紧顶双股线芯的中间

		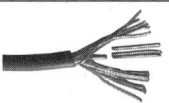
多股芯线针孔连接：① 多股绞合线的线头，用管形端子压接或用电工钳绞紧，绞紧后搪锡插入，不可有毛刺外露，以免发生短路	② 如果针孔过大，可选一根直径大小相宜的导线作为绑扎线，在绞紧的线头上紧紧地缠绕一层，使线头大小与针孔匹配后再进行压接	③ 如果线头过大，插不进针孔，则可将线头散开，适当剪去中间几股，然后将线头绞紧即可进行压接
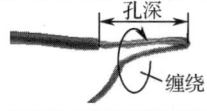		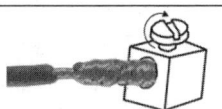
多股软线针孔连接：① 把多股芯线绞紧，全根芯线端头不应有断股芯线露出端头而成为毛刺。按针孔深度折弯芯线为双根并列状	② 在芯线根部把余下芯线按顺时针方向缠绕在双根并列的芯线上，排列应紧密整齐	③ 缠绕至芯线端头口剪去余端，并钳平不留毛刺，然后插入接线桩针孔内，旋紧螺钉

直线针孔连接：① 按针孔深度的两倍长度，再加 5～6mm 的芯线根部富余量，剥离导线连接点的绝缘层	② 在剥去绝缘层的芯线中间折成双根并列状态，并在两芯线根部反向折成 90° 转角	③ 把双根并列的芯线端头插入针孔，并旋紧螺钉

针孔桩头连接的注意事项：

① 小截面导线（尤其是铝导线）与接线桩头连接时，必须留有能供再剥削 2～3 次线头的长度，否则线头断裂后就无法再与接线桩头连接。

② 裸线头应插到接线桩头针孔底部，线头根部不要裸露过多，导线绝缘层应与接线桩头保持适当的距离（3mm 左右）。

③ 铝导线与铝接线桩头连接时，必须先清除氧化膜，并涂上导电膏或凡士林锌粉膏。

④ 旋紧螺钉的压力要适当，既要将导线压紧，又不能过分用力而损伤导线。尤其是铝导线或细铜导线，机械强度差，用力过大容易将导线切断。

2. 导线与平压式接线桩的连接

导线与平压式接线桩的连接见表 5-18。

表 5-18　导线与平压式接线桩的连接

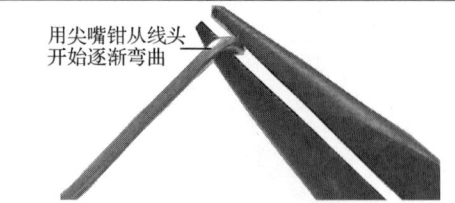	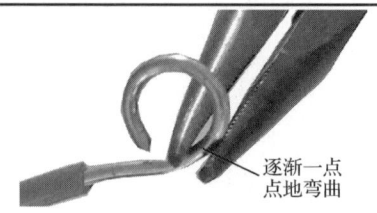
单股导线平压连接：① 线芯剥去绝缘层约 15mm，用尖嘴钳咬住线芯头部，将导线一点一点弯曲	② 将线芯弯成约 3.5～4mm 的圆环
	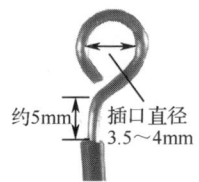
③ 钳住圆环的根部朝弯曲的反方向扳动，使导线直线部分对准其中心，形成圆圈形状，把多余部分切掉。在操作过程中，接线环的弯压要求较高，若尺寸不规范或弯压不规范，则会直接影响接线质量，引起接线不良或漏电甚至短路的情况	
	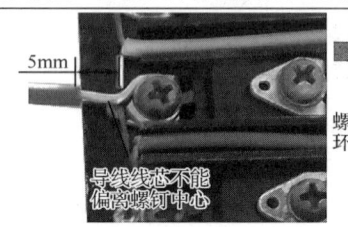
④ 将螺钉用垫圈插入线头环形孔中，并将圆环绕制方向置成右旋	⑤ 导线线芯不要偏离螺钉中心，旋紧螺钉并压紧线头圆环即可
	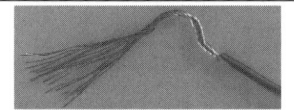	
多股导线平压连接：① 弯制压接圈，把离绝缘层根部约 1/2 处的线芯重新绞紧，越紧越好	② 绞紧部分的线芯，在离绝缘层根部 1/3 处向左外折角，然后弯曲成圆弧	③ 当圆弧弯曲到将成圆圈（剩下 1/4）时，应将余下的线芯向右外折角，然后使其成圆形，捏平余下线端，使两端线芯平行
	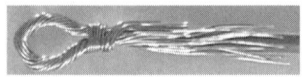	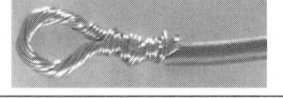
④ 把散开的线芯按 2、2、3 根分成三组，将第一组 2 根线芯扳起，重直于线芯（要留出垫圈边宽）	⑤ 按 7 股线芯直线对接的方法缠绕加工	⑥ 完成线头的环形绕制

软导线平压连接：① 将导线线芯剥去所需长度的绝缘层，然后将线芯绞紧，把线芯按顺时针方向围绕在接线桩的螺钉上	② 注意线芯根部不可贴住螺钉，应相距 3mm，绕螺钉一圈后，端头在线芯根部由上向下绕一圈

 ③ 把线芯余下的端头再按顺时针方向绕在螺钉上	 ④ 把线芯余下的端头围绕线芯根部收住，旋紧螺钉后扳起余端在根部切断，不应露毛刺及损伤下面的线芯
 单股直线平压连接：① 按接线桩螺钉直径约 6 倍长度剥离导线连接点绝缘层	 ② 以剥去绝缘层线芯的中点为基准，按螺钉规格弯曲成压接圈；如果导线直径较小，则要把两根部线芯互绞一圈，使压接圈呈图示形状	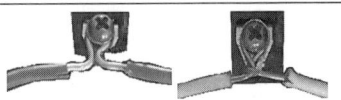 ③ 把压接圈套入螺钉后旋紧

平压式接线桩连接的注意事项：

① 导线线头弯成的羊眼圈（圆圈），其线头不要过短，否则压不紧且接触面太小，不可靠，但也不要过长，否则不易压紧，且易短路。对于较粗的多股绞合线，为防日久软导线松散而引起短路事故，必要时可用绝缘胶带将线尾包缠起来；对于较细的多股绞合线，必要时可搪锡后再弯成羊眼圈。

② 圆圈的弯曲方向要与螺杆拧紧的方向一致，否则在拧紧过程中线头容易松脱，压不紧。

③ 易受振动的螺杆应带防松弹簧垫圈。

④ 软线与灯座、灯头、床头开关等设备的接线桩头连接时，应打上保险结，使结扣卡在盒盖的线孔处。这样不会使导线直接受力而损伤，或者使导线线芯从接线桩头脱落。

3. 导线与瓦形式接线桩的连接

导线与瓦形式接线桩的连接见表 5-19。

表 5-19　导线与瓦形式接线桩的连接

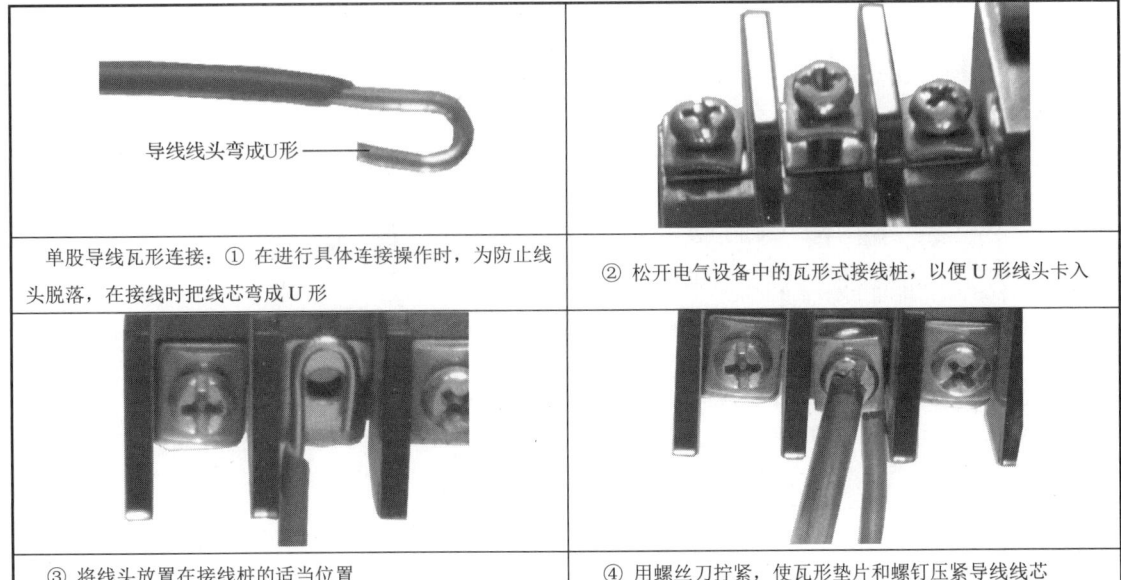

续表

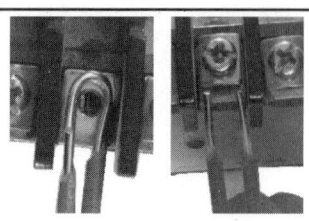	

⑤ 当连接两个线头时，可先将两个线头都弯成U形，并将其对称重合；如导线直径较大，则不用弯成U形，卡入接线端子垫圈下，用螺丝刀拧紧螺钉即可

导线与瓦形式接线桩连接的注意事项：

① 单股导线：当线头截面积较小时，按上述方法将线头弯成U形压接；当线头截面积较大时，可直接塞入瓦形式接线桩下压接。

② 多股导线：线头需绞紧或绞紧搪锡后再弯成U形压接，截面积较大时绞紧或搪锡后直接塞入接线桩压接。最好先封端或压接接线端子再进行压接。

4. 导线封端

导线端头与各种电气设备连接时，对于截面积较小的导线可采用前面所述的方法直接连接，而截面积较大时，特别是多股导线、软导线，应先对导线进行封端，再进行设备的连接。目前广泛采用一种快捷而优质的连接方法，即用压线钳冷压接线端头来完成。

电工接线常用冷压端头见表5-20。

表5-20 电工接线常用冷压端头

类型	图例	说明	类型	图例	说明
子弹头形		公、母两只配套，用于导线线头的直线连接	圆形		适用于导线端头与平压接线桩之间的连接
管形		适用于对多股导线、软导线的端头封端，并与针孔式、瓦形式接线桩连接	叉形		适用于导线端头与瓦形式接线桩的连接
钩形		适用于导线端头与平压接线桩的连接	针形		适用于对多股导线、软导线的端头封端，并与针孔式、瓦形式接线桩连接

注：（1）铜导线封端常用锡焊法或压接法：

① 锡焊法：先除去线头表面及接线端子内孔表面的氧化层和污物，分别在焊接面上涂无酸焊锡膏，在线头上先涂上一层锡，并将适量焊锡放入接线端子的线孔内，用烙铁或喷灯对接线端子加热，待焊锡熔化时，趁热将上过锡的线头插入接线端子线孔内，继续加热，直到焊锡完全渗透到线芯缝中灌满线头与接线端子线孔内壁之间的间隙，方可停止加热。

② 压接法：把表面清洁且已加工好的线头直接插入内表面已清洁的接线端子线孔，然后按2.1.6节压接的工艺要求，用压接钳对线头和接线端子进行压接。

（2）铝导线封端压接

由于铝导线表面极易氧化，用锡焊法比较困难，通常用压接法封端。压接前除了先清洁线头表面及接线端子线孔内表面的氧化层及污物外，还应分别在两个接触面涂上中性凡士林或导电膏，再将线头插入接线端子线孔，用压接钳压接。

5.5 导线连接的要求

（1）当设计无特殊规定时，导线的线芯采用焊接、压板压接或套管连接，最后考虑绞接。因为绞接最不能保证接头接触良好，可靠性较差，尤其是铝导线，应避免用绞接法连接。

家装中一般使用单股铜导线布线，采用并头缠绕，然后搪锡处理。

（2）导线与设备、器具的连接应符合以下要求：

① 截面积为 10mm² 及以下的单股铜芯线和单股铝芯线可直接与设备、器具的端子连接。

② 截面积为 2.5mm² 及以下的多股铜芯线的线芯应先拧紧搪锡或压接端子后再与设备、器具的端子连接。

③ 多股铝芯线和截面积大于 2.5mm² 的多股铜芯线的终端，除了设备自带插接式端子，应焊接或压接端子后再与设备、器具的端子连接。

（3）熔焊连接的焊缝，不应有凹陷、夹渣、断股、裂缝及根部未焊合的缺陷；焊缝的外形尺寸应符合焊接工艺评定文件的规定，焊接后应消除残余焊药和焊渣。

（4）锡焊连接的焊缝应饱满，表面光滑；焊剂应无腐蚀性，焊接后应清除残余焊剂。

（5）压板或其他专用夹具应与导线线芯规格相匹配；紧固件应拧紧到位，防松装置应齐全。

（6）套管连接器和压模等应与导线线芯规格相匹配；压接时，压接深度、压口数量和压接长度应符合产品技术文件中的有关规定。

（7）剥削导线绝缘层时，不应损伤线芯；线芯连接后，绝缘胶带应包缠均匀紧密，其绝缘强度不应低于导线原绝缘层的绝缘强度；在接线端子的根部与导线绝缘层间的空隙处，应采用绝缘胶带包缠严密。

5.6 导线绝缘层的恢复

导线连接前所破坏的绝缘层，在线头连接完工后必须恢复，且恢复后的绝缘强度一般不应低于剥削前的绝缘强度，方能保证用电安全。电力线上恢复线头绝缘层常用黄蜡带、涤纶薄膜带、黑胶带三种绝缘带，还可以使用热缩管、热缩带进行导线绝缘恢复。

1. 用绝缘胶带恢复导线绝缘层

绝缘胶带可恢复各种导线接头的绝缘，是传统导线绝缘层恢复的方法，但绝缘胶带恢复导线绝缘层的操作方法较复杂，绝缘胶带宽度以 20mm 比较适宜。具体操作见表 5-21。

表 5-21 绝缘胶带进行导线绝缘恢复

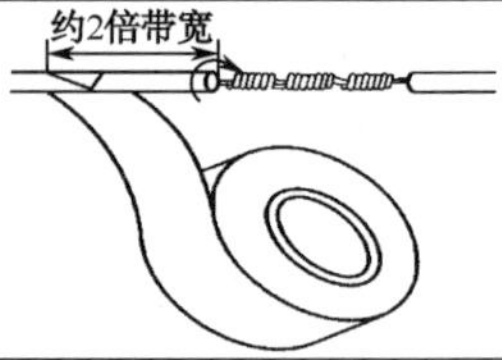 直线连接绝缘恢复：① 将黄蜡带从线头一端完整绝缘层上离切口 40mm 处开始包扎	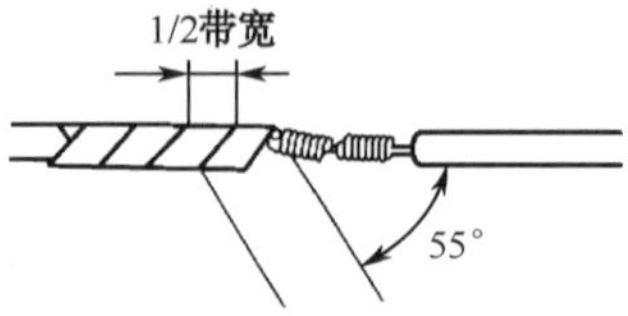 ② 使黄蜡带与导线保持 55° 倾角，后一圈压叠在前一圈 1/2 带宽上缠绕	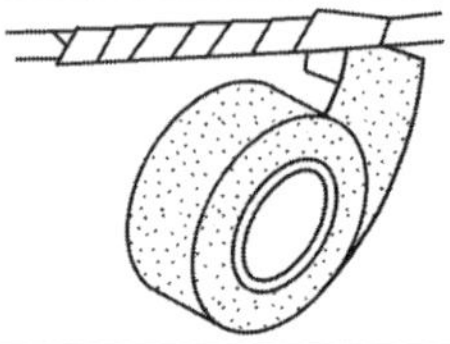 ③ 尾端也必须缠绕至离切口 40mm 处，然后朝反方向斜叠包缠，仍倾斜 55°
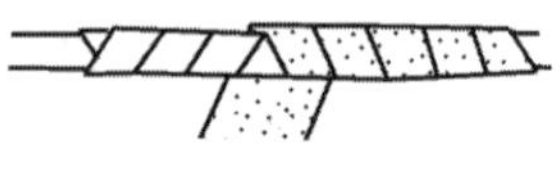 ④ 后一圈仍压叠在前一圈 1/2 带宽上缠绕开始处	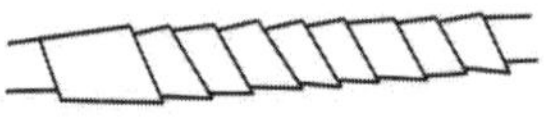 ⑤ 完成绝缘恢复的导线接头	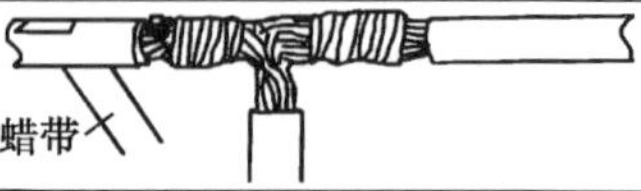 T 形连接绝缘恢复：① 将黄蜡带从线头一端完整绝缘层上离切口 40mm 处开始包扎
 ② 缠至分支处按图示方向上折黄蜡带	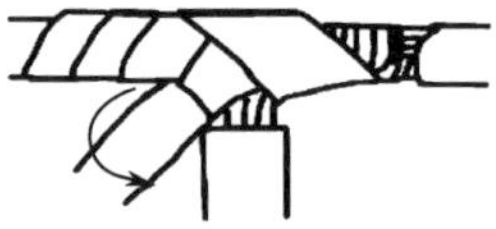 ③ 由直线后面按图示方向折向分支导线线芯	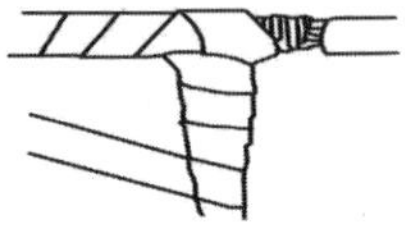 ④ 缠至分支导线距切口 40mm 处再折返缠绕
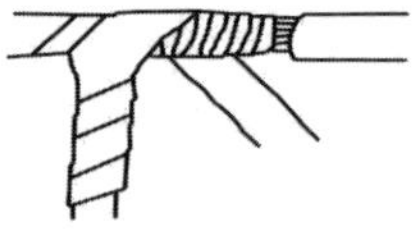 ⑤ 缠至直线部位，将黄蜡带折向直线线芯继续缠绕	 ⑥ 缠至另一端绝缘层距切口 40mm 处，切断黄蜡带用黑胶带（或 PVC 胶带）按原路再缠绕一层	 并头连接绝缘恢复：① 将黄蜡带从线头一端完整绝缘层上离切口 40mm 处开始包扎
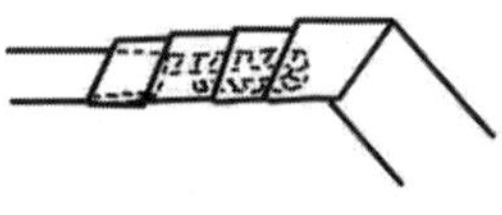 ② 缠至端头时将黄蜡带继续缠一圈，使缠绕的胶带超过端头	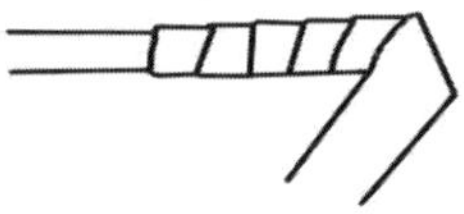 ③ 在端头处折回黄蜡带，使黄蜡带封住端头	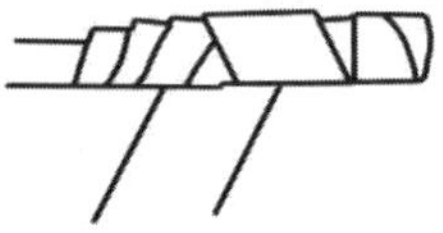 ④ 继续反方向缠绕黄蜡带至起点
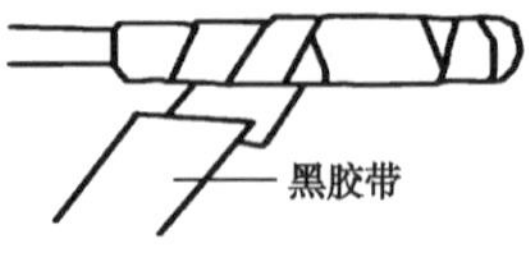 ⑤ 在起点处用黑胶带（或 PVC 胶带）按前面步骤再缠绕一层	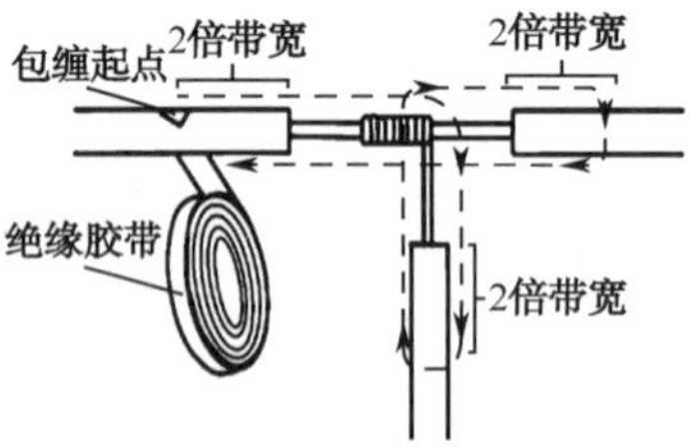 T 形连接绝缘胶带缠绕路径	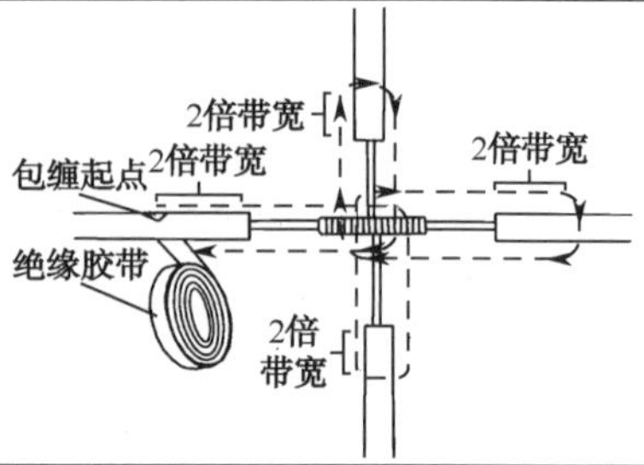 十字形连接绝缘胶带缠绕路径

注：① 在 380V 的线路上恢复绝缘层时，先包缠 1~2 层黄蜡带，再包缠一层黑胶带。在 220V 线路上恢复绝缘层时，可先包缠一层黄蜡带，再包缠一层黑胶带，或不包缠黄蜡带，只包缠两层黑胶带。
② 绝缘胶带存放时要避免高温，不能接触油类，以免胶带失去黏性。

2. 用热缩管或热缩带恢复导线绝缘层

用热缩管或热缩带恢复导线绝缘层，操作更简单、绝缘恢复更可靠、外形更美观，不会像绝缘带那样出现粘胶失效、胶带散落的现象，会逐渐替代绝缘胶带恢复导线绝缘，具体操作见表 5-22。

表 5-22　用热缩管或热缩带恢复导线绝缘

直线连接绝缘恢复：① 剪取 1 段热缩管套在待连接的导线头上，如加强绝缘可套 2 段热缩管	② 热缩管长度比接头长度长 30～40mm，直径略小于导线外径两倍。按规范连接好导线	③ 将 1 段热缩管移至导线接头中间位置
④ 用热风枪对着导线接头位置吹热风加热热缩管	⑤ 直至热缩管充分收缩，如只用 1 段热缩管，这时即完成绝缘恢复	⑥ 如使用了 2 段热缩管，再将另 1 段热缩管移至接头中间
⑦ 再次用热风枪加热使热缩管充分收缩，绝缘恢复完成	并头连接绝缘恢复：① 按规范对并头导线线头进行缠绕，如需要还可对接头进行搪锡	② 剪取比接头直径大 1/4～1/3 的热缩管，套在接头上，使导线绝缘层部位覆盖 20～40mm，头部留空 30～40mm
③ 用热风枪加热使热缩管充分收缩，并将留空部分反折	④ 剪取比前面热缩管短 20～40mm，直径大 2～3mm 的热缩管，将反折的热缩管一起套住	⑤ 用热风枪加热线头，使热缩管充分收缩，导线线头恢复完成

注：① 热缩管直径须小于连接导线总直径两倍，长度比接头裸露部分长 30～40mm，这样可保证收缩后能紧密封住接线头，如绝缘强度不够可套 2 段热缩管。

② 对有防水要求的场合，如潮湿环境、水下导电连接，可选择双壁热缩管。

③ 热缩管适合直线连接、并头连接的绝缘恢复，T 形、十字形导线连接绝缘可用热缩带恢复。

④ 热缩带的绝缘方法同绝缘胶带操作，缠绕完成后再用热风枪均匀加热热缩带，直至收缩后内层熔胶沿层叠处均匀渗出为止。

第6章 掌握住宅电路设计

【本章导读】

本章详细介绍了一般商品住宅电路的设计方法,以及家装电路配置设计。有了好的设计、周到的电路配置,在居住过程中才不会留下遗憾。学习本章应重点掌握电气线路的设计及电气设备的配置。

电气线路设计涉及供电系统的选择、负荷计算、线材选择、线路走向、开关及插座的配置、照明设计、弱电系统的设计。

【学习目标】

① 掌握家装电气线路的供电系统选择。
② 掌握家庭电气线路负荷的计算。
③ 掌握常见商品住宅电气线路的设计。
④ 掌握家庭电气线路配置的设计。
⑤ 掌握家庭照明设计。
⑥ 了解家庭影院、网络、电话等弱电系统的设计。

6.1 供电系统的选择

根据国际电工委员会(IEC)标准,将低压电力网的接线系统分为 TN、TT 和 IT 三种。TT 为电力变压器中性点直接接地,用电设备的金属外壳另行接地的系统;IT 为电力变压器中性点不接地或通过阻抗接地,用电设备的金属外壳接地的系统;TN 为电力变压器中性点直接接地,用电设备的金属外壳接中线的接零保护系统。TN 系统又分为 TN-C 系统、TN-S 系统和 TN-C-S 系统。民用建筑选用 TN-C-S 系统,其结构特点见表6-1。

表6-1 TN-C-S 系统的结构特点

名称	图例	结构说明	优缺点
TN-C-S	L₁ L₂ L₃ PEN N PE 设备金属外壳 用电设备 工作接地 重复接地	在 TN-C-S 系统中,保护零线和中性线是部分合用的,即变压器中性点至进户前这一段线路合用,称为 PEN 线,进户后分成 PE 线和 N 线	由于 TN-C-S 系统既具有 TN-S 系统的优点,又较 TN-S 系统少一根进户线,施工较方便,所以我国新建住宅普遍采用这种供电系统

1. TN-C-S系统的做法

根据接户线引入方式的不同，TN-C-S系统的具体做法有以下两种：

（1）接户线采用架空线引入，在接户线末端或电表箱、配电箱处实行重复接地，接地电阻不大于4Ω，引至接地极的导线采用16mm^{2}的铜导线。对于整座住宅楼或整个小区住宅，进户线采用三相四线式，对于单个住宅，进户线采用单相三线式。

（2）接户线采用钢带铠装四芯电力电缆地埋引入，在住宅楼或小区住宅户外，将电缆铠装连同保护钢管做重复接地，接地电阻不大于4Ω。电缆引入电缆接线箱，分成几路引至各单元集中电表箱。分路电缆采用非铠装聚氯乙烯绝缘电力电缆，并穿钢管地埋敷设至各单元，钢管与电缆接线箱处的重复接地极焊连，钢管用作保护零线PE。

2. 民用建筑供电系统的保护措施

民用建筑供电系统应采取以下保护措施：

（1）在每户配电箱加装一只漏电保护器。

（2）采用TN-C-S系统，必须做好重复接地，重复接地电阻不大于4Ω。从电能表箱或配电箱以后，工作零线N与保护零线PE严格分开。采用单相三极插座、单相二极插座或这两类插座的组合插座，以满足各种家用电器的用电要求。PE线应采用2.5mm^{2}的塑料铜芯线（最小为1.5mm^2），并与每个三极插座保护零极相连。电能表箱或配电箱接地螺栓处或专用接地母线处，用16mm^{2}铜导线穿钢管引至户外重复接地极上。重复接地极与防雷接地极至建筑物的距离不小于3m。

（3）配电干线、支线线路应装设短路保护与过载保护。住宅供电保护可采用熔断器、断路器及漏电保护器等。

6.2 负 荷 计 算

住宅用电负荷的正确计算，关系到住宅导线截面积、电能表容量，以及漏电保护器、断路器、刀开关、熔断器等电气设备的选择。随着时代的进步和人民生活水平的提高，应充分考虑今后用电量的增加，因此在计算住宅用电负荷时应留足裕量。当然，也不是说用电负荷设计得越大越好，太大会造成浪费并增加安装施工难度。

6.2.1 一般住宅用电负荷的计算方法

1. 分支负荷电流的计算

住宅用电负荷与各分支线路负荷紧密相关。线路负荷的类型不同，其负荷电流的计算方法也不同。线路负荷一般分为纯电阻性负荷和感性负荷两类。家装常见负荷计算方法见表6-2。

表 6-2 家装常见负荷计算方法

负荷类型	计算公式	公式符号的含义
纯电阻性负荷（如白炽灯、电加热器等）	$I=\dfrac{P}{U}$	I—通过负荷的电流（A），P—负荷功率（W） U—电源电压（V）
感性负荷（如荧光灯、电视、洗衣机等）	$I=\dfrac{P}{U\cos\varphi}$	I—通过负荷的电流（A），U—电源电压（V） P—负荷功率（W），$\cos\varphi$—功率因数
单相电动机	$I=\dfrac{P}{U\eta\cos\varphi}$	U—电源电压（220V），I—负荷电流，P—电动机额定功率 η—机械效率，$\cos\varphi$—功率因数
三相电动机	$I=\dfrac{P}{\sqrt{3}U\eta\cos\varphi}$	U—电源电压（380V），I—负荷电流，P—电动机额定功率 η—机械效率，$\cos\varphi$—功率因数

需要说明的是，式中的 P 是指整个用电器具的负荷功率，而不是其中某一部分的负荷功率，如荧光灯的负荷功率，等于灯管的额定功率与镇流器消耗功率之和；再如洗衣机的负荷功率，等于整个洗衣机的输入功率，而不仅仅指洗衣机电动机的输出功率。由于洗衣机中还有其他耗能器件，使洗衣机实际消耗功率（即输入功率）常常比电动机的额定功率高出一倍以上。例如，额定输出功率为 90～120W 的洗衣机，实际消耗功率为 200～250W。

电器的功率可在电器铭牌上查看。实际需要计算的主要是一些大功率电器，如空调（$\cos\varphi$ 约为 0.8）、电磁炉（$\cos\varphi$ 约为 0.8）、电热水器（$\cos\varphi$ 为 1），其他家用电器功率支路导线一般可满足负荷要求。

2. 总负荷电流计算

通过住宅用电负荷计算，可为住宅电路设计提供依据，也可以验算已安装的电气设备规格是否符合安全要求。

住宅用电总负荷电流不等于所有用电设备的电流之和，而应该考虑这些用电设备的同期使用率（或称同期系数）。总负荷电流通常可按下式计算：

总负荷电流＝用电量最大的 1～2 台（或 2～3 台）家用电器的额定电流＋同期系数×（其余电气设备的额定电流之和）

其中，电器少的家庭取用电量最大的 1～2 台家用电器，电器多的家庭取 2～3 台。

为了确保用电的安全可靠，电气设备的额定工作电流应大于计算总负荷电流的 1.5 倍；住宅导线和开关、插座的额定工作电流一般应取计算总负荷电流的 2 倍。

3. 住宅用电负荷的实用计算方法

住宅用电负荷的计算至今没有一个统一的方法。工程设计中常用住宅用电负荷可按以下公式计算：

$$P_{js}=K_C P_{\Sigma},\quad I_{js}=\dfrac{P_{js}}{220\cos\varphi}$$

式中　P_{js}——住宅用电计算负荷（W）；
　　　I_{js}——住宅用电计算电流（A）；
　　　P_{Σ}——所有家用电器额定功率总和（W）；

cosφ——平均功率因数，可取 0.8～0.9；

K_C——同期系数，可取 0.4～0.6，家用电器越多、住宅面积越大、人口越少，此值越小，反之此值越大。

6.2.2 计算住宅用电负荷应考虑的主要因素

住宅用电负荷受多种因素的影响，主要有住宅档次、家庭实际收入、用电设备配置、气候条件等，同时要考虑到今后一段时间用电量的增长，要留出一定的用电裕量。

1. 住宅档次

根据我国目前的居住条件，一般把住宅分为 4 个档次：一档为别墅式二层住宅；二档为高级公寓；三档为 80～120m² 住宅；四档为 50～80m² 住宅。住宅档次在一定程度上代表了消费档次和家庭实际收入的差别，也决定了用电设备配置方面的差别。表 6-3 列出了各类住宅用电的计算负荷及电气设备的选择。

表 6-3　各类住宅用电的计算负荷及电气设备的选择

住宅类别	计算负荷/kW	计算电流/A	主空开脱扣电流/A	电能表容量/A	进户线规格/mm²
一档住宅	7.7	41	50	20（80）	BV-3×25
二档住宅	5.7	31	40	15（60）	BV-3×16
三档住宅	4.9	26	32	15（60）	BV-3×16
四档住宅	2.2	12	16	10（40）	BV-3×10

注：表中按同期系数 K_C=0.5，平均功率因数 cosφ=0.85 计算。

根据我国居住条件情况，对于面积为 60～180m² 的两室一厅、两室两厅、三室两厅、四室两厅等商品住宅也可参考表 6-4 标准进行设计。

表 6-4　不同住宅户型用电的计算负荷及电气设备的选择

住宅户型	建筑面积/m²	用电负荷/kW	计算电流/A	主空开脱扣电流/A	电能表容量/A	进户线规格/mm²
四室两厅	100～180	11	56	60	20（80）	BV-3×25
三室两厅	85～100	9	45	50	20（80）	BV-3×16
两室两厅	70～85	7	36	40	15（60）	BV-3×10
两室一厅	55～65	6	25	32	15（60）	BV-3×6
两室一厅	50 以下	5	20	25	10（40）	BV-3×4

2. 气候条件

我国地域辽阔，南北方的冬夏两季气温差别很大，对用电设备的配置及用电负荷的影响也很大。为了便于对不同建筑物的用电负荷进行规划，将我国内地主要城市按气象区进行分类，见表6-5，各气象区不同档次住宅用电负荷建议值见表6-6。

表6-5 我国内地主要城市按气象区分类

气象区	主要城市	气候特点
一类	哈尔滨、长春、大连、呼和浩特、西宁、拉萨、昆明等	一般利用电扇降温即可，不需要利用空调器
二类	沈阳、银川、兰州、包头、太原、成都、贵阳等	一般情况下依靠电扇降温，但在极端最高温度下，一部分住宅可能使用空调器降温
三类	北京、天津、乌鲁木齐、石家庄、济南、西安、上海、南京、合肥、杭州、南昌、福州、郑州、武汉、长沙、广州、深圳、海口、南宁、重庆等	夏季降温主要利用空调器

表6-6 各气象区不同档次住宅用电负荷建议值

气象区	用电负荷建议值 P/kW		
	普通住宅	中档住宅	高档住宅
一类	3	4	7
二类	4	6	8
三类	4	7	10

注：① 三类气象区建筑面积在200m² 以下的别墅，用电负荷按17kW考虑，200m² 以上的按60W/m² 递增。一、二类气象区别墅的用电负荷则相应减小。

② 普通住宅相当于三、四档住宅，中档住宅相当于一、二档住宅，高档住宅相当于建筑面积在120m² 以上的豪华型住宅。

3. 今后的发展

随着我国城乡人民生活水平的提高，家庭用电器具明显增加，电力消耗也明显上升。因此，在进行用电负荷设计时，要充分考虑到今后二三十年用电消费的增长趋势，留出合理的裕量，以满足家庭用电器具增加的需要。表6-7是住宅线路设计负荷标准，表中数据大体分为三种类型：我国国家标准，北京、上海、香港地方标准及日本、美国标准。

表6-7 住宅线路设计负荷标准

项目	国标	中国北京	中国上海	中国香港	日本	美国
用电负荷标准/kW	2.5～4.0	1.5～3.5	4～8	11～13.2	6	18.6～25
分支线路回路数	3～5	3	5	7	9	13
铜质进户线/mm²	3×10	3×6	3×10	3×16	3×16	3×50+1×25（或4×25）
电源插座数	18	18	25	19	22	—

注：日本与美国电压为110V，相同功率下电流大于我国标准。

6.3 住宅电气配置设计

住宅线路设计是否合理直接影响将来入住后的使用体验，如果设计不合理，将会给今后生活起居带来不方便。现在消费技术发展很快，在设计配置时要有一定的超前意识。因此在设计时应了解当今的最新设计理念，再结合实际情况进行设计。

6.3.1 住宅电气设计的原则

1. 分支线路数量

分支线路数量的设计应符合以下要求：

（1）照明支路应与插座支路分开。这样做的目的有两个：

① 当各自支路出现故障时不会相互影响。

② 有利于故障原因的分析和检修。比如，当照明支路发生故障时，可以用插座接上台灯进行检修，而不致使整个房间内"黑灯瞎火"。

（2）对于空调器、电热器、电炊具、电热淋浴器等耗电量较大的电器，应单独从配电箱引出支路供电，支路铜导线截面积根据空调器实际情况决定，一般为 2.5~4.0mm^2。

（3）照明支路的最大负荷电流应不超过 15A，各支路的出线口（一个灯头、一个插座均算一个出线口）应在 16 个以内，如果每个出线口的最大负荷电流在 10A 以下，则每个支路出线口的数量可增加到 25 个。

（3）如果采用三相供电，支路负荷分配应尽量使三相平衡。

2. 电源插座的设置

住宅电源插座的设置应符合下列要求：

（1）应尽可能多设置一些插座，以方便使用。一般单人卧室电源插座数量不少于 3 个，双人卧室及起居室不少于 4 个。随着人们生活水平的提高，除了设置一般用电设备的插座，还应考虑设置计算机电源插座，以及电视、通信、保安等弱电系统的插座。

（2）空调器电源支路的插座不应超过两个，大容量柜式空调器应使用单独插座。厨房插座和卫生间插座应设置单独回路。

（3）卧室应采用单相两极与单相三极组合的五孔插座，有小孩的家庭应采用防护式安全型插座。潮湿场所插座应采用带保护极的单相三极插座，浴室插座除采用隔离变压器供电可以不接零保护外，均应采用带保护极的（防溅式）单相三极插座。

（4）除空调器等人体很少触及的电器插座外，其他插座回路应带漏电保护器。

3. 开关插座面板高度

开关插座面板高度示意图如图 6-1 所示。开关插座面板高度与所处的区域有关，一般应遵循以下原则：

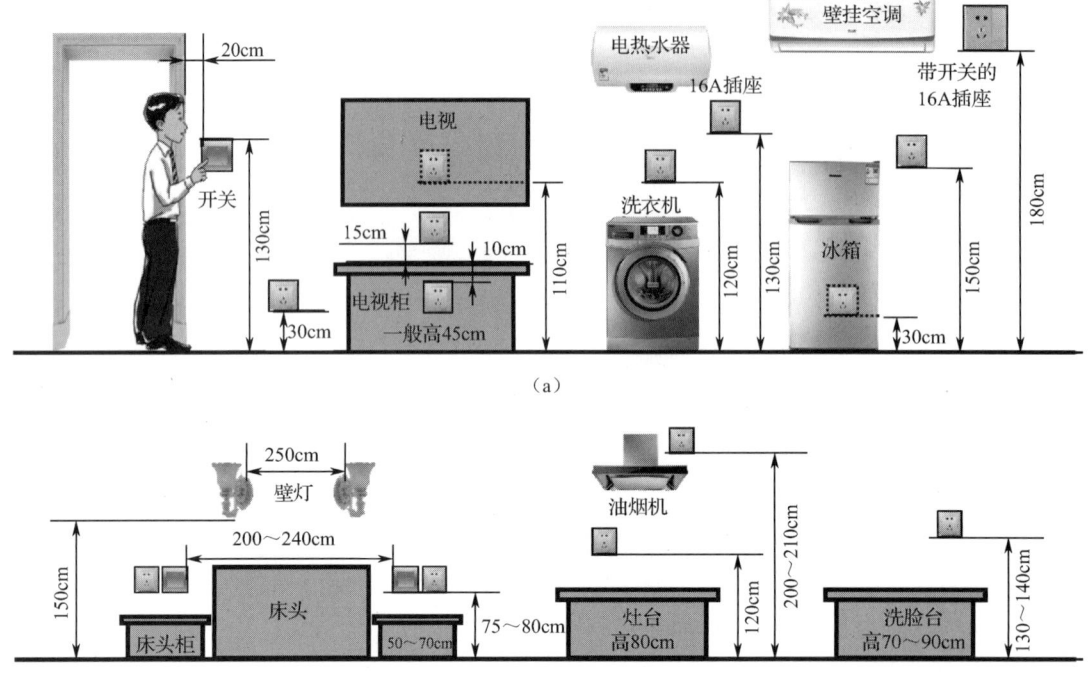

图 6-1 开关插座面板安装高度示意图

（1）客厅、卧室的插座底部高度一般为 30cm，开关顶部高度一般为 130~140cm，与成人肩部平齐，距门框约 20cm。

（2）电视柜附近，由于电视安装方式不同，插座位置高度也不同，电视放置在电视柜上，插座比柜面高 10cm 左右；电视壁挂时，接电视的插座高约 110cm，其他电器插座在电视柜台面下约 10cm 处。

（3）床头插座比床头柜台面高 10~15cm，开关与插座等高并排安装，开关在内侧靠床。

（4）厨房插座的安装高度应不低于 1.2m，切忌近地安装。因为液化石油气的密度较空气密度大，泄漏后会沉积在地面附近。使用近地面安装的插座，容易引起爆炸和火灾。

（5）空调器插座的安装高度一般为 1.8~2m；卧室插座的安装高度一般为 0.3m。

（6）洗衣机的插座距地面 120~150cm 高，电冰箱的插座为 150~180cm 高。

（7）油烟机插座应安装在其上方，距地面 200~210cm 高。

（8）冰箱如放在厨房，电源插座高约 150cm，如放在餐厅，则放在冰箱后，高约 30cm。

6.3.2 客厅电气配置设计

客厅的电气配置是住宅设计中最复杂的区域，按不同档次、审美、理念等要求，电气配置、设备布局也各不相同，内容包括照明、影视等各种设备的设计。

客厅电气配置可能涉及的内容如下，具体应根据个人要求进行选择。

1. 照明设计

客厅是家里最重要的地方，一家人在这里交谈、休闲，所以这里的灯光布置相当重要。客厅照明方案的整体思路如下：

（1）客厅适合冷、暖、中三种色温可切换的照明产品；

（2）客厅空间通常承载多种功能活动，需要灯光环境有与之相配的多种模式；

（3）主照明之外建议补充功能照明、局部和情景氛围照明；

（4）客厅主灯建议可调光调色，客厅强调装饰性，可选择与装修风格搭配的灯具类型。

客厅照明方案整体思路搭配及各类灯具具体位置示意如图6-2所示。

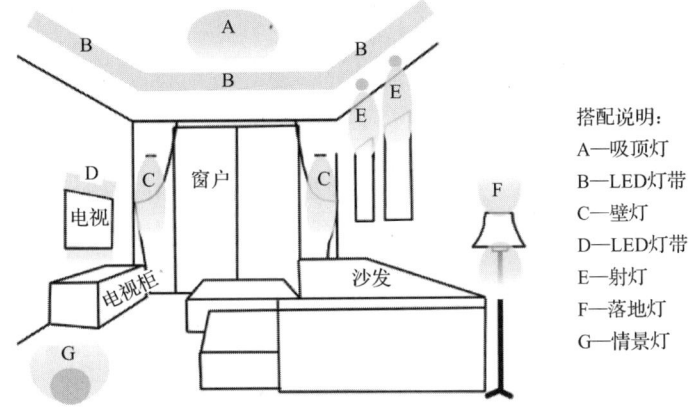

图 6-2　客厅照明方案整体思路搭配及各类灯具具体位置示意图

客厅照明方案产品说明见表6-8，客厅7种常见模式照明解决方案见表6-9。

表 6-8　客厅照明方案产品说明

编号	说明
A	A为客厅主灯，室内空较低情况下可以用吸顶灯；室内空较高情况下可用吸顶灯，也可用吊灯。无论是吸顶灯还是吊灯，在选择时要兼顾实用与美观，同时要考虑日后维护。有些灯虽然美观，但结构过于复杂，时间久了容易堆积灰尘且不易清洗。因此建议选购简洁、易清洗、易维护的灯具
B	B为灯带，可用LED灯带，也可以用荧光灯管或LED灯管连接而成
C	C为壁灯，可以根据喜好选择
D	D为灯带，可安装在电视后四周，也可在电视上方由吊顶灯槽灯带投射
E	E为射灯，一般投射在一些需要突出表现的艺术品上，如字画等
F	F为落地灯，可以移动，由插头插于插座上供电
G	G为情景灯，可以固定，也可以移动，如蜡烛灯等一些有特色且温馨的灯具

表 6-9　客厅7种常见模式照明解决方案

模式	解决方案	说明
一般模式	A＋B＋C	一般情况下，打开主照明吸顶灯，用LED灯带和壁灯作为辅助，客厅明亮，而灯带和壁灯营造出非常温馨的感觉

续表

模 式	解 决 方 案	说 明
电视模式	D+F	灯光的布置要能够缓解看电视造成的眼睛疲劳。看电视时，房间过暗，强对比的光容易使眼睛疲劳；若开主灯，房间过亮，欣赏电影的好气氛会被破坏。此时应增加背景照明，减小背景与电视间的亮度差，而看电视过程中吃东西、找寻身边物品，可以通过旁边的落地灯实现
聚会模式	A+B+E+F+G	聚会时，除了主照明，辅助的射灯等让整个客厅的空间感大大提升，人多也不觉得压抑。射灯把精挑细选的画打亮，成为客厅的焦点，整个家的品位会立刻提升
打扫模式	A+B+C+F	打扫整理是一项辛苦的工作。沙发角、墙角等部位最容易产生卫生死角。在打扫的时候，客厅空间需要保证每个角落都清晰可见
浪漫模式	G	朋友聚会与亲密好友聊天的时光总是令人期待。在客厅茶几或房间角落处放置可以变色的情景灯，能够帮助营造温馨浪漫的气氛，促进交流，同时让空间富有变化
唯美模式	E	想要以美术馆的气氛来装饰画作，就要让画作犹如从四周浮现一般。在天花板上装设嵌入式射灯照亮画作，调整亮度比，突出画作装饰度，体现主人的艺术品位。如果画作上有保护用的玻璃，就必须仔细调整照射角度，以防止光源投射在玻璃上出现画框的影子
补光模式	F	客厅进深长，远离窗户的内部采光差、昏暗时，应选用像落地灯这样的可移动灯具进行局部补光。一则增加空间通透感、降低照明暗区对空间整体美感的影响；二则阴天等室内光线不足时可单独补充，不需要打开主灯

注：① 各类灯光根据实际情况选择组合。

② 各类灯光应按以上编号分组设置开关进行分别控制。

③ 开关一般建议放置在客厅活动较多的地方，如沙发背后；其中一组灯光（如 A 或 B）开关应设双控，其中一控应在大门边，方便进门开灯。

2. 开关、插座面板设计

电视是客厅主要的电器之一，目前大多数家庭使用平板电视，并悬挂在墙面安装，可很多时候由于尺寸设计不好，漂亮的电视下面总是挂着一段电线，影响美观，所以电视的电源线和信号线位置一定要预先设计好。

1）一般要求方案

前墙与后墙开关、插座面板的布置示意如图 6-3 和图 6-4 所示。

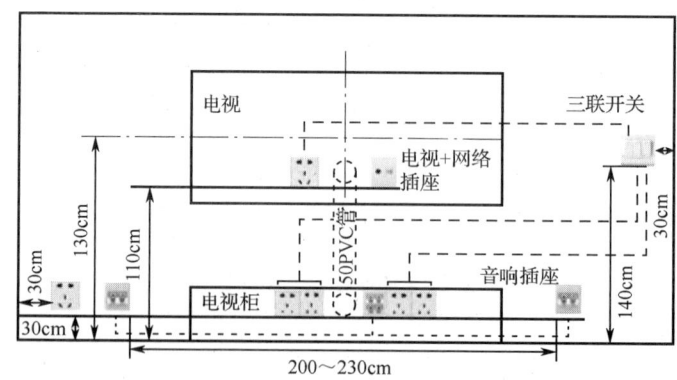

图 6-3 客厅前墙开关、插座面板的布置

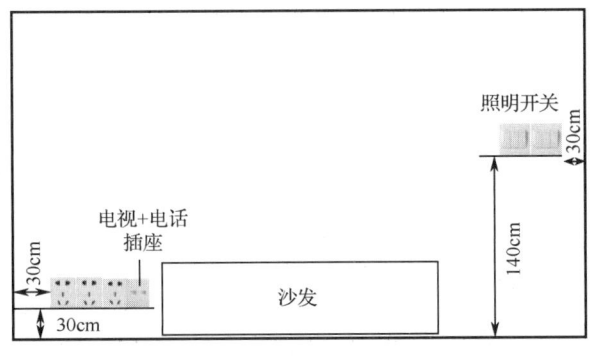

图 6-4 客厅后墙开关、插座面板的布置

开关、插座面板的布置示意图说明：

（1）电视壁挂时按图 6-3 和图 6-4 所示的示意图安排电视相关插座、开关布置。

（2）电视后面以其能挡住为准，图中尺寸能满足大部分要求。

（3）电视柜下面插座顶部低于柜面 10cm 左右，柜子背板在插座位置可以开相应大小的口；如为抽屉形式，该处抽屉应较其他位置抽屉短些，方便拔插插头。

（4）电视后面、电视柜下插座分为三组，分别由三联开关控制，在设备停机时可用开关方便关断设备的交流电源。开关所控制的插座对应关系如虚线所示。

（5）如电视由底座立于电视柜上，则电视柜下的插座可移至电视柜上 15~20cm 处，PVC 管可取消不用。

（6）前墙角处插座可用于空调柜机使用；PVC 管用于穿电视柜中音/视频设备信号线。

（7）如希望电视背景墙简洁、干净，可以将电视柜移至后墙沙发墙角处，在视听音/视频时，坐在沙发边，不用起身即可操作。开关及插座按图 6-5 所示方式布置，插座开关、音/视频弱电插座移至后墙，按图示虚线连接或控制。

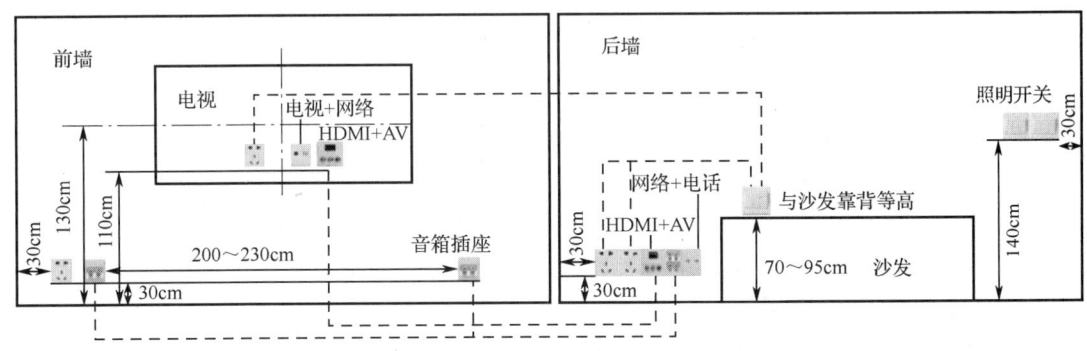

图 6-5 电视柜后移方案

（8）插座控制开关可移至其他较隐蔽、易于操作的地方，如后墙电视柜处。

（9）对于公共安全系统未安装到位的住宅，应考虑预留对讲门铃、门禁系统电位，包括一个系统电源插座、一个空 86 暗盒，并从空盒用电管穿 4 芯以上的多芯信号线至门外。

2）家庭影院方案

高清平板电视、投影仪已逐步普及，因此新房装修时应该考虑家庭影院音响布线的问题，即使暂时不装高清影院，也应该布好相关线路，以免日后走明线影响美观。家庭影院音响的布置如图 6-6 所示，其开关、插座面板的布置示意图如图 6-7 所示。

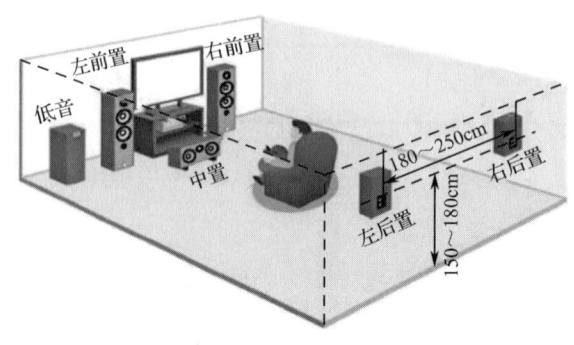

图 6-6　家庭影院音响的布置

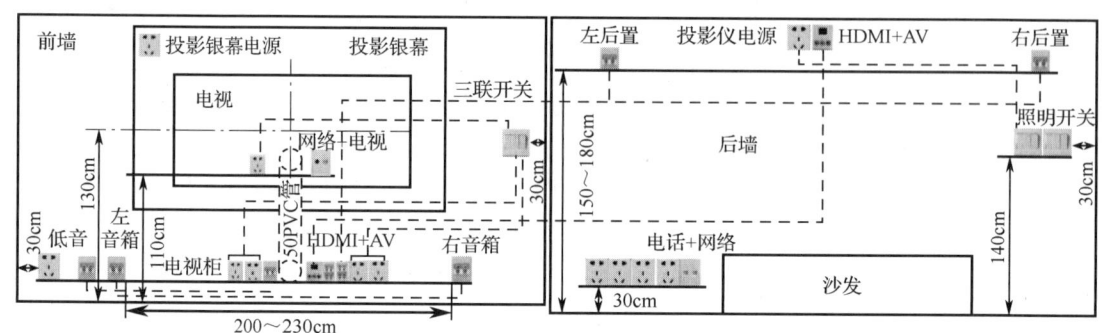

图 6-7　家庭影院开关、插座面板的布置

家庭影院开关、插座面板的布置示意图说明：

（1）中置音箱就近直接接功放机；位置可放置于电视柜正中最下方，也可放置于电视正中上方，音响线穿 PVC 管至中置音箱。

（2）投影仪投 100～120 寸（1 寸＝0.0333m）时投影距离为 3.7～5.8m，如客厅长度较短，投影仪距后墙 30cm，HDMI、电源插座可在后墙接近顶部；如客厅较长，投影仪按实际距离安装，插座装在吊顶相应位置。

（3）也可如一般方案中图 6-5 所示，将功放、影音等设备移至后墙角处。在电视后加一组 HDMI＋AV 插座，后墙处装两组 HDMI＋AV 插座分别连接至电视、投影仪的 HDMI＋AV 插座。HDMI＋AV 插座也可省去不要，现代很多影像设备可以无线投影到电视、投影仪上。

（4）电动投影银幕升降由开关控制，控制开关面板可置于前墙，也可置于后墙沙发附近。图 6-7 中为遥控方式，只需在银幕后顶部放置一个电源插座即可。

（5）其他参见一般方案说明。

6.3.3 主卧电气配置设计

主卧的电气配置是住宅私密区域，内容包括照明、影视等各种设备的设计。客厅电气可能涉及的内容如下。

1. 照明设计

主卧照明方案的整体思路：

主卧适合温馨、中低亮度的光，建议用中性色温，或者暖色温。主卧需要营造温馨浪漫的空间氛围，可选择有多重模式的 LED 吸顶灯，搭配装饰性的局部照明。暖性光色易使人放松，增加情感交流。主卧照明方案整体思路示意如图 6-8 所示。

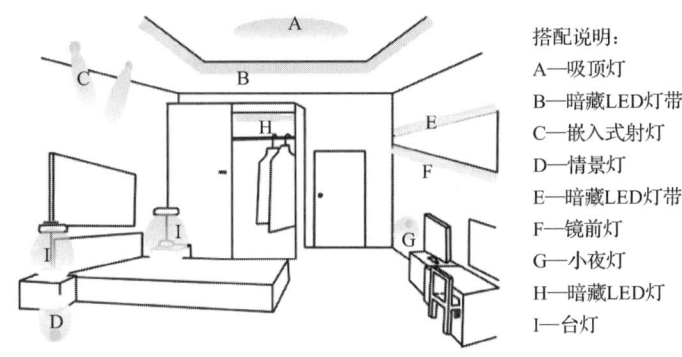

搭配说明：
A—吸顶灯
B—暗藏LED灯带
C—嵌入式射灯
D—情景灯
E—暗藏LED灯带
F—镜前灯
G—小夜灯
H—暗藏LED灯
I—台灯

图 6-8　主卧照明方案整体思路示意图

主卧 8 种常见模式照明解决方案见表 6-10。

表 6-10　主卧 8 种常见模式照明解决方案

模　式	解决方案	说　　明
照明模式	A+B	吸顶灯加 LED 灯带能满足卧室的温馨照明要求
入眠模式	I	过于明亮的灯光影响睡眠，而若上床前就把房间灯关掉，又有诸多不便，建议选择床头立灯，可选择橘色的灯光，橘色光有助于让心情平静，帮助我们自然而然地进入梦乡
电视模式	E	看电视时，房间过暗，强对比的光容易使眼睛疲劳；若开主灯，房间过亮，欣赏电影的好气氛会被破坏。此时只需背景墙壁补光，减小与电视间的亮度差，既不伤眼睛，又能营造出好的观影气氛。在卧室，大部分人喜欢躺着看电视，避免人的视线接触或正对光源
起夜模式	G	熄灯后起夜，开大灯不便，昏暗中视线不好，因此在靠门位置装着小夜灯，位置低，光线直接照射地面，起身时照亮地面，躺在床上看不到光源，不会干扰睡眠。可选用比较柔和的暖光色产品，建议选择光感式，夜晚自动亮起
化妆模式	F	因为室内光线存在方向性，化妆镜前灯能够为化妆的主人提供均匀的光线，避免阴阳脸，提升化妆效率
阅读模式	I	晚上休闲阅读需要能够照亮书本、健康明亮的光，但要避免大脑过度兴奋，影响睡眠。建议阅读灯光线不要过亮，色温不宜过高，暖白光较适宜。在床头两侧各放置一个，夫妻两个互不干扰。台灯也可换成壁灯

续表

模式	解决方案	说　明
情景模式	D	情景灯提供浪漫、温馨气氛的光照效果，有助于提升情调，增进夫妻感情
视觉模式	B	相对于客厅，卧室吊顶的亮度应给人柔和、温馨的视觉感官，可降低亮度，可选用中性光色的照明产品

注：① 各类灯光根据实际情况选择组合。

② 各类灯光应按以上编号分组设置开关分别控制。

③ 吸顶开关设置双控方式，一控在门边，另一控在床头边；衣柜灯开关与衣柜旁的双控共面板；镜前灯开关放置在化妆柜旁；其他开关置于床头边。

2. 开关、插座面板设计

主卧开关、插座面板的设置与客厅的一般要求相似，操作控制主要在床两边的床头柜上，方便起居。主卧前、后墙面开关、插座面板布置示意图如图6-9所示。

开关、插座面板布置示意图说明：

（1）电视墙上电源插座要设置开关，开关放置在床头边，方便关断电视等音/视频设备交流电源，减小这些设备的待机功耗。

（2）电视后插座靠近电视下沿，电视能遮住即可。

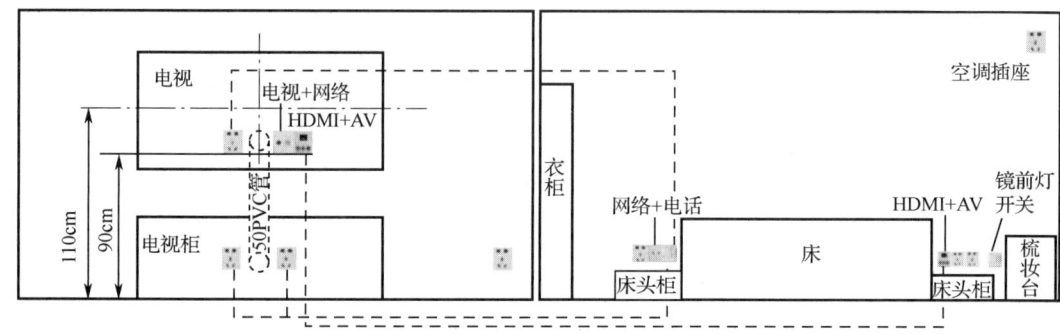

图6-9　主卧前、后墙面开关、插座面板布置示意图

（3）电视后的HDMI+AV插座与床头边对应的插座连接，可方便在床头连接计算机等音/视频设备，冬天坐在床上也可用计算机看影视，这对插座也可省去，现在可直接用手机无线投影到电视上，这样使弱电布线更简洁。

（4）空调安装不能正对床，可安装在床头墙面上，让空调对着对面墙吹，避免正对着人吹。

（5）可在靠窗的墙面安装1~2只五孔插座，用于冬天插取暖器。

次卧可参考主卧设计。

6.3.4　儿童房电气配置设计

培养宝宝独立意识是设置儿童房的目的。让儿童轻松适应新环境，爱上自己的房间是儿童房设计的要点。

1. 照明设计

儿童房间所有的灯光都要以儿童的视角来设计。儿童房的灯光应设计成暖黄色，同时，按照儿童的身高，在孩子的视线范围内用丰富多彩的光影效果和卡通造型灯具吸引孩子的注意力，帮助孩子喜欢上自己的房间。此外，还需为儿童安装他可以触碰到的开关，让儿童认为这就是自己的房间。

设计要点包括下面几个方面。

（1）暖色调光源，营造温暖、安全的灯光环境。

儿童房主光源应避免直射孩子的眼睛，选择接近自然光的 LED 灯取代单一光线过于强烈的吊灯，为孩子提供柔和、均匀的光线。LED 灯无辐射，能营造温暖气氛，打造空间层次感。

（2）小夜灯带给孩子温暖、安心的好睡眠。

小夜灯不仅能够改善孩子害怕独处的心理，趣意可爱的外形还能给孩子以亲和力，甜梦之前放飞想象的翅膀。适度的光线能够帮助孩子安心睡眠，让孩子快乐、健康地成长。

（3）趣味灯具吸引关注，激发孩子想象力。

卡通造型的灯具是吸引孩子注意力的必备灯具。小鹿台灯、青蛙王子吊灯让孩子时刻展开想象。色彩变幻的蘑菇灯增加孩子的兴趣点，为孩子营造色彩斑斓的童话世界。

儿童房灯光布置示意图如图 6-10 所示。

图 6-10　儿童房灯光布置示意图

2. 开关面板设计

儿童房的开关面板设计较简单。儿童房一般不设置音/视频设备，也尽量少接插座面板。主要在床头位置设置灯光开关，书桌边设置台灯插座，靠床墙面顶部设置空调插座。

6.3.5　书房电气配置设计

书房是阅读与学习的地方，要有明亮、自然的照明，网络、电话是办公必备的要素，同时要满足常用办公设备，如计算机、传真等的用电要求。

1. 照明设计

书房是家庭中阅读、工作、学习的重要空间，对于工作繁忙、喜欢看书的人来说，书房是他们经常待的一个空间，尤其是对于从事文教和艺术的工作者而言，书房是家中最重要的地方。书房的灯光设计很重要，好的灯光设计不仅可以让人静下心来学习，视觉也不易疲劳。

书房灯光设计应遵循以下五大原则：

（1）书桌上增添台灯以加强阅读照明。

若想坐在书桌前阅读，只有间接照明并不够，最好在桌角处安置一盏桌灯，或者在正上方设置垂吊灯做重点照明。尤其是家中有小孩子时，除了书桌的设计必须随其高度调整外，桌上局部光源最好能选用电子式台灯，并且在采购前最好先试试是否会有闪光的情形发生。

（2）间接光源烘托书房沉静气氛。

间接照明能避免灯光直射所造成的视觉炫光伤害，而且把灯开得很亮反而让人觉得有点累，不想待在这个空间太久，思考也不易集中。因此在进行书房照明设计时，最好能以间接光源处理，如在天花板的四周安置隐藏式灯带光源，这样能烘托出书房沉稳的氛围。

（3）利用轨道灯直射书柜 营造视觉端景。

书柜也可通过灯光变化，营造出有趣的效果。例如，通过轨道灯或嵌灯的设计，让光直射书柜上的藏书或物品。

（4）避光源直射计算机屏幕。

计算机屏幕本身会发出强烈的光，若空间的灯源太亮，打到屏幕上会反光，眼睛容易不舒服，甚至看不到屏幕上的字。但是若只让计算机屏幕亮，而四周较暗，视觉容易疲乏。正确做法：不让计算机周边的墙壁暗，要让两者的亮度差不多，长时间阅读计算机里的文字时，才不容易引起眼睛疲劳。

（5）保留自然光很重要。

书房适合阅读，书房的位置最好选在自然光能照射到的地方，也可以与其他空间共享，如主卧或客厅角落等，但书桌的位置最好贴近窗户。另外，可通过百叶窗的设计，调整书房自然光的明暗。

书房灯光布局示意图如图 6-11 所示。

图 6-11 书房灯光布局示意图

搭配说明：
A—吸顶灯
B—嵌入式灯带
C—内嵌式射灯
D—台灯

2. 开关、插座配置设计

书房开关、插座的配置不复杂，主要包括以下几点：

（1）主灯光吸顶灯可在门边与办公桌边分别设置双控开关，其他灯光开关可以设置于办公桌附近，方便办公时变换灯光。

（2）计算机、传真机等电源插座主要设置于办公桌附近，还应预留冬天取暖器、空调插座等，电源插座总数量应在 5 只以上。除了空调插座布置在约 180cm 高处，其他插座布置在约 30cm 高处。

（3）弱电插座包括电话、网络插座，高度约 30cm。

6.3.6 餐厅电气配置设计

民以食为天，营造一个良好的用餐环境，不仅可以增进食欲，而且对于全家人的健康来说也尤其重要。我们要从灯光气氛、用餐电气使用方便两个方面进行设计。

1. 照明设计

餐厅灯光适合选用中暖色，应选择显示性较好的照明产品，通过餐厅灯光的烘托，提高用餐氛围，增加用餐者的食欲。另外，灯具造型也能提升餐厅品味，可以选择装饰性较强的灯具增加用餐氛围，还可以增加一些情景照明，进行氛围烘托，营造良好的用餐环境。

餐厅灯光布置示意图如图 6-12 所示。

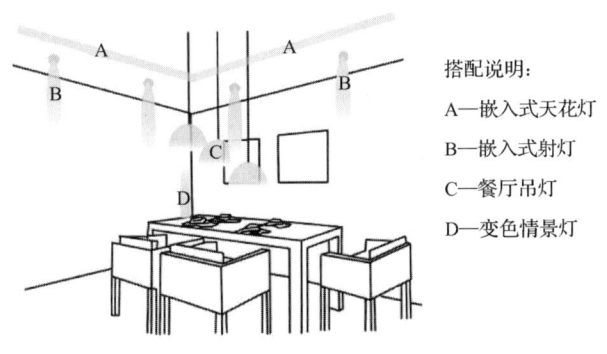

图 6-12 餐厅灯光布置示意图

餐厅 6 种常见模式照明解决方案见表 6-11。

表 6-11 餐厅 6 种常见模式照明解决方案

模式	解决方案	说明
进餐模式	A＋C	餐厅吊灯光线需要覆盖用餐桌面，能够提升用餐的感受。餐厅吊灯需要高的显色性，这样可以让食物看起来更可口，增加食欲。常用低色温灯具，柔和的光线更能增进温馨感和聚拢感
空间模式	A＋B	紧贴墙面放置餐桌会让人有压迫感，通过搭配射灯照射墙面可以使整个空间变大，提升空间通透感，给人舒适、明亮的感觉。同时可以满足亲友聚餐时需要充足光线的要求，营造良好的聚会环境

续表

模 式	解决方案	说　　明
温馨模式	D	餐桌上放置一台情景灯,营造浪漫气氛及愉悦的用餐氛围;同时可装点食物色相。建议选择可变色情景灯,满足对不同灯光色彩的喜好
烘托模式	E	食物装饰画作可以增加食欲。要让画作从四周浮现,在天花板上装设嵌入式射灯打亮画作,调整亮度比,突出画作装饰度。如果画作上有保护用的玻璃,则必须仔细调整照射角度,以防止光源投射在玻璃上出现画框的影子
办公模式	A+C	就餐需要温馨、柔和的灯光氛围,工作、学习需要明亮、清爽的灯光环境,建议选择可调光调色的餐厅吊灯,切换亮度和色温,即可满足双重需要。上网与阅读对光线的需求不同,上网时屏幕有自发光,背景光线不应过亮,而阅读时,需要明亮、舒适的照明效果,建议可提供多模式切换
酒柜照明	—	用LED灯带对酒柜进行照明烘托,满足基本照明功能的同时,突出陈列感,增加装饰性。若陈列物品多为金属和玻璃材质,建议选用白光,因为白色的光会彰显出玻璃的剔透和晶莹;若陈列物品多为木质,则推荐选用偏黄色的光,有助于营造温暖、柔和的感觉。LED灯带建议安装在酒柜隔板边缘

注：① 各类灯光根据实际情况选择组合。

② 各类灯光应按以上编号分组设置开关分别控制。

③ 开关设置在餐桌附近,如靠近餐桌的厨房门边,与厨房灯光开关排在一起。

2. 开关、插座配置设计

餐厅的插座配置很简单,只需 3~4 只五孔插座,设置于餐桌旁边,为冬天就餐使用的电火锅提供电源,插座离地约 30cm。曾经见过一些设计,在餐厅餐桌下装置地插,建议尽量不安装地插。如果冰箱放在餐厅（冰箱放在餐厅可免受厨房油烟侵蚀）,再加 1 只三孔插座即可。

6.3.7　厨房电气配置设计

1. 照明设计

厨房照明设计主要把握以下 5 个要点：

（1）一般家庭的厨房照明,除基本照明外,还应有局部照明。不论是工作台面,还是炉灶或储藏空间,都要有灯光照射,使每一个工作程序都不受影响,特别是不能让操作者的身影遮住工作台面。所以,最好能在吊柜的底部安装隐蔽灯具,并且由玻璃罩住,以便照亮工作台面。墙面应安装插座,以便点亮壁灯。

（2）厨房一般较潮湿,灯具的造型应该尽量简洁,以便于擦洗。另外,为了安全起见,灯具最好能用瓷灯头和安全插座。

厨房里的储物柜内也应安装小型荧光灯或白炽灯,以便看清物品。当柜门开启时接通电源,关门时又要将电源切断。

（3）厨房中灯光分为两部分,一部分是对整个厨房的照明,另一部分是对洗涤区及操作台面的照明。前者用可调式的吸顶灯照明,后者可在橱柜与工作台上方装设集中式光源,使用起来会更安全、方便。

（4）在一些玻璃储藏柜内可加装射灯，特别是内部放置一些具有色彩的餐具时，能达到很好的装饰效果。这样协调照明，光线有主有次，能增强整个厨房的空间感。

（5）厨房照明对亮度要求很高，灯光应明亮而柔和。一般厨房的照明是在操作台的上方设置嵌入式或半嵌入式散光型吸顶灯，灯罩采用透明玻璃或透明塑料，这样显得天花板既简洁又明亮。

现在餐厨合一越来越流行，所选用的灯具更要注意以功能性为主，外形以现代派的简单线条为宜，不要选用过分装饰性的灯具，照明则应按区域功能进行规划。就餐处以餐桌为主，背景朦胧，厨房处光照明亮，二者可以分开关控制，厨房劳作时开启厨房区灯具，全家就餐时则开启就餐区灯具，也可调光控制厨房灯具，劳作时明亮，就餐时调成暗淡，作为背景光处理。

厨房电气配置示意图如图6-13所示。

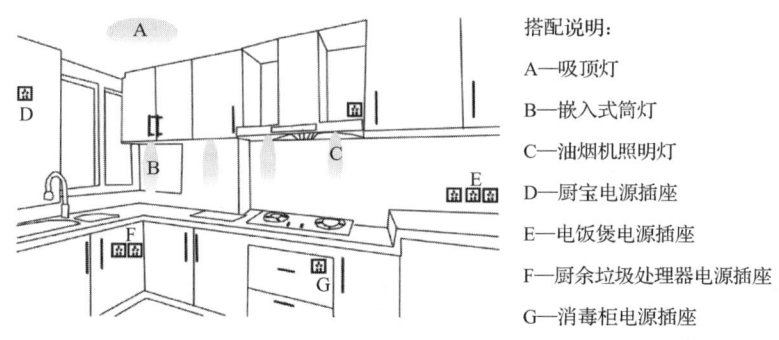

图6-13　厨房电气配置示意图

照明配置说明：

（1）A为吸顶灯，选用表面光洁、易清洗的方形或圆形吸顶灯。

（2）B为嵌入式筒灯，安装在案板上方的厨柜底部，给洗菜、切菜提供照明。如果上方没有厨柜，则可以安装吊灯。

（3）C为内嵌式射灯，一般为油烟机自带。

2. 开关、插座面板设计

厨房的电源插座设置示意图如图6-13中的D、E、F、G所示，配置说明如下：

（1）D为下出水式厨宝电源插座，可安装于水槽上方厨柜内。

（2）E为电饭煲、微波炉、烤箱、电磁炉等的电源插座，高出灶台30～40cm，高约120cm。

（3）F为厨余垃圾处理器电源插座，如厨宝为上出水方式，则取消D插座，在F处加1只厨宝插座。这两只插座都装在水槽下厨柜内，应避开下水管安装。

（4）电饭煲、微波炉、电磁炉、厨宝、烤箱等的电源插座应带开关控制，减少频繁拔插头。

6.3.8　卫生间电气配置设计

卫生间是住宅空间中最基本的功能空间之一，卫生间的品质对人的生活质量有非常关键的影响。合理的电气配置是提升卫生间品质的重要环节。

卫生间电气配置一般包括照明与通风采暖设计，有些高档住宅还会涉及少量弱电设计，如背景音乐、浴缸对面墙上小电视等。由于卫生间较潮湿，不建议进行弱电配置。

1. 照明设计

1）卫生间照明设计原则

（1）卫生间照明设计由三个部分组成：基本照明、功能照明、氛围照明。

（2）空间光线要洁净、明亮、温馨，满足洗漱需要，同时保证行动安全。

（3）应选择具有可靠防水性与安全性的玻璃或塑料密封灯具，在安装时不宜过多，不可太低。安装时，吊灯的最低点应离地面不小于 2.2m，壁灯的灯泡应离地面不小于 1.8m，以免累赘或发生溅水、碰撞等意外。

2）卫生间照明灯具类型

卫生间不同照明分类及所选灯具种类见表 6-12。

表 6-12 卫生间不同照明分类及所选灯具种类

照明类型	灯具种类	图例	适用范围
基本照明	吊灯		配合石膏板吊顶使用
	吸顶灯	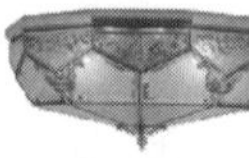	配合铝扣板、铝塑板、石膏板吊顶使用
	嵌入式顶灯		配合石膏板、集成吊顶使用
	筒灯		配合铝扣板、铝塑板、石膏板吊顶使用
功能照明	镜前灯		配合墙面使用
	夜灯		配合墙面使用
氛围照明	壁灯		配合墙面使用
	灯带		配合石膏板吊顶使用

2. 通风采暖设计

卫生间通风的目的是为了排出卫生间的浊气，使卫生间空气清新；采暖则为冬天洗澡提供舒适的温度环境。

1）通风设计

很多户型中的卫生间为无窗的，如此一来通风显得尤为重要。选择适合的机械通风设备是设计师需要为客户考虑的问题。

在设备的选择过程中,需要了解的关键参数就是空间所需的换气次数,其单位是(次/小时)。换气次数不仅与房间的性质有关,而且与房间的体积、高度、位置、送风方式及室内空气变差的程度等许多因素有关,是一个经验系数。

根据国家相关安全规范规定,卫生间换气次数=住宅卫生间为 5 次/h,公共卫生间为 9 次/h。在排风设备中,最基本的参数就是排风量,单位为 m³/h。

按照公式计算:设备换气次数 $(n) = \dfrac{\text{设备排风量}(m^3/h)}{\text{房间体积}(m^3)}$,如果符合规定换气次数,则为空间适用的设备。

卫生间常用的通风设备见表 6-13。

表 6-13 卫生间常用的通风设备

| 中央换气,适用于大型住宅 | 独立换风扇,适用于干湿分离空间 | 浴霸集成换风扇,适用于小型卫浴 |

注:在卫生间换气设备中,必须选择负压抽出原理的换风设备,以防止废气扩散到室内其他房间。

2)卫生间采暖

国家对卫生间温度有相应的规范标准。为达到相应标准,一方面建筑本身需要符合要求。另一方面在采暖设备的选择上也需要注重科学性。

卫生间采暖常见的设备有暖气、暖风机、地暖等。各种采暖方式的特点见表 6-14。

表 6-14 各种采暖方式的特点

供暖方式	图例	说明
地暖供暖		地暖供暖是一种较理想的供暖方式,可以选择整体地暖铺设或淋浴区局部铺设方式。施工时,于防水层上铺设地热散热管道,需要注意的是,卫生间地暖系统需要独立运行,一方面由于卫生间设计温度高于其他房间,另一方面在不洗澡时可以关掉,以节约能源。此外,电热地暖由于供热快速、控制方便,也是卫生间地暖的不错选择,与水暖地暖不同的是,在施工过程中发热层应铺设在防水层下方
暖气挂片整体供暖		选择暖气片供暖时,最主要的标准是设备的供暖量,单位为 W。按国家规定的居室温度,常规需求居室供暖应为 70~80W/m²。不同品牌和型号的暖气,单片的散热量参数有所差别,所以在选择暖气片数时可以利用计算公式: 房间供暖量÷暖气单片散热量=暖气片数

续表

供暖方式	图 例	说 明
风暖浴霸供暖		暖风机通常用于卫生间沐浴时的临时局部供暖，其特点是采暖舒适温和，相对于灯暖浴霸更加安全和健康，不伤害皮肤和视力
灯暖浴霸供暖		灯暖浴霸是市面上常见的一种局部供暖设备，适合小型卫浴空间的临时供暖

注：因有负压排风需求，所以不建议卫生间接入中央空调进行采暖。

3）电气设备设计

随着人们住房面积的不断扩大，生活质量的逐步提高，卫生间承载的功能越来越多，种类繁多的电器进入了卫生间，给用电安全带来了很大隐患，所以对于卫生间的电气设计应该给予高度重视。住宅卫生间的电气安全因其环境的特殊性，显得尤为突出。满足居住者日新月异的用电需求的同时，还应本着以人为本的原则。

生活电器包括电动浴缸、智能马桶、智能淋浴房、洗衣机、足浴盆等；暖风电器包括浴霸、风暖、排风设备等。卫生间开关、插座及电器安装注意事项见表 6-15。

表 6-15　卫生间开关、插座及电器安装注意事项

开关、插座		卫生间是潮湿环境，用湿手操作电源开关有一定的危险性，因此电源开关可装在卫生间外面的门旁墙上。若装在卫生间内，要用防水开关		电热水器插座、洗衣机插座应带开关面板和防溅罩。电热水器插座的安装高度应为 1.8m 左右，洗衣机插座的安装高度约为 1.2m	
相关电器	安装洗衣机的墙面应预留防水插座电位，便于洗衣机使用	安装浴缸的墙面应预留防水插座电位，便于日后使用		马桶一侧预留防水插座电位，便于日后更换智能马桶使用	
	安装热水器的墙面应预留防水插座电位，便于日后使用	排风扇安装在吊顶内，应选择耐腐蚀的材质		顶灯、浴霸都安装在吊顶内。顶灯选用防潮灯具	
	出于安全因素，燃气热水器尽可能不要安装在卫生间内，可安装在相邻的厨房、餐厅墙上				
小型生活电器				镜下或在其两侧应设置电须刀、电吹风、卷发器等的插座电位	

6.3.9　阳台电气配置设计

阳台相对较简单，布线应包括电源线、照明线、网络线。

电源线终端预留 2～4 个接口，用于电动晒衣架、计算机等电源；现代家庭常在阳台有洗衣服的水池，或将洗衣机放置在阳台，应给洗衣机预留电源插座。

照明灯光应设在不影响晾衣物的墙壁上或暗装在挡板下方。照明尽可能经阳台中间位置，可以均匀照射整个阳台，若阳台有水池，应在水池上方装 1 只照明灯光。开关应装在与阳台门相连的室内，不应安装在阳台内。

网络面板边应预留 1～2 只电源插座，网络面板放在阳台方便学习、休闲的位置。

6.3.10 住宅电气配置设计

住宅电气配置设计是一个综合课题，随着技术的进步而在变革，如背景音乐、安防系统等智能化住宅设计，这些专业性很强的系统都由相应的专业人员设计，作为家装电工不可能懂这么多，因此在进行电气设计时应先与顾客沟通，确定设计要求，再与相应的专业人员沟通，确定需要我们配合安装的相应电位。

家居电气开关、插座的配置应能够满足需要，并为未来家庭电气设备的增加预留足够的插座。家居各个区域可能用得到的开关、插座统计见表 6-16。

表 6-16 家居各个区域可能用得到的开关、插座统计

区 域	设 备 名 称	数量/只	配 置 说 明
主卧、次卧	双控开关	2	门边、床头各一只，控制主灯
	单控开关	7	电视插座、影音插座、镜前灯、灯带、筒灯、壁灯、衣柜灯带
	5 孔插座	9	床头每边各两只（台灯、落地灯、计算机、充电器）、电视 1 只、影音设备 2 只、窗台附近 2 只（电暖器、风扇、加湿器）
	3 孔 16A 插座	1	壁挂空调边
	电视＋网络	1	电视后面（电视虽可无线 WiFi 连接，但有线较稳定，网络推荐有线连接）
	电话＋网络	1	床头边（根据现代生活方式，可省去电话或两者都省去）
	HDMI＋AV	2	电视后、床头边（若使用手机 WiFi 无线投影，可省去）
书房	单控开关	3	主灯、灯带、筒灯
	5 孔插座	6	计算机、音响、显示器、台灯、传真、电暖器、风扇
	电话＋网络	1	计算机旁（电话根据使用习惯可选）
	3 孔 16A 插座	1	空调
客厅	双控开关	2	门边、沙发边各一只，控制主灯
	单控开关	6	灯带、筒灯、壁灯、电视插座、影音设备插座（2 只）
	5 孔插座	14	电视、影音设备、鱼缸、饮水机、电话、计算机、投影仪、投影屏幕、电暖器、风扇、可视门铃、备用
	3 孔 16A 插座	1	空调
	电视＋网络	1	电视后（电视虽可用无线 WiFi 连接，但有线较稳定，网络推荐有线连接）
	电话＋网络	1	沙发边（每户建议至少有一只保护电话接口放在客厅）
	HDMI＋AV	4	沙发边 2 只、电视、投影仪，使用无线方案时，可省去
	4 音响插座	2	电视柜下（前置、后置）

续表

区 域	设 备 名 称	数量/只	配 置 说 明
客厅	2音响插座	6	左前置、右前置、低音、左后置、右后置、电视柜下低音
	三档开关	1	沙发边控制投影屏幕布的升降
厨房	单控开关	2	主灯、筒灯
	5孔开关	4	油烟机、豆浆机、消毒柜、备用
	1开3孔10A	4	电饭煲、厨宝、微波炉、垃圾处理器
	1开3孔16A	2	电磁炉、烤箱
	1开5孔	1	备用
餐厅	单控开关	3	吊灯、灯带、壁灯
	5孔插座	4	冰箱、电火锅、备用
阳台	单控开关	2	主灯、洗衣池顶灯
	5孔开关	4	计算机、洗衣机、备用
主卫生间	单控开关	4	主灯、灯带、筒灯、镜前灯
	5孔插座	7	洗衣机、吹风机、剃须刀、卷发器、足浴盆、电热壶、抽水马桶、浴缸、燃气热水器
	1开3孔16A	1	电热水器
	防水盒	7	开关防水
	电话	1	马桶边（现在普遍使用手机，不推荐设置）
	浴霸开关	1	浴霸专用
次卫生间	单控开关	4	主灯、灯带、筒灯、镜前灯
	5孔插座	4	洗衣机、吹风机、剃须刀、卷发器、足浴盆、抽水马桶
	防水盒	4	开关防水
	电话	1	马桶边（现在普遍使用手机，不推荐设置）
儿童房	单控开关	4	主灯、童趣灯、壁灯、射灯
	5孔插座	3	台灯、风扇、夜灯
	3孔16A	1	空调
走廊	双控	2	走廊两头各1只，走廊不长则可用1只单控
楼梯	双控	2	楼梯上、下各1只

注：① 插座要多装，宁滥勿缺。墙上所有预留的开关、插座，如果用得着就装，用不着的就暂时装上空白面板，千万别堵上。

② 表格开关按控制数量统计、插座按插孔数量统计的，而开关最多有4联；118型、120型大盒插座最多有4只的，故应根据实际情况组合，尽可能减少面板数量。

6.3.11 住宅常用配电方式

家庭配电是指根据一定的方式将家庭入户电源分配成多条电源支路，以提供给室内各处的插座和照明灯具。下面介绍三种家庭常用的配电方式。

1. 按家用电器的类型分配电源支路

在采用该配电方式时，可根据家用电器类型，从室内配电箱分出照明、电热、厨房电器、空调等若干支路（或称回路）。由于该方式将不同类型的用电器分配在不同支路内，当某类型用电器发生故障需停电检修时，不会影响其他电器的正常供电。这种配电方式敷设线路长，施工工作量较大，造价相对较高。现代住宅广泛采用这种配电方式。

住宅供电电路因低压配电系统的种类、住宅档次及建筑面积等情况不同而有很多种类。下面介绍一些比较典型的按家用电器类型分配住宅供电的电路供参考。

1）两室一厅住宅供电电路（之一）

供电电路系统图如图 6-14 所示，适用于用电负荷为 3kW 以下的住宅。

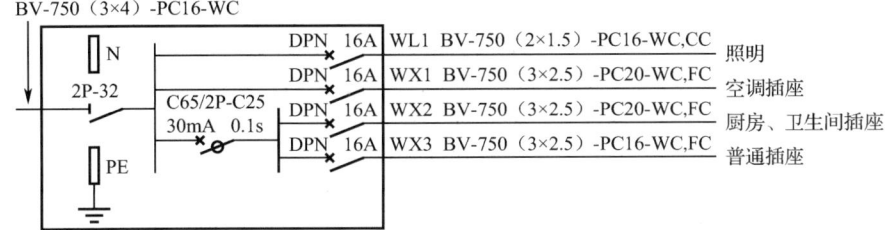

图 6-14　负荷为 3kW 以下的住宅按用电器划分供电电路

设计思路：

（1）供电电路电源总开关由隔离开关控制。

（2）照明支路、插座支路和空调支路分开，有利于安全用电。

（3）考虑到厨房电器数量的日益增多，为防止插座支路过负荷，将厨房、卫生间插座支路与一般插座支路分开。

（4）照明与壁挂空调使用过程中很少触及，故可不加装漏电保护器，厨房、卫生间插座支路所连接的电器外壳是人体常触及的，故两支路共用漏电保护器，触电电流为 30mA，动作时间为 0.1s，能可靠保护用电安全。

（5）每个支路使用 DPN 断路器，火线、零线都接断路器，故障时同时断开零线与火线，安全系数高。

（6）所有断路器也可换用 1P 断路器，则各支路零线接零线汇流排，但火线与零线都要从隔离开关、漏电保护器进、出。

2）两室一厅住宅供电电路（之二）

供电电路如图 6-15 所示，适用于用电负荷为 4～5kW 的住宅。

此供电电路与图 6-14 基本相同，主要是客厅增加了柜式空调，柜式空调的功率较大，故单独使用一条支路。由于人体也可能常触及柜式空调的外壳，故柜式空调支路要经过漏电保护器。

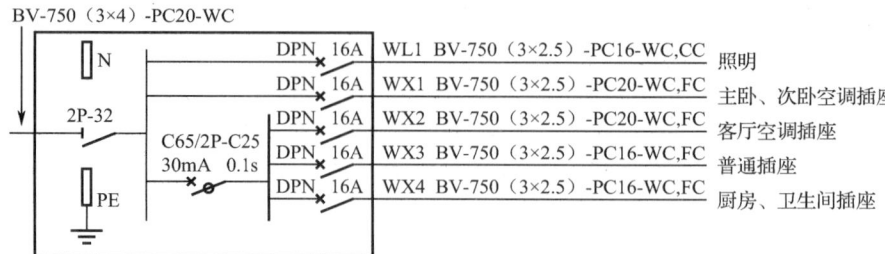

图 6-15　负荷为 4~5kW 的住宅按用电器划分供电电路

3）三室两厅住宅供电电路

供电电路如图 6-17 所示，适用于用电负荷为 6~7kW 的住宅。

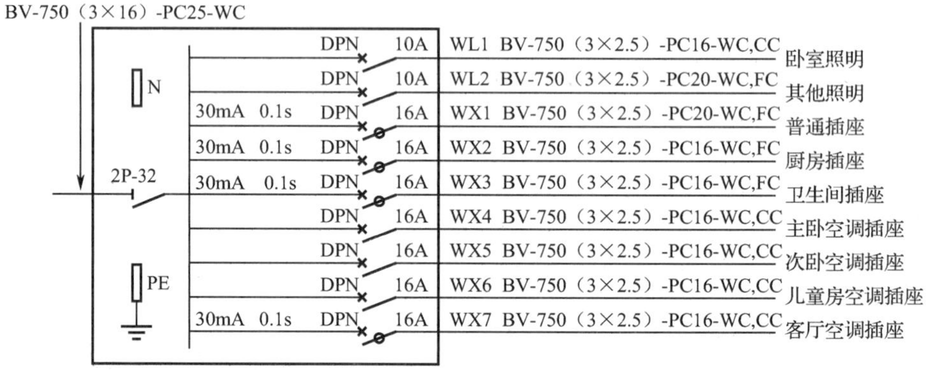

图 6-16　负荷为 6~7kW 的住宅按用电器划分供电电路

供电电路设计思路：

（1）照明分两条支路设计。这样做的好处是，一旦有一路发生故障，另一路能提供照明用电，从而保证供电和便于故障处理。

（2）需要漏电保护的各支路分别设置带漏电保护的断路器，主要是考虑到：住宅面积越大，供电支路越多，各支路漏电电流之和也就越大，容易超过 30mA。如果将漏电保护器装设于总电源电路上，要将其安全动作电流调整到 30mA 有时是不可能的。虽然调大漏电保护器的动作电流可以避免其"误动作"，但这样做不安全。如果将漏电保护器装设于支路上，就不存在此问题。

（3）考虑到今后用电发展的需要，为了用电的安全、可靠，每台空调单独使用一条支路，卫生间、厨房各自使用单独支路。

2. 按区域分配电源支路

在采用该配电方式时，可从室内配电箱分出客厅、餐厅、主卧室、书房、厨房、卫生间等若干支路。该配电方式使各室供电相对独立，减小相互之间的干扰，当发生电气故障时仅影响一两处。这种配电方式敷设线路较短。

图 6-17 采用了按区域分配电源支路方式。将住宅中相近的厅室合理划分为 5 个区域，每

个区域的照明、插座共用同一条支路。

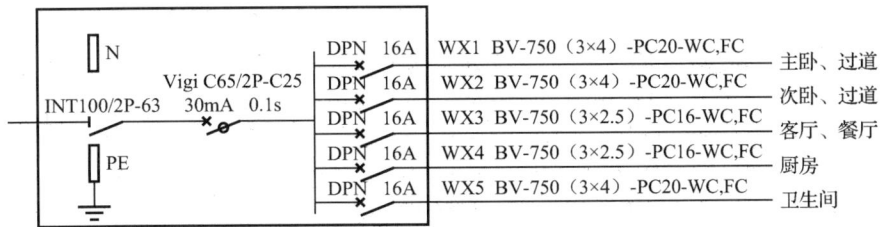

图 6-17　按区域划分电路支路

3. 混合型分配电源支路

在采用该配电方式时，除了大功率用电器（如空调、电热水器、电取暖器等）单独设置线路回路以外，其他各线路回路并不一定分割得十分明确，而是根据实际房型和导线走向等因素来决定各用电器所属的线路回路。这样配电对维修和处理故障有一定不便，但由于配电灵活，可有效减小导线敷设长度，节省投资，方便施工，所以这种配电方式也得到较广泛的使用。

第7章 室内电气暗装布线的方法与技巧

【本章导读】

电气暗装布线是现代家装布线的主流,掌握了暗装布线的技能,就可以应付大部分商品住宅的布线施工。学习本章,应重点掌握暗装开槽、线管加工、穿线等内容。

本章主要介绍了暗装布线的器具定位、画线、开槽、开孔、线管加工、布管、穿管、常见预埋件的预埋、暗装线管的预埋。

【学习目标】

① 掌握器具定位、画线技能。
② 掌握开槽、开孔技能。
③ 掌握线管加工、布管、穿管等技能。
④ 掌握常用预埋件的预埋规范。
⑤ 了解配合土建工程进行暗装布线的预埋。

住宅布线方式有明敷与暗敷两类,新住宅布线基本采用 PVC 塑料管暗敷;在一些要求不高的住宅,或一些公共场所也采用线槽明敷布线或塑料护套线明敷布线。布线方式应由房间的环境,对安全、美观的要求,线路的用途及住宅的安装条件等因素决定。

硬线塑料管暗装布线方式是住宅电气布线的主要方式。掌握布线方法和技巧,是提高工作效率和保证布线质量的前提。硬线塑料管暗装布线可按以下步骤进行。

暗装布线的一般过程:规划配电线路→布线选材→家具放样→布线定位→开槽凿孔→套管加工及铺管→导线穿管→插座、开关和灯具的安装→线路测试。

7.1 电气规划、设计和定位

商品住宅电气一般没有提供电气图纸。一些住宅开发商已安装了基本电路,但不能满足住户的要求;另一些住宅开发商则没有安装任何电气线路。无论是哪种情况,都要与住户一起协商电气规划、配置及器具的大致位置。

7.1.1 电气规划

水电安装是家庭装修的第一个步骤,电气规划关系到整个家庭装修的质量,因此电气规划要做到准确、超前、合理,具体要做到以下两个方面:

1. 多方协商

做电气规划时,首先要了解开发商已经安装的电气配置规格是否符合业主的用电要求,与住户协商需要整改的项目,如需要更换的导线、需要更改位置的电位、需要增加的电位等。住户对电气配置要求不一定掌握,我们应根据第 6 章的相关内容与住户交换意见。

如有需要,可通过业主与设计师、木工、泥工、家具厂商、电器商家等一起协商,掌握家具、电气配置及各工种的电气安装要求,并确认最终方案。

2. 掌握关键数据

经过多方协商,除了掌握家具、电气配置数据,还需要掌握一些关键尺寸数据,只有这样电气定位才能做到准确、美观。需要掌握的一些关键数据包括:① 床的宽度、床头柜高度、电视尺寸、衣柜尺寸、厨柜尺寸;② 窗帘是否是电动的;③ 客厅是否有投影屏幕;④ 热水器是电热的还是燃气的、有没有太阳能热水器;⑤ 是否有门禁系统、是否有可视门铃;⑥ 是否有吊顶,如果有吊顶,是全吊顶还是半吊顶;⑦ 其他电气需求。

水电家装是一个长期工程,有些电气配置,业主在当前各种条件限制下可能不一定需要,应当给业主提出一些超前建议,避免以后增设配置时留下遗憾。

经过多方协商后,根据掌握的数据,确定电位数量和大致位置,在墙壁上用粉笔或记号笔做好标记。标注电位名称、到基准线的距离等信息,如图 7-1 所示,并画好开关、插座等电位布置图,如图 7-2 所示。布置图尽量用通俗易懂的方式画开关、插座、家具的布置,配合详细的文字标注,不要用专业图纸方式记录,使业主容易看懂。经业主、各施工方、各设备商家确认后,再进行灯位、电位的准确定位。

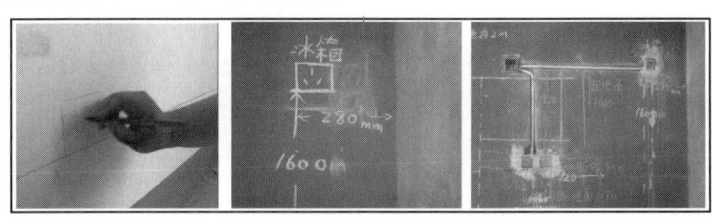

图 7-1 电位名称及电位位置尺寸的标注

7.1.2 水平基准线放线

水电施工时,泥瓦工还没进场,而开关、插座高度都是相对装修完成后地板,即标高 ±0.00 基准点的高度。由于工程上确定标高 ±0.00 水平线不便操作,因而常常以 1m 线(也称 100cm 线)作为施工水平基准线,也有以 0.5m 线(也称 50cm 线)作为施工水平基准线的情况。

1. 室内标高 ±0.00 基准点确定

施工水平 1m 线是相对室内标高 ±0.00 基准点的,而室内标高 ±0.00 基准点为装修完成后的地板平面高度。毛坯房地面往往低于室内标高 ±0.00 基准点,因而水电工需要了解一般家装室内标高 ±0.00 基准点的确定方法。

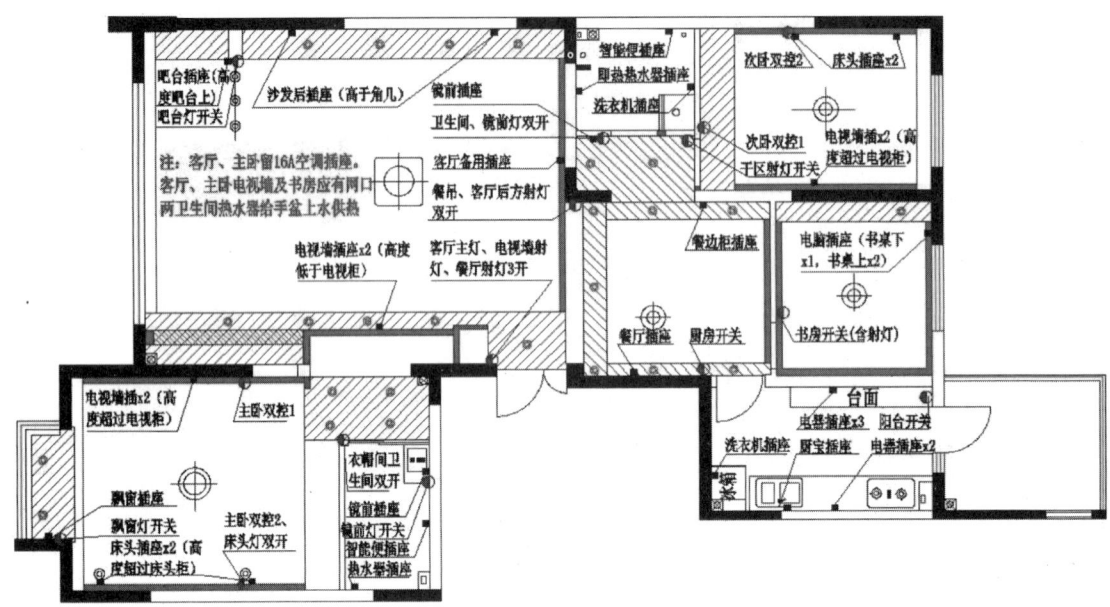

图 7-2 开关、插座等电位布置图

水电 PVC 套管的厚度为 18mm,水电 PVC 套管交叉地方的厚度为 36mm,因此水电施工会占用 40mm 的净高度;如果铺瓷砖,水泥砂浆加瓷砖厚度合计需要 50mm;如果铺木地板,找平需要 20mm,木地板厚度需要 20mm,合计 40mm。因此,水电和铺瓷砖施工工艺会占用 90mm 的高度;水电和木地板施工工艺会占用 80mm 的高度。

家装标高±0.00 基准点,可以根据防盗门门槛的高度确定,一般比入门门槛低 30～50mm,这样装修完成后,地板高度合理、美观。水电施工前测量毛坯户入户门槛净高 H,如果 H 为 110～140mm,根据实际情况预留 90mm 或 80mm 水电、泥工施工空间,确定±0.00 基准点,水电施工地面不用开槽;如果 H 小于 110mm,则以比门槛低 30mm 的点作为±0.00 基准点,地面施工需要开槽;如果 H 大于 140mm,±0.00 基准点也尽可能不低于门槛 50mm,如图 7-3 所示。

图 7-3 ±0.00 基准点确定

2. 水平基准线放线

1)激光墨线仪放线

使用激光墨线仪放线方便、快捷。具体做法是:

① 在±0.00基准点附近墙上竖直放置直尺，直尺的零刻度与±0.00基准点在同一平面；
② 在房子中间用可升降的三脚架安置一个激光墨线仪，将其安平后缓慢升降，使墨线仪的水平线刚好落在直尺的100cm位置；
③ 两人配合使用弹线器，沿水平激光线在房间每面墙上弹出水平线，即为家装装修水平基准线，如图7-4所示。

如单人施工，可以沿水平激光线，在一端钉颗小钉，将弹线器的墨线一端固定在钉子上，一个人也可以弹线。弹线由客厅开始，激光线可通过房门投射到其他房间，也可通过这个投射的激光线用记号笔做出房间标高1m基准点，然后在各房间放线时，只需要使激光墨线仪的水平线与该基准点重合即可。

图7-4　激光墨线仪放线

2）水平管放线

在没有激光墨线仪时，泥瓦工用一根细小的注水软管进行室内水平放线，基本方法是：
① 用直尺在±0.00基准点上方墙面上确定标高1m基准点；
② 用一根约15m的透明软管注入3/4的水，确保水管中间没有气泡。为了便于观察可在水中加入少量墨水，使软管中的水呈现易于观察的颜色；
③ 两个人配合，一人拿软管的一端固定在1m基准点同一墙面的另一端高接近1m处，并保证管内液面上有一定长度管是空的，另一人则拿软管的另一端在基准点位置，上、下调整软管端点，使管内液面刚好处在基准点处，先前第一人则在另一端沿液面做好记号，即找出了基准点外的等高点；
④ 用同样方法在其他墙面找出等高点，每面墙两端各找出两个等高点，然后用弹线器依据两个等高点弹出水平基准线，如图7-5所示。

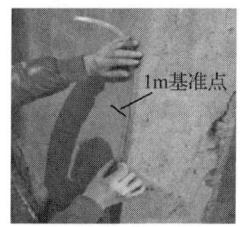 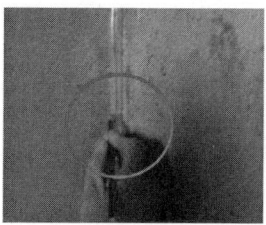  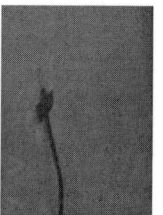

调整液面至基准点　　　等高点描画　　　弹水平基准线　　　单人操作管子固定

图7-5　水平管放线

单人操作时，可将等高端用胶带等固定在墙面的一端，在基准点调整好液面高度，固定管子使管子的液面保持在基准点高度，再回到等高点处用记号笔做出等高点。其他步骤同两人操作过程。固定方法如图 7-5 所示。

做出了 1m 基准线，往下 70cm 即为插座高度控制线，往上 30cm 即为开关高度控制线。如需要，可据此放出全房间的开关和插座控制线，也可以不放开关、插座控制线，在需要的位置依据 1m 基准线做出开关、插座高度的水平线段，如图 7-6 所示。

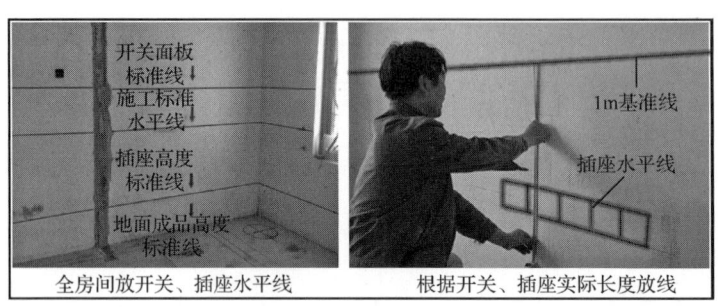

图 7-6　开关、插座的两种放线方式

3. 家具放样

6.3 节给出了开关、插座高度及间隔位置定位的一般原则，此原则可满足一般电位定位要求。要使电位定位准确、美观，正规装修公司在电气规划之后要进行家具放样，再进行电位定位，如图 7-7 所示。

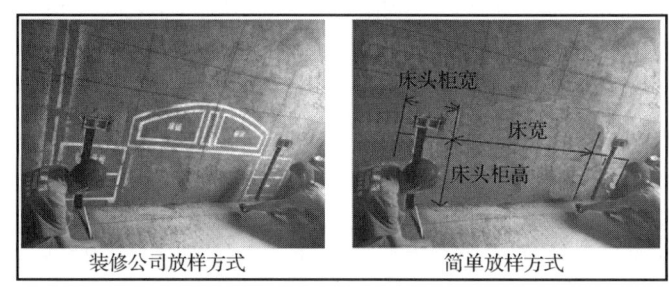

图 7-7　家具放样

家具放样必须要掌握家具配置及相关准确尺寸。装修公司有专用放样模板，一般水电工只需要根据关系定位水电的相关尺寸，如床和床头柜的高度、宽度、放置位置，衣柜、电视柜的高度、宽度和位置等，用简单线条标出放样尺寸即可。

7.1.3　电位定位

电位定位是根据电气规划比照基准线、家具放样，进行开关、插座及灯具的精确定位。定位时用铅笔或粉笔在墙上相应位置，画出电位底盒的位置。可以用相应底盒或相应面板外框描画大小，或者直接按照底盒大小弹出底盒切割边线，如要提高定位效率，可以制作一些定位模板，使用模板描画开关插座定位（见图 7-8）。开关插座并排时，如果要弹线或制作定位牌，注意并排的底盒之间应有 1cm 间隙。

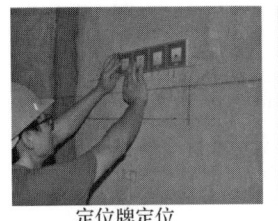  

定位牌定位　　　　　　　面板外框定位　　　　　　　弹线定位

图 7-8　电位准确定位

灯具、开关、插座等电气器具定位的具体要求如下：

1. 确定灯具的安装位置

对于灯具的安装位置没有硬性要求，一般安装在房顶中央位置，也可以根据需要安装在其他位置，灯具的高度以人体不易接触到为佳。在室内安装壁灯、床头灯、台灯、落地灯、镜前灯等灯具时，如果高度低于 2.4m，灯具的金属外壳均应接地以保证使用安全。

2. 确定开关的安装位置

开关的安装位置有如下要求。

（1）开关的安装高度应距离地面约 1.4m，距离门框约 20cm。

（2）控制卫生间内的灯具开关最好安装在卫生间门外，若安装在卫生间内，应使用防水开关，这样可以避免卫生间的水汽进入开关，影响开关寿命或导致事故。

（3）开放式阳台的灯具开关最好安装在室内，若安装在阳台，应使用防水开关。

（4）卧室、楼梯、玄关等位置的灯具要装双控开关。

3. 确定插座的安装位置

插座的安装位置有如下要求。

（1）客厅插座距离地面大于 30cm。

（2）厨房、卫生间插座距离地面约 1.4m。

（3）空调插座距离地面约 1.8m。

（4）卫生间、开放式阳台内应使用防水插座。

（5）卧室床边的插座要避免被床头柜或床板遮挡。

（6）强电、弱电插座之间的距离应大于 30cm，以免强电信号干扰弱电信号。

（7）同一室内的电源、电话、电视等插座面板应在同一水平标高上，高度差应小于 5mm。

（8）插座可以多装，最好房间的每面墙壁均装有插座。

7.2　布线线路设计及画线定位

1. 配电箱及弱电箱位置设计

一般家庭将配电箱放在大门进门位置，其依据是这种设计的进户线最短，并且方便电源开关的控制，但这种方案并不利于布线，且有碍美观。

配电箱位置可按如下几个原则确定：

① 考虑布线方便，放置在接近中心位置且较隐蔽的墙面上，如客厅某一个隐蔽的墙角；

② 方便开关控制，如大门进门处、过道处、楼梯休息台；

③ 侧重美观实用，如书房。配电箱不可放在潮湿环境，如厨房、卫生间等处，也不可放在易燃环境，如柜子内。

弱电箱尽可能放在较隐蔽处，如书房，由于弱电箱功率很小，也可在客厅储物柜开出一个专用空间，将弱电箱隐藏起来。

2. 照明线路的走向及连接规划

在安装实际线路前，需要先规划好开关、插座及灯具的安装位置。照明线路可采用走顶方式，也可以采用走地方式，如果室内采用吊顶装修，可以采用线路走顶方式，将线路安排在吊顶内，不用在地面开槽埋设布线管，能减少线路安装的工作量，一般情况下可采用线路走地方式。

下面以图 7-9 所示的某住宅照明电气平面施工图为例，分别按走顶与走地两种方式，进行照明线路的走向及连接规划。

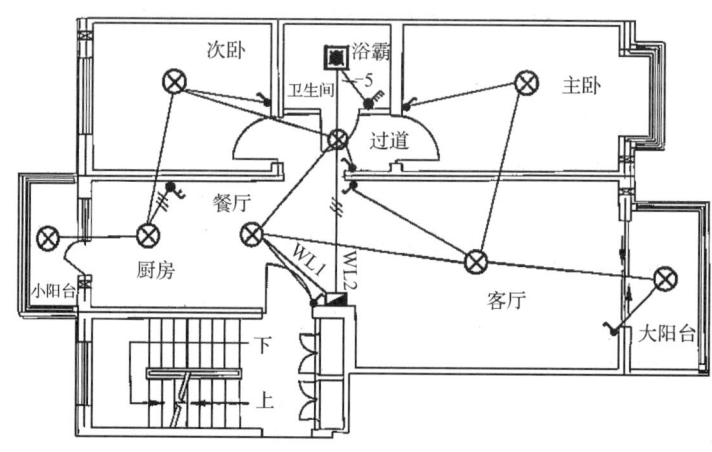

图 7-9 某住宅照明电气平面施工图

1）照明线路走顶与连接

照明线路走顶是指将照明线路敷设在房顶、导线分支接点安排在灯具安装盒（又称底盒）内的走线方式。由于照明涉及灯具及开关接线盒，线路走顶与走地的连接方式是不同的。一般照明电气平面施工图按走顶方式连接，适合走顶方式电气线路规划。

图 7-10 是图 7-9 所示某住宅照明电气平面施工图线路走顶的连接规划示意图。

走顶方式线路连接基本规则：

（1）由配电箱将两根电源引向第一只灯具盒，再由该灯具盒引向下一只灯具盒，依次类推，直至最后一只灯具盒。

（2）中间的分支线路电源线由灯具盒引出。

（3）由相应灯具盒引控制线（火线）至开关盒，然后由开关盒返回至灯具盒。1 开的开关需引 2 根线，2 开的开关需引 3 根线，同一开关面板，每增加一个开关，需增加一根控制线。

（4）灯具零线接灯具盒内零线上，火线接开关返回的控制线上。

（5）所有接线盒之间电线穿 PVC 管，灯具盒至灯具之间电线穿软管。

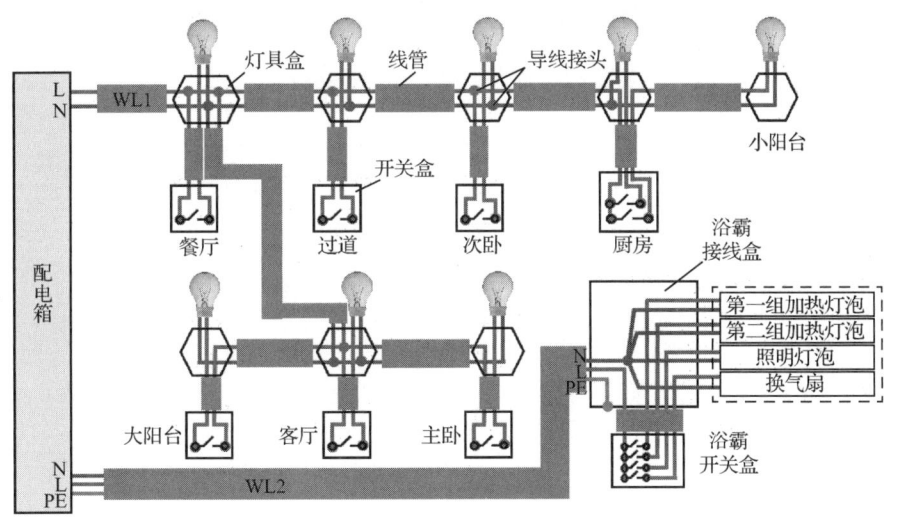

图 7-10　照明线路走顶的连接规划示意图

2）照明线路走地与连接

照明线路走地是指将照明线路敷设在地面、导线分支接点安排在开关安装盒内的走线方式。如图 7-11 所示为照明线路走地方式平面施工图，图 7-12 为照明线路走地方式连接规划示意图。

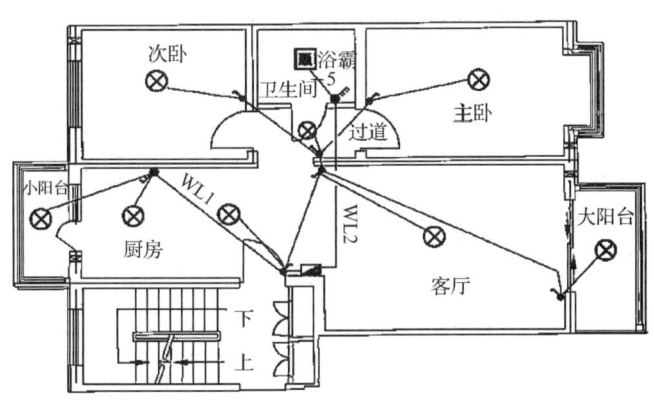

图 7-11　照明线路走地方式平面施工图

走地方式线路连接基本规则：

（1）由配电箱引两根线（N、L）向第一只开关盒，再由该开关盒引向下一只灯具盒，依次类推，直至最后一只开关盒。

（2）中间的分支线路电源线由开关盒引出。

（3）相应开关盒引 2 根线（N、L）至灯具盒，零线直接接开关盒中的电源零线，由电源中的火线接至开关盒，再由开关盒接到灯具盒。每增加一个控制灯具，开关盒引出线增加 1 根。

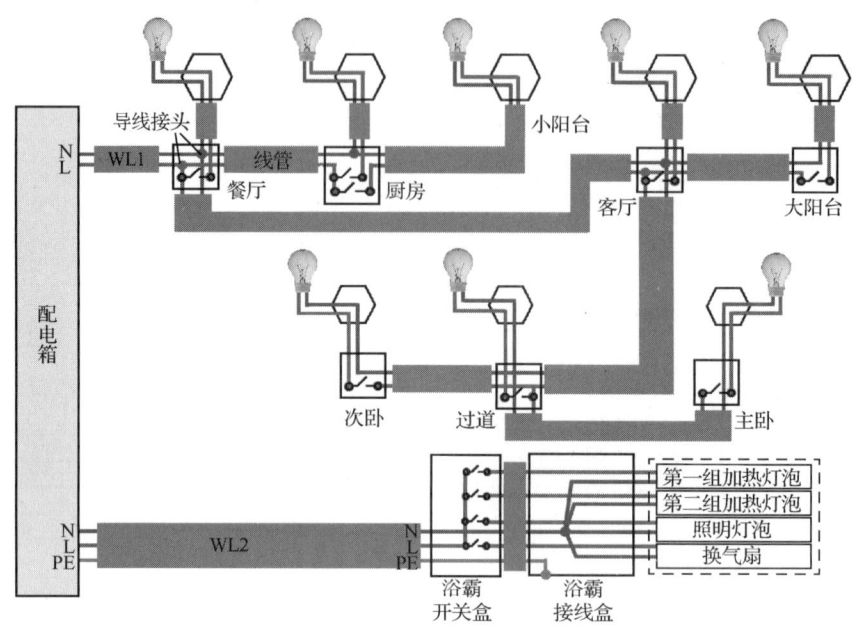

图 7-12 照明线路走地方式连接规划示意图

3. 插座线路的规划

灯具由照明线路直接供电，其他家用电器供电则来自插座。由于插座距离地面较近，故插座线路通常采用走地方式。

如图 7-13 所示为插座线路平面施工图，图 7-14 为插座线路连接规划示意图。

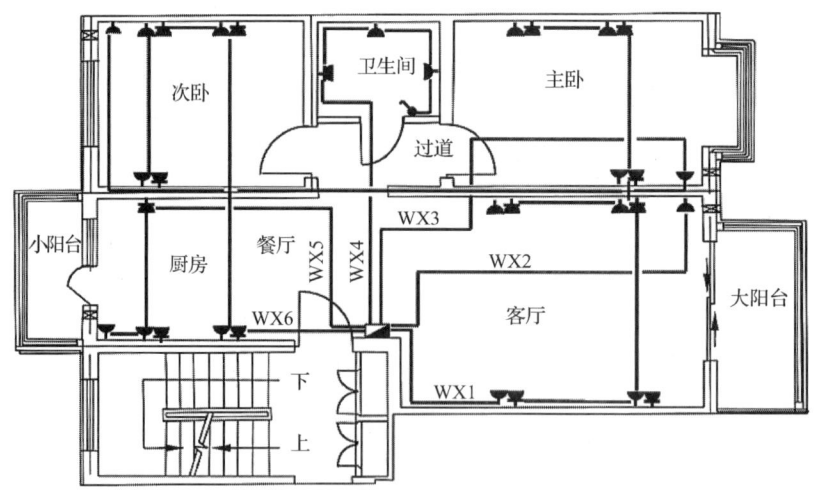

图 7-13 插座线路平面施工图

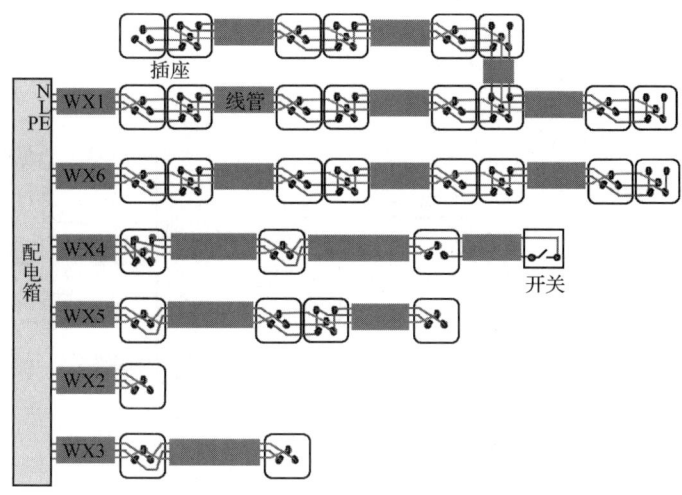

图 7-14　插座线路连接规划示意图

插座连接基本规则：

（1）由配电箱引 3 根线（N、L、PE）向第一只插座接线盒，再由该接线盒引向下一只插座接线盒，依次类推，直至最后一只接线盒。

（2）中间的分支线路电源线由插座接线盒引出。

（3）插座接线要遵循"左零（N）、右相（火、L）、中间地（PE）规则"。

（4）用开关控制插座，如插座与开关可放在一起，则直接使用带开关的插座，如开关与插座需有一定距离，则开关使用单独接线盒，如图 7-14 中的 WX4 所示。开关控制插座的接法是：零线端口直接连接接线盒中的零线，接线盒中的火线经开关再接插座的火线接线端口。

4. 弱电线路的规划

弱电线路一般为星形拓扑结构，只需要由弱电箱布线管至弱电盒，弱电线缆从线管中穿过。值得注意的是，电视布线时，局部可以采用总线拓扑结构，由弱电箱布线至第一只电视插座，该电视插座使用带分支器的面板，分出两分支。一分支本插座使用，另一分支至下一只电视插座，依次类推；电话线、网络线只做星形拓扑布线，弱电线做星形拓扑布线时，可以在线管中布多条线，或不同弱电线穿在同一个线管内，在经过各弱电插座时，依次分离，这样可以减少布线数量。图 7-15 中弱电线路的规划可按图 7-16 方式布线。

5. 确定线路（布线管）的走向

配电箱是室内线路的起点，室内各处的开关、插座和灯具是线路要连接的终点。

在确定走线时应注意以下几点：

（1）走线是选择走顶还是走地，应遵循的原则是：① 以走线路径最短为原则，故照明线路走顶较好。有吊顶以吊顶能遮住为原则，没吊顶可走顶部墙角线，石膏线可遮住。② 由于插座位置较低，如地面铺地板砖，坚决走地。如果铺木地板，除了采用龙骨铺装方式，地面需要打孔而不能走线，其他塑料龙骨、铝合金龙骨铺装，悬浮式铺装，直接粘贴铺装，均不需要地面打孔，都可以地面走线。

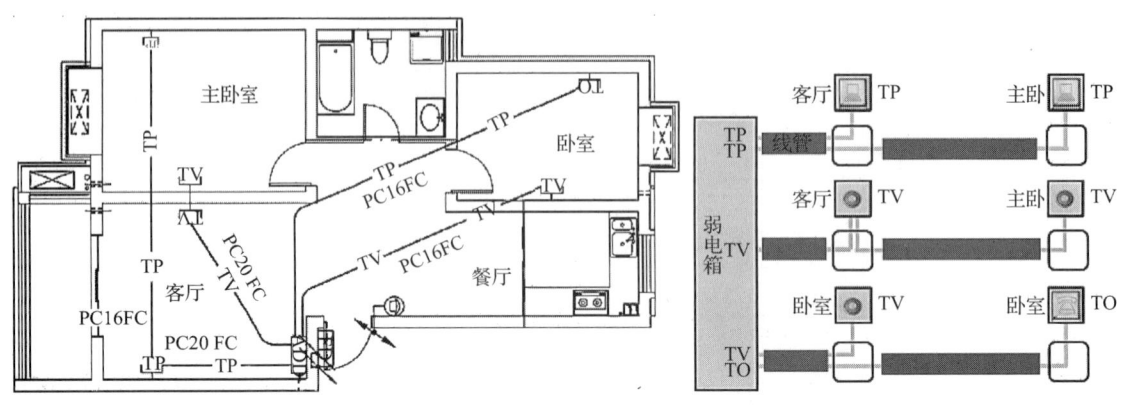

图 7-15 某住宅弱电施工平面图　　图 7-16 某住宅弱电布线规划图

（2）从美观出发，一般教材认为走线要横平竖直。本书认为，暗装走地布线时，走线尽量做到路径短，减少交叉和弯折次数。图 7-17 为横平竖直走线及最短直线走线比较。

横平竖直走线　　　　　　最短直线走线

图 7-17 两种走线比较

如地面已经做了找平层，则布管需要开槽，横平竖直走线便于开槽；而如果地面没有做找平层，走线则不需要开槽，尽可能走最短直线。

（3）无论地面是否开槽，地面走线均应根据具体情况，利用横平竖直与最短直线混合走线方式，综合工效、节省材料、减小穿线阻力等多方面因素考虑。

图 7-18 中左图所示的横平竖直走线可以改为右图所示的最短直线走线。用大圆弧或两个135°角弯取代直角弯，可减小穿线阻力，方便穿线。为使线管内电线更容易拉动，采用线管135°弯上墙工艺，如图 7-19 所示。

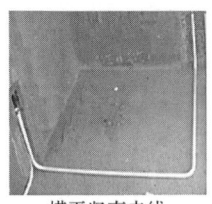　

横平竖直走线　　　　　　改为最短直线走线

图 7-18 直角弯改最短直线走线

（4）强电和弱电不要同管同槽走线，以免形成干扰，强电和弱电管槽之间的距离应在

20cm 以上，如图 7-20 左图所示。如果强电和弱电的线管必须要交叉，则应在交叉处用铝箔包住线管进行屏蔽。为使布线辨认方便，强电管和弱电管应分色，一般强电管用红色线管，弱电管用蓝色或白色线管。电线与暖气管、热水管、煤气管之间的平行距离不应小于 30cm，交叉距离不应小于 10cm。

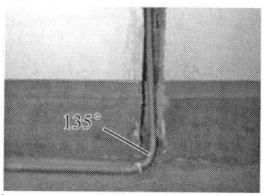

大圆弧取代90°弯　　两个135°弯取代90°弯　　135°弯取代90°弯上墙

图 7-19　大圆弧、两个 135°弯及 135°弯取代 90°弯

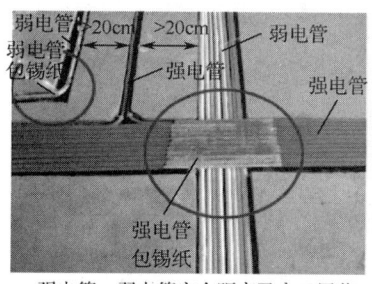
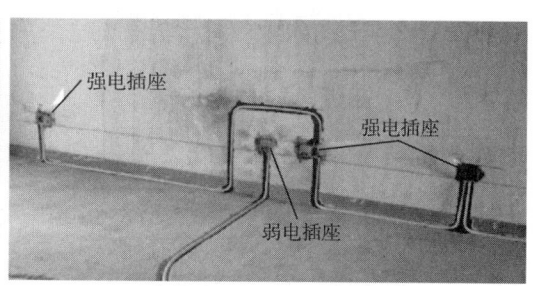

强电管、弱电管安全距离及交叉屏蔽　　绕线避开强电管、弱电管交叉

图 7-20　强电管、弱电管安全距离及交叉屏蔽和绕线避开强电管、弱电管交叉

（5）尽量减少强电管、弱电管的交叉重叠，可采用部分管走墙面来绕开线管的交叉，如图 7-20 右图所示。

（6）梁、柱和承重墙上尽量不要设计横向走线，若必须横向走线，长度不要超过 20cm，以免影响房屋的承重结构。较长横向走线应从地下或顶部沿墙角走线，顶部横向走线部分不用开槽，可以用吊顶或石膏线盖住，如图 7-21 所示。

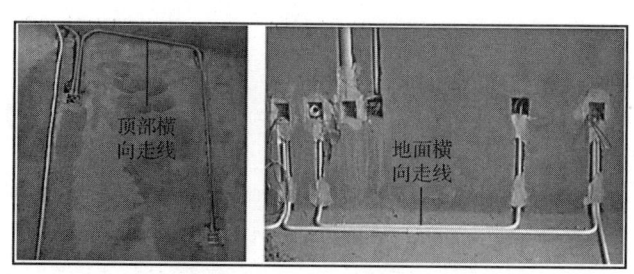

图 7-21　承重墙面长距离横向走线处理方法

（7）线管内所穿线的总截面积不能超过线管截面积的 40%，一般 20mm 线管穿 $2.5mm^2$ 的线，不要超过 3 根。

6. 画线定位

在灯具、开关、插座的安装位置和线路走向上，需要用笔（如粉笔、铅笔）和弹线工具在地面和墙壁画好安装位置及走线标志,以便在这些位置开槽凿孔,埋设电线管。在地面和墙壁画线的常用辅助工具有水平尺和弹线器。

1)用水平尺画线

水平尺主要用于画较短的直线。水平尺有水平、垂直和斜向 45°三个玻璃管,每个玻璃管中有一个气泡。在水平尺横向放置时,如果横向玻璃管内的气泡处于正中间位置,表明水平尺处于水平位置,沿水平尺可画出水平线;在水平尺纵向放置时,如果纵向玻璃管内的气泡处于正中间位置,表明水平尺处于垂直位置,沿水平尺可画出垂直线;在水平尺斜向放置时,如果斜向玻璃管内的气泡处于正中间位置,表明水平尺处于与水平(或垂直)成 45°夹角的方向,沿水平尺可画出 45°直线。利用水平尺画线如图 7-22 所示。

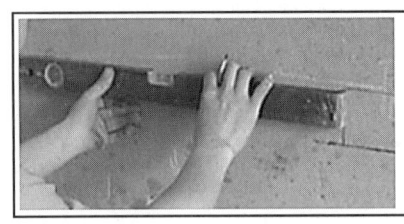

图 7-22 利用水平尺画线

2)用墨斗画线

墨斗画线主要用于画较长的直线。先将墨斗的固定端针头插在待画直线的起始端,然后压住压墨按钮同时转动手柄拉出墨线,到达合适位置后一只手拉紧墨线,另一只手往垂直方向拉起墨线,再松开,墨线碰触地面或墙面,就画出了一条直线。利用墨斗画线如图 7-23 所示。要画的线较长,或固定端不易固定(如水泥面)时,可两人配合弹线,竖直线要用铅锤线弹线,如图 7-24 所示。

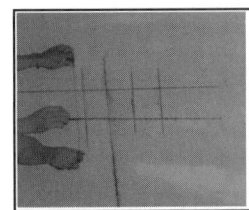
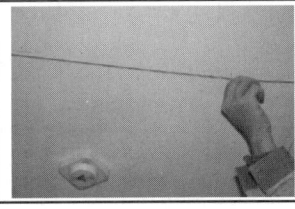

图 7-23 用墨斗弹线

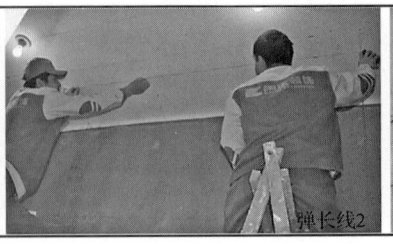
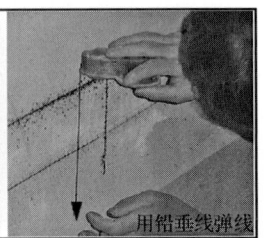

图 7-24 两人配合弹长线及用铅垂线弹线

3)用激光墨线仪画线

电气电位定位时,要求同一房间有统一的基准。用激光墨线仪进行辅助定位画线,可以迅速标定基准线,保证整个房间的水平基准,并且可以提高画线效率。

用激光墨线仪画线时,先用激光墨线仪定好水平、垂直基准线,再在电气电位位置用铅笔或粉笔按激光基准线画出电气器具形状大小的线条。激光墨线仪画线的方法如图 7-25 所示。激光墨线仪的使用方法参见 1.7.3 节。

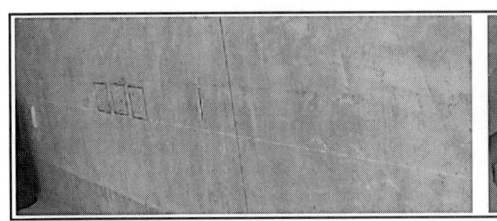

图 7-25 激光墨线仪画线

完成的线管走向定位弹线与完成的线管布线对比如图 7-26 所示。

图 7-26 完成的线管走向定位弹线与完成的线管布线对比图

7.3 开槽、开孔及电箱和底盒的埋设

在墙壁和地面画好敷设电线管和开关插座的定位线后，就可以进行开槽操作了。开槽的常用方法有云石切割机、钢凿和电锤开槽及开槽机一次开槽。

1. 开槽

1）云石切割机、钢凿和电锤开槽

开槽时，先用云石切割机沿定位线切割出槽边沿，其深度较电线管直径为 5～10mm，然后用钢凿或电锤将槽内的水泥砂石剔掉。用云石切割机切槽如图 7-27 所示，切割时需不断给锯片喷水冷却。用钢凿、电锤剔槽如图 7-28 所示。电锤剔槽时需将电锤置于电镐挡位。

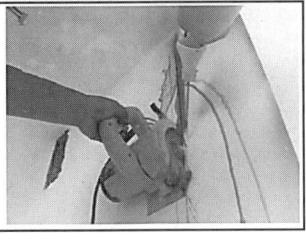

图 7-27 用云石切割机切槽

图 7-28　用钢凿、电锤剔槽

2）开槽机一次开槽

传统的墙面开槽方式，要先割出线缝后再用电锤凿出线槽，操作复杂、效率低，对墙体损坏也较大。自动开槽机一次操作就能开出施工所需要的线槽，速度快，不需再用其他辅助工具，一次成型，可显著提高开槽施工效率。开槽机开槽如图 7-29 所示。

开槽机效率高，但一次开槽宽度有限，一般一次开槽宽度为 1~2 根管的宽度。因此在地面开大宽度的线槽时用云石切割机更快捷。

图 7-29　开槽机开槽

2. 开孔

暗装布线开孔包括底盒开孔及电箱开孔，底盒与电箱开孔的方法基本相同。开孔工具主要使用云石切割机、钢凿、电锤等工具。开孔方法有以下几种：

1）电锤开孔

画好开孔边线后，用电锤的冲击钻功能在孔的四角打孔，再在中间及边线打一些孔，然后用电锤的电镐功能剔孔，这种方法适用于底盒开孔。操作过程如图 7-30 所示。

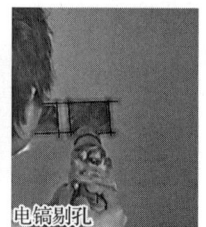

图 7-30　电锤开孔

2）电锤、云石机开孔

画线后在四角打 4 个与底盒深度相同的孔再切割（先打孔后切割是因为云石机锯片是圆

形的，如果按画线大小切割，则四角不能切割到相应深度，四角剔孔时，难以剔出垂直深度。如果先切割再打孔，则钻头易跑偏）。打孔切割后电镐剔孔，细微之处还是要用钢凿进行精细剔孔。该开孔方法适用于底盒及电箱开孔，具体操作过程如图7-31所示。

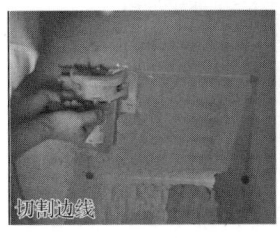

图7-31　电锤、云石机开孔

3）水钻开孔器开孔

将ϕ110～120mm 深150mm 的水钻头，用带中心定位钻头的接头转换，使水钻头可以与电锤或冲击钻对接，电锤或冲击钻使用转换后的水钻头在指定位置开孔，然后用电凿由中心孔剔孔，86底盒刚好可以嵌入孔内，此方法适用于底盒开孔，如图7-32所示。

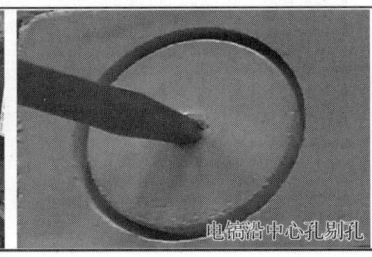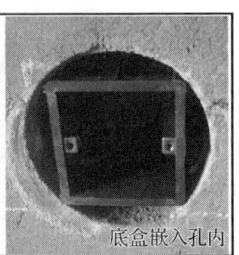

图7-32　水钻开孔器开孔

如果有多个86底盒并排，则应先用定位器钻好定位孔，定位孔间隔约90mm，然后再按上述方法钻孔、剔孔，可以使底盒紧密并排整齐，如图7-33所示。

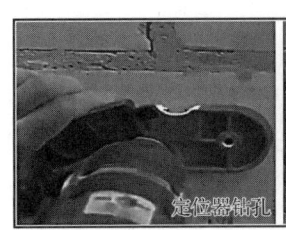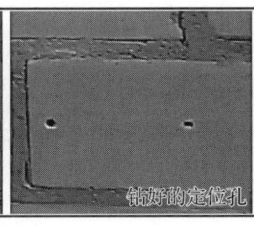

图7-33　并排底盒水钻开孔器开孔

3. 埋设强电箱、弱电箱及接线盒

1）杯梳的安装

在敷设线管时，线管要与底盒连接起来，为了使两者能很好地连接，需要给底盒安装杯梳，其由一个带孔的螺栓和一个管形环套组成。

在给底盒安装杯梳时，先旋下环套上的螺栓，再敲掉底盒上的敲落孔，螺栓从底盒内部向外伸出敲落孔，旋入敲落孔外侧的环套，底盒安装好杯梳后，再将线管插入杯梳。杯梳及杯梳的安装，以及线管与底盒、配电箱的连接如图7-34所示。

图7-34　杯梳及杯梳的安装，以及线管与底盒、配电箱的连接

2）电箱开孔及埋设

强电箱、弱电箱在埋设前应按回路数量，用开孔器开出与线管直径、数量相对应的孔，开孔要做到整齐、无毛刺，并安装好线管杯梳。可以用专业的液压开孔器开孔，也可以用电钻安装金属薄板开孔钻头开孔，水电工建议用开孔钻头开孔，这样成本较低，如图7-35所示。

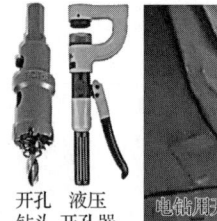

图7-35　电箱开孔及埋设

砌墙时，预留孔洞或开孔洞应比配电箱的长和宽各多20mm左右，深度为配电箱厚度加上洞内壁抹灰的厚度。在圬埋配电箱时，先在孔洞底部及四周抹一层水泥砂浆，再将箱体压入适当深度，用水平尺校准水平及埋入深度，使箱体与墙之间填充混凝土即可把箱体固定住。安装时，可以用与配电箱宽度相当的木龙骨卡在箱子的边缘，保证箱体安装好后与墙面平行，如图7-35所示。

3）接线盒的埋设

埋设接线盒时，也应先安装好杯梳，应使盒口略伸出砖砌面而凹入粉刷面3～5mm，切不可装得凸出粉刷面，盒体必须装得端正。埋设过程为：先在接线盒孔洞底部填入适量水泥砂浆，再将底盒压入适当深度，用水平尺校准水平及埋入深度，然后用泥工抹子抹平边缘泥浆。接线盒的埋设过程如图7-36所示。

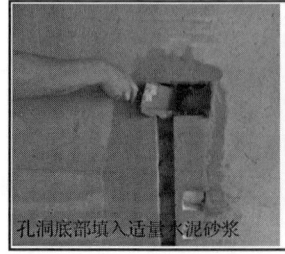

图7-36　接线盒的埋设过程

7.4 线管加工

线管加工包括管的切割、弯管和接管。

1. 管的切割

切割管可以使用割管剪刀或钢锯,由于电工管直径较小,一般用割管剪刀切割。在用割管剪刀剪切 PVC 管时,打开割管剪刀手柄,将 PVC 管放入刀口,如图 7-37 所示,握紧手柄并转动管子,待刀口切入管壁后用力握紧手柄将管子剪断。无论是剪断还是锯断 PVC 管,都应将管口修理平整。

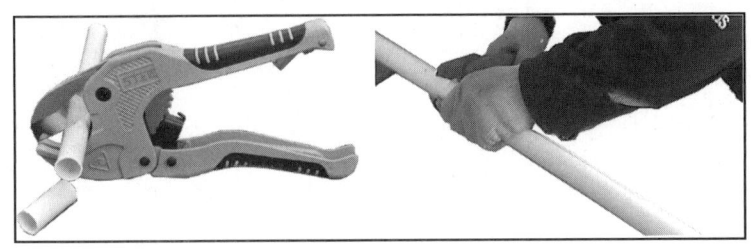

图 7-37　钢锯锯管与剪刀剪管

2. 弯管

为了使 PVC 管暗装线路中的电线能顺利穿线,在日后使用时如线路出现损伤,也能顺利更换电线,PVC 管连接禁止使用直角弯头、三通等管件,只能对 PVC 管进行弯曲,使用直接接头连接线管。

PVC 管不能直接弯折,需要借助弯管工具,否则容易弯瘪。对于 $\phi 16 \sim 32$mm 的电工 PVC 管,可使用弯管弹簧或弯管器进行冷弯。

弯管弹簧及弯管操作如图 7-38 所示,将弹簧插到管子需扳弯的位置,然后慢慢弯折管子至想要的角度,再取出弹簧。由于管子弯折处内部有弹簧填充,故不会弯折,考虑到管子的回弹性,管子弯折时的角度应比所需弯度小 15°。为了便于抽送弹簧,常在弹簧两端拴上绳子或导线、铁丝等。弯管弹簧常用规格有 1216(4 分)、1418(5 分)、1620(6 分)和 2025(1 寸),分别适用于弯曲 ϕ16mm、ϕ18mm、ϕ20mm 和 ϕ25mm 的 PVC 管。

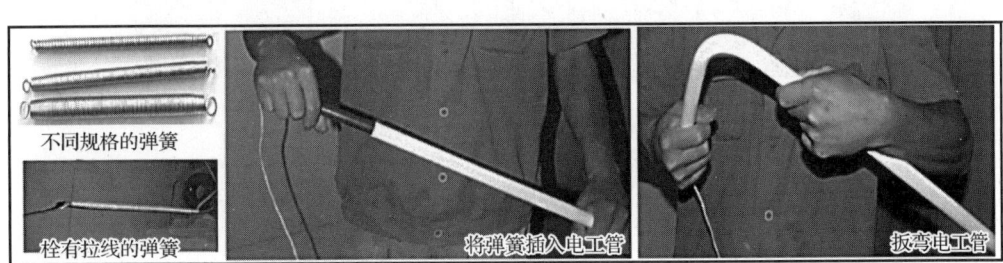

图 7-38　弯管弹簧及弯管操作

3. 接管

电工 PVC 管连接的常用方法为管接头连接。以前电工 PVC 管一般只使用直接头，现在出现了如图 7-39 所示的各种可以顺利拉线的弯接头。无论是直接头还是弯接头都需要用到如图 7-40 所示的 PVC 胶水（黏结剂）黏结，可使管子连接牢固且密封性能好。

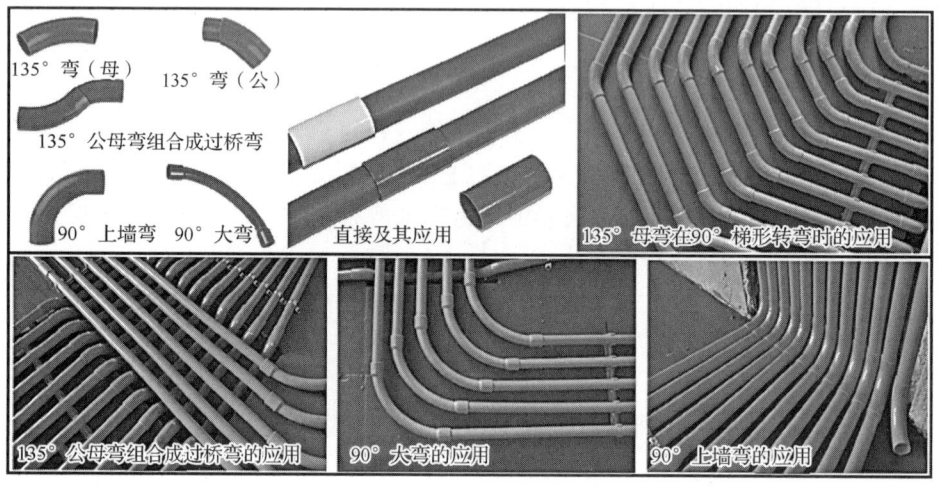

图 7-39　电工管各种弯接头的应用

PVC 管材黏结过程如图 7-40 所示，具体步骤如下。

（1）选用细齿钢锯、割刀或专用 PVC 断管器，将管子按要求长度垂直切断。
（2）用板锉将管子断口处毛刺和毛边去掉。
（3）用干布将管头表面的残屑、灰尘、水、油污擦净。
（4）在管子上做好插入深度标记。
（5）用刷子快速将 PVC 胶水均匀地涂抹在管接口的外表面和内表面。
（6）将待连接的两根管子迅速插入管接口内并转动 1/3 圈，然后保持至少两分钟，以便胶水固化。最后用布擦去管子表面多余的胶水。

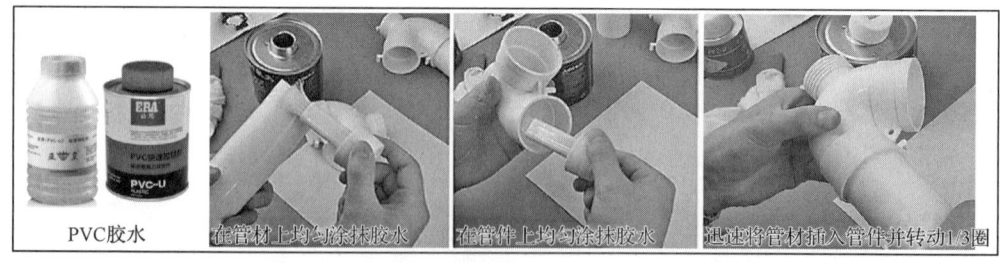

图 7-40　PVC 管材黏结过程

7.5 线管的敷设

1. 地面直接敷设线管

新房装修时,如果是水电和铺瓷砖组合施工工艺,入户门槛到地面高度在 10~12cm 之间,如果是水电和木地板组合施工工艺,入户门槛到地面高度在 9~11cm 之间,可以不用在地面开槽,直接将电线管铺在地面,如图 7-41 所示。如果有管子需交叉,可在交叉处开浅槽,将底下的管子弯曲成过桥,并向槽内压,确保上面的管子能平整。线管交叉时,过桥的做法如图 7-42 所示,如果门槛到地面的高度在水电瓷砖组合的大于 12cm,在水电木地板组合时大于 11cm,则在交叉时过桥可以由线管上方经过,不需开任何槽。

图 7-41 地面直接敷设线管

由于线管路面布好之后,接着是泥工施工。为了防止在后续施工中线管被踩坏,需要对敷设好的线管进行防护,防护方法有木条防护、水泥砂浆防护两种,如图 7-43 所示,即在容易踩到的线管边缘钉上木条,或用水泥砂浆将线管抹平。

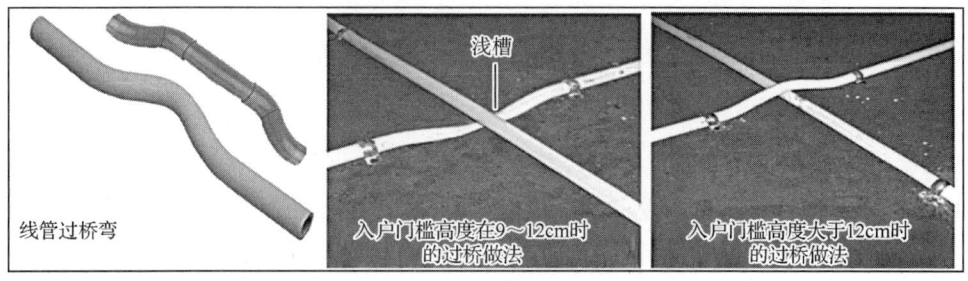

图 7-42 地面直接敷设过桥

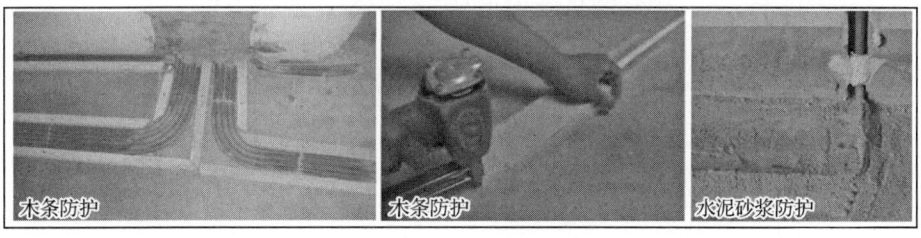

图 7-43 线管的防护

2. 槽内敷设线管

对于后期改造或新房入户门槛高度小于 10cm 的地面，需要先开槽，再在槽内敷设电线管，如图 7-44 所示。线管交叉做法与地面直接敷设做法相同，交叉处的线槽稍开深些，线管要做过桥处理。

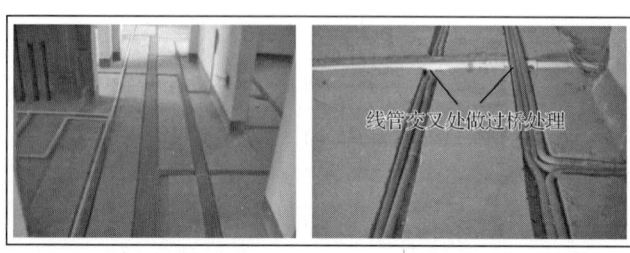

图 7-44　线槽内敷设线管

3. 天花板敷设线管

由于灯具通常安装在天花板，故天花板也需要敷设线管。在天花板敷设线管分为两种情况：一是天花板需要吊顶；二是天花板无吊顶。

1）天花板需要吊顶的线管敷设

如果天花板需要吊顶，可以将线管和灯具底盒直接明敷在房顶上，如图 7-45 所示，线管可用管卡固定住，然后用吊顶将线管隐藏起来。灯具盒到灯具间用软管连接。

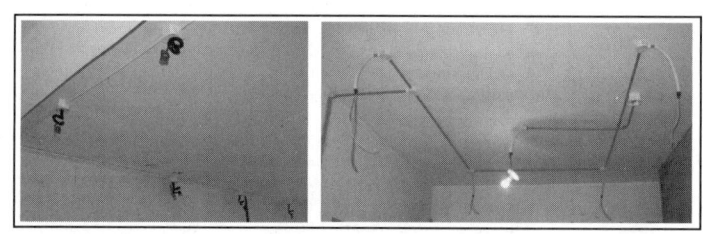

图 7-45　有吊顶的天花线管敷设

2）天花板无吊顶的线管敷设

如果天花板无吊顶且不批很厚的水泥砂浆，则在敷设线管时，可以在房顶开浅槽，再将小管径的线管铺在槽内并固定住，灯具底盒可不用安装，只需用软管留出灯具接线即可，如图 7-46 所示。如果槽的深度不够埋线管，也可将导线穿黄蜡管固定在槽内。

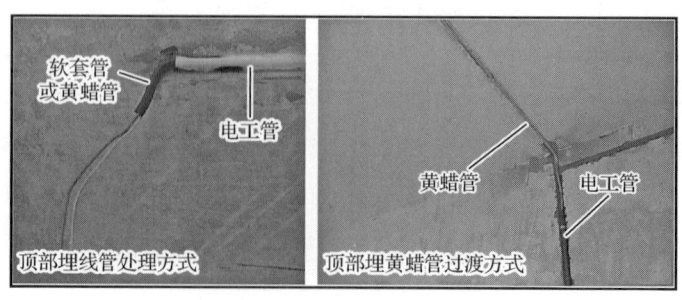

图 7-46　无吊顶的天花板线管敷设

4. 线管敷设的其他注意事项

线管在敷设过程中会遇到一些特殊情况，在做法上有相应的规范，才能保证布线的质量和安全。

（1）线管与水管交叉，线管走上，水管走下，如图7-47所示。

（2）在预备要砌墙的位置，可将线管预先布好，并用线管支撑底盒，在砌墙时将线管与底盒砌在墙内，如图7-47所示。

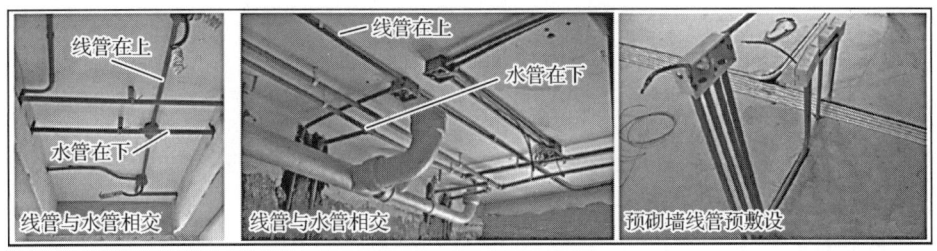

图7-47　线管与水管交叉及预布线

（3）电视墙到插座面板处需埋一段直径为50mm的PVC管，便于以后从插座到电视后面之间穿弱电线。两端各用一直角弯头，或各安一空底盒，不用时可用空面板盖住。三种不同预埋PVC管做法如图7-48所示。

（4）如果吊顶内空间较小，灯盒位置需与筒灯开孔错开30～40mm，以免装筒灯时被灯盒抵住，如图7-49所示。

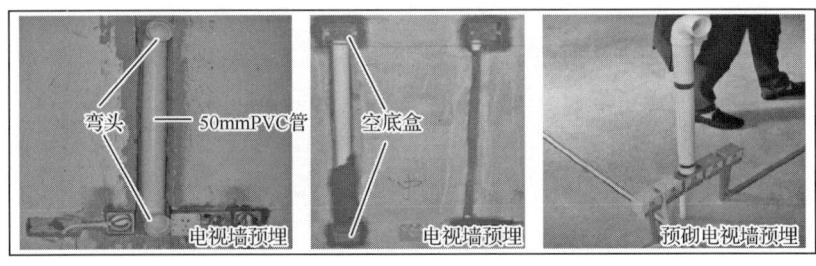

图7-48　电视墙预埋三种做法

（5）线管遇到墙被挡住时，应从墙开孔以最短直线穿过，避免绕墙，如图7-49所示。

（6）有些灯具、音响等出线处不需要底盒时，出线处可套一软线管，或将线管弯一段90°的弯头，使弯头比墙面高出3～5mm，如图7-49所示。

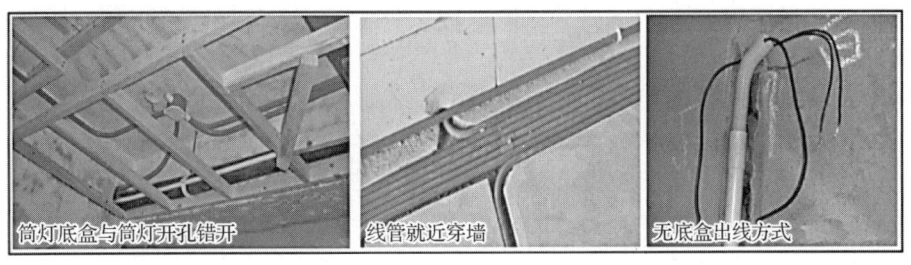

图7-49　吊顶线盒与筒灯开口错位、线管就近穿墙、无底盒出线

（7）配管遇到下列情况之一时，中间应增设接线盒或拉线盒，且接线盒或拉线盒的位置应处于便于穿线的地方：管长度每超过 30m，无弯曲时；管长度每超过 20m，有一个弯时；管长度每超过 15m，有两个弯时；管长度每超过 8m，有三个弯时。

（8）PVC 管固定：地面 PVC 管每间隔 1m 有一个固定卡；水平槽 PVC 管每间隔 2m 有一个固定卡；墙槽 PVC 管每间隔 1m 有一个固定卡。

7.6 线管穿线

电线管敷设好后，就可以向管内穿入导线。对于已经敷设好的电线管，其两端开口分别位于首、尾端的底盒，穿线时将导线从一个底盒穿入某电线管，再从该电线管另一端的底盒穿出来，并且导线在线管内应能灵活拉动，这样在后续维修中才能方便地更换损坏的导线。

1. 导线穿管的常用方法

穿管时，可根据不同的情况采用不同的方法。

（1）对于短直的电线管，如图 7-50 所示，如果穿入的导线较硬，可直接将导线从底盒的电线管入口穿入，从另一个底盒的电线管出口穿出，如果是多根导线，则可将导线的头部绞合在一起，再进行穿管。

图 7-50 短直电线管直接穿线

（2）对于有拐弯的电线管，如图 7-51 所示，如果导线无法直接穿管，可使用直径为 1.2mm 或 1.6mm 的钢丝来穿管。钢丝穿管步骤如下：

① 将钢丝的端头弯成小钩，防止穿钢丝时划伤线管，也可减小穿钢丝的阻力。

② 从一个底盒的电线管入口穿入，由于管子有拐弯，在穿管时要边穿边转钢丝，以便钢丝能顺利穿过拐弯处。

③ 钢丝从另一个底盒的电线管穿出后，将导线绑在钢丝一端。方法是在钢丝上套入一个塑料护口，钢丝尾端做一个环形套，然后将导线绝缘层剥去 5cm 左右，几根导线均穿入环形套，线头弯回后用其中一根自缠绑扎，最后就可以将导线拉入管内了，如图 7-52 所示。

④ 用胶带将钢丝绑扎处的线头包扎好，可减小穿线的阻力。

⑤ 在穿钢丝的一端用钳子夹住钢丝（不可徒手拉钢丝，以免拉伤手掌），用力拉出钢丝。

⑥ 另一端放线，放线时线尽量与线管平行，减小穿线阻力。

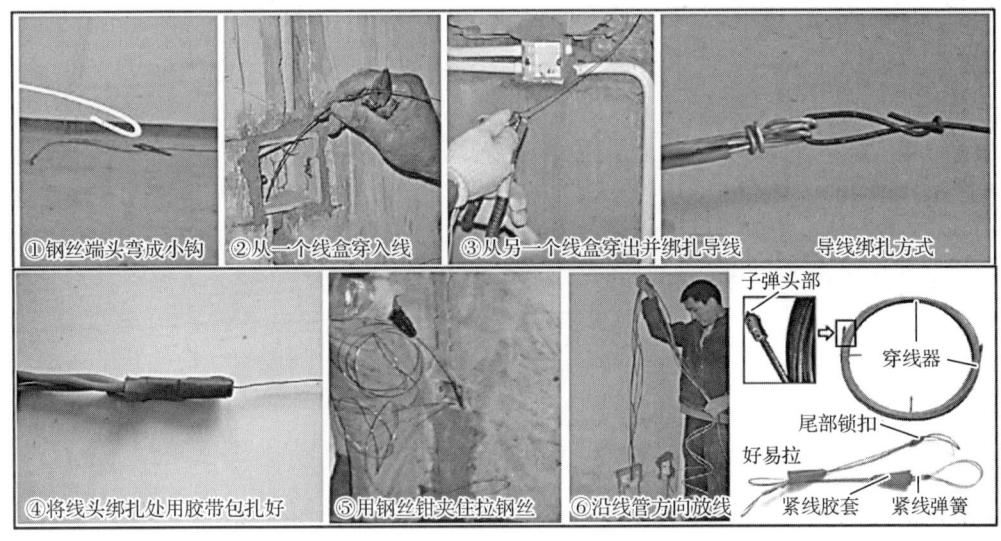

图 7-51 钢丝穿管

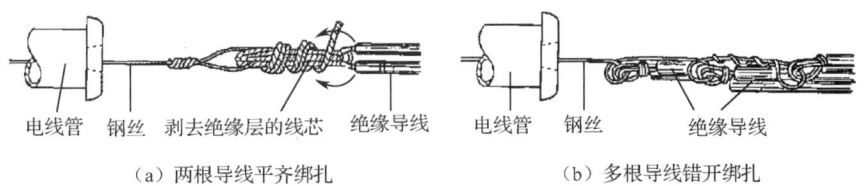

（a）两根导线平齐绑扎　　　　（b）多根导线错开绑扎

图 7-52 导线头的缠绕绑扎法

穿线钢丝也可用专用穿线器，并且可用好易拉绑扎线头。使用穿线器穿线与钢丝穿线方法相同，但可提高穿线效率。具体步骤见 2.10.3 节。

2. 导线穿管注意事项

在导线穿管时，要注意以下事项。

（1）同一回路的导线应穿入同一根管，但管内总根数不应超过 8 根，导线总截面积（包括绝缘外皮）不应超过管内截面积的 40%。

（2）套管内导线必须为完整的无接头导线，接头应设在开关、插座、灯具底盒或专设的接线、拉线底盒内。

（3）电源线与弱电线不得穿入同一根管内。

（4）在较长的垂直套管中穿线后，应在上方固定导线，防止导线在套管中下坠。

（5）在底盒中应留长度约 15cm 的导线，以便接开关、插座或灯具。

7.7　套管内的导线通断和绝缘性能测试

导线穿管后，为了检查导线在穿管时是否出现断线或绝缘层受损的情况，可以用万用表和兆欧表对导线进行测试。

1. 套管内的导线通断测试

检测套管内的导线通断可使用万用表欧姆挡，如图7-53左图所示，例如，两个底盒间穿入三根导线，将两个底盒的根导线剥掉少量绝缘层，先将其中一个底盒中两芯线用导通的夹子夹在一起，然后将万用表拨至"•))BUZZ"挡，测量另一个底盒中对应两根导线间的电阻，如测量1、2号线的电阻，若测试时蜂鸣器发声，说明1、2号线正常；若蜂鸣器不发声，说明两根导线有断线，为了找出是哪一根线有断线，让接1号线的夹子不动，2号线夹子移到3号线，接万用表的一端表笔做同样改动，若此时蜂鸣器发声，则说明2号线发生断路。其他更多导线以此原理类推，即可以查出断路的导线。

2. 套管内的导线绝缘性能测试

使用兆欧表检测套管内的导线绝缘性能，如图7-53右图所示，例如，两个底盒间穿入三根导线，让两个底盒中的导线间保持绝缘，用兆欧表在任意一个底盒中测量任意两根导线的芯线之间的绝缘电阻，导线的芯线间的正常绝缘电阻应大于0.5MΩ，如果测得的绝缘电阻小于0.5MΩ，则说明被测导线间存在漏电或短路，需要更换新导线。

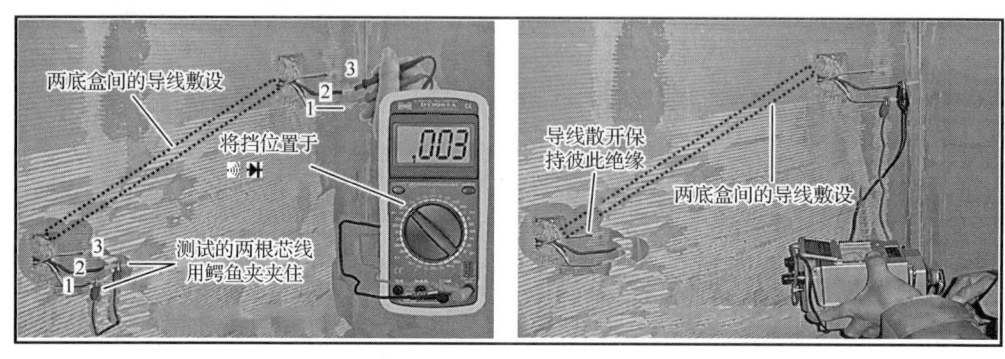

图7-53　导线通断与绝缘测试

7.8　填封线槽

布线并测试完成，并对线头进行保护封头后，要进行线槽填封。在埋设好线管与固定接线盒后，可用1:2水泥与粗黄砂调制而成的砂浆，填封埋管槽和线盒埋穴的空隙。步骤及要求如下：

（1）为了保证填封的牢固程度，填封前需在线槽及底盒洒水，使底盒孔洞及线槽充分湿润，确保水泥与墙面更好地黏合。

（2）线槽直接用泥工抹子填入泥浆并抹平，如图7-54所示。

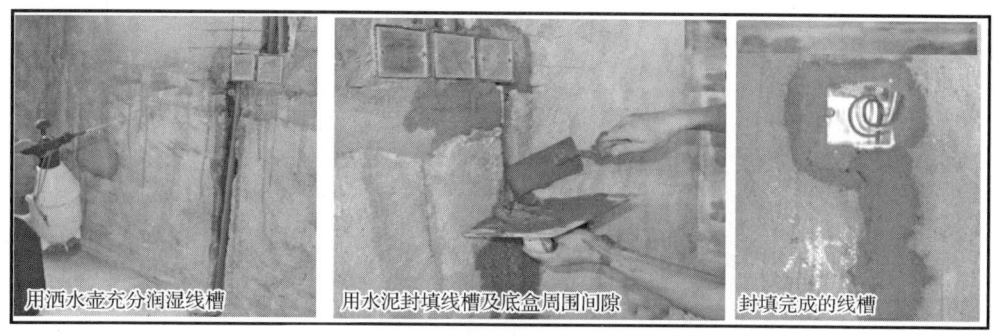

图 7-54 填封底盒及线槽

（3）底盒填封不要高出砖砌面，应与砖砌面齐平。待线管和线盒被砂浆凝固牢后，应把每个盒内的电线头弯好放在盒内。底盒中线头应整理好，用胶带或线帽封头保护，并用纸板封住底盒，在房屋装修后期安装开关与插座，如图 7-55 所示；灯具盒出线封头并绕成圆圈，如图 7-56 所示。

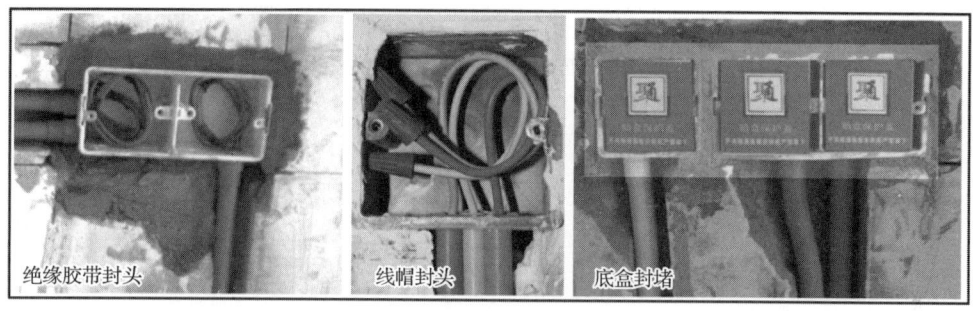

图 7-55 线头处理及底盒封堵

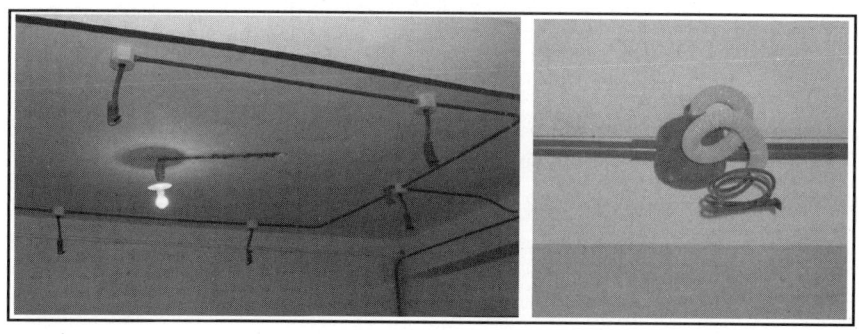

图 7-56 灯具盒线头处理

7.9 预埋施工

前面的暗装布线操作是在土建工程完工后进行的，是家装电气安装常见的施工。如果施工作业允许,线管及底盒的埋设也可以与土建施工配合,在土建施工之前进行顶埋,可以减小施工工作量,并提高施工质量。

7.9.1 预埋施工内容及施工要点

1. 电气预埋施工的内容

电气安装预埋涉及的内容较多,家装电气安装主要有:
(1)在墙、梁、柱、楼板中埋设线管、保护管、接线盒、灯具盒、开关盒、插座盒。
(2)预埋铁件、吊具挂钩、角钢、拉环、木砖等。
(3)预埋配电箱、多媒体弱电箱。
(4)预埋安装弱电系统设备所需的预埋件和管线。
(5)预埋防雷装置的固定件。

上述工作包括在混凝土预制件中的预埋。电能表箱和配电箱若为暗装,可直接砌在砖墙内,但为了施工方便,也往往采取预留孔洞的方法,待以后再埋设。如果采取现场浇筑结构施工方式,可用聚苯乙烯泡沫塑料制成型芯,放在安装电能表箱和配电箱所在孔洞的位置,方便后期开孔安装电箱。

在线管通过处预留孔洞或电缆沟槽。大型建筑需在沟槽内埋设电缆架、桥架等。

2. 预埋施工的要点

明敷布线与暗敷布线方式不同,其预埋施工的内容也不同。

1)明敷布线的预埋施工要点

明敷布线的电气设备、线路等一般无须预埋,要埋设的只是固定这些电气设备、线路的预埋件。这些预埋件主要有:
(1)固定灯座、开关、吊灯、壁灯的木砖和固定吊扇的吊钩等。
(2)对于瓷(塑料)夹板布线、塑料护套线布线、塑料线槽布线,其瓷(塑料)夹板、塑料线槽及导线的固定一般不需要预埋,可以采用打榫或黏结的办法固定。
(3)对于穿墙过梁的导线保护管及进户管等,应与土建施工相配合及时预埋。保护管有钢管、硬塑料管和瓷管等。钢管适用于承受力处,硬塑料管和瓷管则适用于不承受力处。

2)暗敷布线的预埋施工要点

暗敷布线预埋工作量大,需与土建施工密切配合。如果因预埋工作跟不上土建进度或因工作疏忽而造成来不及埋设或漏埋,将会给以后敷线安装工作带来极大的麻烦,甚至无法正常安装施工,只得修改布线方案或采取圬埋等补救措施。不仅影响安装进度,还会影响敷线的美观和安装工程量。为此必须认真做好以下工作:
(1)首先要准备好各种预埋件,弯制好管子,妥善分类,专人负责保管、发放。
(2)电工应随时阅读照明电气施工图,密切关注土建施工进度,及时与土建施工人员一起将线管、预埋件、配电箱等埋设到位。如发现有遗漏,应设法补埋。若土建进度已不允许这样做,则应征得设计部门同意修改电气施工图,采取其他走线方案。实在不行时,采取圬埋等方法敷设。

（3）对于砖墙结构，可在砌墙前预先把线管、保护管、接线盒、开关盒．灯具盒、插座盒、预埋件等材料摆放好，砌墙时及时将上述材料埋入墙体，并在线管口、各盒内塞上废纸等，以防水泥、砂石进入管内给日后穿线工作带来困难。对于现浇梁，吊钩、灯座盒、线管等应在现浇时埋设好。

（4）对于混凝土结构，应在土建钢筋扎制好后，把接上管子的接线盒、灯具盒、开关盒等用铁丝及钉子固定在钢筋及模板上，埋设在指定位置。捣制混凝土时，电工要协助、监督，防止线管、接线盒等预埋件被撞歪、碰落或改变位置。

（5）对于导线较粗或根数较多，或者线管拐弯超过 3 个的线路，可在线管埋设过程中将导线穿入，以免增加日后穿线的工作量和穿线困难，也可在敷设管路时将镀锌铁丝引线穿好，以便日后穿线。

（6）对于暗埋的钢管，切勿忘记在管子与灯具盒、开关盒、插座盒等相接处及管子间相接处搭接导线，以保持全线路金属的良好接地。

为了减小预埋工作量，在一些情况下可采取这种施工方法：在砌墙时不进行预埋，待现浇楼板时预埋敷设在楼板内的线管、灯具盒、吊钩，以及需要向上、向下伸出的线管。待墙砌好后，再根据管子的走向，在墙上凿沟槽、孔洞，圬埋开关盒、插座盒和线管等。这种做法的好处是与土建施工配合度低，不足之处是若为暗管布线，后期工作量大，也有损于建筑物。该施工方法适用于明管布线或在砂灰层中暗敷的布线方式。本章前面所介绍的暗装施工方法即是该施工方法。

7.9.2 预埋件的制作与埋设

装修装饰工程电气安装需要做好预埋件的预埋或圬埋工作。所谓预埋，就是配合土建施工把预埋件埋设在砖墙或现浇混凝土楼板、梁、柱中；所谓圬埋，就是在已建房的适当位置先凿出沟槽、孔洞，再将预埋件埋设其中。

预埋件施工时机和施工工艺由工程进度和建筑物结构决定。对于新建房，应认真做好电气装置、弱电装置等安装所需线管、器件、吊钩、支架等预埋件的预埋工作，否则一旦遗漏，需要在建筑物上凿、钻、挖、补等，不但增加工程量、延长工期，而且有损于建筑物。

对于砖墙结构的新建房，可以在砌墙过程中把线管、接线盒、开关盒、插座盒、灯具盒、配电箱等电气设备埋入墙内。来不及预埋或预埋件遗漏，可以在粉刷墙前凿孔、挖槽补埋。

对于砖墙结构的已建房，新安装或旧房电气翻新、改造时，只好采取凿孔、挖槽等圬埋的办法施工。

1. 角钢支架的埋设

角钢支架通常用于终端和转角处的导线敷设，角钢支架有一字形和∏形两种。住宅建筑中使用的角钢支架通常采用 30×30×3（mm）或 40×40×4（mm）的角钢制作。为防止锈蚀，埋设前支架应做镀锌处理或涂刷防锈漆。角钢支架的埋设方法见表 7-1。

表 7-1　角钢支架的埋设方法

支架类型	图　　例	说　　明
终端一字形角钢支架	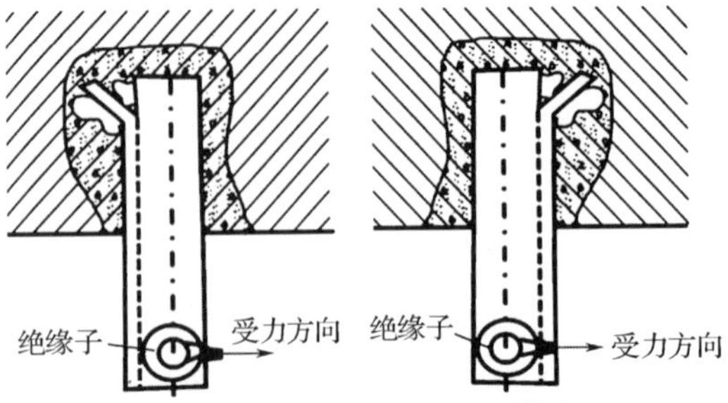 (a) 正确　　(b) 错误	① 支架的埋设方式和工艺与支架的受力方向有关。 ② 凿角钢支架孔洞，可以用电锤、冲击电钻等电动工具，也可用凿子、墙铣子、锯齿凿等手动工具。 ③ 角钢支架的埋设应在配线敷设前数天进行，时间太短，水泥尚未凝固，敷线时支架容易被拉出或松动。 ④ 埋设支架的水泥标号不应低于 400 号，与粗砂以 1:2～1:3 的比例加水调匀，填塞用的石子质地要坚硬，填塞的位置要适当。 ⑤ 埋设前应将孔洞内的粉粒除去，用水将孔壁和底部浇湿，以便水泥与砖墙固结。角钢支架埋设好后，几天内不要用手去扳，以免支架松动
带拉角的角钢支架	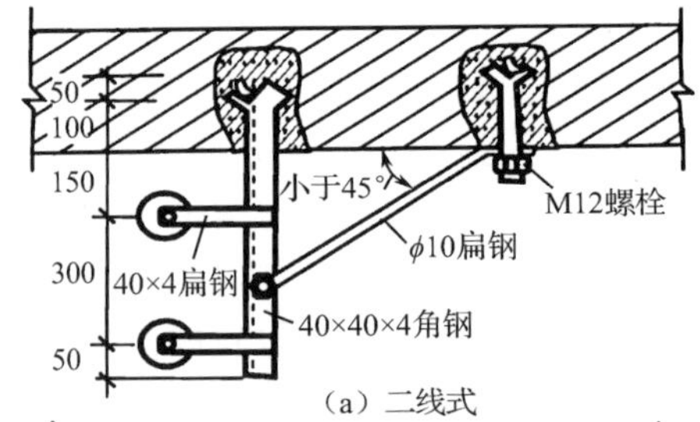 (a) 二线式 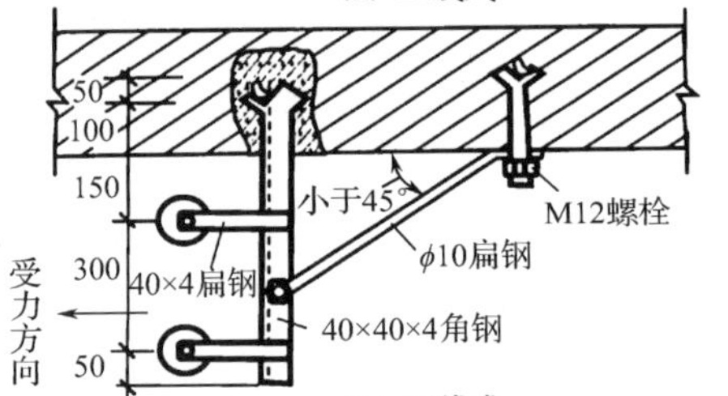　　(b) 四线式	
中间角钢支架	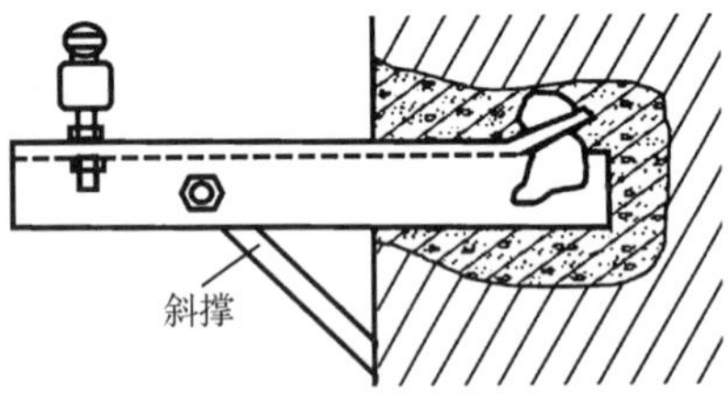 斜撑	
⊓形角钢支架	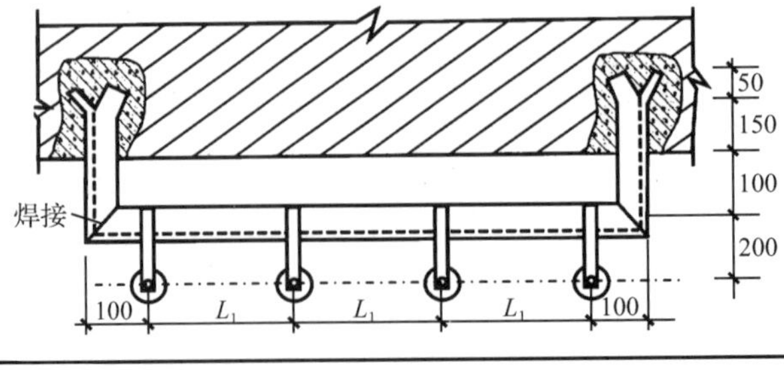 焊接	

2. 铁件等的埋设

铁件等的埋设见表 7-2。

表 7-2 铁件等的埋设

类　型	图　例	说　明
铁件的埋设	 （a）铁件在模板上固定 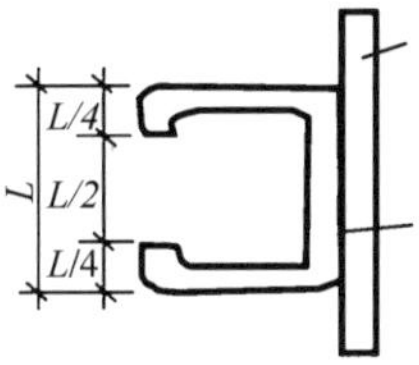 （b）铁件侧面图 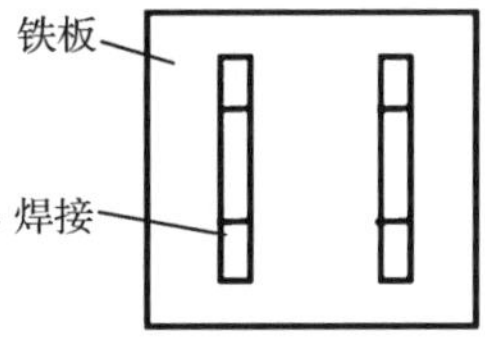　（c）铁件正面图	在土建施工中，当预埋角钢支架比较麻烦时，可以采用先预埋铁板的方法（尤其适用于现浇混凝土梁、柱或楼板中），待基建完毕，再在铁板上焊接角钢支架或连接设备、灯具等所需要的基础。 对于质量为 3kg 以上的灯具，采用此方法能确保安装牢固。 铁板的尺寸由被固定电气设备的质量和底座大小决定。一般可用 60mm×60mm 的正方形铁板，板厚 4～5mm。铁板上焊有两条弯脚，弯脚直径 6～8mm，弯脚长 50～60mm。预埋铁板不必镀锌或刷防锈漆。 预埋时，用铁钉紧靠铁板四周把铁板固定在模板上。安装时铁板应平整地紧贴在模板上，否则拆除模板后不容易找到预埋铁板的位置，给以后安装工作带来不便。捣筑混凝土时，电工应在一旁监视，以防铁板被碰落、碰弯
开脚螺栓的埋设	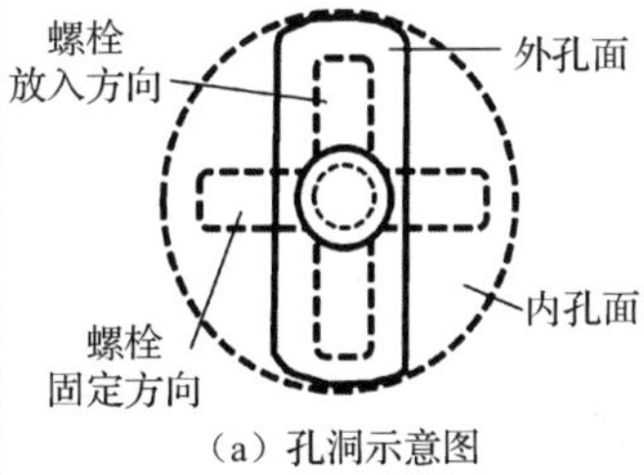 （a）孔洞示意图 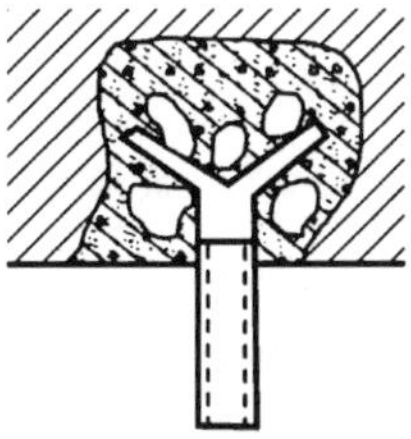　（b）埋设方法	开脚螺栓的坯埋应尽量利用砖缝。孔口凿成狭长形，孔底向孔口的狭面两侧扩大，略大于螺栓开脚的宽度。埋设时先将开脚螺栓放入，再在孔内旋转 90°，在开脚内用数块清洗干净的硬石子填满，孔内填塞水泥砂浆，并在开脚两边用石子楔紧，再用水泥砂浆封平孔口。视拉力大小采用 ϕ10～16mm 的开脚螺栓
拉线耳环的埋设	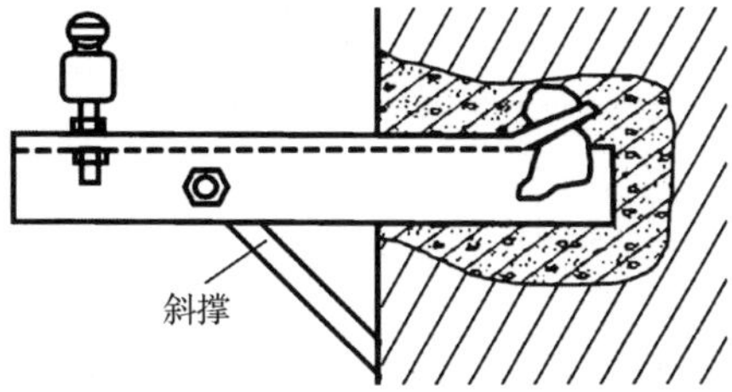	拉线耳环一般受向外的拉力，故放好后应在开脚内塞满硬石子，以阻止开脚受力后引发并拢。拉线耳环开口形状及埋设方法同开脚螺栓。视受力情况采用 ϕ10～12mm 的螺栓

续表

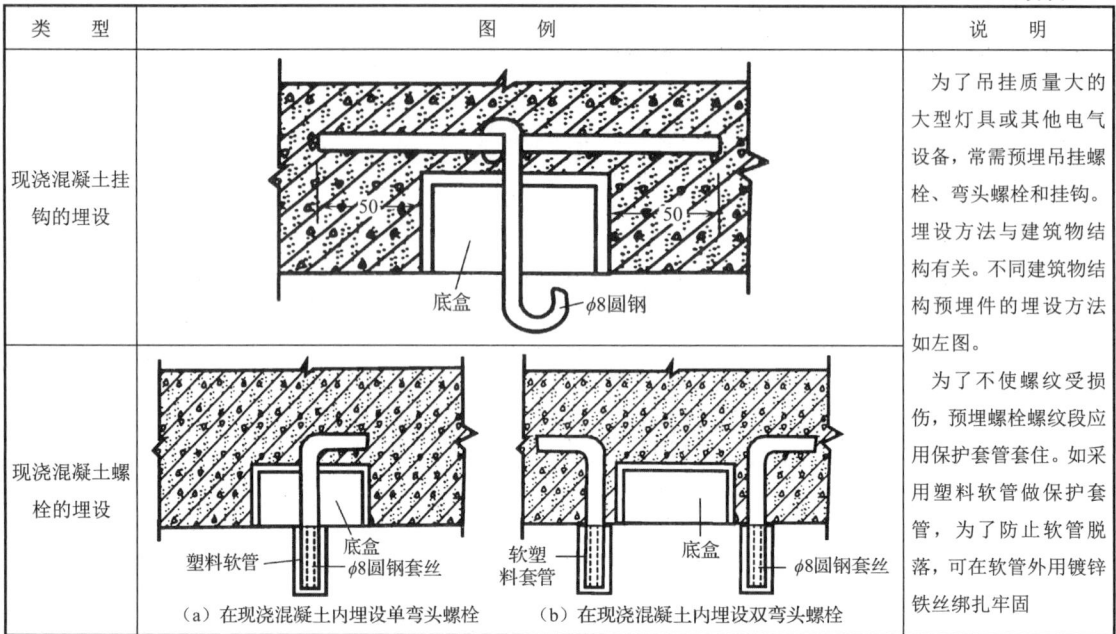

类　型	图　例	说　明
现浇混凝土挂钩的埋设		为了吊挂质量大的大型灯具或其他电气设备，常需预埋吊挂螺栓、弯头螺栓和挂钩。埋设方法与建筑物结构有关。不同建筑物结构预埋件的埋设方法如左图。
现浇混凝土螺栓的埋设		为了不使螺纹受损伤，预埋螺栓螺纹段应用保护套管套住。如采用塑料软管做保护套管，为了防止软管脱落，可在软管外用镀锌铁丝绑扎牢固

7.9.3　木砖、木榫的制作与埋设

1. 木砖的制作与埋设

照明电气布线施工，需要配合土建施工预埋一些木砖，以便日后安装壁灯、调速器等小型电气设备。

木砖应选用干透的松木、杉木等制作。太硬的木头不易拧入木螺钉，太软的木头（如泡桐）拧入木螺钉不牢固，未干透的木砖埋入墙内干缩后会松动或脱落。木砖的厚度为 50～70mm，两面均为正方形，靠墙外表面的一面较小，两面的尺寸由被固定电气设备的质量和尺寸决定。木砖的形状及预埋方法如图 7-57 所示。

木砖预埋施工应配合土建施工进行。当土建进行到预先设定的木砖埋设位置时，将木砖砌入砖墙内或埋入混凝土梁内。

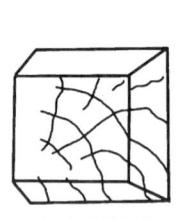 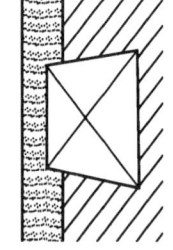

（a）木砖的形状　　（b）墙上预埋木砖

图 7-57　木砖的形状及预埋方法

2. 木榫的制作与埋设

木榫适用于砖墙和混凝土墙，所用木材同木砖。木榫、竹榫、塑料榫（即塑料胀管）等的选用及施工数据见表 7-3。

表 7-3 榫的选用及施工数据

建筑结构	安装内容	安装方向	榫的选用	冲击钻头或墙冲规格/mm	榫孔深度/mm	木螺钉或水泥钉规格/mm
预制板	圆木 人字木	朝天	木榫	ϕ6～8	25～35	木螺钉 ϕ3.4～4.5
砖墙	插座、开关的圆木，双连木，方板	水平	塑料榫	ϕ10～12	60～65	木螺钉 ϕ5～6.3
			木榫	遇砖缝用平口凿，使孔与砖缝相适应		木螺钉 ϕ5～6.3
混凝土、柱、梁、墙	护套线布线	水平 朝天	竹榫或木榫	ϕ6	20～25	水泥钉或鞋钉 长12～19
	插座、灯座、开关等圆木，双连木，人字木	水平 朝天	8～10mm 塑料榫或木榫	ϕ8～10	50～65	木螺钉 ϕ4.5～5
	铁壳开关两相插座的方板	水平	塑料榫或木榫	ϕ10～12	60～65	木螺钉 ϕ5～6.3
	安装大型方板	水平	塑料榫或木榫	ϕ10～12	60～65	木螺钉 ϕ5～6.3
			金属胀管		超过胀管 5mm	—

注：①水平是指装于墙、柱和梁上，榫体轴线与地面平行；朝天是指装于梁和楼面上，榫体轴线与地面垂直。
②采用木榫时，榫孔深度可以减小些。

1）木榫的制作

（1）木榫的制作可以用电工刀切削，如图 7-58 所示。

（2）制作木榫时，无论榫孔是圆的还是方的，木榫都要削成四方棱柱体，稍有斜度，但不能太大，否则木榫不易榫牢，四方棱柱体的木榫榫紧时四只角有弹性变形的余地，容易榫紧。

（3）木榫的尺寸要与榫孔的尺寸相配套，木榫太细，打入后容易脱出；太粗，不易打入，甚至造成木榫开裂。木榫的长度应比榫孔稍短一些，因为打榫时，孔内的碎屑会掉下来，因此要考虑这一间隙。木榫的长短还要与木螺钉配合，一般木螺钉旋进木榫的长度不宜超过木榫长度的一半。削制木榫时，应顺着木材的纹路。四方棱柱木榫的尺寸如图 7-59 所示。

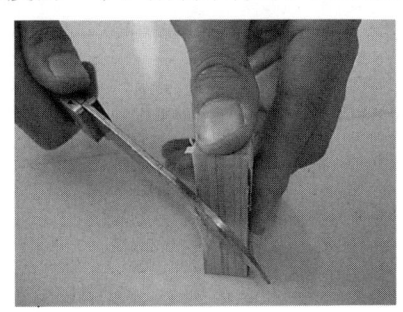

图 7-58 木榫的削制

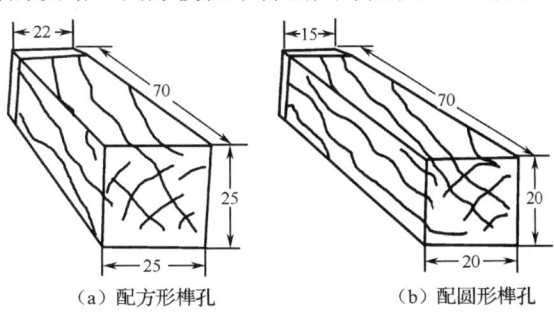

图 7-59 四方棱柱木榫的尺寸
（a）配方形榫孔　（b）配圆形榫孔

（4）固定铝片卡用的木榫，可以削成矩形或正八边形，长约 25mm。木榫尾部大、头部尖，其尾部大约比所凿孔眼大 2mm。矩形木榫的尺寸约为 12×10mm。正八边形对边间的距离为 8～10mm，如图 7-60 所示。不可将木榫削成锥体形，否则埋设不牢固。

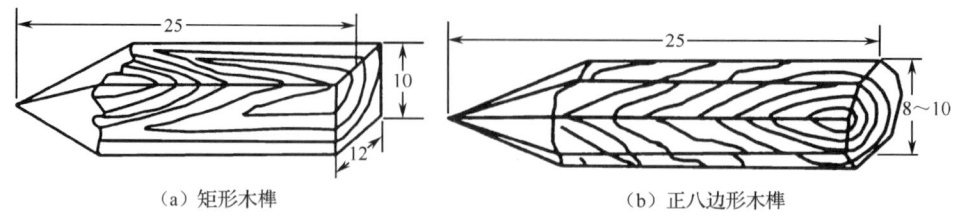

图 7-60　固定铝片卡用木榫的尺寸（单位为 mm）

2）木榫的埋设

（1）榫孔可以是方的，也可以是圆的。

（2）混凝土结构应用电锤或冲击电钻打孔；砖墙可以用凿子凿或冲击电钻打孔。砖墙上打榫孔应尽量利用砖缝，如图 7-61 所示。

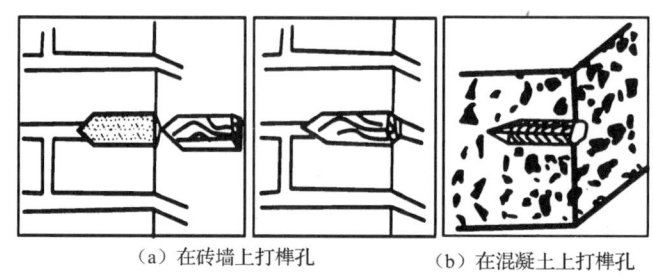

图 7-61　木榫的埋设

（3）当两榫孔之间的距离较小时，打榫孔应注意：榫孔不应排在同一横线或垂线上，以免砖块断裂、松动，使木榫榫不紧。同时，应先把所有榫孔凿好，然后放入木榫，一一交替榫紧。

（4）当榫孔凿得太大（或榫孔处在松散的地方）时，可将榫孔再扩大，用改埋木砖的方法补救。木砖的厚度不应小于 70mm。埋设前将孔内的灰渣除去，用水将孔壁和底部浇湿，在木砖底部和四侧抹上水泥砂浆，然后放入孔内，用水泥砂浆填塞孔的间隙。电气安装一定要在固定木砖的水泥砂浆固化后再进行。

7.10　配合土建工程预埋管路的暗敷布线

1. 配合土建工程预埋管路的施工

配合土建工程预埋管路要随土建工程的进度同步进行。正确、合理地安装预埋件，不但能有效提高导线安装的效率，还能防止因在建筑物上重新凿墙刨洞而影响美观及安装质量。

配合土建工程预埋管路的施工应符合现行国家标准和规范的规定。根据设计施工图、土建结构、房间的布置来敷设线管，同时要掌握楼板厚度、墙厚、标高、梁和柱的截面积、抹灰厚度等土建的基本数据，敷设线管的规格型号应符合设计要求。

2. 线管的预埋

（1）敷设在水泥混凝土内的线管应尽量减少弯曲，与其表面的距离不应小于15mm。

（2）进入落地式柜、箱的线管，应排列整齐，管口一般应高出柜、箱基础面50~80mm，且同一工程应保持一致。

（3）根据放线位置，在模板孔洞处进行水电安装，线管每隔1m须用扎丝绑扎固定，且固定牢固。

（4）多线管聚集处的线管应并列安装，不可重叠安装，并列线管间要留20mm左右的间隔，以免影响混凝土的强度，如图7-62所示。

（5）线管端口没有接线盒时，应用泡沫等封堵，并在出口位置模板上的相应位置开孔穿出，以防止混凝土浇筑时封住管口，如图7-62所示。

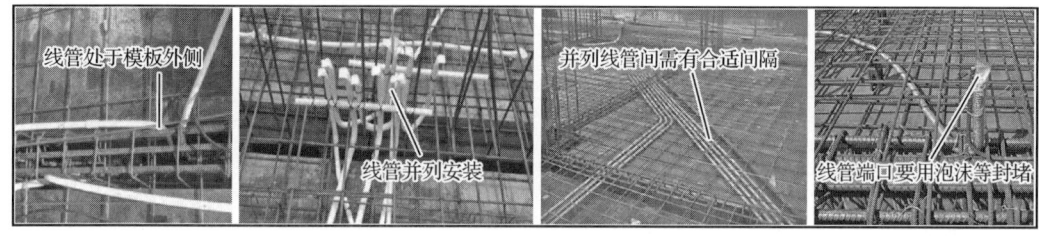

图7-62　线管的预埋

3. 电箱、插座盒及开关接线盒的预埋

为了安装开关、插座、灯具，在预埋电线管的同时，在开关、插座、灯具的位置也要预埋接线盒，接线盒在预埋时必须安装牢固，不能倾斜或有其他缺陷，否则将直接影响开关、插座、灯具等的安装质量，且盒口面要贴着混凝土模板。

在墙面安装接线盒时，应用塑料纸、纸板等将盒口封堵严实，以免异物落入。在天花板上安装接线盒时，应将盒口朝下，如图7-63所示。

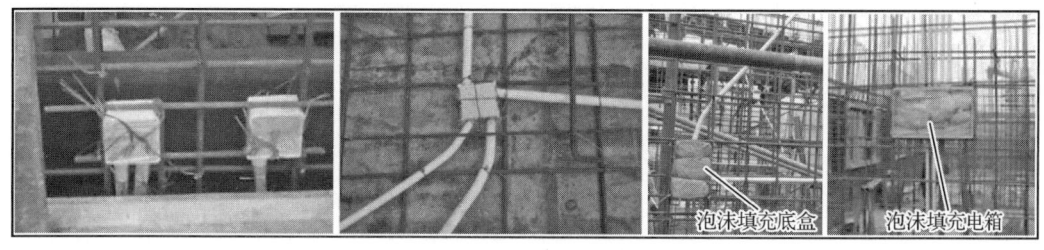

图7-63　预埋开关、插座底盒及电箱

也可选用上、下侧面穿有钢筋的底盒，然后用电焊方式将底盒按要求焊接在钢筋上，这样底盒预埋更牢固，其他填堵方法与上面方法相同，如图7-64所示。

电箱需要在四周加焊用角钢制作的定位筋,定位筋长度须小于混凝土墙体厚度 1~2mm,定位筋须与电箱底盒表面平齐。电箱底盒须定位放线,保证标高,焊接牢固,平齐墙面,做到横平竖直,如图 7-64 所示。

图 7-64　电箱、插座底盒的焊接固定

第 8 章 室内电气明装布线的方法与技巧

【本章导读】

明装也是家装电工必须要掌握的技能,在一些特殊场合还是离不开明装布线。

家装明装布线主要包括线槽布线、瓷夹板布线、护套线布线,线槽布线的重点是线槽拼接技巧,瓷夹板布线与护套线布线方法的相同点较多,重点是画线定位及导线固定。

【学习目标】

① 掌握线槽的配电方式及线槽拼接技能;
② 掌握瓷夹板布线技能;
③ 掌握护套线布线技能。

明装布线是指将导线沿着墙壁、天花板、梁柱等表面敷设的布线方式。在明装布线时,要求敷设的线路横平竖直、线路短且弯少。由于明装布线是将导线敷设在建筑物的表面,故应在建筑物全部完工后进行。明装布线的具体方式很多,常见的有线槽布线、线管布线、瓷夹板布线和护套线布线等。

采用暗装布线的最大优点是可以将电气线路隐藏起来,使室内更加美观,但暗装布线成本高,并且线路更改难度大。与暗装布线相比,明装布线具有成本低、操作简单和线路更改方便等优点,一些简易建筑(如民房)或需新增加线路的场合常采用明装布线。

8.1 线槽布线

线槽布线是一种较常用的住宅配电布线方式,它将绝缘导线放在绝缘槽板(塑料或木质)内进行布线,由于导线有槽板的保护,因此绝缘性能和安全性较好。塑料槽板布线用于干燥场合做永久性明线敷设,或者用于简易建筑及永久性建筑的附加线路。

布线使用的线槽类型很多,其中使用最广泛的是 PVC 线槽布线,其外形如图 8-1 所示。矩形线槽用于室内照明线路敷设;半圆形线槽用于地面布线,不易绊脚;隔栅线槽用于电柜、电气控制线路布线。

图 8-1　PVC 线槽布线

8.1.1 线槽布线的配电方式

在进行线槽暗装布线时，由于线槽被隐藏起来，故将配电线路分成多个支路并不影响室内的整洁，而采用线槽明装布线时，如果也将配电线路分成多个支路，在墙壁上明装敷设大量的线槽，不但不美观，而且比较碍事。为适应明装布线的特点，线槽布线常采用区域配电方式。配电线路的连接方式主要有：①单主干接多分支配电方式；②双主干接多分支配电方式；③多分支配电方式。

1. 单主干接多分支配电方式

单主干接多分支配电方式是一种低成本的配电方式，这种方式下，从配电箱引出一路主干线，该主干线依次走线到各厅室，每个厅室都用接线盒从主干线处接出一路分支线，由分支线路为本厅室配电。

单主干接多分支配电方式如图 8-2 所示，从配电箱引出一路主干线（采用与入户线相同截面积的导线），根据住宅的结构，并按走线最短原则，主干线从配电箱出来后，先后依次经过餐厅、厨房、过道、卫生间、主卧室、次卧室、书房、客厅和阳台，在餐厅、厨房等合适的主干线经过的位置安装接线盒，从接线盒中接出分支线路，在分支线路上安装插座、开关和灯具。主干线在接线盒穿盒而过，接线时不要截断主干线，只要剥掉主干线部分绝缘层，分支线与主干线采用 T 形接线。在给各厅室引入分支线路时，可在墙壁上钻孔，然后给导线加保护管进行穿墙。

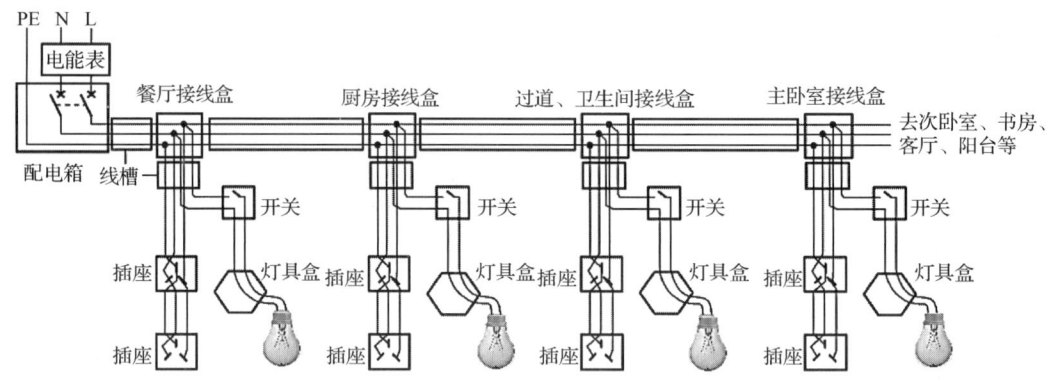

图 8-2 单主干接多分支配电方式示意图

单主干接多分支配电方式的某房间实际走线如图 8-3 所示。该房间的插座线和照明线通过穿墙孔接外部接线盒中的主干线，在房间内，照明线路的零线直接接照明灯具，相线先进入开关，经开关后接照明灯具，插座线先到一个插座，在该插座的底盒中，将线路分为两个分支，分别接另外两个插座，导线接头是线路容易出现问题的地方，不要放在线槽中。

2. 双主干接多分支配电方式

双主干接多分支配电方式下，从配电箱引出照明和插座两路主干线，这两路主干线依次走线到各厅室，每个厅室都用接线盒从两路主干线分别接出照明和插座支路，为本厅室照明和插座配电。由于双主干接多分支配电方式要从配电箱引出两路主干线,同时配电箱内需要两个控制开关,故较单主干接多分支方式的成本要高,但由于照明和插座分别供电,因此当其中一路出现故障时不影响另一路供电。

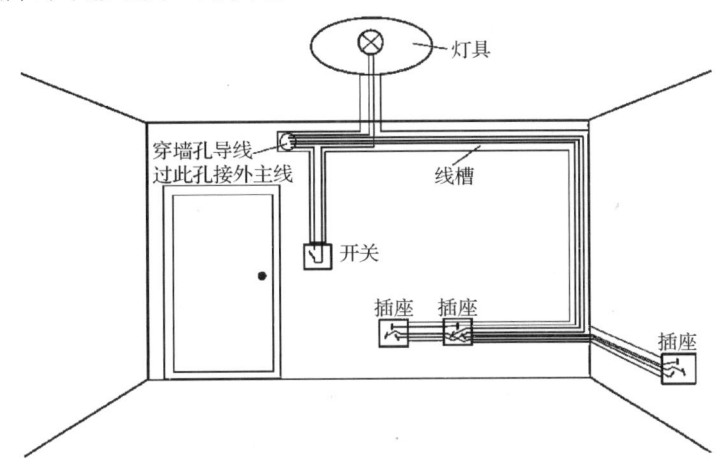

图 8-3　单主干接多分支配电方式的某房间实际走线

双主干接多分支的配电方式示意图如图 8-4 所示,该方式的某房间走线与接线与图 8-3 是一样的。

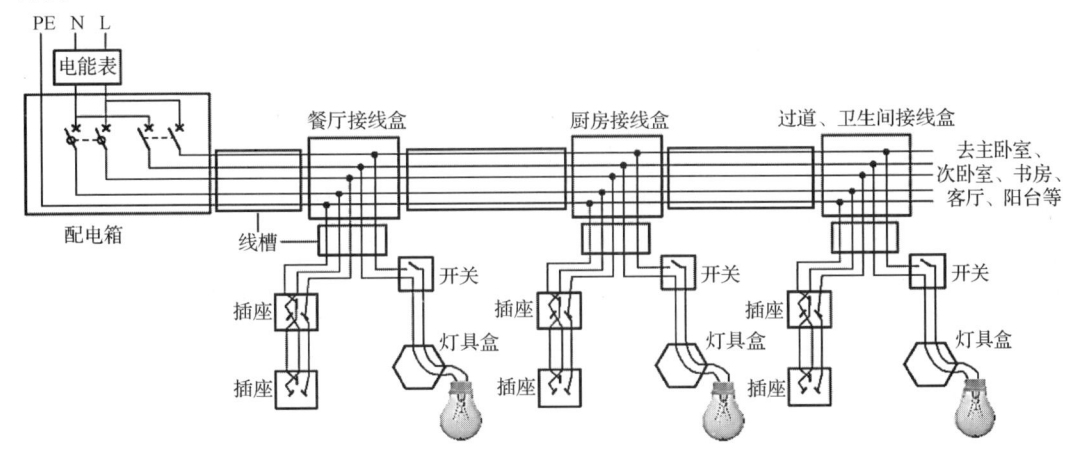

图 8-4　双主干接多分支的配电方式示意图

3. 多分支配电方式

多分支配电方式是指根据各厅室的位置和用电功率,划分多个区域,从配电箱引出多路分支线路,分别供给不同区域。为了不影响房间美观,进行线槽明装布线时通常使用单路线槽,且导线总截面积不能超过线槽截面积的 60%,故在确定分支线路的个数时,应考虑增加线槽的宽度。

多分支配电方式示意图如图 8-5 所示,这种方式下,将住宅分为 3 个用电区域,在配电箱中将用电线路分为 3 条支路,分别用开关控制各支路供电的通断,3 条支路 9 根导线通过单路线槽引出。当支路 1 到达用电区域 1 的合适位置时,将支路 1 从线槽引到该区域的接线盒，在接线盒再接成3路分支，分别供给餐厅、厨房和过道；当支路2到达用电区域2的合适位置时，将支路2从线槽中引到该区域的接线盒，在接线盒中接成3路分支，分别供给主卧室、书房和次卧室；当支路3到达用电区域3的合适位置时，将支路3从线槽中引到该区域的接线盒，在接线盒接成3路分支，分别供给卫生间、客厅和阳台。

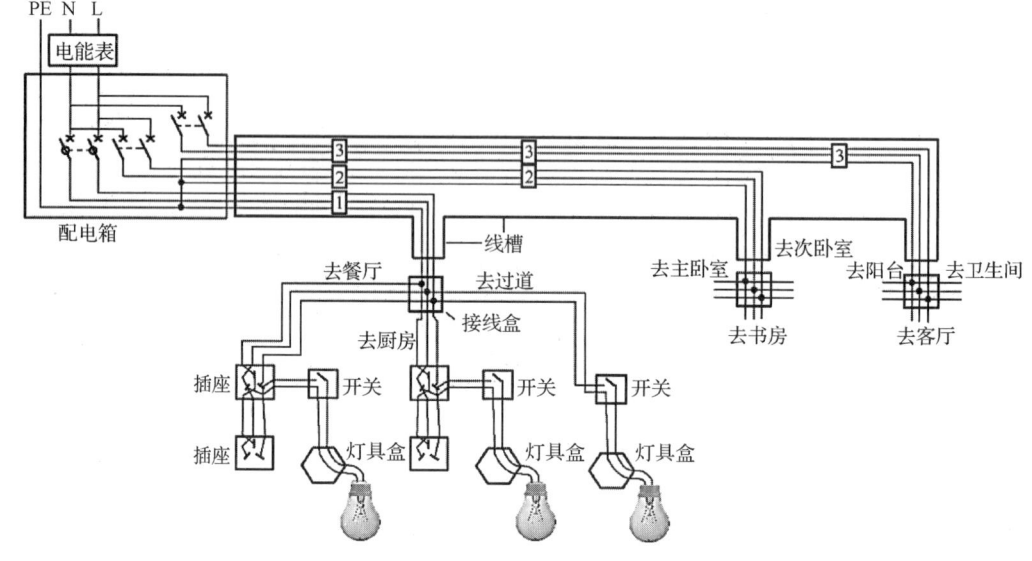

图 8-5 多分支配电方式示意图

由于线槽中导线的数量较多，为了方便区别各支路，可每隔一段距离用标签对各支路做上标记。

8.1.2 布线定位

在进行线槽布线定位时，要注意以下几点。

（1）先确定各处开关、插座和灯具的位置，再确定线槽的走向。插座采用明装时距离地面一般为 1.3～1.8m，采用暗装时距离地面一般为 0.3～0.5m，普通开关安装高度一般为 1.3～1.5m，开关距离门框约 0.2m，拉线开关安装高度为 2～3m。

（2）线槽一般沿建筑物墙、柱、顶的边角处布置，要横平竖直，尽量避开不易打孔的混凝土梁、柱。

（3）线槽一般不要紧靠墙角，应隔一定距离，紧靠墙角不易施工。

（4）在弹（画）线定位时，如图 8-6 所示，横线弹在线槽上沿，纵线弹在线槽中央位置，这样安装好线槽后就可将定位线遮挡住，使墙面干净整洁。

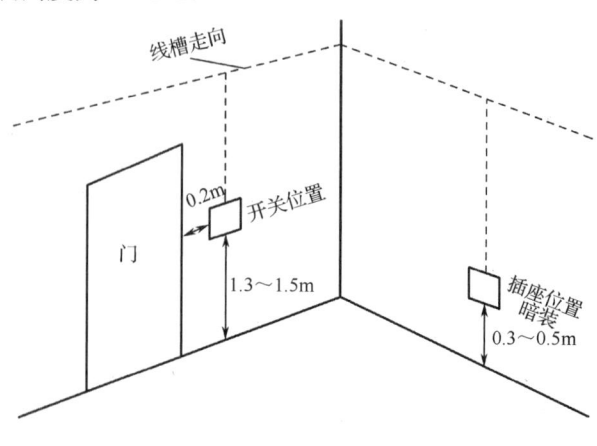

图 8-6 墙面画线定位

8.1.3 线槽的拼接安装

线槽接头有拼接安装与配件安装两种方式，拼接方式是常用的安装方式。线槽拼接安装步骤如下：

1）确定线槽规格

根据导线直径及各段线槽中导线的数量确定线槽规格。线槽规格以矩形截面的长、宽来表示，弧形线槽一般以宽度表示。

2）定位画线

为使线路安装得整齐、美观，塑料槽板应尽量沿房屋的线脚、横梁、墙角等处敷设，并与用电设备的进线口对正，与建筑物的线条平行或垂直。

3）线槽截取

线槽可用钢锯截取，也可用线槽专用剪刀截取，或用线槽切割机切割。线槽剪刀有如图 8-7 所示两种。万能角度剪上面带有角度刻度或角度定位装置，在进行线槽拼接时，可以很方便地剪出所需的角度；普通线槽剪则需用尺画出角度再剪。线槽切割机及操作方法如图 8-8 所示，与线槽剪刀的使用方法类似。

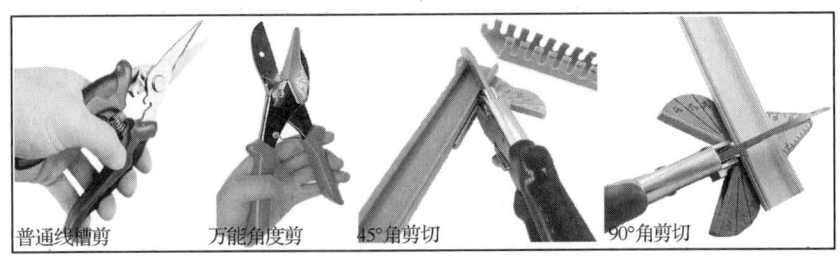

图 8-7　线槽剪刀及操作方法

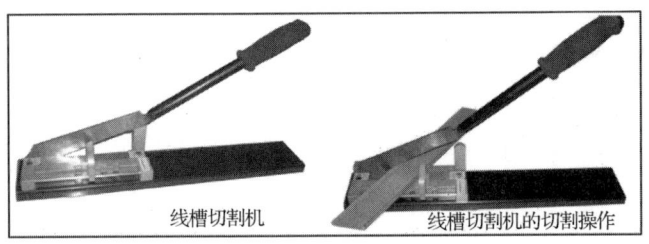

图 8-8　线槽切割机及操作方法

4）线槽拼接

线槽各种情形拼接方法见表 8-1。

表 8-1 线槽各种情形拼接方法

拼接类型	图 例（单位均为 mm）		
直线对接	槽底与槽盖接缝错开	接缝直角拼接	接缝 45°拼接 图中 W 为线槽宽度
90°平转角		50+W	δ=2～3mm，为预留线槽盖侧边插入间隙
T形分支	分支槽盖		

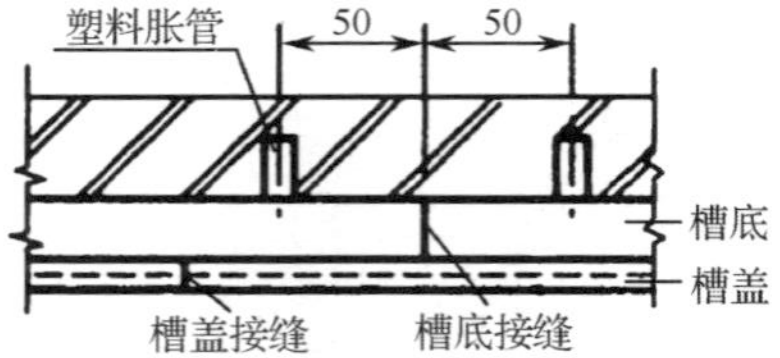

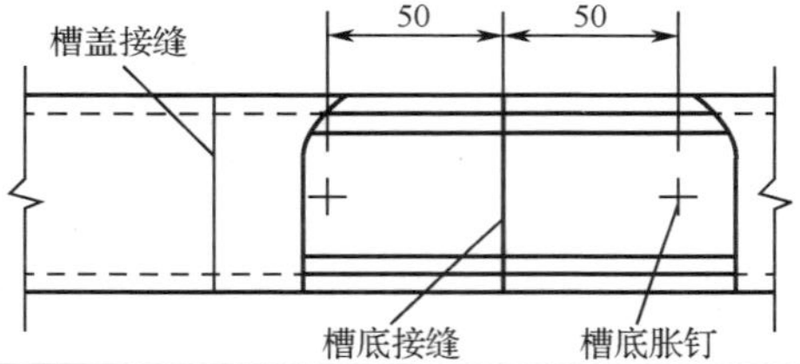

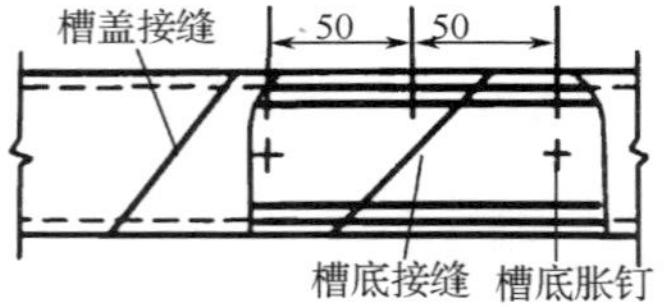

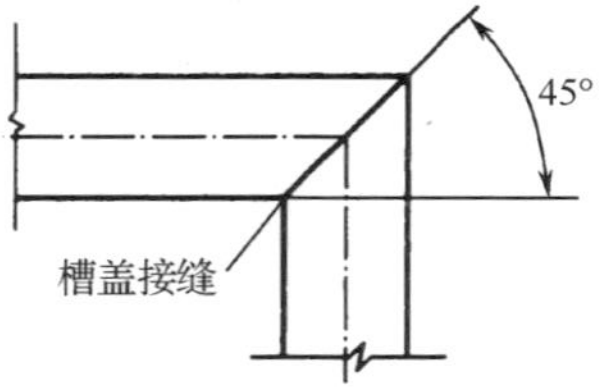

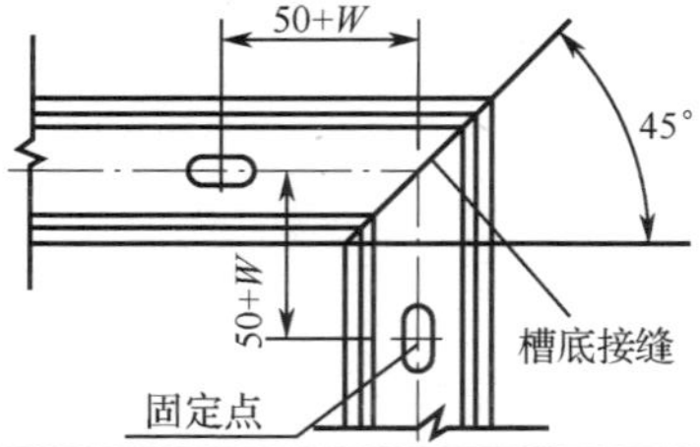

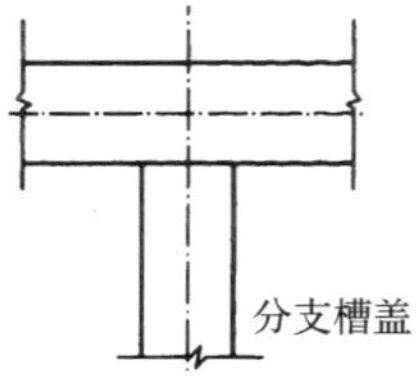

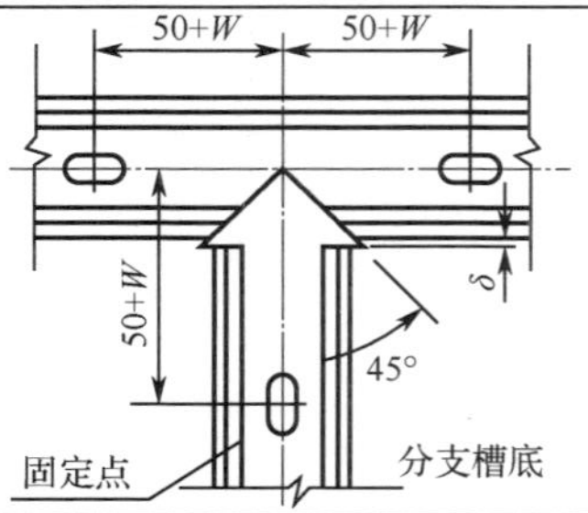

续表

拼接类型	图 例（单位均为 mm）		
内、外 90° 转角	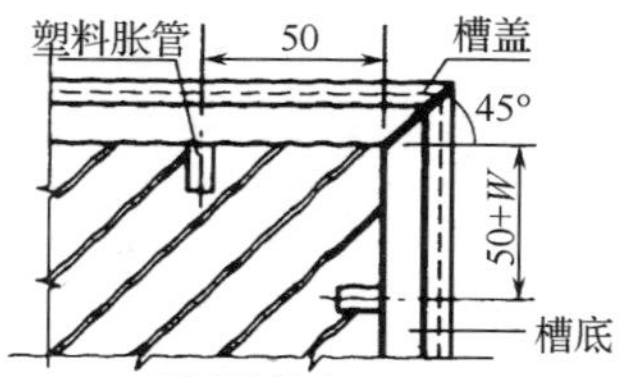 线槽外转角（45°，50，50+W，槽盖，槽底，塑料胀管图示）	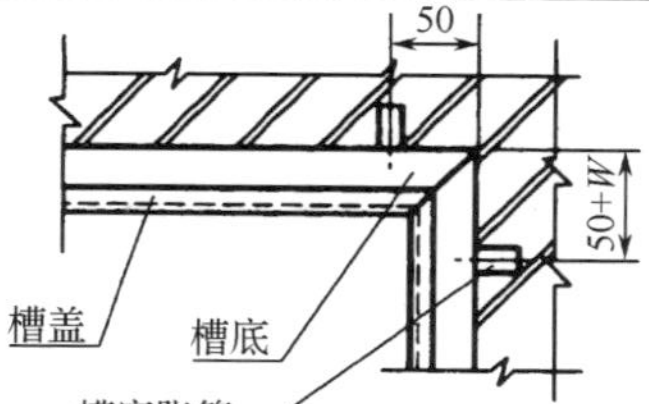 线槽内转角（50，50+W，槽盖，槽底，槽底胀管图示）	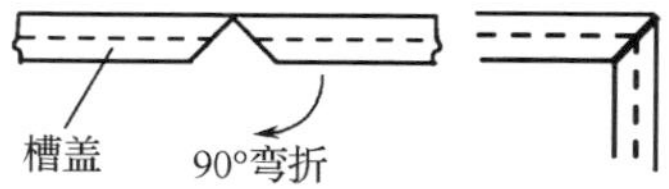 外转角处盖板可按图中方式剪切并弯折而成（槽盖 90°弯折）
十字形 直角连接	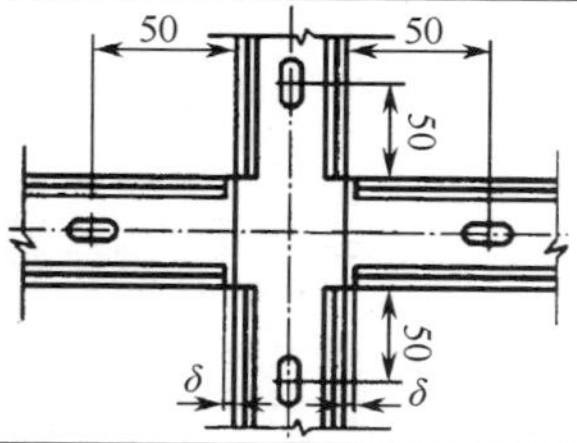 (十字形直角连接图示，标注 50，δ)	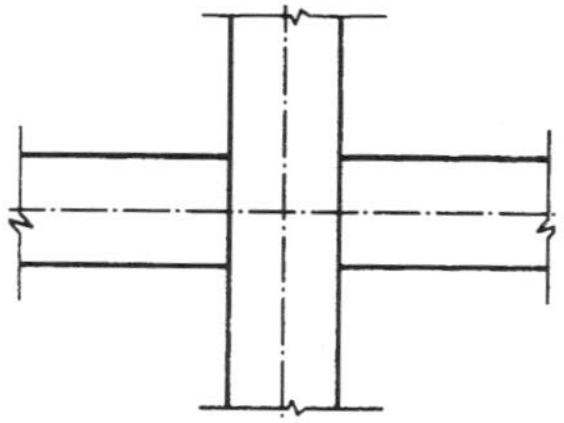 (十字形直角连接图示，标注 50，δ)	$\delta=2\sim 3\mathrm{mm}$，为预留线槽盖侧边插入间隙
十字形 45° 角连接	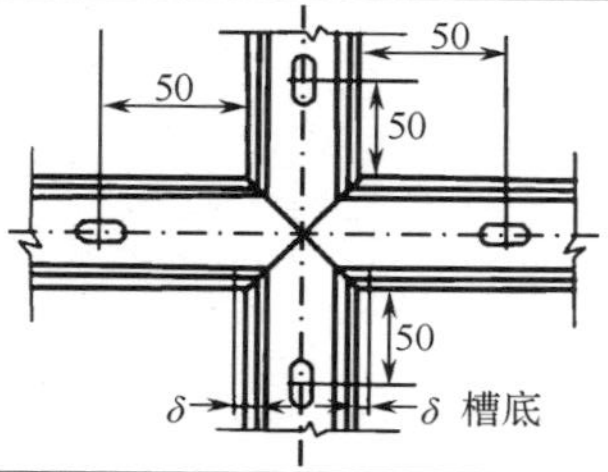 (十字形 45°角连接图示，标注 50，δ，槽底)	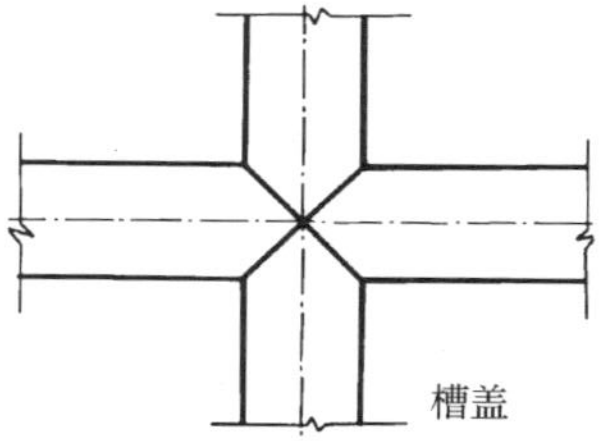 (十字形 45°角连接图示，标注 50，δ，槽盖)	$\delta=2\sim 3\mathrm{mm}$，为预留线槽盖侧边插入间隙

5）线槽固定

选好线路敷设路径后，根据每节 PVC 槽板的长度，测定 PVC 槽板底槽固定点的位置，按图 8-9 所示间距标定底槽固定点，螺钉的固定方法如图 8-9 所示。

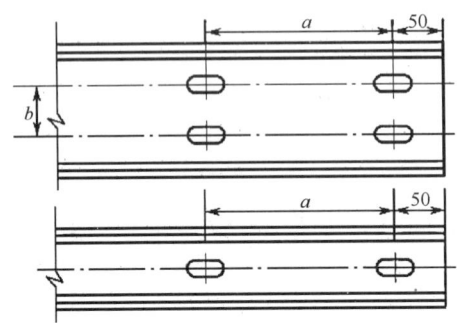

槽宽度 W/mm	a/mm	b/mm
25	500	—
40	800	—
60	1000	30
80、100、120	800	50

底槽固定点间距

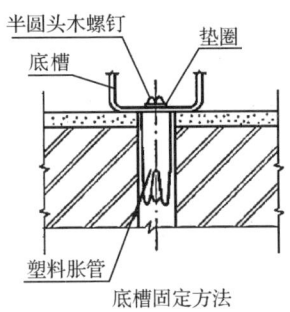

底槽固定方法

图 8-9　底槽固定点间距及固定方法

线槽固定步骤如下：

（1）根据固定点间隔要求标定固定点，用手电钻在线槽内钻孔（钻孔直径为 4.2mm 左右），用于线槽的固定，如图 8-10（a）所示。

（2）将钻好孔的线槽放置在安装位置，用铅笔透过孔洞，在固定位置上画出记号，如图 8-10（b）所示。

（3）用冲击钻或电锤在相应位置上钻孔。钻孔的直径一般为 8mm，其深度应略大于尼龙膨胀杆或木榫的长度。

（4）埋好木榫，用木螺钉固定底槽，也可用塑料胀管来固定底槽。

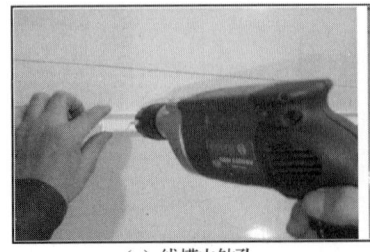　

（a）线槽内钻孔　　　　　　　（b）标记固定点

图 8-10　线槽钻孔及固定点标记

6）导线敷设

敷设导线应以一支路一条 PVC 槽板为原则。PVC 槽板内不允许有导线接头，以降低隐患，如必须接头时要加装接线盒。导线敷设到灯具、开关、插座等接头处时，要留出 150mm 左右的线头，用作接线。在配电箱和集中控制的开关板等处，按实际需要留足长度，并在线段做好统一标记，以便接线时识别。

7）固定盖板

固定盖板的方法是先将盖板的一端卡入底槽，在敷设导线的同时，边敷设导线边将盖板固定在底板上，如图 8-11 所示。

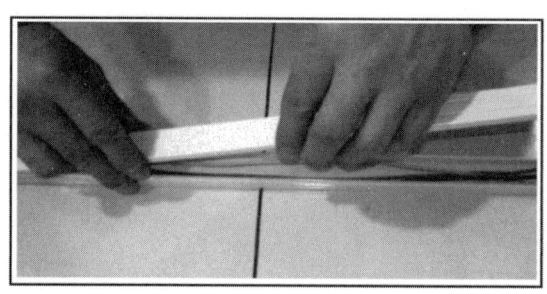

图 8-11　导线敷设及盖板固定

8.1.4　用配件安装线槽

为了让线槽布线更美观和方便，可采用配件来连接线槽。PVC 线槽常用的配件参见 3.5.3 节，这些配件在线槽布线的安装位置如图 8-12 所示。要注意的是，该图仅用来说明各配件在线槽布线时的安装位置，并不代表实际布线。配件安装线槽的其他操作同线槽拼接安装操作。

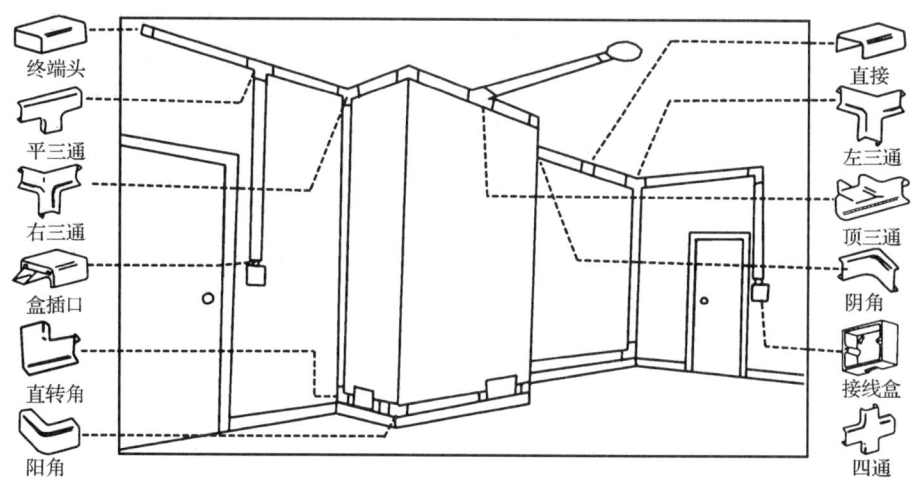

图 8-12　配件在线槽布线的安装位置

8.2 瓷夹板布线

瓷夹板布线采用瓷夹板来固定导线,其优点是布线费用低,安装和维修方便;其缺点是绝缘导线直接与建筑物接触,机械强度低且容易损坏。瓷夹板布线主要用于用电量小且干燥的场合。

8.2.1 瓷夹板的安装

瓷夹板如图 8-13 所示。在使用瓷夹板安装导线时,若墙壁是木质结构,则可直接用螺钉将瓷夹板固定;若墙壁是砖或水泥结构,则通常需要先在墙壁上安装木榫,再将瓷夹板固定在木榫上;若墙壁是砖结构,一般安装矩形木榫;若墙壁是水泥结构,则安装八角形木榫。矩形木榫和八角形木榫如图 8-14 所示。

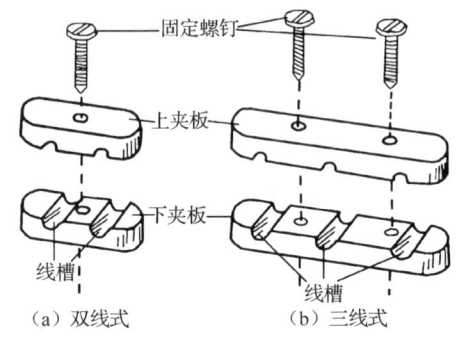

图 8-13 两种瓷夹板

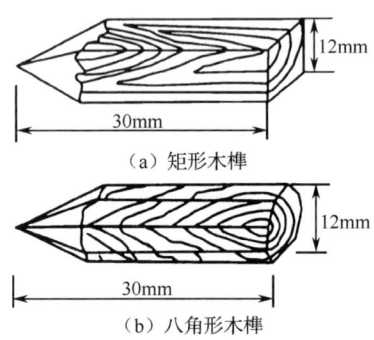

图 8-14 矩形木榫和八角形木榫

8.2.2 瓷夹板布线的步骤

瓷夹板布线的步骤见表 8-2。

表 8-2 瓷夹板布线的步骤

序号	步骤	图例	操作说明
1	打木榫		按图示沿布线走向每隔 80cm 左右在墙壁上钻孔并钉入木榫,各木榫间距应一致
2	固定瓷夹板		将瓷夹板用木螺钉轻轻固定在木榫上,如图所示,木螺钉暂不要拧紧,方便固定导线

续表

序 号	步 骤	图 例	操 作 说 明
3	固定导线	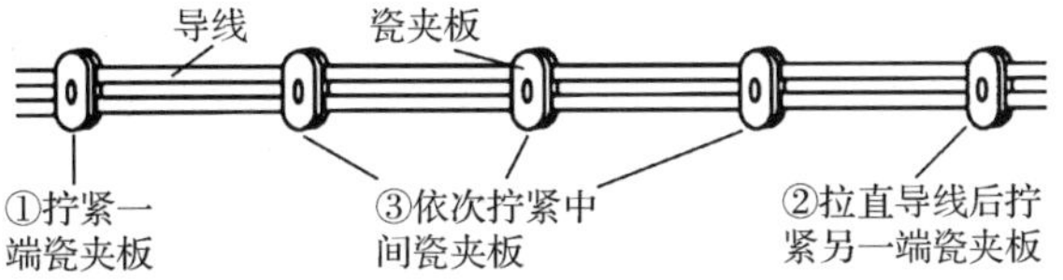 导线、瓷夹板；①拧紧一端瓷夹板；③依次拧紧中间瓷夹板；②拉直导线后拧紧另一端瓷夹板	将导线分别放入瓷夹板的线槽内，先拧紧一端瓷夹板，拉直导线后再拧紧另一端瓷夹板，最后依次拧紧中间各个瓷夹板，这样可以保持走线平直美观

8.2.3 瓷夹板布线的要点

瓷夹板布线的要点见表8-3。

表8-3 瓷夹板布线的要点

序 号	要 点	图 例	要 点 说 明
1	固定间距	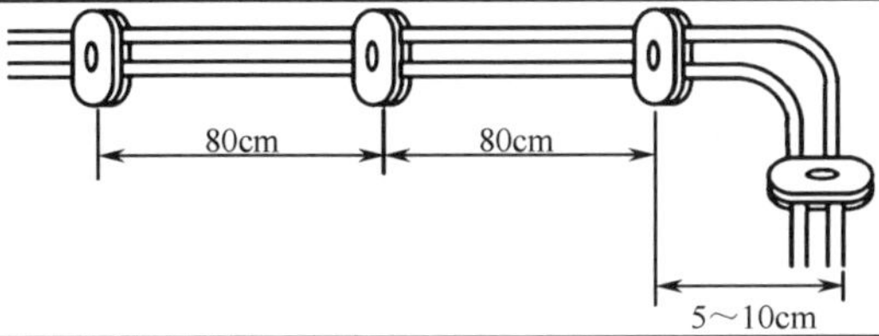 80cm 80cm 5～10cm	沿导线的走向每隔80cm安装一个瓷夹板，将导线压入瓷夹板的线槽内
2	导线拐角	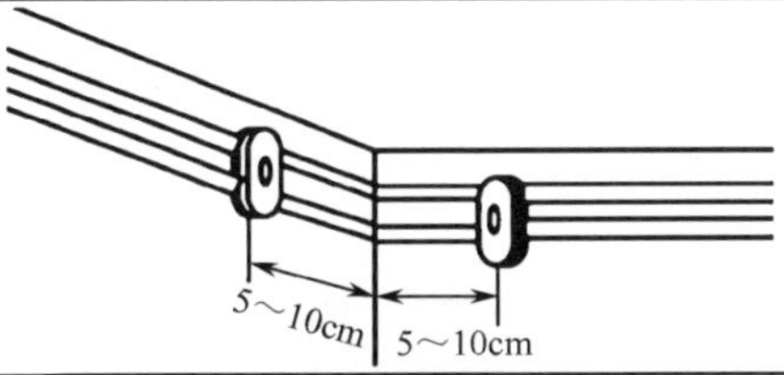 5～10cm 5～10cm	遇到导线拐弯时，应在拐弯处各安装一个瓷夹板，瓷夹板到拐弯处的距离为5～10cm
3	3根导线夹持	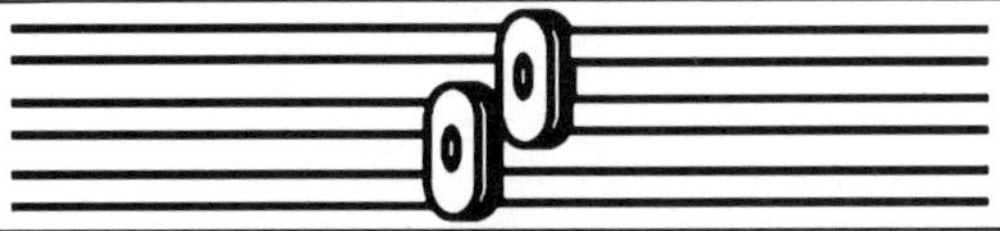	当有3根导线同行时，可使用三槽式瓷夹板，也可以使用双槽式瓷夹板
4	十字交叉	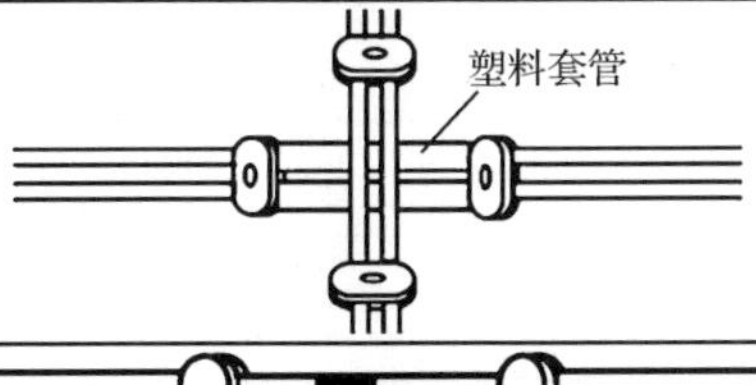 塑料套管	当导线出现交叉时，应在交叉处安装四个瓷夹板，并且在交叉的导线上套上硬塑料管
5	T形交叉	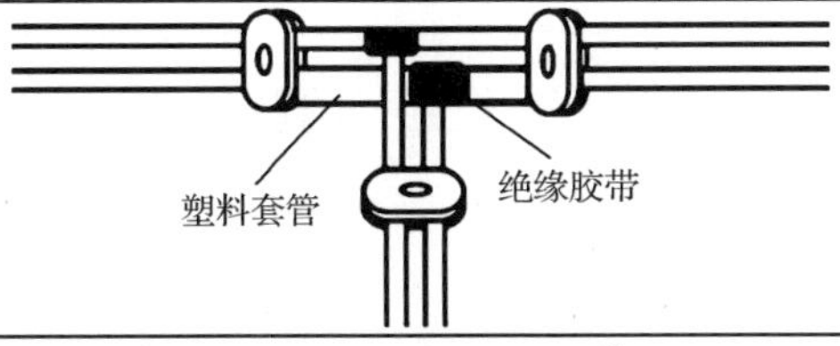 塑料套管 绝缘胶带	当导线以T形接分支时，应在分支处安装3个瓷夹板，并且在分支被跨过的导线上套上硬塑料管，塑料管的一端靠瓷夹板，另一端靠绝缘胶带
6	接线盒入口处	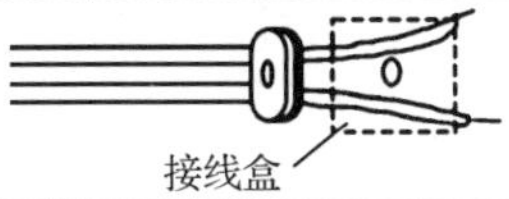 接线盒	导线进入接线盒前，在距离接线盒较近处安装一个瓷夹板，以增强接线的固定强度

8.3 护套线布线

护套线是一种带有绝缘护套的两芯或多芯绝缘导线，其具有防潮、耐酸、耐腐蚀和安装方便且成本低等优点，可以直接敷设在墙壁、空心板及其他建筑物表面，但护套线的截面积较小，不适合大容量用电布线。

8.3.1 主要施工材料

护套线布线施工所需的主要材料有铝片卡、塑料线钉、塑料护套线、水泥钉等。

1）铝片卡

铝片卡又称钢精轧片，有钉式与粘贴式两种，厚度为 0.35mm，其尺寸如图 8-15 所示，其尺寸及与塑料护套线的配用见表 8-4。

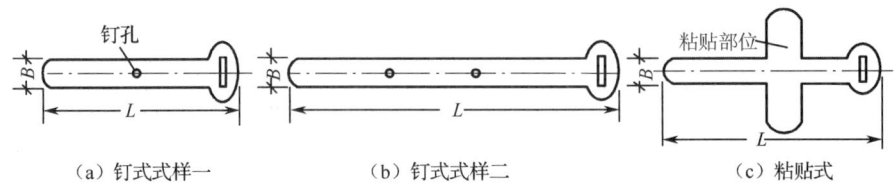

（a）钉式式样一　　　　　（b）钉式式样二　　　　　（c）粘贴式

图 8-15　铝片卡的尺寸

表 8-4　铝片卡尺寸及与塑料护套线的配用

规　格	长度 L/mm	条形宽 B/mm	配用塑料护套线的规格范围/mm²	
			双芯	三芯
0 号	28	5.6	0.75～1 单根	—
1 号	40	6	1.5～4 单根	0.75～1.5 单根
2 号	48	6	0.75～1.5 两根并装	2.5～4 单根
3 号	59	6.8	2.5～4 两根并装	0.75～1.5 两根并装
4 号	66	7	—	2.5 两根并装
5 号	79	7	—	4 两根并装

用铝片卡固定塑料护套线的缺点是牢固度差，工序多，施工比较费时，采用塑料线钉能克服这一缺点。

2）塑料线钉

塑料线钉又称塑料钢钉线卡，用于明敷电线、塑料护套线、电话线、闭路电视同轴电缆等。其外形规格尺寸参见 3.5.1 节。

塑料线钉的规格及与塑料护套线的配用见表 8-5。

表 8-5　塑料线钉的规格及与塑料护套线的配用

规　格	固定方式	配用塑料护套线的规格范围/mm^2
0 号	单边	1 双芯单根
1 号	单边	1.5 双芯单根
2 号	单边	2.5 双芯单根
3 号	双边	1 双芯两根并装
4 号	双边	1.5 双芯两根并装
5 号	双边	2.5 双芯两根并装

当需固定三芯护套线时，可选用大一挡的塑料线钉或用电工刀把塑料线钉的凹槽划去一些，但凹槽的宽度应等于或略小于护套线的宽度，以防护套线在线钉凹槽内晃动。

塑料护套线的规格参见 3.1.1 节。采用护套线进行室内布线时，对于铜芯导线，其截面积不能小于 1.5mm^2；对于铝芯导线，其截面积不能小于 2.5mm^2。

8.3.2　护套线铝片卡布线的步骤

护套线铝片卡布线的步骤如下：

1）定位

根据布置图先确定导线的走向和各个电器的安装位置，并做好记号。

2）画线

根据确定的位置和线路的走向用弹线袋画线。在需要走线的路径上，将弹线袋的线拉紧绷直，弹出线条，要做到横平竖直。

3）固定钢精轧片

（1）在木制结构上，可用铁钉固定铝片卡。将鞋钉插入轧片中央的小孔处，用榔头将钢精轧片固定在所需的位置上，如图 8-16 所示。

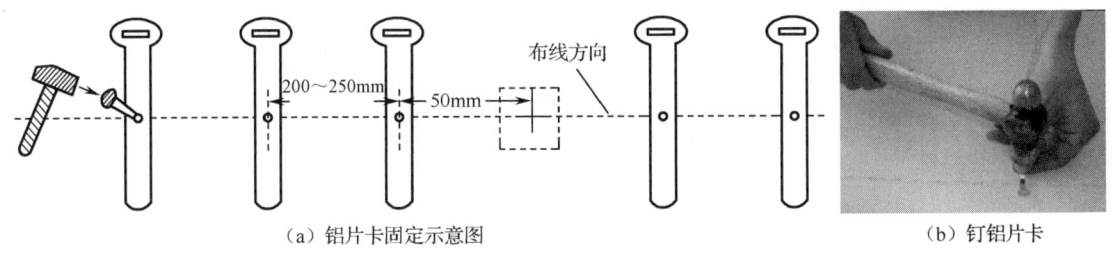

(a) 铝片卡固定示意图　　　　(b) 钉铝片卡

图 8-16　铝片卡固定

（2）在抹有灰浆的墙上，每隔 4～5 挡，进入木台和转角处需用小铁钉在木榫上固定钢精轧片，其余固定点可用小铁钉直接将铝片卡钉在灰浆上。

（3）在砖墙和混凝土墙上可用木榫或环氧树脂黏结剂固定铝片卡。在鞋钉无法钉入的墙面上，应凿眼安装木榫。

4）敷设导线

（1）将护套线按需要放出一定长度，用钢丝钳将其剪断，然后敷设。如果线路较长，可将线圈放在放线架上放线，也可一人放线，另一人敷设，如图 8-17 所示。对于较长的线路，可用绳子、钩架等将导线均匀地吊起来再进行敷设。

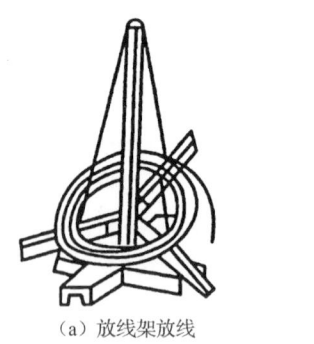 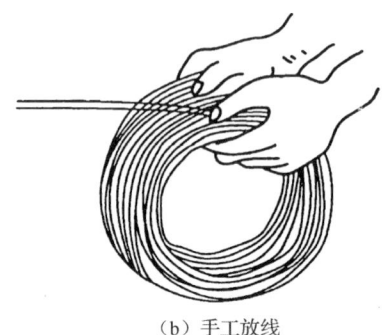

（a）放线架放线　　　　　　　　（b）手工放线

图 8-17　护套线放线

（2）不可使导线产生扭曲，放出的导线不得在地上拉拽，以免损伤导线护套层。护套线的敷设必须横平竖直。

（3）放线时若发现护套线有扭结、弯曲，应设法校直。校直导线可以用热风枪加热护套校直，也可以采用加外力直接校直。加外力直接校直有两种常见的做法：一种是将导线两端拉紧，用光滑的木柄或大螺丝刀的金属杆来回刮直；另一种是将导线穿入光滑的门拉手，来回拉护套线，将其校直。由于加外力直接校直的方法极易拉断芯线，故此法一般仅限于单股导线，对多股芯线一般不采用。

（4）敷设时用一只手拉紧导线，用另一只手将导线固定在钢精轧片上，在弯角处应按最小弯曲半径来处理，这样可使布线更美观，如图 8-18 所示。每夹持 4～5 个铝片卡后，应做一次调理，用螺丝刀柄等工具将护套线轻轻拍平、敷直，使导线紧贴墙面。垂直敷设时，应自上而下进行，借助导线重力，容易施工。

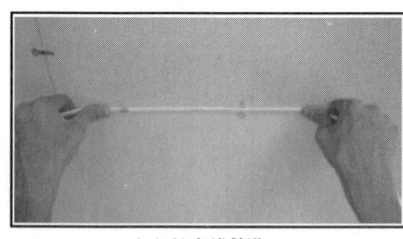 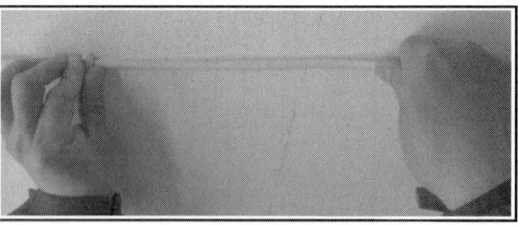

（a）护套线敷设　　　　　　　　（b）护套线收紧

图 8-18　护套线敷设及收紧

（5）敷设过程中，对于截面较粗的护套线，为了敷直，可在直线部分一端装一只瓷夹，一手拉紧另一端，一手用清洁纱团裹住护套线，用力将护套线勒直。也可在直线部分的两端各装一副瓷夹板，敷线时，先把护套线的一端固定在瓷夹板内，然后勒直并在另一端收紧护套线后固定在另一副瓷夹板中，用螺丝刀的金属部分来回勒紧护套线，最后把护套线依次夹入铝片卡中，如图 8-19 所示。瓷夹板夹持及收紧护套线如图 8-20 所示。

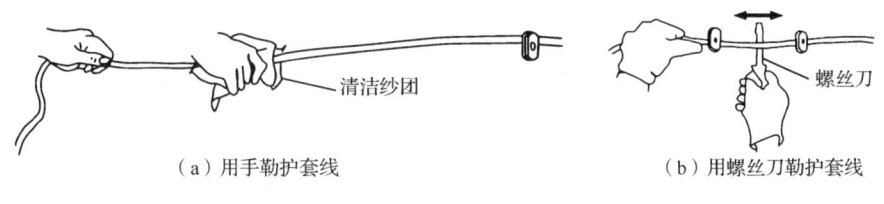

(a)用手勒护套线　　　　　　　　　(b)用螺丝刀勒护套线

图 8-19　勒直护套线

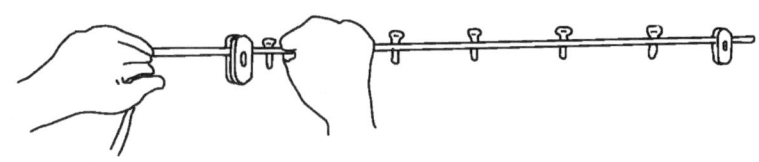

图 8-20　瓷夹板夹持及收紧护套线

（6）用塑料护套线布线，导线中间应避免接头，以免影响美观。如果有接头可用"走回头线"的方法解决，即把接头改在接线盒、灯具盒及开关盒中进行，如图 8-21 所示，但这种方法用线较多。

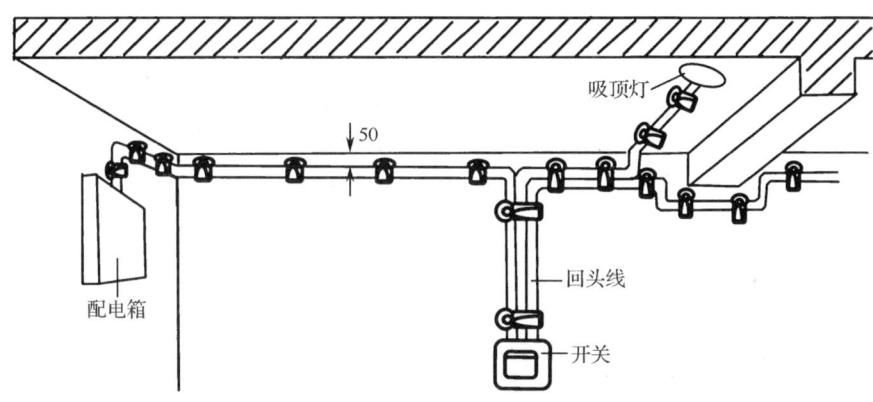

图 8-21　护套线接头及分支回路的连接

5）铝片卡的夹持

护套线均置于钢精轧片的定位孔后，将铝片卡收紧夹持护套线，铝片卡的夹持方法如图 8-22 所示。

(a)将铝片卡两端撬起

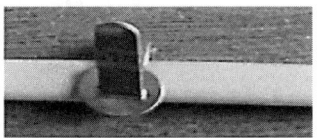

(b)将铝片卡尾端从孔中穿过

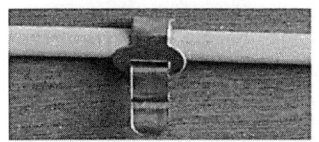

(c)拉紧尾端使铝片卡紧紧卡住导线

(d)将尾端多余部分折回压平

图 8-22　铝片卡的夹持方法

8.3.3 护套线铝片卡布线的要点

护套线铝片卡布线的要点见表8-6。

表8-6 护套线铝片卡布线的要点

序号	要点	图例（单位均为mm）	要点说明
1	固定间距	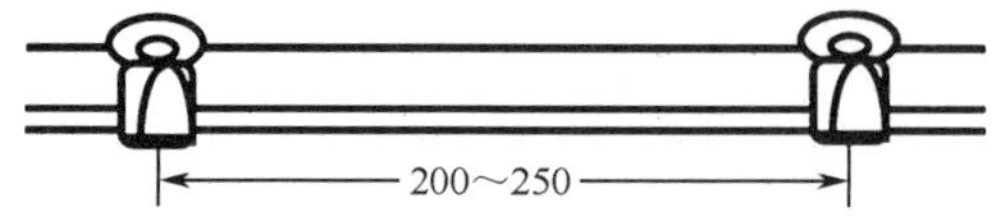	沿导线的走向每隔200~250mm安装一个铝片卡,将导线夹紧在铝片卡中
2	导线拐角	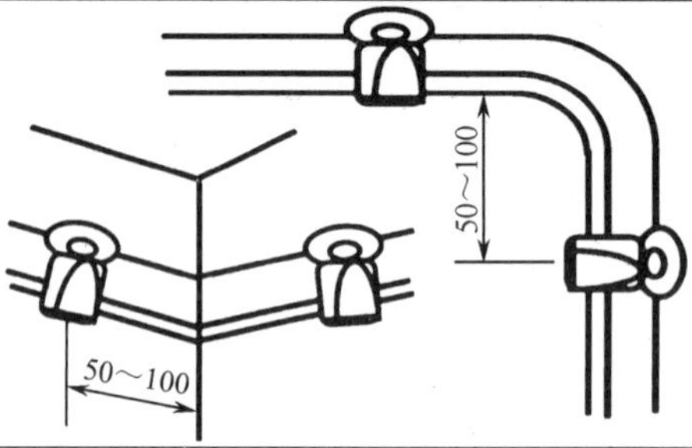	遇到导线拐弯时,应在拐弯处各安装一个铝片卡,铝片卡到拐弯处的距离为50~100mm
3	十字交叉	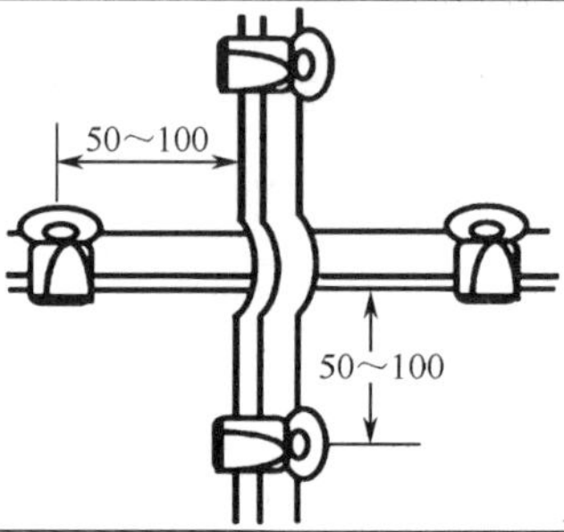	当导线出现交叉时,应在交叉处安装4个铝片卡,铝片卡距离交叉处50~100mm
4	接线盒入口处	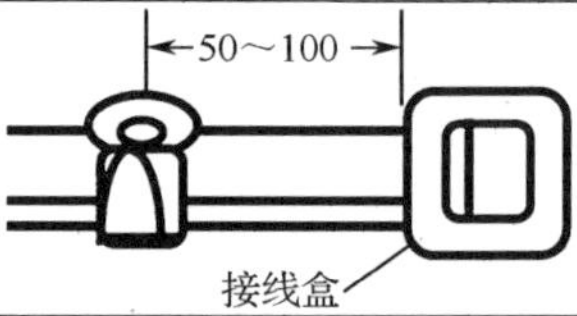	导线进入接线盒前,在距离接线盒50~100mm处安装一个铝片卡,用来增强接线的固定强度
5	穿墙管处	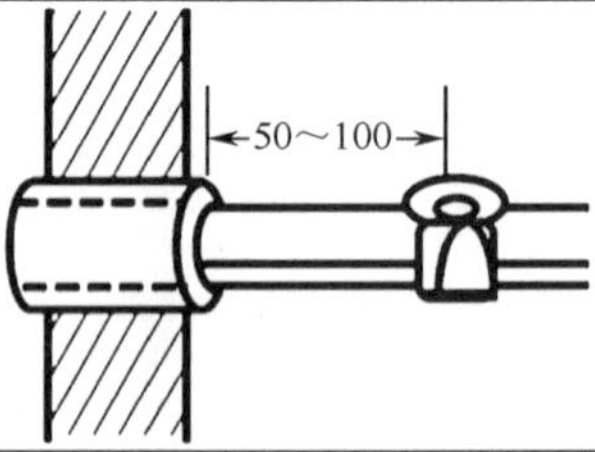	导线进入穿墙管前、后,在距离穿墙管50~100mm处安装一个铝片卡,用来增强接线的固定强度
6	多根线并行		在进行多根护套并行布线时,应将导线侧向并拢布线,并用铝片卡夹紧固定,使布线更美观

8.3.4 护套线塑料线钉布线

用塑料线钉进行塑料护套线配线较方便，使用较广泛。在定位及画线后进行敷设，其间距要求与钢精轧片塑料护套线配线相同，具体操作步骤如图 8-23 所示。

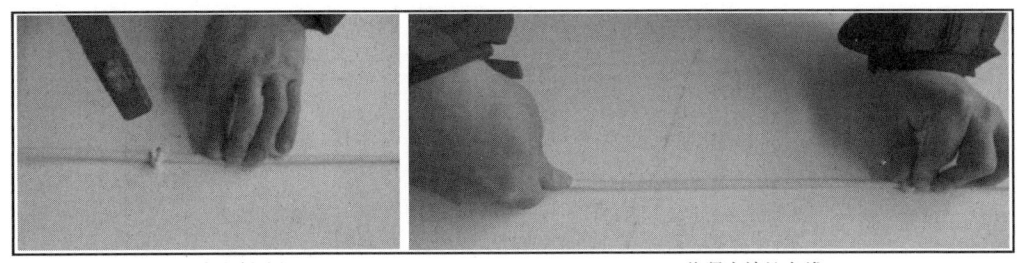

（a）固定塑料线钉　　　　　　　　　（b）收紧夹持护套线

图 8-23　护套线塑料线钉的固定方法

施工时，先将护套线展开、拉直，用塑料线钉套住护套后用锤子钉紧水泥钉固定。导线转弯时，转角半径应大于护套线外径的 3 倍（为 30~50mm），并在转弯部位适当增加线钉。

塑料线钉虽然固定力较大，但也不得过分加大线钉间距，以免日久被导线拉松。在护套线受力部位或护套线两端可先埋入木榫（混凝土墙除外），然后钉上线钉，这样做的结果是线钉即使受到较大的拉力也不会脱落。

进行两根或两根以上护套线并行敷设时，可以用单线卡逐根固定，也可用双线卡一并固定，如图 8-24 所示。布线中如需穿越墙壁，应给护套线加套保护套管。保护套管可用硬塑料管，并将其端部内口打磨圆滑。

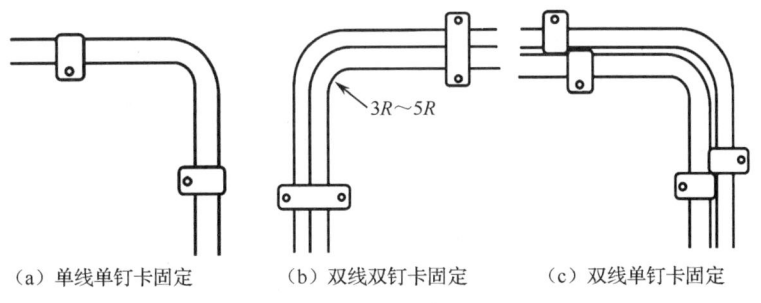

（a）单线单钉卡固定　　　（b）双线双钉卡固定　　　（c）双线单钉卡固定

图 8-24　护套线塑料线钉的固定方式

8.3.5 在预制楼板中敷设塑料护套线的做法

可以将塑料护套线或套塑料护层的绝缘导线直接穿入多孔预制板的孔内暗敷。这种做法施工方便，节省材料。

1. 注意事项

施工中应注意以下事项：
（1）穿线前将板孔内的积水、杂物清除干净。
（2）穿线时不应损伤导线的护套层。
（3）导线在板孔内不得有接头，接头应放在接线盒内，否则一旦接头处发生故障，就很难修理。

2. 方法步骤

具体施工方法如图 8-25 所示。

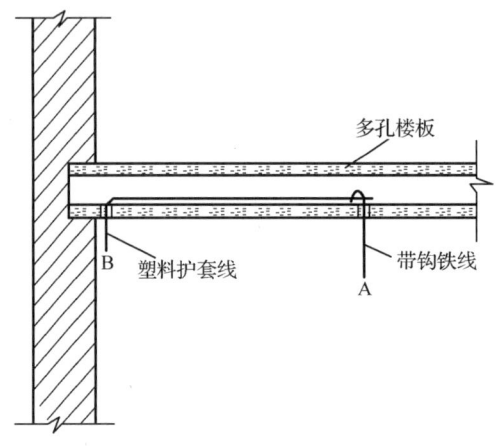

图 8-25　在预制楼板板孔内敷线的方法

图中，A 为灯座或吊扇吊钩等安装位置处所凿的孔，B 为墙根处引入导线的凿孔。

（1）凿孔。先找出凿孔位置：将预制板横向划分为 5 等分（预制板的宽度为 50cm）或 6 等分（预制板的宽度为 60cm），两条等分线的中间就是孔洞所在，应在此凿孔。预制板的宽度和位置可通过观察顶棚的裂缝（两块预制板之间由于伸缩引起）确定。凿孔大小以能安装弓板为准，孔边稍加修圆（去边棱）。

（2）敷线。将塑料护套线从 B 孔慢慢送入，护套线前端应弯一小圆弯，以免穿线时线头被板孔内的粗糙物阻挡，并从 A 孔内观察导线的穿过情况，当线头已到达 A 孔处时，用带钩铁丝将导线从孔内拉出，并留足线头的长度。

8.3.6　塑料护套线的布线要求

（1）塑料护套线不应直接敷设在吊板、护墙板、布幔角落内。在砂灰层内敷设要慎重。室外受阳光直射的场所，不应明敷塑料护套线。

（2）塑料护套线与接地导体或不发热管道等的紧贴交叉处，应加套绝缘保护管；敷设在易受机械损伤场所的塑料护套线，应增设钢管保护。

（3）塑料护套线的弯曲半径不应小于其外径的 3 倍；弯曲处护套和线芯绝缘层应完整无损伤。

（4）塑料护套线进入接线盒（箱）或与设备、器具连接时，护套层应引入接线盒（箱）内或设备、器具内。

（5）沿建筑物、构筑物表面明配的塑料护套线应符合下列要求：

① 应平直，不应松弛、扭绞和曲折。

② 应采用铝片卡或塑料线钉固定，固定点间距应均匀，其距离应为150～200mm（若用塑料线钉，此距离可增至 250～300mm）。

③ 在终端、转弯和进入盒（箱）、设备或器具处，均应装设线卡固定导线，线卡距终端、转弯中点、盒（箱）、设备或器具边缘的距离以 50～100mm 为宜。

④ 接头应设在盒（箱）或器具内，在多尘和潮湿场所应采用密闭式盒（箱），盒（箱）的配件应齐全，并可靠固定。

第 9 章 常用家装线路与电气设备安装的方法与技巧

【本章导读】

电气施工图与实际布线走向不尽相同,本章介绍将电气施工图转换为布线图的技能,以及常用电气设备的安装方法。学习本章,应重点掌握常用家装线路的排放及开关、插座的安装。

本章介绍照明线路开关控制的安装与排放,同时介绍开关、插座面板,配电箱,弱电箱,灯具等的安装。

【学习目标】

① 掌握照明线路开关控制的安装与排放;
② 掌握开关、插座面板的安装;
③ 掌握网络、电视插座、插头等的安装及制作;
④ 掌握浴霸的安装预埋。

9.1 照明线路开关控制的安装与排放

根据不同场合的要求,照明线路的控制方式有多种,常见的开关控制有一地控制、两地控制和多地控制。

9.1.1 一地控制

所谓一地控制是指用一只开关控制一只照明设备或一组照明设备,或者多联开关分别控制多只照明设备。一地控制典型电路如图 9-1 所示。

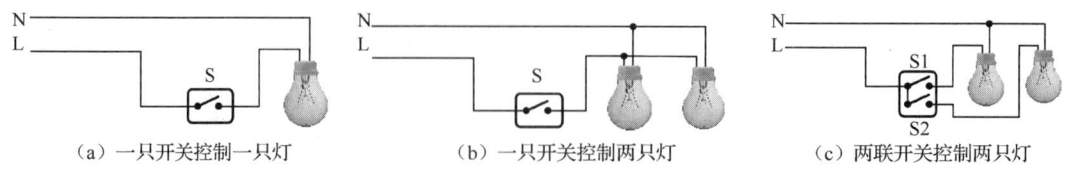

(a)一只开关控制一只灯　　(b)一只开关控制两只灯　　(c)两联开关控制两只灯

图 9-1　一地控制典型电路

不同的布线形式，照明线路的排放不同。暗装布线时，如线路走顶棚，电源一般先进灯具盒，如线路走地，电源一般先进开关接线盒；明装布线时，电源一般先进开关接线盒。

（1）电源先进灯具盒线路的排放如图 9-2 所示。

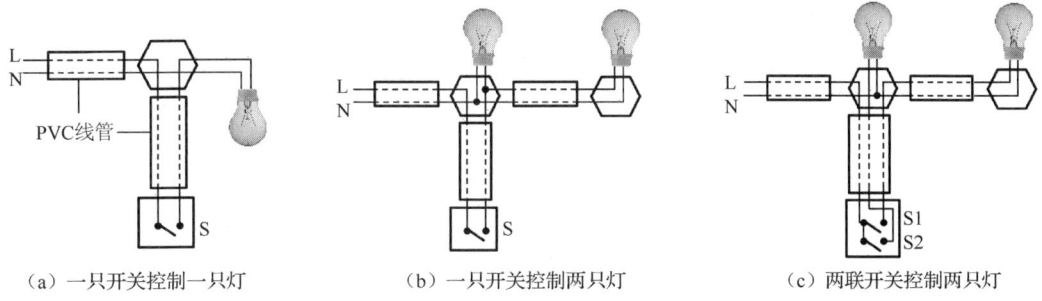

图 9-2　一地控制电源先进灯具盒线路的排放

（2）电源先进开关接线盒线路的排放如图 9-3 所示。

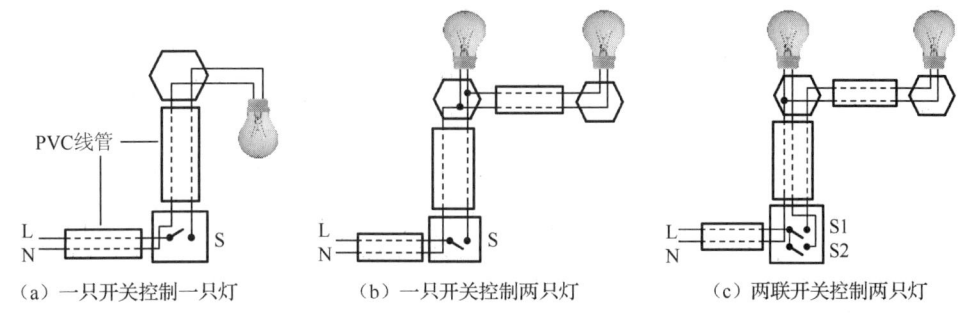

图 9-3　一地控制电源先进开关接线盒线路的排放

9.1.2　两地控制

两地控制又称双控，是指在两个不同地点控制一只或一组照明设备，这种方式在家装线路中较常用。典型的两地控制电路如图 9-4 所示。

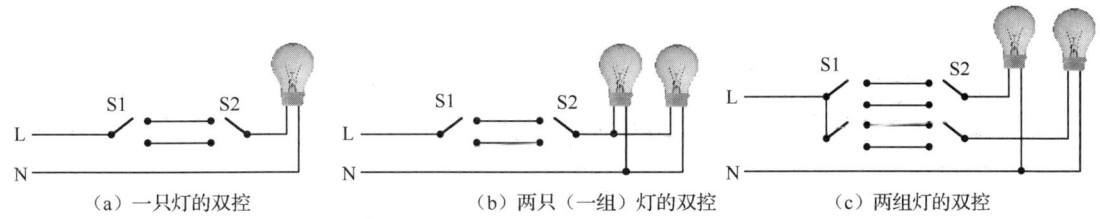

图 9-4　典型的两地控制电路

（1）电源先进灯具盒、火线先进 S1 的线路排放如图 9-5 所示。

（2）电源先进灯具盒、火线先进 S2 的线路排放如图 9-6 所示。

（3）电源先进开关接线盒、火线先进 S1 的线路排放如图 9-7 所示。

（4）电源先进开关接线盒、火线先进 S2 的线路排放如图 9-8 所示。

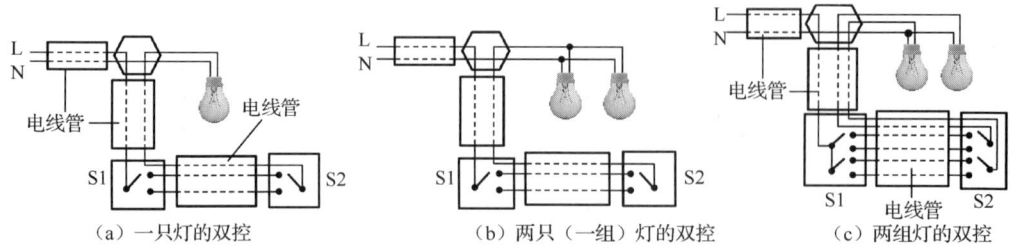

图 9-5　电源先进灯具盒、火线先进 S1 的线路排放

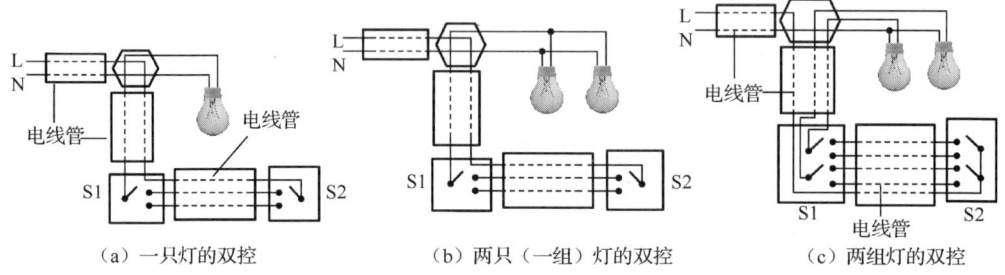

图 9-6　电源先进灯具盒、火线先进 S2 的线路排放

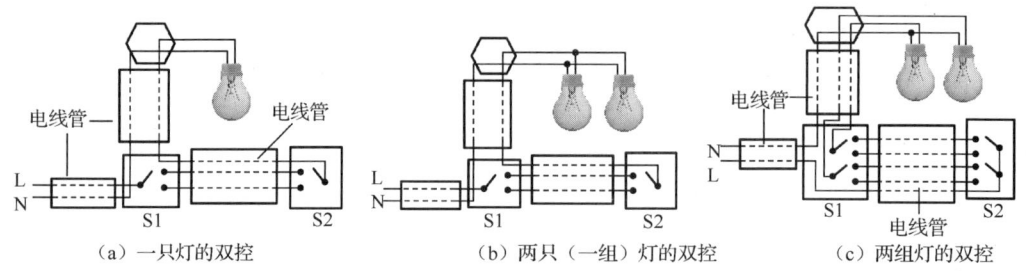

图 9-7　电源先进开关接线盒、火线先进 S1 的线路排放

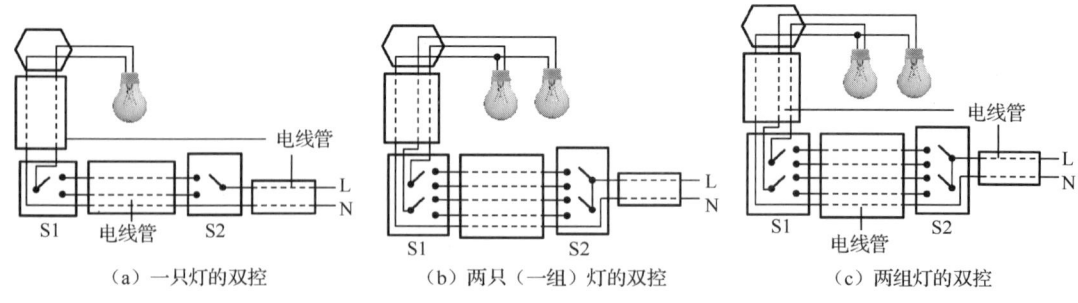

图 9-8　电源先进开关接线盒、火线先进 S2 的线路排放

9.1.3　多地控制

多地控制线路是指在双控的基础上通过增加中途开关来增加控制点，每增加一个控制

点，在两只双控开关之间增加一只中途开关，这种情况在家装中不常见。多地控制的典型电路如图 9-9 所示。

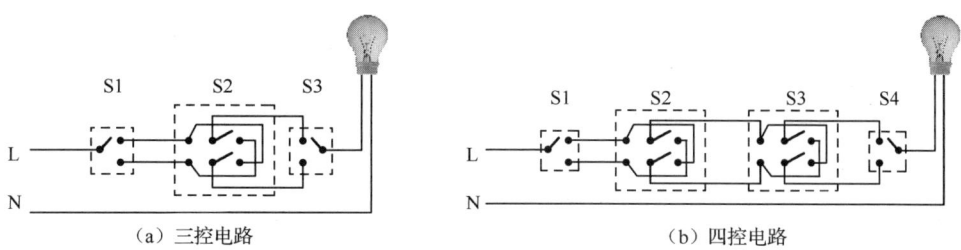

图 9-9　多地控制的典型电路

（1）多地控制电源先进灯具盒的线路排放如图 9-10 所示。

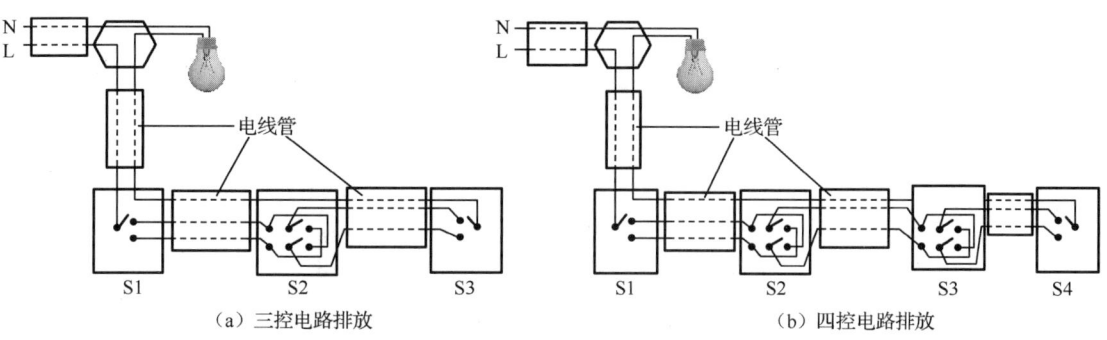

图 9-10　多地控制电源先进灯具盒的线路排放

（2）多地控制电源先进开关 S1 接线盒的线路排放如图 9-11 所示。

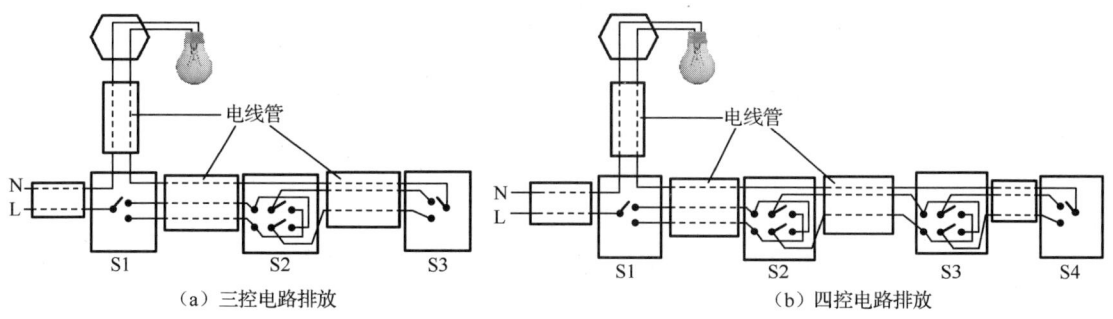

图 9-11　多地控制电源先进开关 S1 接线盒的线路排放

（3）多地控制电源先进开关 S3（S4）接线盒的线路排放如图 9-12 所示。

根据实际情况，多地控制布线的电源可以由中途开关接线盒接入；灯具盒也可以从中途开关接线盒接入。双控开关及中途开关结构见表 3-34，双控开关接线端子的对应关系如图 9-13 所示；多地控制电路中的中途开关与两组双控开关须交叉连接，中途开关接线端子的对应关系及交叉接线方法如图 9-14 所示。

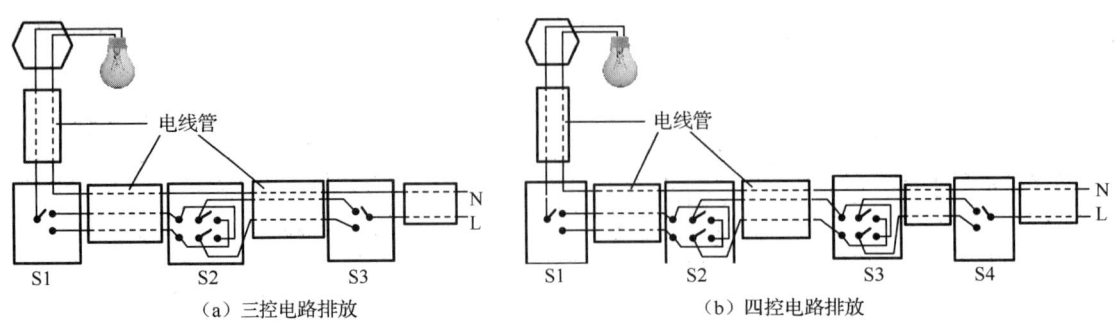

(a) 三控电路排放　　　　　　　　　(b) 四控电路排放

图 9-12　多地控制电源先进开关 S3（S4）接线盒的线路排放

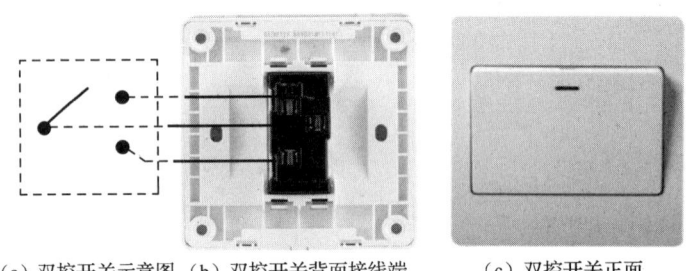

(a) 双控开关示意图　(b) 双控开关背面接线端　　(c) 双控开关正面

图 9-13　双控开关接线端子的对应关系

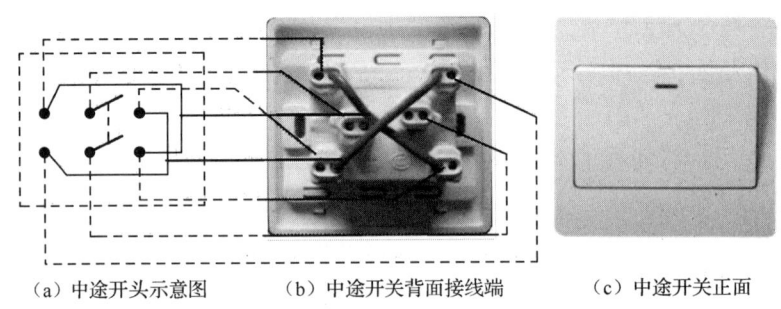

(a) 中途开头示意图　　(b) 中途开关背面接线端　　(c) 中途开关正面

图 9-14　中途开关接线端子的对应关系及交叉接线方法

9.2　开关、插座面板的安装

9.2.1　开关、插座面板的结构及拆解方法

为了美观，现在开关、插座面板的安装螺钉均为隐藏式，安装时必须将面板拆开才能安装，因此需要了解开关、插座面板的结构及拆解方法。

(1) 开关的结构及安装示意图如图 9-15 所示。

第9章 常用家装线路与电气设备安装的方法与技巧

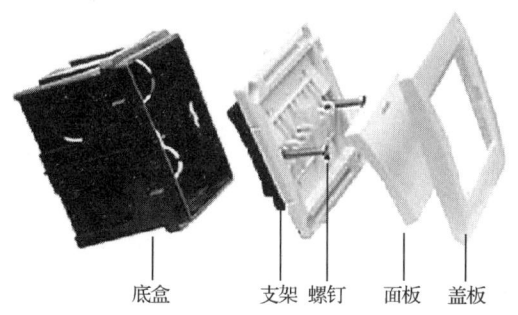

图 9-15 开关的结构及安装示意图

（2）开关、插座盖板的结构拆解如图 9-16 所示。

图 9-16 开关、插座盖板的结构拆解图

开关、插座的安装支架有塑料与铁板两类，盖板都是通过卡扣扣在支架上的，用一字螺丝刀在盖板四周的缝隙处（一般每边中间有个小缺口）轻轻撬动，即可拆下盖板。

9.2.2 开关、插座面板的安装步骤

开关、插座面板的安装步骤见表 9-1。

表 9-1 开关、插座面板的安装步骤

序 号	操 作	图 例	说 明
1	开关、插座和配件的准备		在安装前，需要检查开关、插座产品是否为正规品牌产品，最好检查一下产品的真伪。还需看产品安装配件是否准备齐全，如金属膨胀螺栓、塑料胀管、镀锌螺钉等

215

续表

序 号	操 作	图 例	说 明
2	安装工具的准备	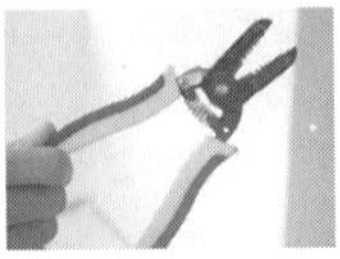	安装前需要准备好专门的安装工具，如用于测量确定位置和高度的尺或铅锤等，钻孔用的电钻，以及安装时用的试电笔、绝缘手套、剥线钳、螺丝刀、锡炉、胶带等
3	安装条件的准备	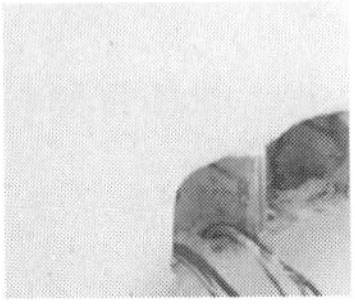	安装开关插座需要满足一定的作业条件，要求在墙面刷白、油漆等装修工作均完成后才开始，并且电路管道、盒子均已敷设完毕，并完成绝缘检测。作业时要保证天气晴朗，房屋干燥通风，切断配电箱电源
4	清洁底盒	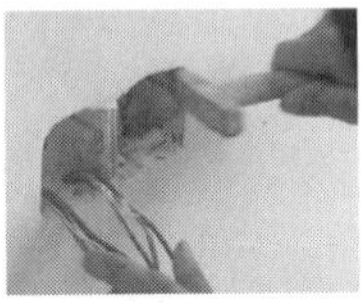	开关、插座安装在木工、油漆工等之后进行，而久置的底盒难免堆积大量灰尘，在安装时先对开关、插座底盒进行清洁，特别是将盒内的灰尘杂质清理干净，并用湿布将盒内残存灰尘擦除。这样做可防止特殊杂质影响电路使用
5	处理电源线	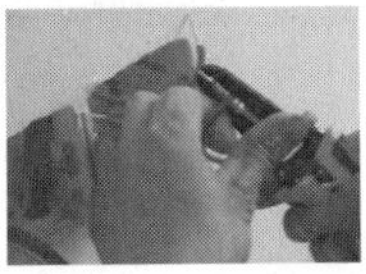	将盒内预留的导线留出维修长度，然后削出线芯，注意不要碰伤线芯
6	连接导线	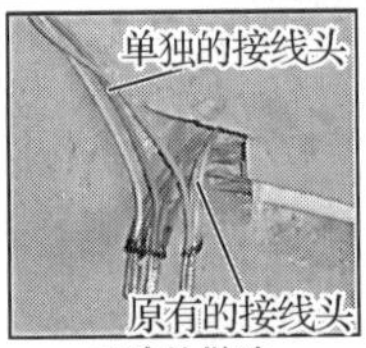 单独的接线头 原有的接线头 正确的做法 　错误的做法1 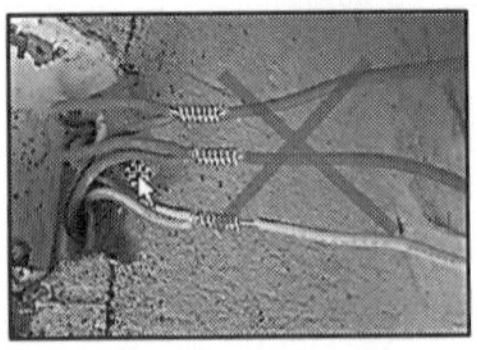 错误的做法2	并头绕线并将导线刷锡、做好绝缘恢复，操作规范参见5.2节及5.6节。需要注意的是，单独用一条长为15cm左右的同颜色的短线，与所接导线并头作为开关、插座的接线，不能将原有导线并在一起直接作为开关、插座的接线。图中用原有的接头中较长线作为开关接线，也是不合适的，使用这种接法，开关接线很容易在并线处折断
7	取下面板盖板	 一字螺丝刀	用一字螺丝刀轻轻沿盖板四周缝隙撬动，即可撬下开关、插座面板的盖板

序号	操作	图例	说明
8	面板接线	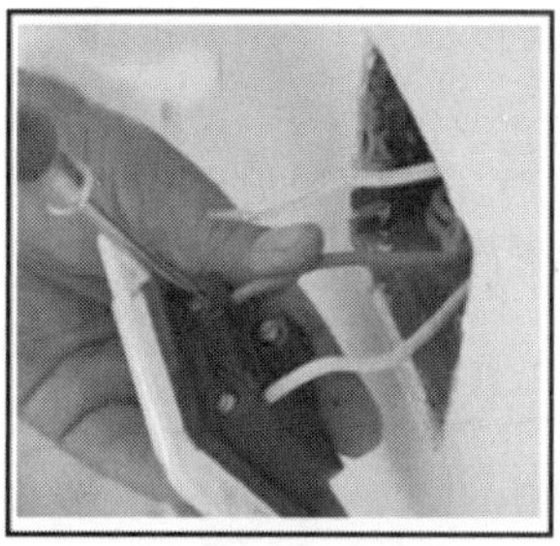 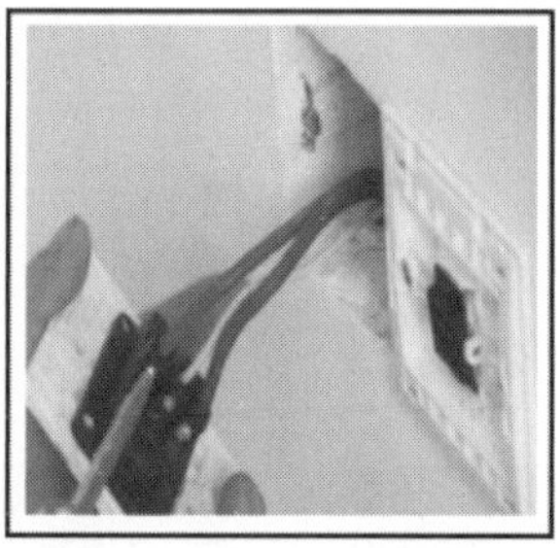	火线接入开关两个孔中的一个，再从另一个孔中接出；插座的L孔接火线，零线接入N孔内，地线接入E孔内。若零线与地线错接，使用电器时会出现跳闸现象
9	固定面板	 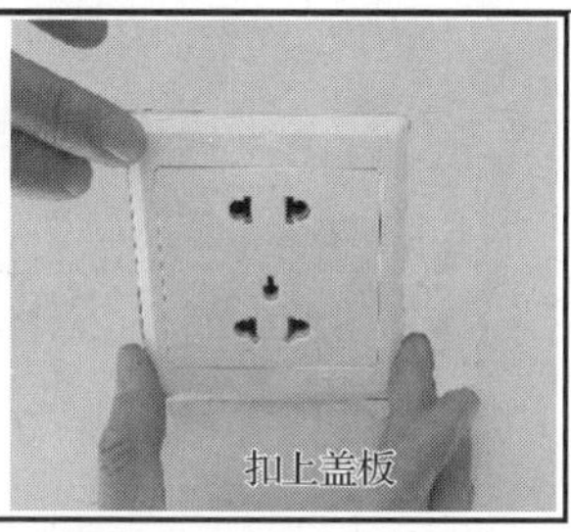 安装固定螺钉　　扣上盖板	将开关或插座贴于墙面，找正并用螺钉固定，盖上装饰板
10	检测验收	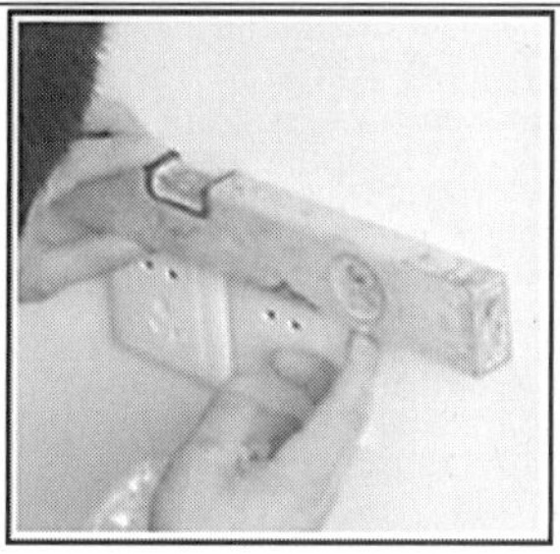 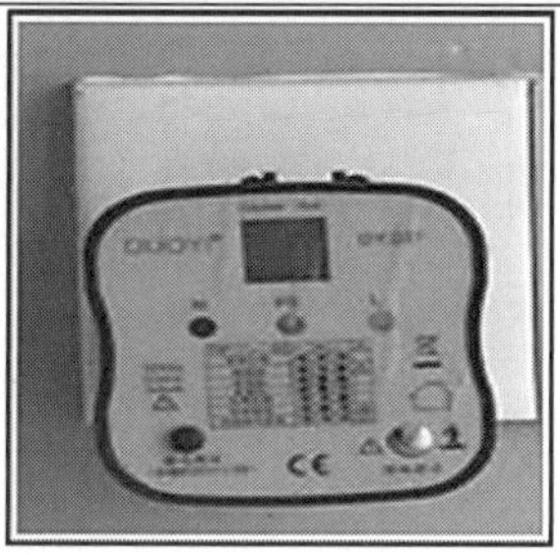	用水平尺检测面板是否找正，在开关、插座全部安装完成后，通电用插座检测仪检测插座的接线是否正确

9.3 配电箱的安装

1. 配电箱的安装高度

（1）地下室照明箱明装底边距地1.5m。
（2）在走道安装的照明及配电箱底边距地1.7m，控制箱的安装高度为中心距地1.5m。
（3）挂墙明装的配电箱中心距地1.3m（箱体高度小于0.8m）或1.5m（箱体高度大于0.8m）。

2. 箱体的安装

（1）剪力墙内暗装配电箱时，要先用比配电箱稍大的预留洞口。
（2）安装配电箱体时必须拆除配电箱的门面板。
（3）电气配管时，应将配电箱的电源、负载管由左至右排列整齐，安装配电箱箱体时，应按需要打掉箱体敲落孔的压片，当箱体敲落孔的数量不足或孔径与配管管径不相吻合时，可使用开孔器开孔。

（4）明装配电箱时采用金属膨胀螺栓的方法进行安装。

（5）安装配电箱时应横平竖直，在箱体放置后要用水平尺找好箱体的垂直度，使其符合规定。

（6）当箱体高度为 500mm 以下时，箱体垂直度的允许偏差不应大于 1.5mm；当箱体高度为 500mm 以上时，箱体垂直度的允许偏差不应大于 3mm。配管入箱应顺直，露出长度小于 5mm，如图 9-17 所示。

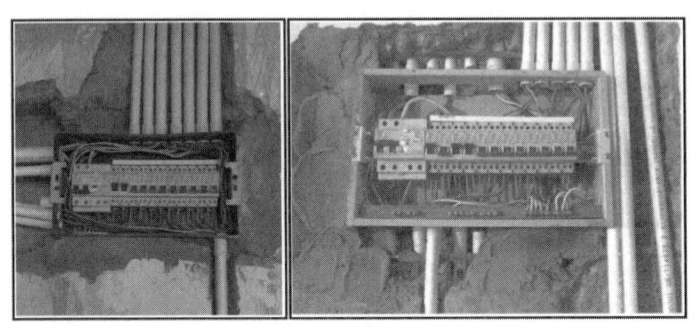

图 9-17　配电箱的箱体安装

（7）配电箱的面板四周边缘要紧贴墙面，不能缩进抹灰层，也不能突出抹砂层。

3. 配电箱线路的安装

配电箱线路的安装见表 9-2。

表 9-2　配电箱线路的安装

序号	安装操作	图　例	说　明
1	安装导轨		安装导轨时，导轨要水平，并与盖板空开操作孔相匹配，一般处在竖直方向中间位置
2	安装空气开关		① 安装空开时，首先要注意箱盖上空开安装孔位置，保证空开位置在箱盖预留位置 ② 要从左向右排列 ③ 总隔离开关与空开之间应预留一个空开的位置，用于隔离开关出线至空开进线布线 ④ 隔离开关及空开等所有设备的电源线均应按上进下出的原则规范安装

续表

序号	安装操作	图例	说明
3	零线配线	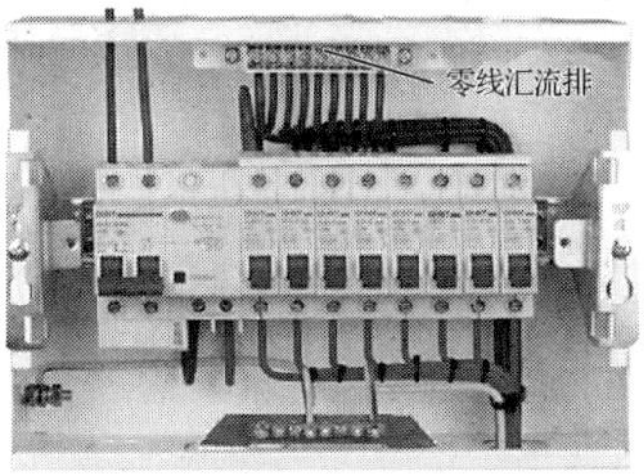 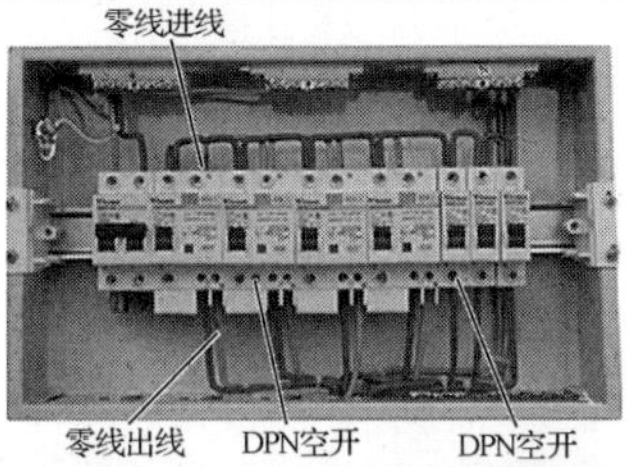	① 零线要采用蓝色 ② 箱体内总空开与各分空开之间配线一般走左侧，配电箱出线一般走右侧 ③ 1P 空开，零线不经过空开，各支路的所有零线接至零线汇流排，如上图所示 ④ DPN 空开，零线需经过空开，如下图所示 ⑤ 1P 空开与 DPN 空开（或 2P 空开）可以根据系统要求混合安装在同一配电箱，如下图所示
4	PE 线配线	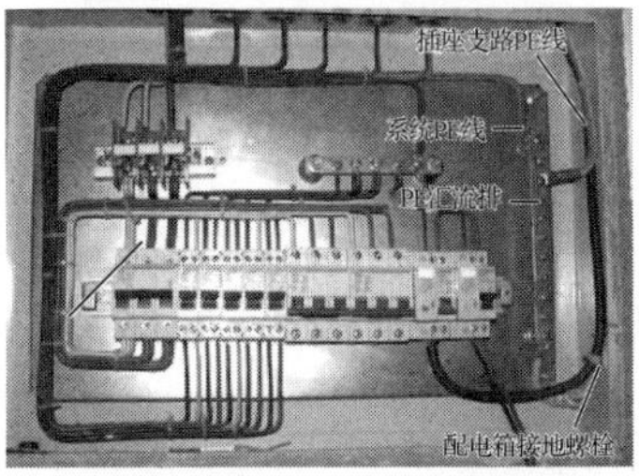	① 插座支路的 PE 线接至 PE 汇流排 ② 配电箱的接地螺栓必须接至 PE 汇流排 ③ PE 汇流排必须可靠接到供电系统的 PE 线上
5	火线配线	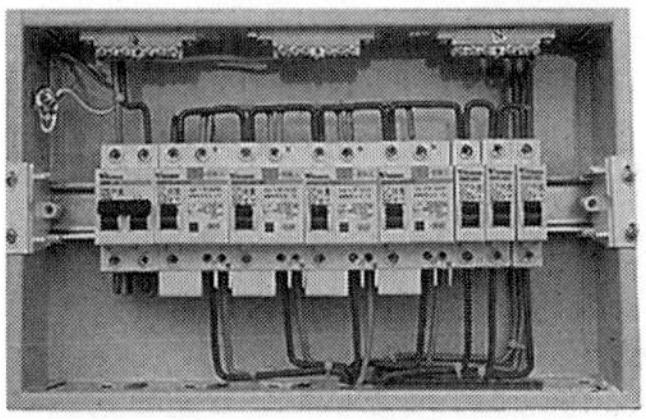	火线（相线）由隔离开关上端进，经隔离开关下端出来，再折回上方（可从前面的预留位折向上方），用跨接线依次将空开的进线端串接起来。DPN 空开的零线也按此方式连接。空开下端出线分别与对应支路的相应线连接好
6	导线绑扎	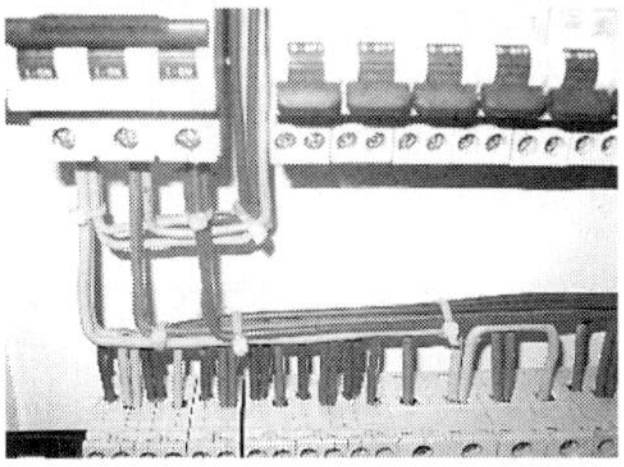	① 导线要用塑料扎带绑扎，扎带大小要合适，间距要均匀，一般为 100mm ② 扎带扎好后，不用的部分要用钳子剪掉

注：配电箱内接线应整齐美观、安全可靠，管内导引入盘面时应理顺，并沿箱体周边成把成束地布置。导线与器具连接，接线位置要正确，连接要牢固紧密，不伤芯线。压板连接时，压紧无松动；螺栓连接时，在同一端子上的导线不超过 2 根，防松垫圈等配件要齐全。安装完毕配电箱后，应清理干净其内部的杂物。

4. 配电箱其他设备的应用

1）汇流排的应用

空开电源进线可以用跨接线串接，也可以使用专用汇流排串接，使空开的配线更美观，连接更可靠。汇流排的结构及使用见表9-3。

表9-3 汇流排的结构及使用

内容	图例	说明
结构	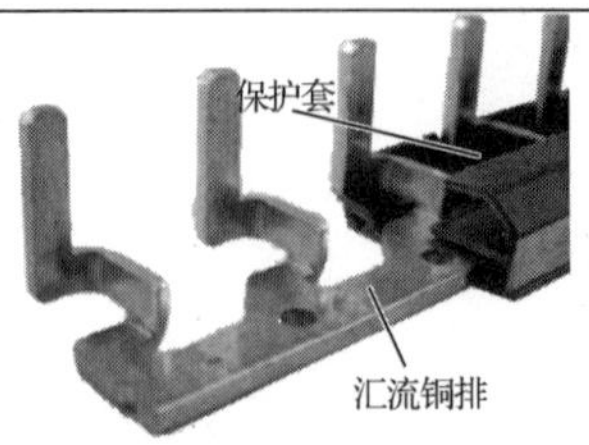 保护套、汇流铜排、1P空开汇流排；两排彼此绝缘、压接爪、2P空开汇流排 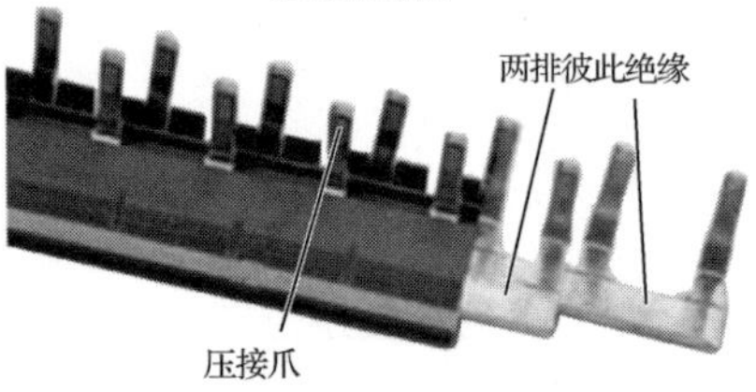	汇流排有 1P、2P、3P 规格，但其汇流铜排是相同的，只是保护套不同，1P、2P、3P 分别有 1、2、3 个绝缘格。2P 汇流排也可应用于 DPN 空开，但要移动铜排使压接爪与空开间距对应
截取汇流排	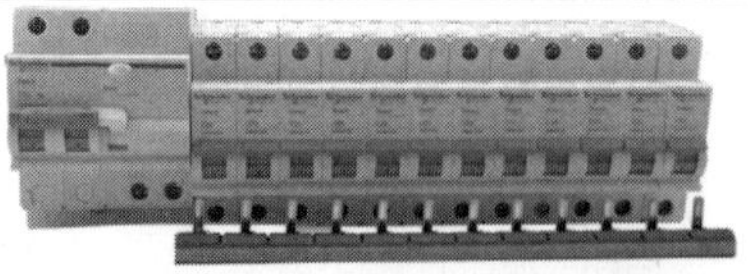	截取与空开数量相对应的、长度与配电箱额定电流对应的汇流排
插接汇流排	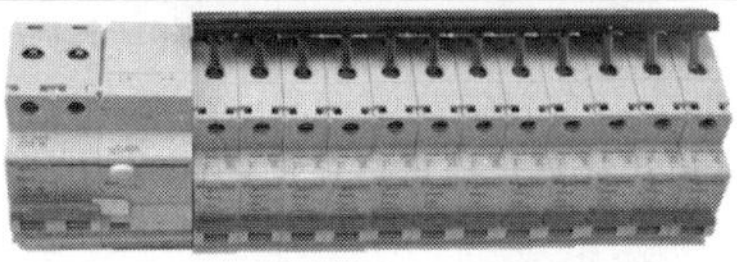	松开各空开的压接螺钉，将汇流排的压接爪插入空开的进线接线孔
压紧螺钉	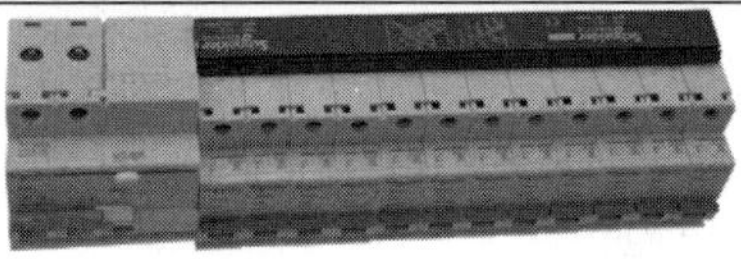	锁紧各空开接线孔的压接螺钉，并将隔离开关的出线中的火线压接至第一个空开接线孔中

2）过电压、欠电压及过欠电压脱扣器

供电系统故障而出现过电压、欠电压对家用电器会造成危害，在过电压、欠电压时及时使其隔离开，可以有效保护家用电器的安全。过电压、欠电压脱扣器的性能参数见表9-4。

表9-4 过电压、欠电压脱扣器的性能参数

名称	代号	用途	额定工作电压/V	动作电压/V
过电压脱扣器	MV	当电源电压上升到 270（1±5%）V 时，使断路器脱扣，从而实现线路过电压保护	230	270（1±5%）
欠电压脱扣器	MN	当电源电压下降为（0.35～0.75）U_e 时，使断路器脱扣，从而实现线路欠电压保护	230	170±7
过电压、欠电压脱扣器	MV+MN	当电源电压上升到 270（1±5%）V 或下降为（0.35～0.75）U_e 时，使断路器脱扣，从而实现线路过电压或欠电压保护	230	过电压：270（1±5%） 欠电压：170±7

过电压、欠电压脱扣器的安装示意图如图 9-18 所示。

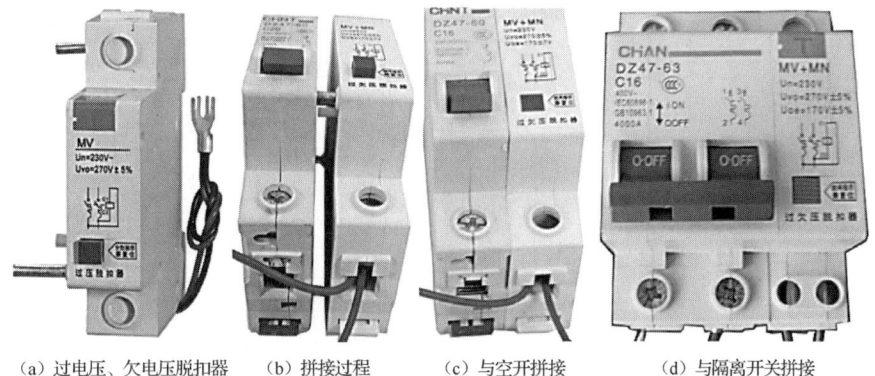

(a) 过电压、欠电压脱扣器　　(b) 拼接过程　　(c) 与空开拼接　　(d) 与隔离开关拼接

图 9-18　过电压、欠电压脱扣器的安装示意图

过电压、欠电压脱扣器的外形基本相同，可以与空开、隔离开关拼接，但要注意的是，过电压、欠电压脱扣器不是通用设备，不同品牌空开、隔离开关的结构不尽相同，所配用的过电压、欠电压脱扣器与空开、隔离开关的品牌是对应的。拼接时用尖嘴钳把空开右边的旋钮盖自右向左旋转 90°并取下；拼装位置有左拼装的，也有右拼装的，具体拼装方法参阅产品说明书。

脱扣器电源线接隔离开关或空开电源进线端，其中，红色接火线，蓝色接零线，也可以接隔离开关的出线端。

3）浪涌保护器

浪涌保护器也称防雷器。雷电的破坏力极大，仅靠外部防雷（避雷针等）是不够的，因此家庭配电箱应加装浪涌保护器，在雷雨天保护家用电器免受雷击危害。浪涌保护器及安装接线如图 9-19 所示。

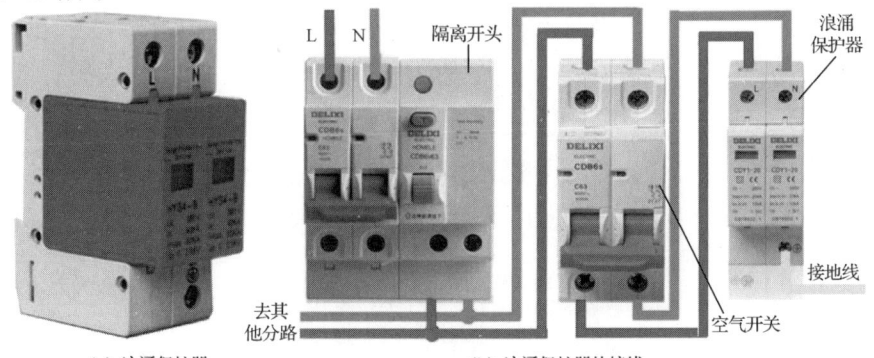

(a) 浪涌保护器　　　　　　　　(b) 浪涌保护器的接线

图 9-19　浪涌保护器及安装接线

浪涌保护器与隔离开关出线端并接，中间串接一只 10～32A 的空气开关，防止浪涌保护器失效使总开关非正常脱扣而影响其他线路供电，也可在非雷雨季节切断浪涌保护器。接地线使用 $4mm^2$ 以上的双色导线，长度不得超过 500mm。

只要浪涌保护器安装得当即可自动对电网进行保护。运行中要定期检查，如模块标牌发红，同时熔断器的指示红灯亮，应及时更换失效元器件。

典型配电箱配线示意图如图 9-20 所示，过电压保护、欠电压保护、漏电保护、浪涌保护等配备齐全，并使用了汇流排。

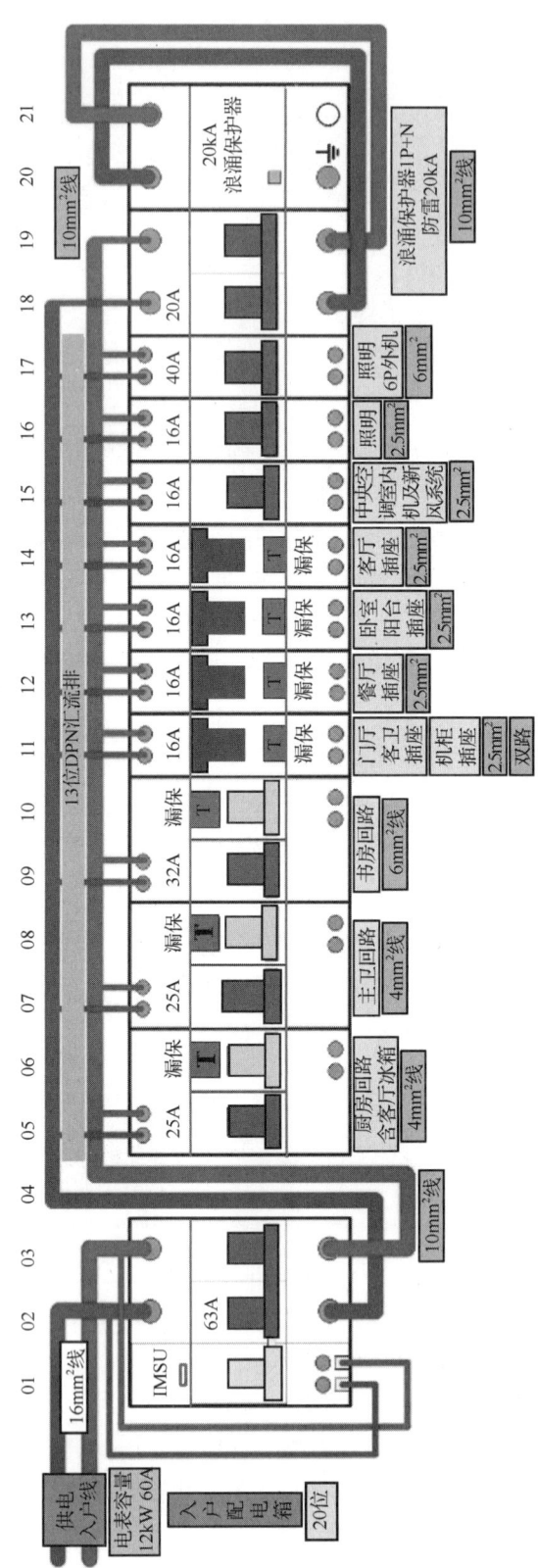

图 9.20 典型配电箱配线示意图

典型配电箱的实际安装如图 9-21 所示。

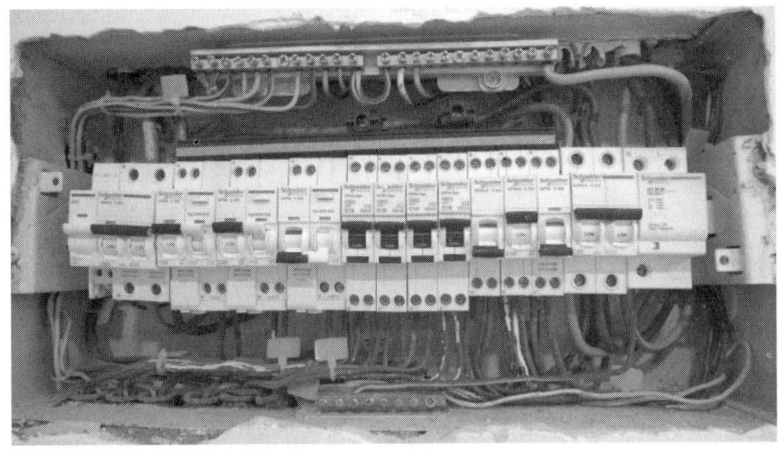

图 9-21　典型配电箱的实际安装图

9.4　弱电箱的安装

1. 弱电箱的连接模式

弱电箱是家装网络、电话、电视、安防等弱电信号的集中分配点，家庭弱电箱常用的 3 种模式连线如图 9-22～图 9-24 所示。

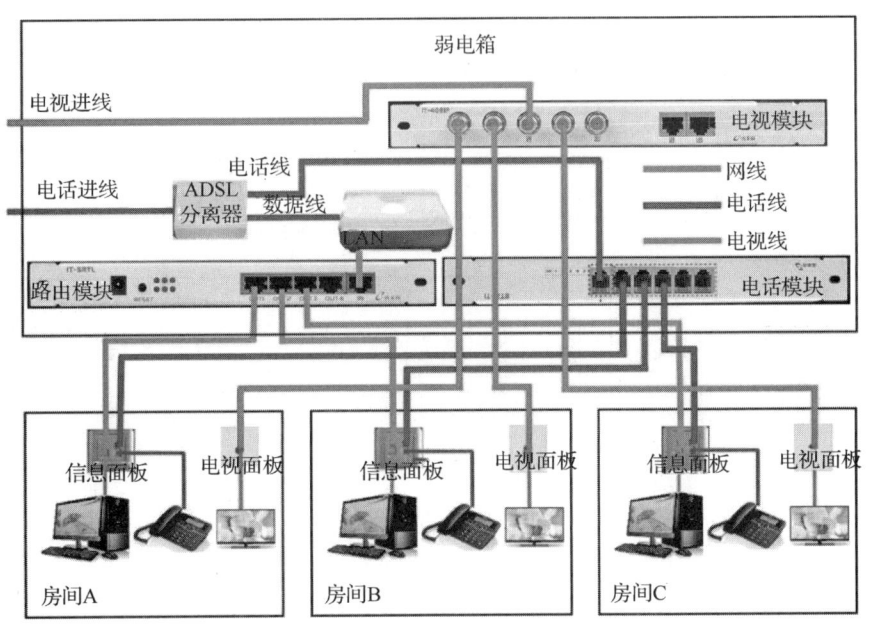

图 9-22　电话线 ADSL 入户弱电箱连接示意图

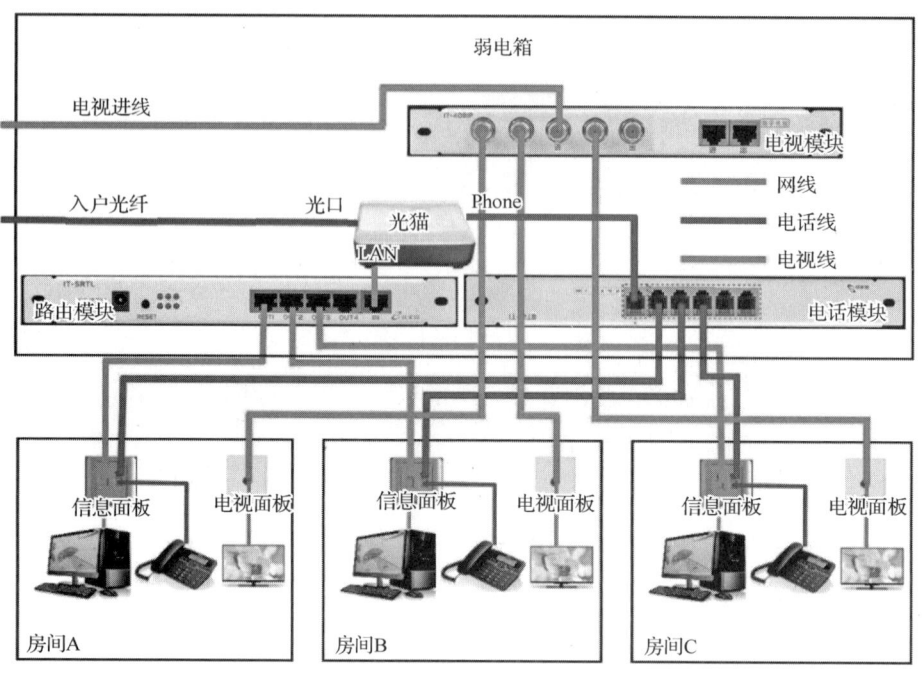

图9-23　光纤入户弱电箱连接示意图

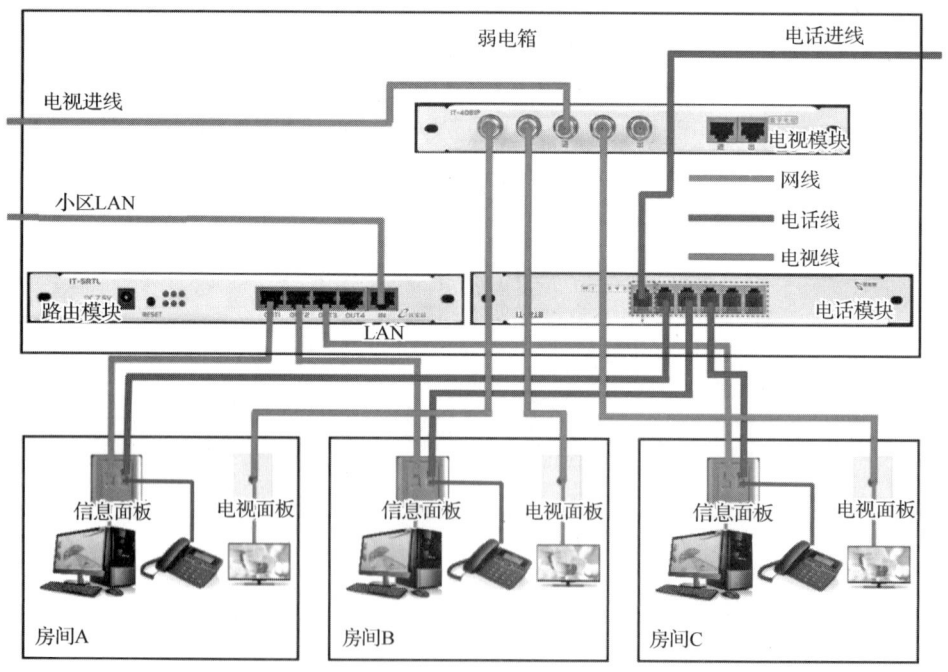

图9-24　小区局域网入户弱电箱连接示意图

2. 无线网络模式

无线网络有集中WiFi模式与分布WiFi模式两种，分别如图9-25和图9-26所示。

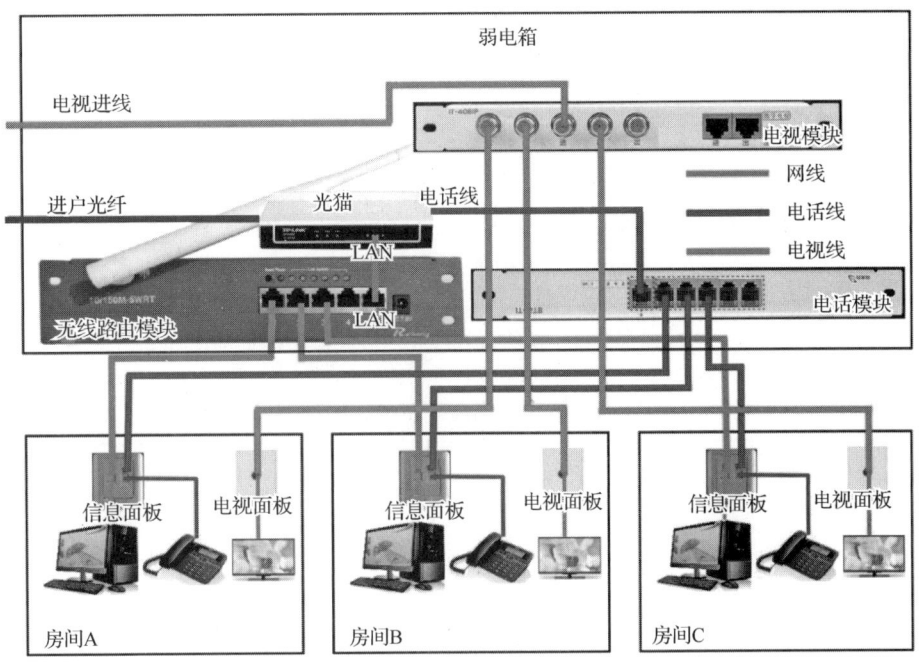

图 9-25　集中 WiFi 模式

集中 WiFi 模式下，无线路由和弱电箱在一个地方，受无线路由发射功率的限制，在有些房间可能会接收不到信号或信号弱，接收速率下降。为了解决这个问题，现在出现了一种 86 面板型无线路由（也称无线宝），可以通过 POE 模块由网线集中供电。分布 WiFi 模式下，在同一住宅中均匀分布多个无线路由，各个路由可由 POE 模块集中管理，可以设置成 AP、桥接等模式，使计算机、手机可在各区域自由移动，如图 9-26 所示。

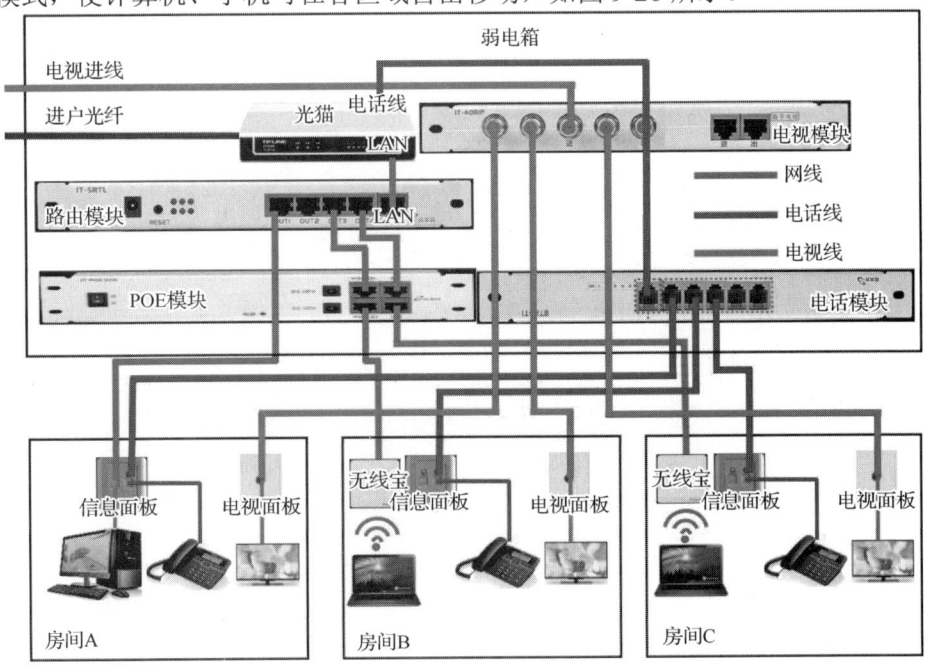

图 9-26　分布 WiFi 模式

3. 弱电箱的安装方法

1）安装前的准备

一般弱电箱安装在大厅附近或大厅位置，根据弱电箱的尺寸预先开好墙洞。安装弱电箱体前卸下面板，拆下弱电箱内的弱电模块，防止施工过程中损坏门面板及模块。弱电箱应预留一对电源线，为了方便地控制弱电模块，在弱电箱附近预留一个开关面板，控制弱电箱内设置电源，避免了开关电源时总是需要开弱电箱门的麻烦。

2）安装步骤

弱电箱的安装步骤见表9-5。

表9-5 弱电箱的安装步骤

① 水电和强电同时进行，选中弱电箱的安装位置，开槽敷设线管	② 根据弱电箱的尺寸开好安装墙洞，将箱体嵌入墙内，要求同强电箱。将各弱电线缆引入弱电箱
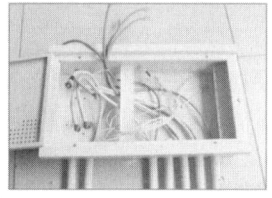	
③ 在泥工、油漆工完工后安装门面板和模块	④ 将线缆插接到对应的模块，给各模块通电调试

注意事项：①箱体埋入墙体时，如果是钢板面板，其箱体露出墙面1cm，如果是塑料面板，其箱体和墙面平齐，不要填埋箱体出线孔，当所有布线完成并测试后，再用石灰封平。

② 穿线前，应对所有线缆的每根芯线进行通断测试，以免布线完毕后才发现有断线而需要重新敷设。

③ 穿线时，应预留一定长度在箱体内，具体要求如下（从进线孔起计算）：75同轴电缆（电视线）预留25cm；5类双绞线（网线）预留35cm；外线电话接入（电话线）预留30cm；视/音频线预留30cm。

弱电箱实物安装图如图9-27所示，安装完成后应将线缆整理平整，给各类线做好标签，标明各线缆所属信息点的位置。

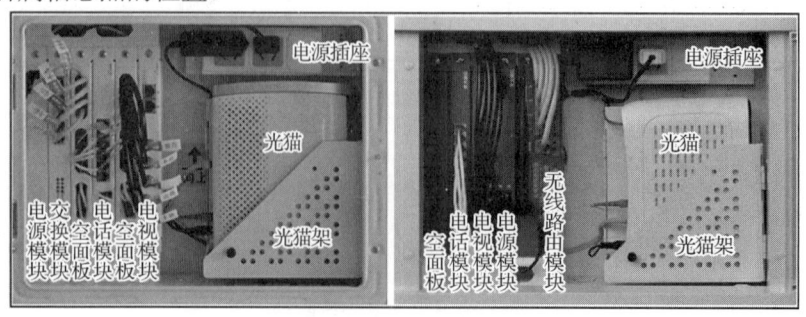

图9-27 弱电箱实物安装图

9.5 网线连接

9.5.1 网线线对、水晶头及网络插座

网线有 4 个线对，分别是：蓝、白蓝，橙、白橙，绿、白绿，棕、白棕，分别称为 Pair1～Pair4。网线插头（水晶头）及网络插座均有 8 只镀金针脚。网线线对、水晶头及网络插座如图 9-28 所示。

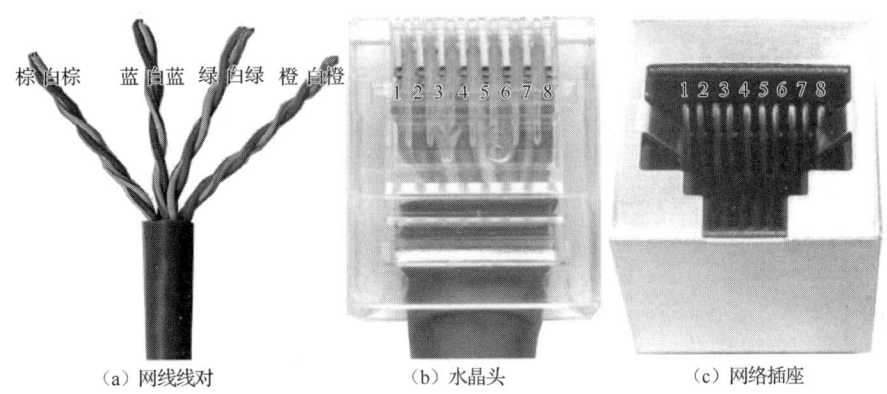

图 9-28　网线线对、水晶头及网络插座

9.5.2 网线线序的排列（EIA/TIA 标准）

网线按照 EIA/TIA 标准制作，EIA/TIA 标准有 T568A 及 T568B 两种线序，见表 9-6。

表 9-6　网线 EIA/TIA 的两种线序标准

网线水晶头的针脚号	1	2	3	4	5	6	7	8
T568A	白绿	绿	白橙	蓝	白蓝	橙	白棕	棕
T568B	白橙	橙	白绿	蓝	白蓝	绿	白棕	棕

两种线序的排列示意图如图 9-29 所示，反映了线序与线对之间的关系。网线水晶头及网络插座针脚的定义是：1、2 脚为发送数据线对；3、6 脚为接收数据线对。

9.5.3 网络插座打线

网络插座有需要打线工具打线与免工具打线两种，两种插座的打线方法如下。

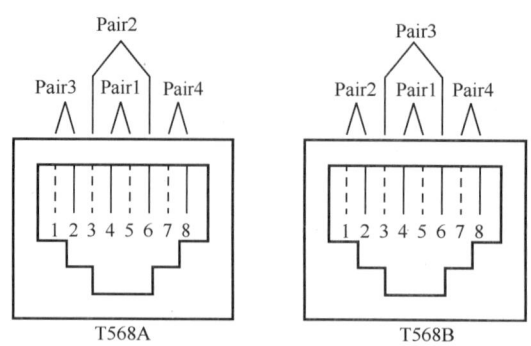

说明：T568A与T568B的区别是绿色与橙色线对对调，制作时首选T568B标准

图 9-29　网线线序的排列示意图

1. 用工具打线插座

（1）剥线：线头环切长约 30mm 的网线外皮，剥线可用专用剥线器，也可用网线钳剥线，方法基本相同。具体步骤见表 9-7。

表 9-7　剥线步骤及工具

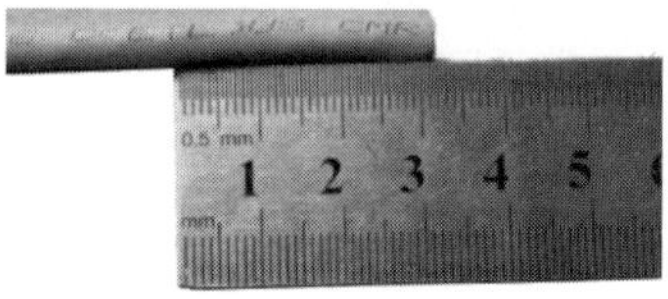

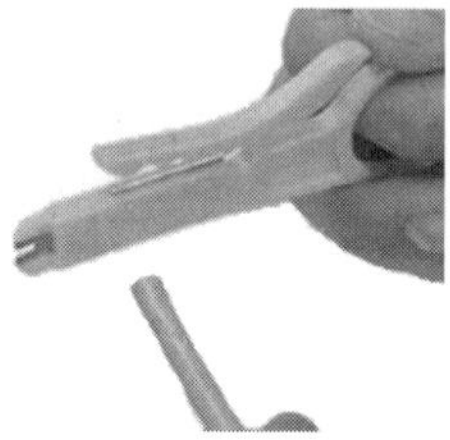

① 线头环切长度约 30mm	② 拿正剥线器	③ 将网线卡入适当刀口
④ 以网线为中心将剥线器旋转一周		
⑤ 将剥线器松开并拿下网线	⑥ 用手捏住线头外皮向外拉	⑦ 剥线成功

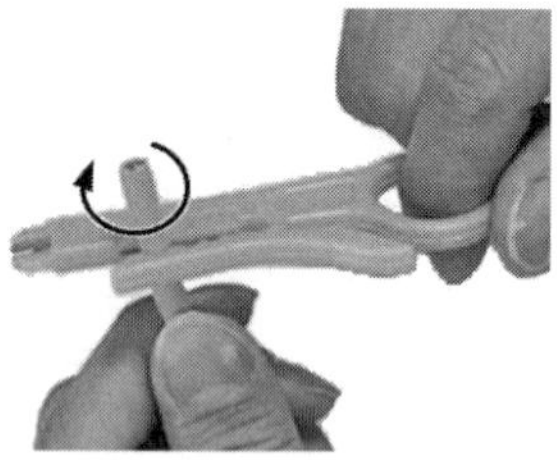

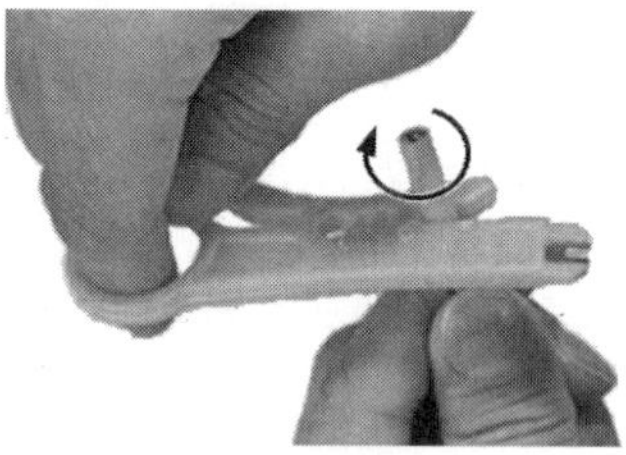

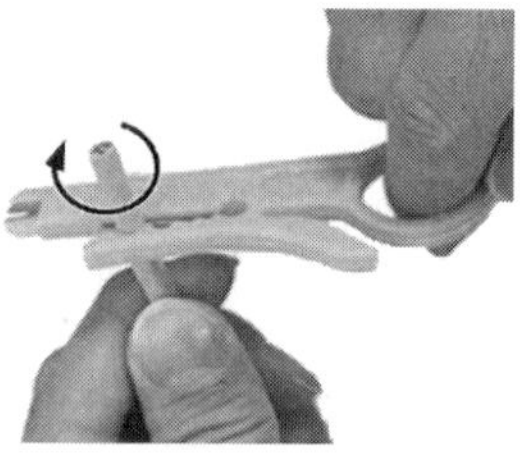

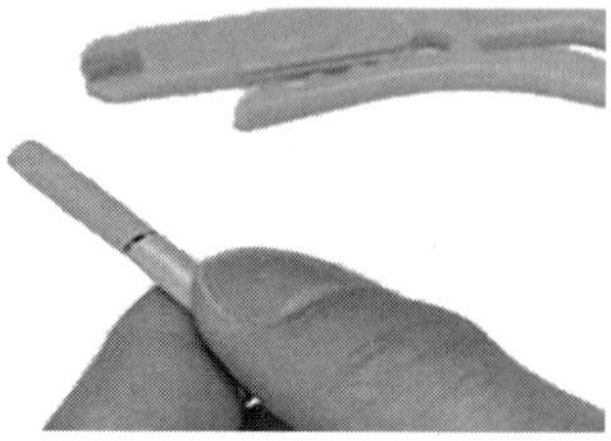

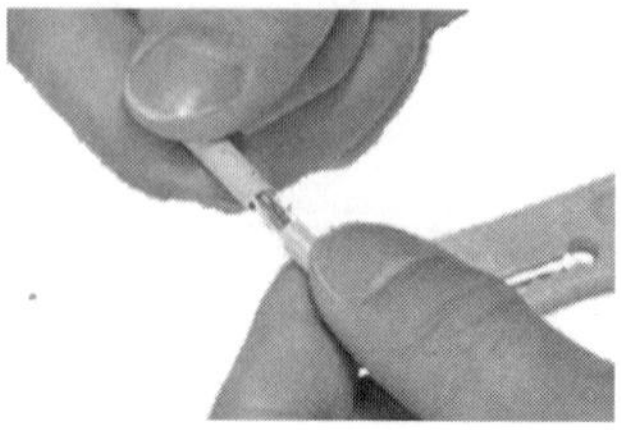

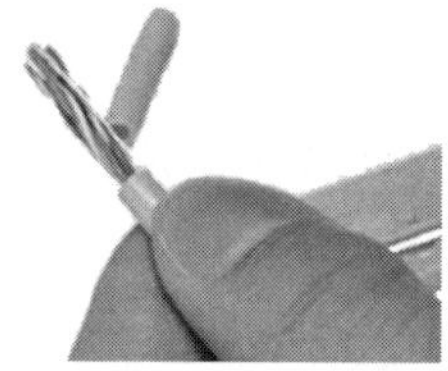

续表

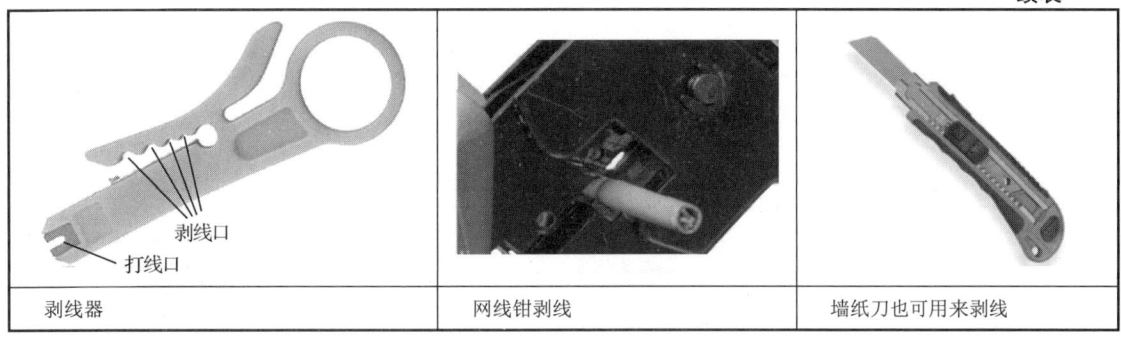

| 剥线器 | 网线钳剥线 | 墙纸刀也可用来剥线 |

（2）网络插座打线的步骤及用墙纸刀打线的方法见表 9-8。打线可以用专用打线刀，也可用墙纸刀。

表 9-8　网络插座打线的步骤及用墙纸刀打线的方法

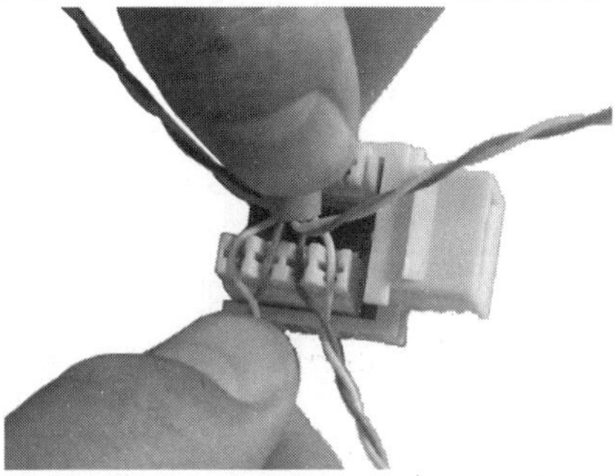

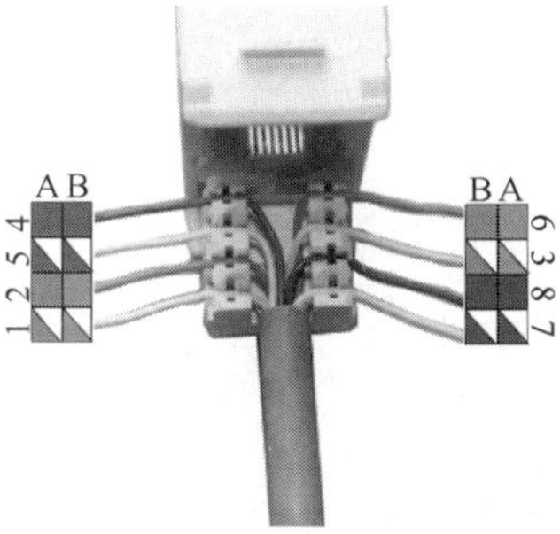

① 按左图方法将网线对用手卡在对应线槽中，线序首选左图中的 T568B 线序	
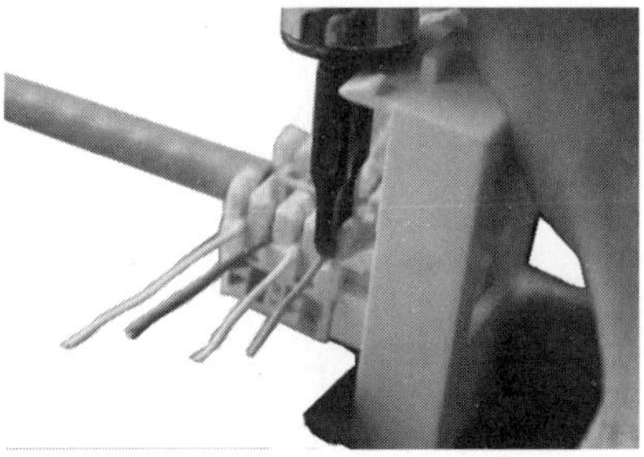 ② 用打线刀垂直用力将每根线卡入线槽底部	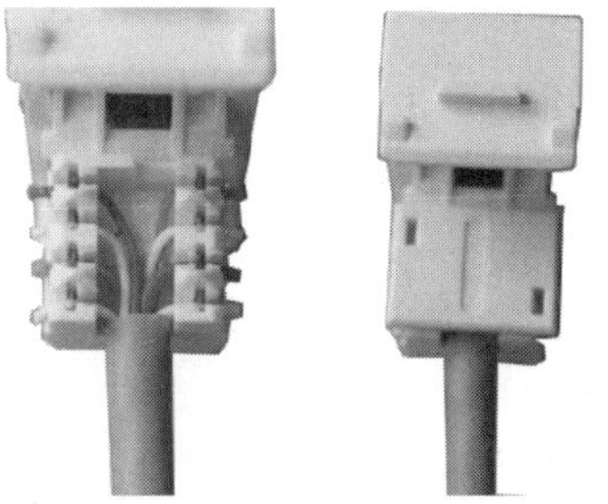 ③ 用斜口钳将多余线头剪切平整，并盖上防护罩
 用墙纸刀将线卡入线槽底部的方法	 用墙纸刀切断多余线头的方法

2. 免工具打线插座

免工具打线插座的打线步骤中，剥线方法同用工具打线插座的操作，打线步骤见表9-9，西蒙免工具打线插座的打线步骤见表9-10。

表9-9 免工具打线插座的打线步骤

表9-10 西蒙免工具打线插座的打线步骤

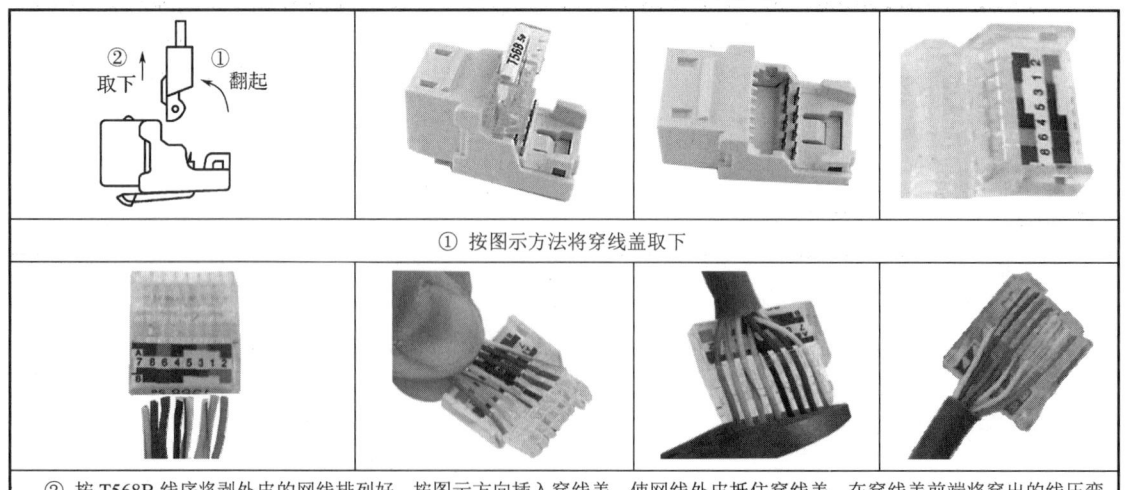

续表

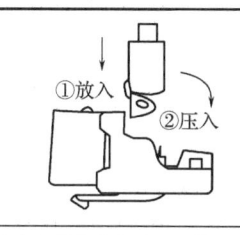		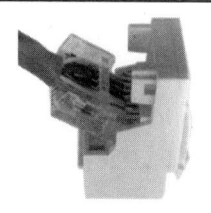	

③穿好线的穿线盖，沿模块两侧的导槽推入模块基座到位，翻转至水平位置，向下压（可以用钳嘴裹有胶布的钳子夹紧），直至穿线盖与模块基座扣紧，完成端接

9.5.4 网线水晶头的制作

1. 网线的两种接法

网线的连接方式有直连线（两端线序相同，同为 T568A 或 T568B）和交叉线（一端线序为 T568A，另一端线序为 T568B）两种接法，两种接法及其适用范围见表 9-11。

表 9-11 两种接法及其适用范围

网线接法	直连接法	交叉接法
适用范围	① 计算机 ⇔ ADSL 调制解调器； ② ADSL 调制解调器 ⇔ 路由器的 WAN 口； ③ 计算机 ⇔ 路由器的 LAN 口； ④ 计算机 ⇔ 集线器（HUB）或交换机； ⑤ 交换机 ⇔ 交换机间级联	① 计算机 ⇔ 计算机； ② 集线器 ⇔ 集线器； ③ 交换机 ⇔ 交换机间级联

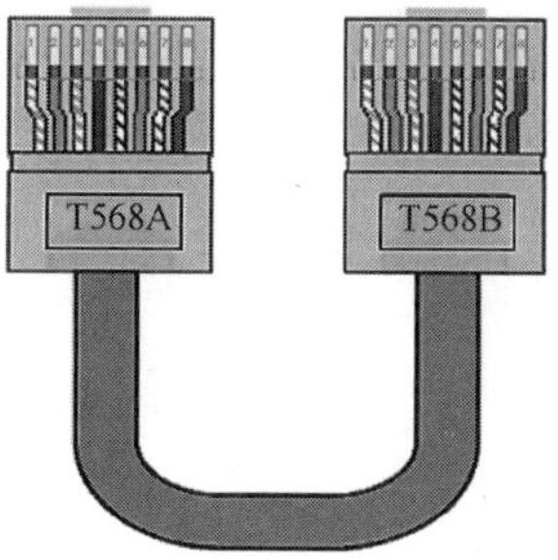

注：现在交换机接口具有自动识读功能，故交换机间级联可以用直连线，也可以用交叉线；现在集线器基本被淘汰，故直连接法是最常用的接法。

2. 网线水晶头的制作步骤

网线水晶头的制作步骤见表 9-12。

表 9-12 网线水晶头的制作步骤

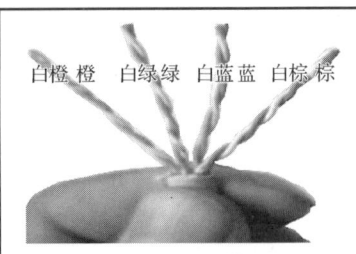	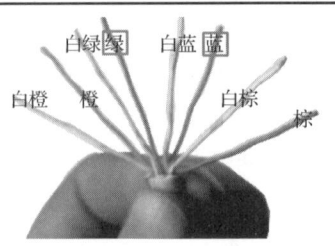	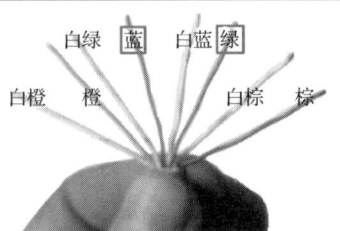
① 将剥去外皮的线对按橙、绿、蓝、棕的顺序由左至右排列	② 将线对分别分开，双色在左，单色在右	③ 将散开的线对中的绿、蓝两根单色线对调
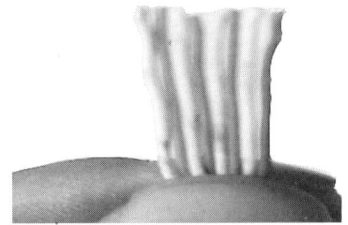	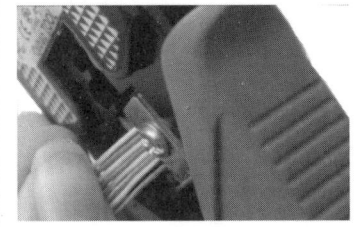	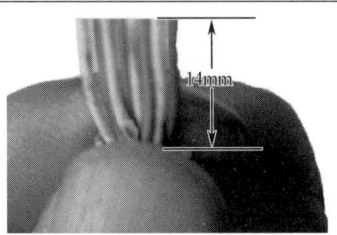
④ 将线整理平直	⑤ 用网线钳将整理好的线钳齐	⑥ 线芯留取长度为14mm
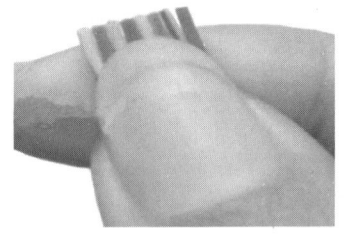	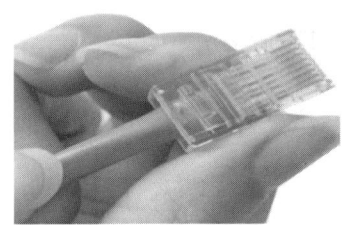	
⑦ 用右手手指捏紧线芯，左手拿水晶头，塑料弹簧片朝下，把网线插入水晶头，务必要把外层的网线皮插入水晶头内，否则水晶头容易松动。由水晶头头部观察每根线是否紧紧地顶在水晶头的末端		
		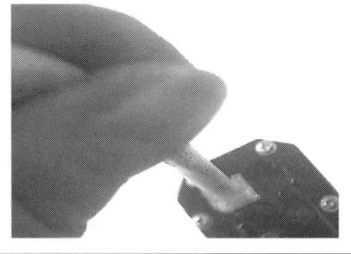
⑧ 把水晶头完全插入网线钳，用手捏住网线抵住水晶头	⑨ 使水晶头抵住网线钳定位，并由背面再次观察网线是否顶住水晶头末端	⑩ 用网线顶住水晶头末端并用力压紧，能听到"咔嚓"声，即表明压紧水晶头。可重复压制多次

注：T568A 线序做法相同，但两种接法线对排列顺序不同。

9.6 电话线连接

9.6.1 电话插座接线

电话插座接线形式有螺钉压接与卡式打线两类,螺钉压接接线方法与强电插座接线方法相同,卡式打线接线方法与网络插座打线方法相同。电话插座与接线线序见表 9-13。

表 9-13 电话插座与接线线序

类型	图例
螺钉压接 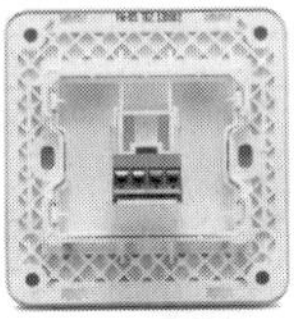 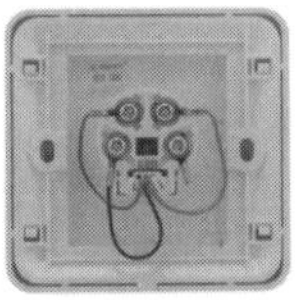  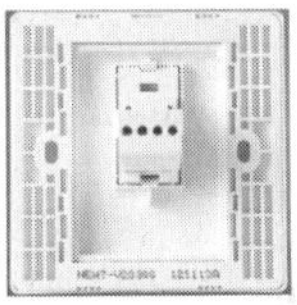	
卡式打线   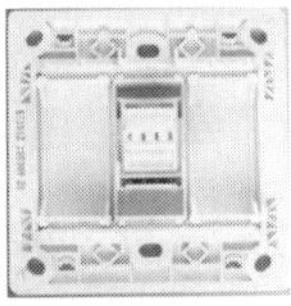 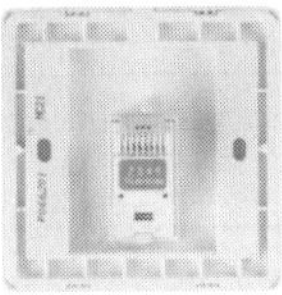	
二芯与四芯接线线序	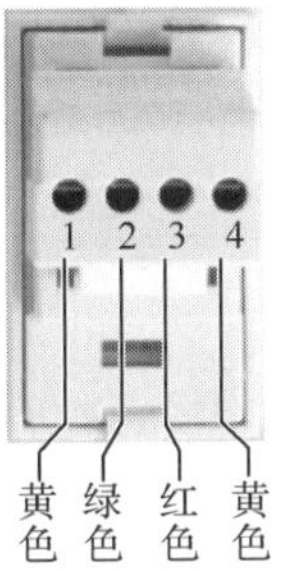  1 黄色 2 绿色 3 红色 4 黄色 1 绿色 2 红色

9.6.2 电话线水晶头的制作

电话线水晶头的制作步骤见表 9-14。

表 9-14 电话线水晶头的制作步骤

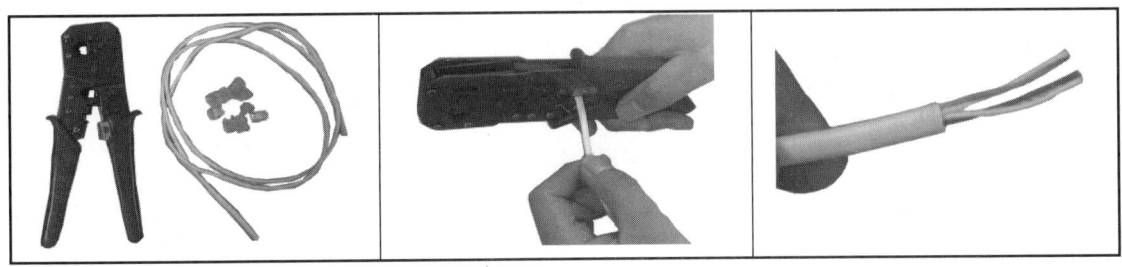

续表

① 准备好工具和水晶头	② 用压线钳的剪线口把电话线剥开 3～4cm	③ 剥开后的电话线芯如图所示
④ 电话线没有线序要求,两端线序相同即可,将线芯排列好	⑤ 用压线钳的剪线口将线芯顶部剪齐整	⑥ 将剪齐口的线芯插入水晶头内,使4根线芯抵到水晶头顶端
⑦ 用压线钳的 P6 槽把水晶头上的铜片压下去	⑧ 接好一端水晶头的电话线	⑨ 接好两端水晶头的电话线

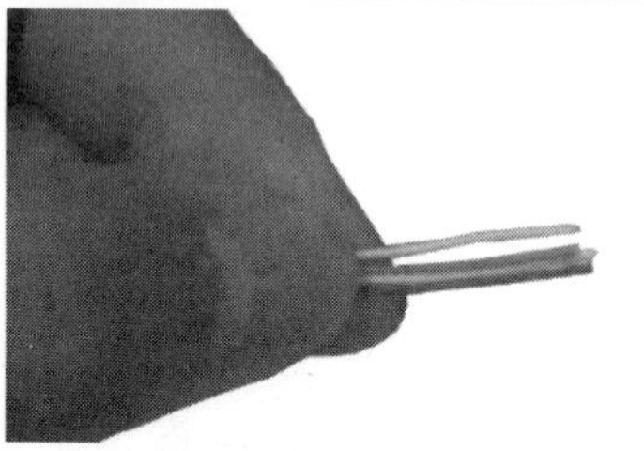

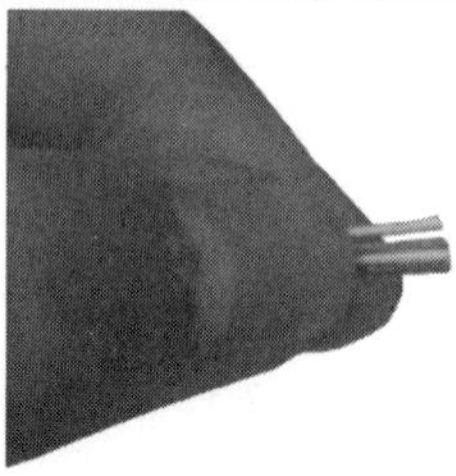

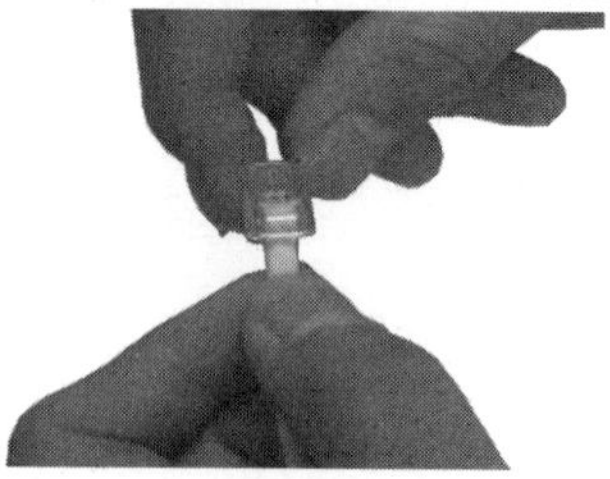

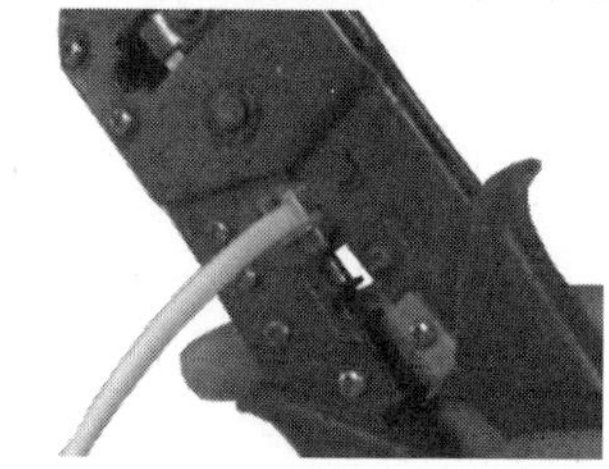

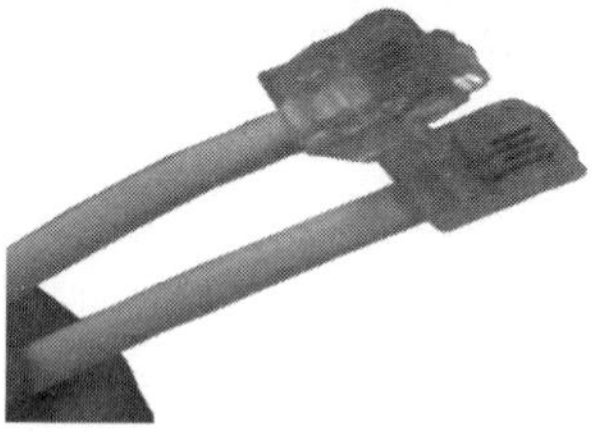

9.7 电视线连接

9.7.1 电视 F 头的制作

电视同轴线与信号放大器、机顶盒、电视插座等常用 F 头连接,常见的 F 头有直插式、螺旋自紧式和挤压式三类,其制作方法分别见表 9-15～表 9-17。

表 9-15 直插式 F 头的制作方法

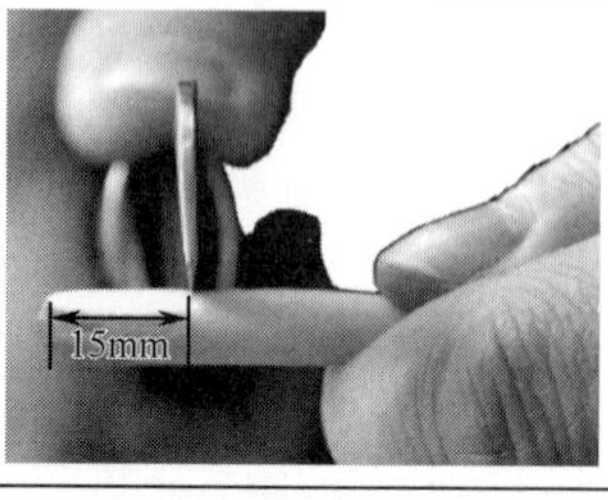 ① 将同轴线外护套切除 15mm,环切面应与线缆垂直、平整,不能歪斜,且不可伤及屏蔽网	 ② 将第一层屏蔽网翻转至线缆外护套上	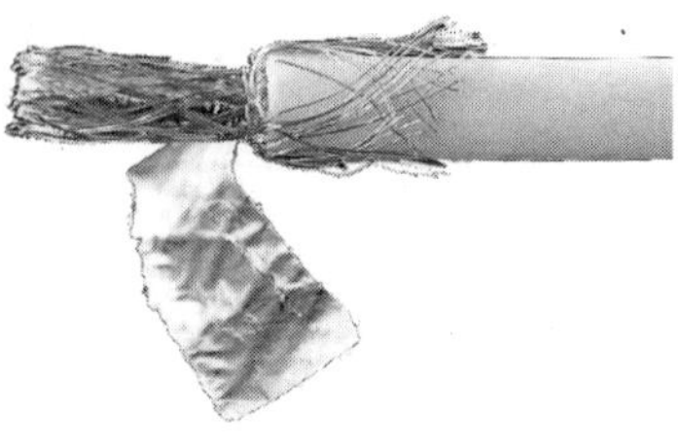 ③ 将外层铝箔切除,注意不要伤到第二层屏蔽网

续表

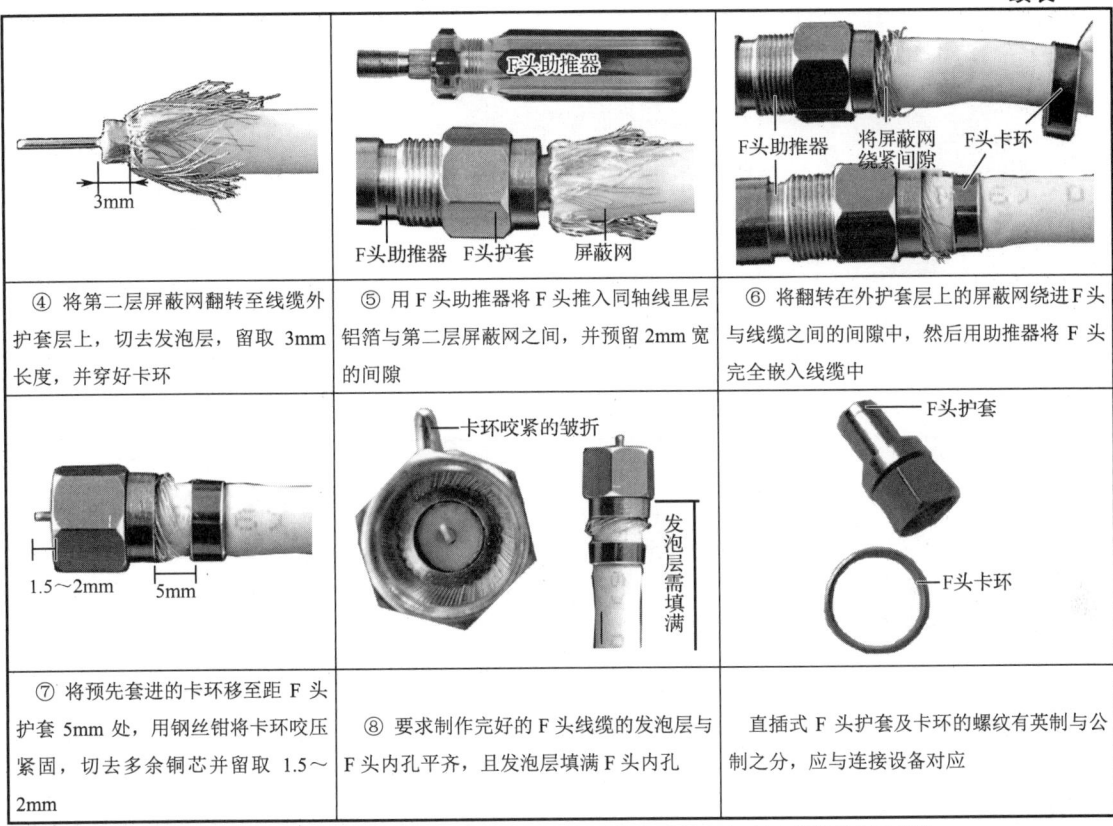

④ 将第二层屏蔽网翻转至线缆外护套层上，切去发泡层，留取 3mm 长度，并穿好卡环	⑤ 用 F 头助推器将 F 头推入同轴线里层铝箔与第二层屏蔽网之间，并预留2mm宽的间隙	⑥ 将翻转在外护套层上的屏蔽网绕进F头与线缆之间的间隙中，然后用助推器将 F 头完全嵌入线缆中
⑦ 将预先套进的卡环移至距 F 头护套 5mm 处，用钢丝钳将卡环咬压紧固，切去多余铜芯并留取 1.5～2mm	⑧ 要求制作完好的 F 头线缆的发泡层与 F 头内孔平齐，且发泡层填满F头内孔	直插式 F 头护套及卡环的螺纹有英制与公制之分，应与连接设备对应

注意事项：① 修剪铜芯时应使用斜口钳边旋转边剪切，保证铜芯横截面为圆形，避免铜芯受挤压变形。

② 避免屏蔽丝与铜芯接触短路。

③ 直插式 F 头卡环的紧固强度不是很高，在一些场合可能会脱落，建议用扎丝、细铁丝在卡环原位置绑扎，然后在绑扎处套上热缩管，也会十分美观。

表 9-16　螺旋自紧式 F 头的制作方法

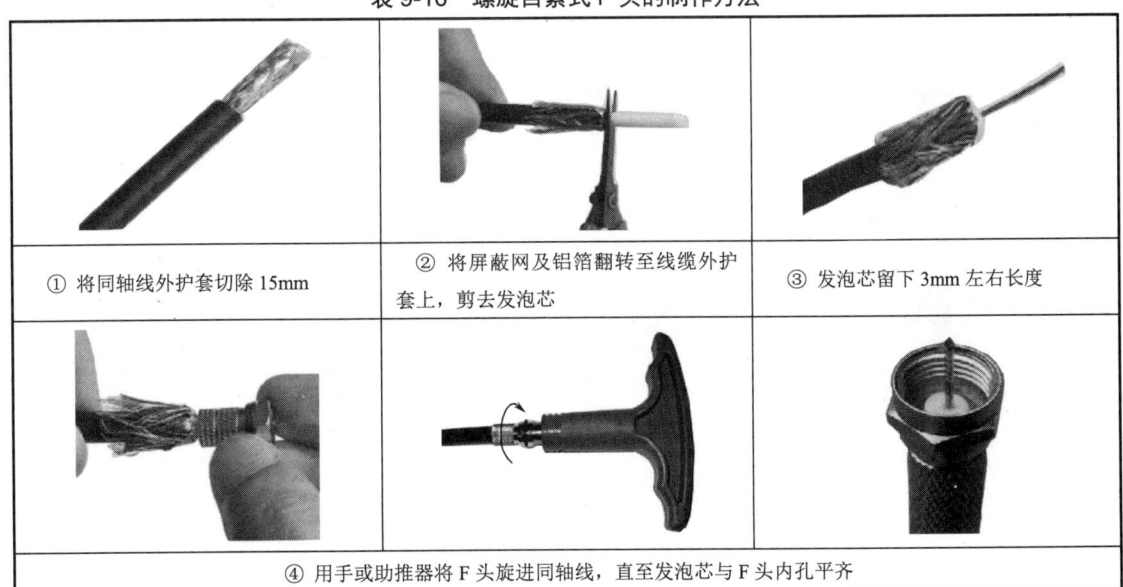

① 将同轴线外护套切除 15mm	② 将屏蔽网及铝箔翻转至线缆外护套上，剪去发泡芯	③ 发泡芯留下 3mm 左右长度
④ 用手或助推器将 F 头旋进同轴线，直至发泡芯与 F 头内孔平齐		

续表

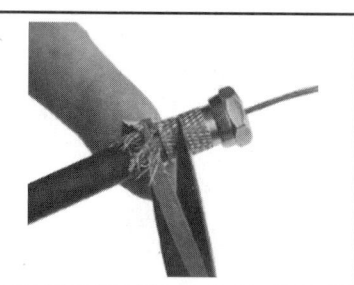		
⑤ 剪去多余屏蔽网毛刺	⑥ 剪去多余线芯，线芯露出 F 头护套约 2mm 长	螺旋自紧式 F 头的螺纹有英制与公制之分，需与连接设备对应

表 9-17　挤压式 F 头的制作方法

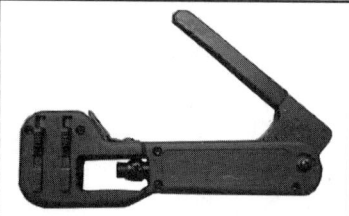	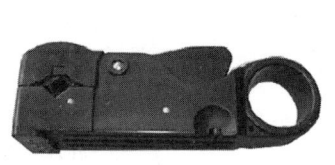	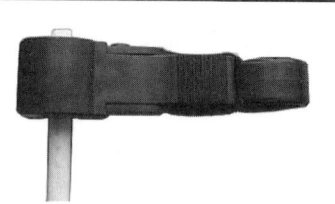
挤压式 F 头压接钳	同轴线剥线器	① 将同轴线卡入剥线口
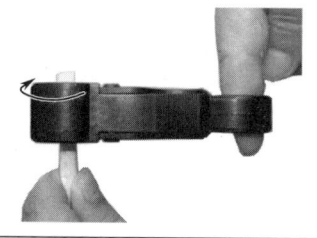	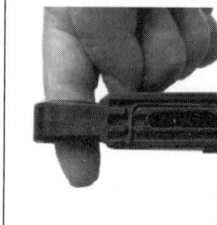	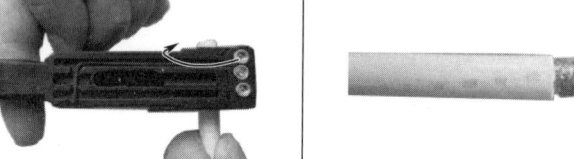
② 用食指插入剥线器尾部环中，将剥线器旋转一周，张开剥线器，拿出线缆，同轴线发泡芯、铜芯、屏蔽网需留取的长度按压接要求剥好		
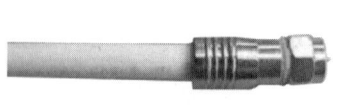	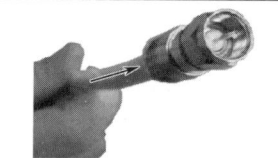	
③ 将挤压式 F 头套入同轴线，直到发泡芯与 F 头内孔平齐	④ 用力扣压挤压钳把手	
  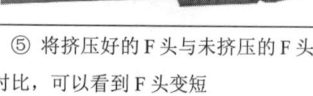		
⑤ 将挤压好的 F 头与未挤压的 F 头对比，可以看到 F 头变短	三种不同形式的挤压 F 头，前述挤压方法均适用	

9.7.2 电视插座连接

电视插座有 F 头连接与螺钉压接两种连接方法，分别见表 9-18 和表 9-19。

表 9-18　F 头连接

		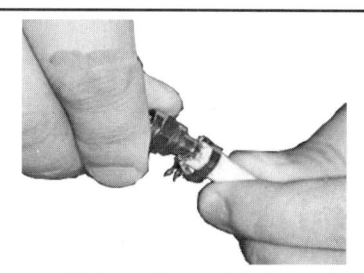
F 头连接式电视插座	① 将 F 头嵌入同轴线	
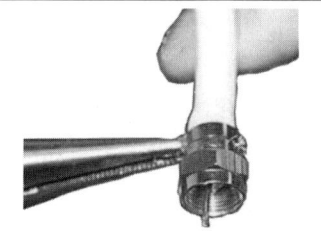	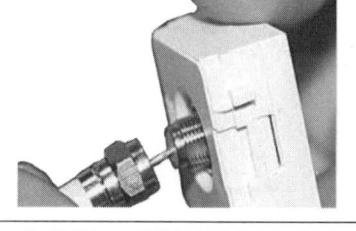	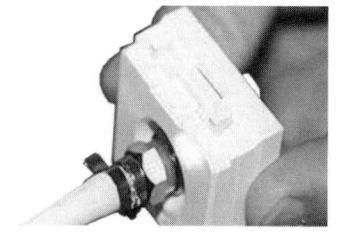
② 用钳子咬紧卡环	③ 将做好 F 头的同轴线套上插座的螺纹	④ 拧紧 F 头，完成连接

表 9-19　螺钉压接

	螺钉压接式电视插座	
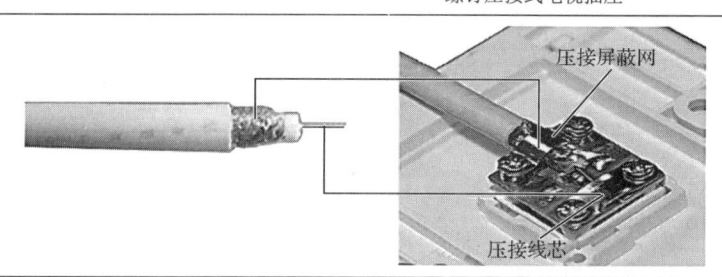		
① 按压接要求剥好同轴线，并将屏蔽网缠绕在露出的发泡芯上	② 将屏蔽网与线芯用对应的螺钉压接紧固	带分支插座的压接

9.8 常用弱电面板接线

9.8.1 VGA 面板接线

VGA 是计算机模拟视频输出方式，虽然现在 HDMI 高清接口的出现使 VGA 接口有被淘汰的趋势，但大多数计算机与外部显示设备之间都是通过模拟 VGA 接口连接的，各种视频设置还是保留了 VGA 接口，用于与没有 HDMI 等接口的计算机连接。

1. VGA 接口的定义

VGA 接口有 15 只针脚，设备上一般为公头，VGA 线缆上一般为母口，它们的针脚排列及线缆结构见表 9-20。

表 9-20　VGA 接口的针脚排列及线缆结构

VGA 接口针脚（孔）排列顺序	公头针脚排列	母口针孔排列
VGA 线缆的结构	主线、主线信号、屏蔽1、128编织、屏蔽2、铝箔层、辅助线	① 三对主线由屏蔽网与信号线组成，红、绿、蓝三色分别与 R、G、B 三基色信号对应 ② 6（或 9）根辅助线，有黑、棕、黄、白、灰、橙、红、绿、紫、蓝等不同颜色，不同厂家从中选用 6（或 9）种颜色单线做辅助线，分别称为 3+6 线缆或 3+9 线缆

VGA 接口的定义及对应线缆见表 9-21。

表 9-21　VGA 接口的定义及对应线缆

脚号	定义	对应线缆	脚号	定义	对应线缆
1	红基色	红色主线线芯	9	+5V 电源	绿色辅助线
2	绿基色	绿色主线线芯	10	数字地	黑色辅助线
3	蓝基色	蓝色主线线芯	11	地址码	紫色辅助线
4	地址码	橙色辅助线	12	地址码	棕色辅助线
5	自测试	红色辅助线	13	行同步	黄色辅助线
6	红地	红色主线的屏蔽网	14	场同步	白色辅助线
7	绿地	绿色主线的屏蔽网	15	地址码	灰色辅助线
8	蓝地	蓝色主线的屏蔽网	接口外壳屏蔽		线缆外层屏蔽网

注：1、2、3 脚及 6、7、8 脚应按表中使用相应颜色的主线，而辅助线颜色仅供参考，应根据 VGA 接线法及 VGA 线缆中辅助线颜色自行选择，但要保证线缆两端接口相同脚位的颜色相同。

2. VGA 线缆的常用接法

VGA 线缆有几种不同的接法，常见且兼容性较好的有 3＋6 和 3＋9 接法，3＋9 接法兼容性最好，可适应所有设备连接，见表 9-21，15 只针脚各自对应连接，家装预埋 VGA 线首选 3＋9 线缆。3＋6 接法线缆的对应关系见表 9-22。

表 9-22　3＋6 接法线缆的对应关系

脚 号	定 义	对 应 线 缆	脚 号	定 义	对 应 线 缆
1	红基色	红色主线芯线	9	备用	空
2	绿基色	绿色主线芯线	10	数字地	外屏蔽层
3	蓝基色	蓝色主线芯线	11	控制码或地址码	棕色辅助线
4	地址码	黑色辅助线	12	地址码	橙色辅助线
5	N/C	外层屏蔽网	13	行同步	黄色辅助线
6	红地	红色主线的屏蔽网	14	场同步	白色辅助线
7	绿地	绿色主线的屏蔽网	15	地址码	绿色辅助线
8	蓝地	蓝色主线的屏蔽网		—	

注：5、10 脚同时连接外屏蔽层。

VGA 面板接线有焊接式与免焊式两类，建议使用免焊式接线。免焊式 VGA 插座接线方法见表 9-23，焊接式 VGA 插座接线方法见表 9-24。

表 9-23　免焊式 VGA 插座接线方法

① 在 VGA 线材 30mm 处环切	② 去除外皮，将外屏蔽网理直并拧成一股
	③ 根据接法不同，将多余的辅助线剪去，颜色可以自选

续表

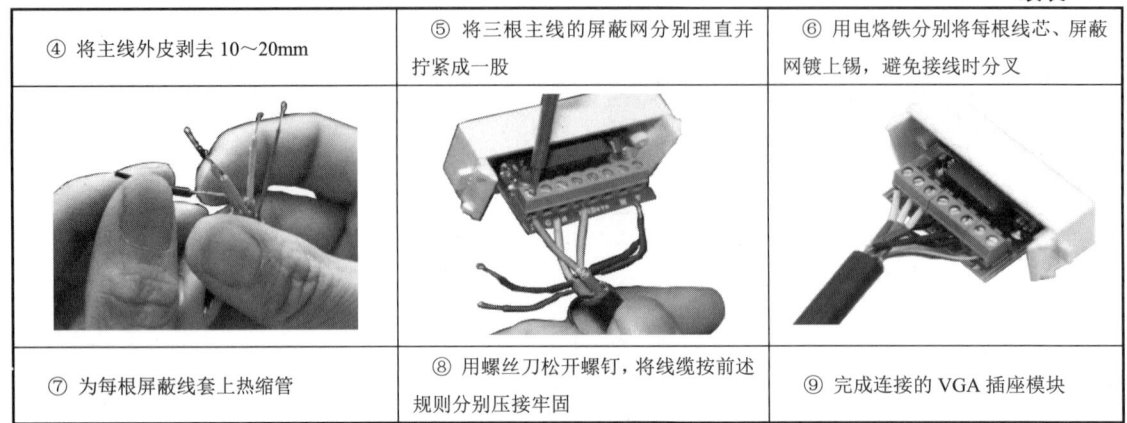

④ 将主线外皮剥去 10～20mm	⑤ 将三根主线的屏蔽网分别理直并拧紧成一股	⑥ 用电烙铁分别将每根线芯、屏蔽网镀上锡，避免接线时分叉
⑦ 为每根屏蔽线套上热缩管	⑧ 用螺丝刀松开螺钉，将线缆按前述规则分别压接牢固	⑨ 完成连接的 VGA 插座模块

表 9-24　焊接式 VGA 插座接线方法

焊接式 VGA 面板模块，焊接过程、线缆处理方法同表 9-23	先给 VGA 插座焊接孔镀锡	再将上好锡的线头按接线规则焊接好

9.8.2　HDMI 面板接线

高清晰度多媒体接口（High Definition Multimedia Interface，HDMI）是一种数字化音频/视频接口技术，它可同时传送音频和影像信号，是今后音频/视频传输的主流接口。为了适应各种音频/视频设备的连接，在家装电路中应预埋 HDMI 面板。

1. HDMI 接口的定义

HDMI 接口有 4 种类型，分别为 Type A、Type B、Type C 和 Type D。其中 Type A 最常用，家装中主要使用该类型的 HDMI 接口。Type A 针脚排列及线缆结构见表 9-25。

表 9-25　Type A 针脚排列及线缆结构

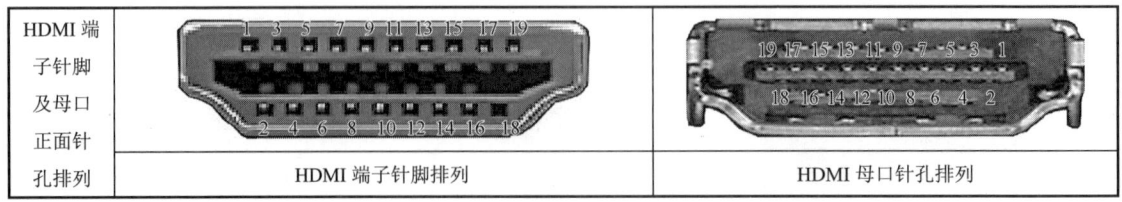

HDMI 端子针脚及母口正面针孔排列	HDMI 端子针脚排列	HDMI 母口针孔排列

续表

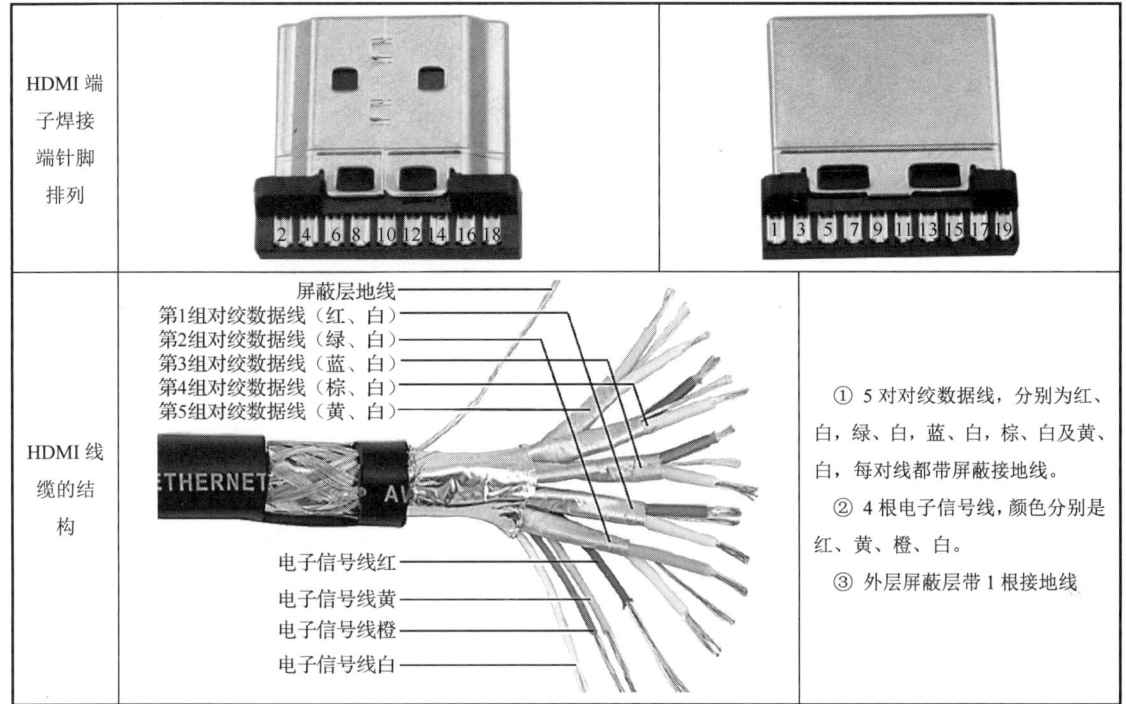

HDMI 接口的定义及对应线缆颜色见表 9-26。

表 9-26　HDMI 接口的定义及对应线缆颜色

脚 号	定 义	对应线缆	脚 号	定 义	对应线缆
1	TMDS 数据 2＋	红线对白芯线	11	TMDS 时钟屏蔽	棕线对屏蔽
2	TMDS 数据 2 屏蔽	红线对屏蔽	12	TMDS 时钟一	棕线对棕芯线
3	TMDS 数据 2－	红线对红芯线	13	CEC	白色信号线
4	TMDS 数据 1＋	绿线对白芯线	14	保留	黄线对白芯线
5	TMDS 数据 1 屏蔽	绿线对屏蔽	15	SCL（DDC 时钟）	黄色信号线
6	TMDS 数据 1－	绿线对绿芯线	16	SDA（DDC 数据）	橙色信号线
7	TMDS 数据 0＋	蓝线对白芯线	17	DDC/CEC 接地	黄线对屏蔽
8	TMDS 数据 0 屏蔽	蓝线对屏蔽	18	＋5V 电源	红色信号线
9	TMDS 数据 0－	蓝线对蓝芯线	19	热插拔检测	黄线对黄芯线
10	TMDS 时钟＋	棕线对白芯线	接口外壳屏蔽		线缆外层屏蔽网

2. HDMI 面板及端子连接

HDMI 面板一般也采用免焊式，用螺钉压接，线缆的剥削方法与 VGA 线基本相同，压接操作方法也与 VGA 相同，面板上标有针脚号，只要线序按表 9-26 压接即可；HDMI 端子（公头）焊接与 VGA 端子焊接相同，针脚排列见表 9-25，线序按表 9-26 焊接。

HDMI 面板及连接实物图如图 9-30 所示，HDMI 端子及焊接实物图如图 9-31 所示。

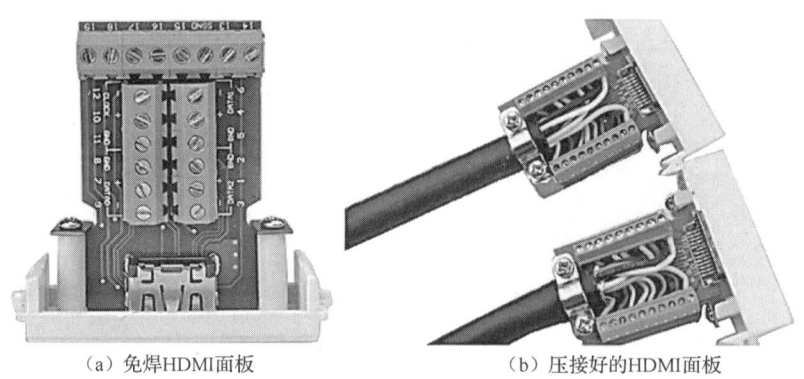

(a) 免焊HDMI面板　　　(b) 压接好的HDMI面板

图 9-30　HDMI 面板及连接实物图

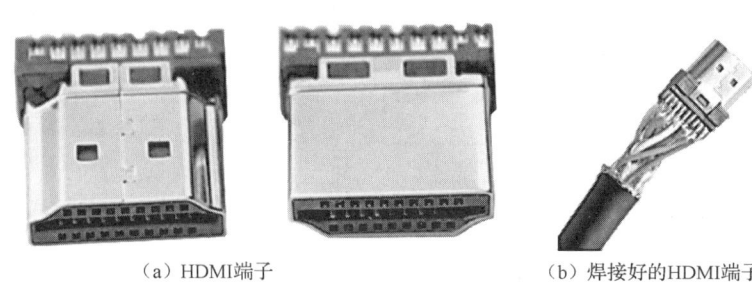

(a) HDMI端子　　　(b) 焊接好的HDMI端子

图 9-31　HDMI 端子及焊接实物图

9.8.3　其他常用弱电面板接线

家装常用弱电面板除了前面所述的电视、电话、网络、VGA、HDMI 等，还有 AV、色差、3.5 音频、6.35 音频、卡侬话筒、S 端子、USB、音箱接线柱等模块，它们都使用 2~4 芯的屏蔽线，线缆接头的剥削及处理方法基本相同，然后按各种接口规范焊接或压接。

1. 屏蔽线与弱电接口连接的一般方法

屏蔽线与各种弱电接口的连接方法基本相同，具体操作见表 9-27。

表 9-27　屏蔽线与各种弱电接口的连接

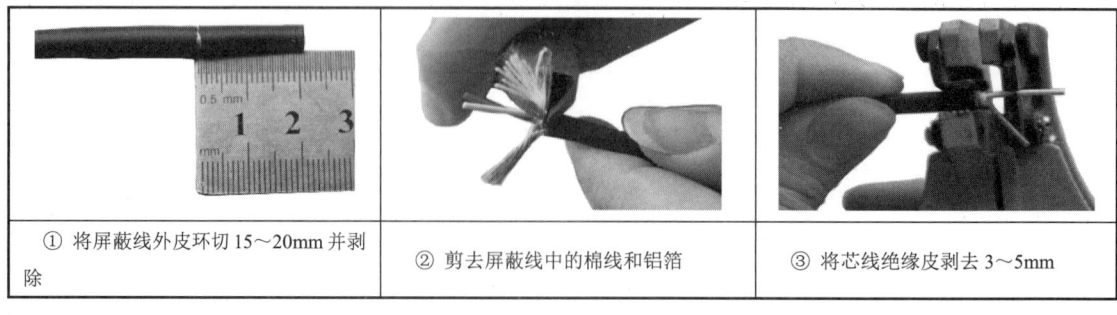

| ① 将屏蔽线外皮环切15~20mm并剥除 | ② 剪去屏蔽线中的棉线和铝箔 | ③ 将芯线绝缘皮剥去 3~5mm |

续表

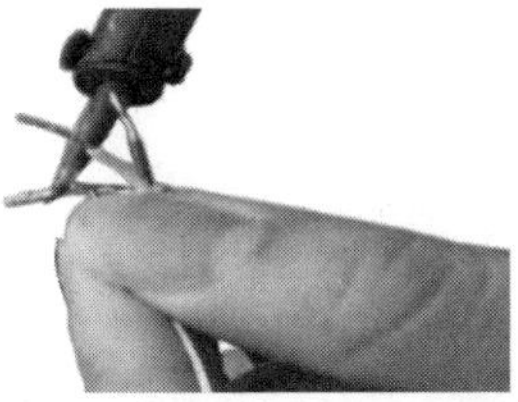 ④ 将芯线及屏蔽网捻紧,并分别给芯线及屏蔽网搪锡	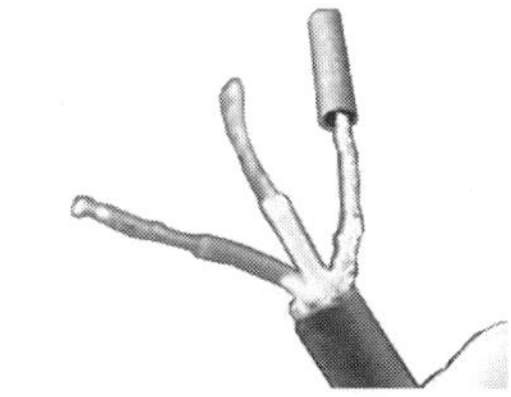 ⑤ 给屏蔽网套上热缩管	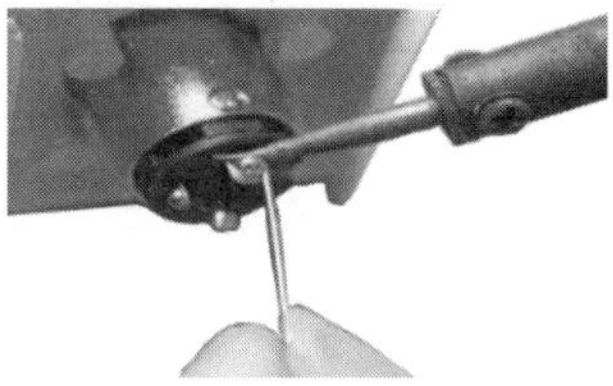 ⑥ 给要焊接的弱电接口的焊片先上好锡
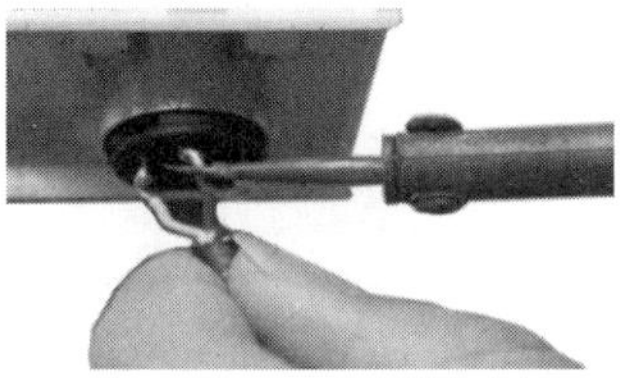 ⑦ 如上好锡的芯线长度太长,则剪去一部分,留取 3~5mm 再焊接	 ⑧ 如接口的焊接片较密,可给每个芯线套上与焊片相匹配的热缩管,再进行焊接	 ⑨ 焊接好后,将热缩管套住焊点及焊片,然后用电烙铁或热风枪加热热缩管,使热缩管缩紧
 ⑩ 如是免焊的接口,搪锡的芯线可适当留长些,约 5mm,然后用螺丝刀将芯线压接紧	 焊接好的接口	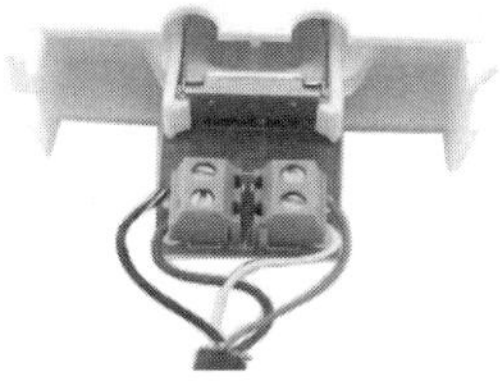 压接好的接口

2. 常用弱电接口的接法

常用弱电接口的接法见表 9-28。

表 9-28　常用弱电接口的接法

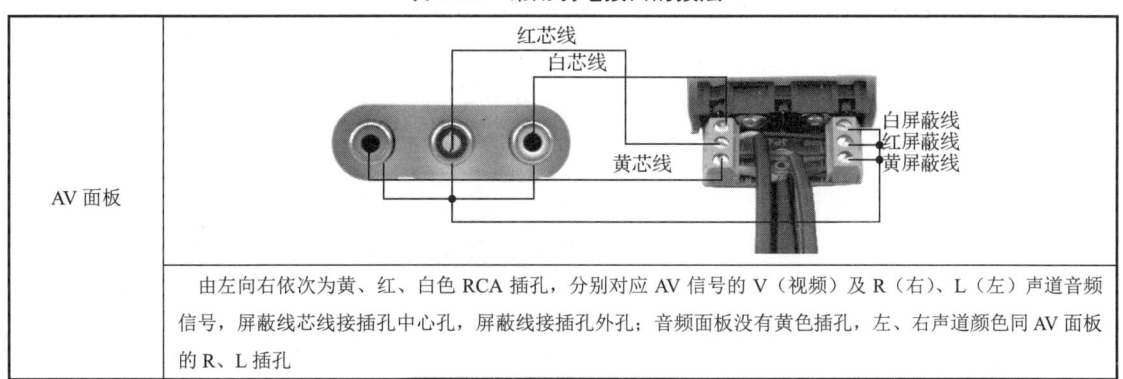

AV 面板	由左向右依次为黄、红、白色 RCA 插孔,分别对应 AV 信号的 V(视频)及 R(右)、L(左)声道音频信号;屏蔽线芯线接插孔中心孔,屏蔽线接插孔外孔;音频面板没有黄色插孔,左、右声道颜色同 AV 面板的 R、L 插孔

续表

分量（色差）面板	 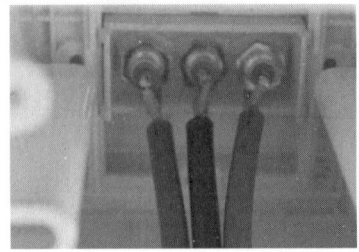	
	由左向右依次为红、蓝、绿色 RCA 插孔，分别对应分量信号的红色差（Pr）、蓝色差（Pb）、亮度（Y）信号（逐行输入/输出）或 Cr、Cb、Y（隔行输入/输出）	
3.5 音频面板及公头	  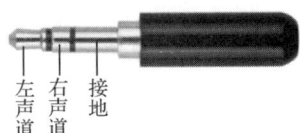	
	双芯屏蔽线中的红线接左声道，白线接右声道，公头（小三芯）对应信号如图所示	
6.5 音频面板及公头	  	
	双芯屏蔽线中的红线接左声道，白线接右声道，公头（大三芯）对应信号如图所示	
卡侬接口	母口面板及公头端子	 
	公头面板及母口端子	 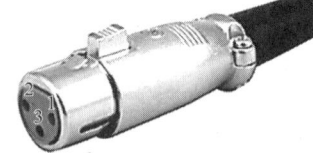 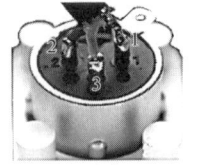
	双芯屏蔽线中的红线接 2 脚、白线接 3 脚、屏蔽线接 1 脚（平衡接法）；采用不平衡接法时，1、3 脚短接在一起	
S 端子	  	
	1 脚：亮度（Y）信号地。2 脚：色度（C）信号地。3 脚：色度信号。4 脚：亮度信号。1、2、3、4 脚分别接四芯屏蔽线中的线芯（颜色可自选），屏蔽网接端子外壳接地端	

续表

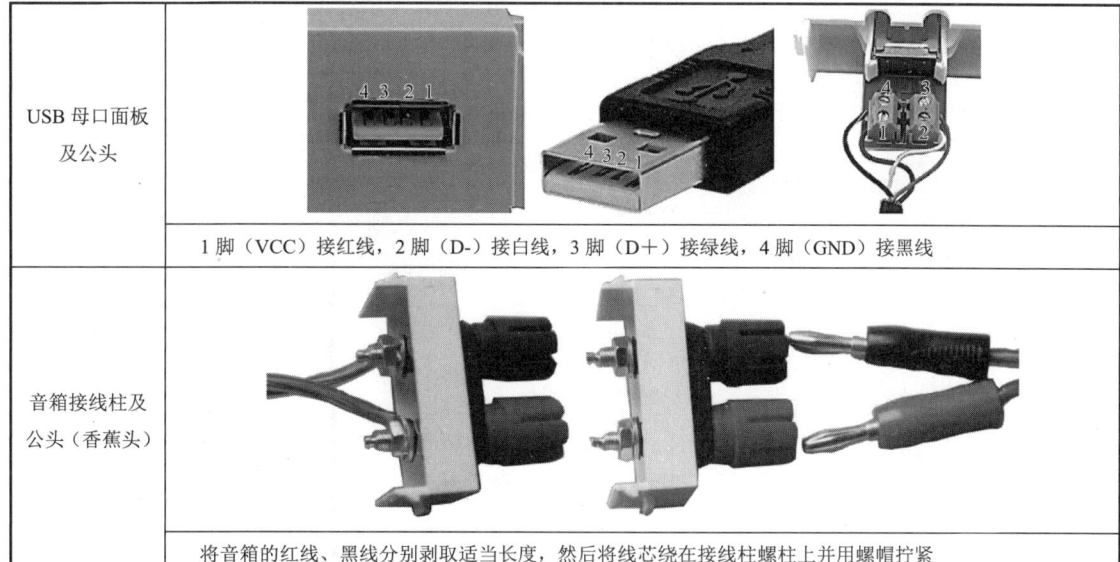

USB 母口面板及公头	1脚（VCC）接红线，2脚（D-）接白线，3脚（D+）接绿线，4脚（GND）接黑线
音箱接线柱及公头（香蕉头）	将音箱的红线、黑线分别剥取适当长度，然后将线芯绕在接线柱螺柱上并用螺帽拧紧

3. 弱电接线盒

现在家装中的弱电线比较多，一些影音线材比较粗且很硬，普通底盒难以适应，应选用专为弱电线设计的加深底盒，如图 9-32（a）所示；由于电视壁挂后背面与墙面距离很小，面板安装后，电源插头、VGA 插头、HDMI 插头、AV 插头没有正常的插接空间，施工比较困难，所以可以选用为平板壁挂电视设计的专用底盒，如图 9-32（b）所示。

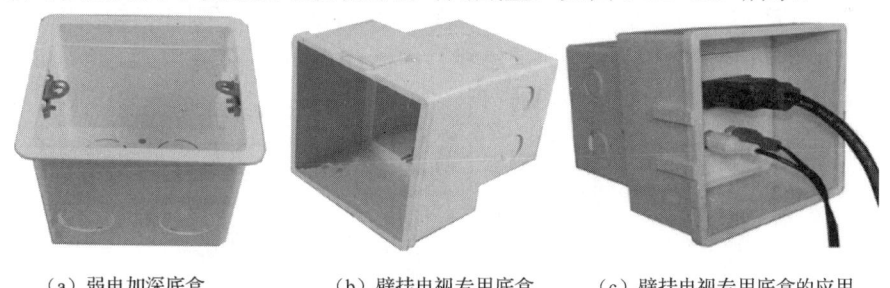

（a）弱电加深底盒　　　（b）壁挂电视专用底盒　　　（c）壁挂电视专用底盒的应用

图 9-32　弱电加深底盒及壁挂电视专用底盒

9.9　常用灯具的安装

9.9.1　灯头盒的安装

1. 安装吊线盒

白炽灯、日光灯、节能灯在吊装时需安装吊线盒，吊线盒的安装见表 9-29。

表 9-29 吊线盒的安装

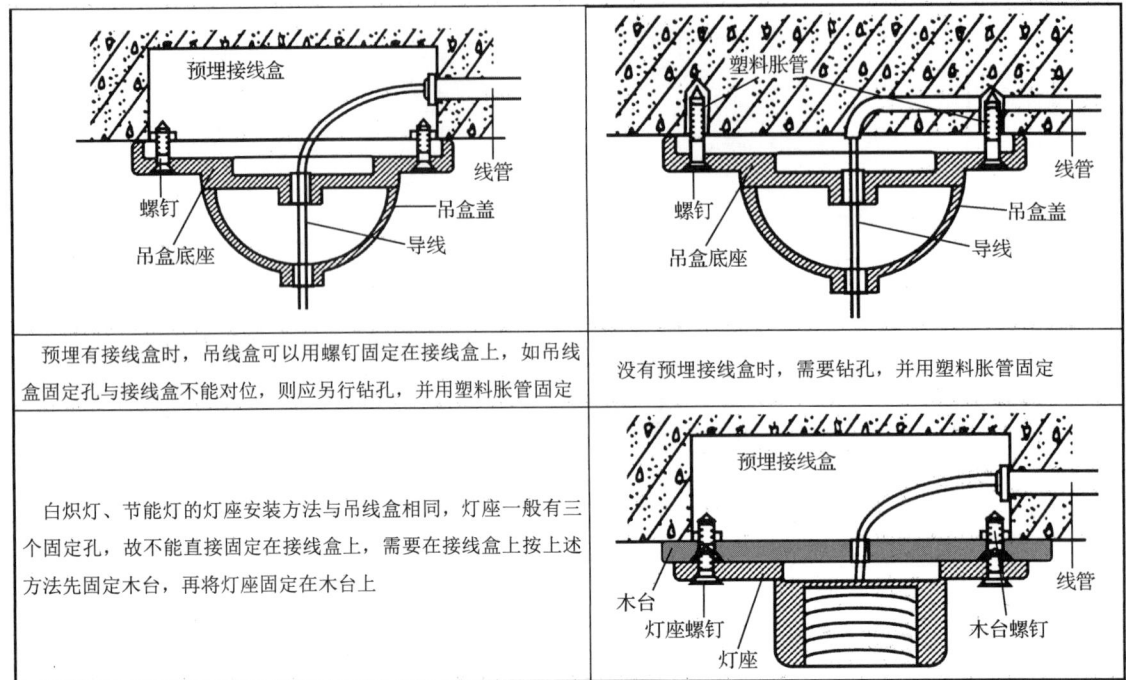

2. 接灯头

安装好吊线盒，即可接灯头或灯具电源线。在给吊线盒接线时，为了防止在使用过程中，灯具对导线压接处产生接力而脱落，要求吊线盒内导线打蝴蝶结，蝴蝶结线头留有适当长度，使吊灯具时，蝴蝶结受力而接头不受力。吊线盒内接线及蝴蝶结的打法如图 9-33 所示。

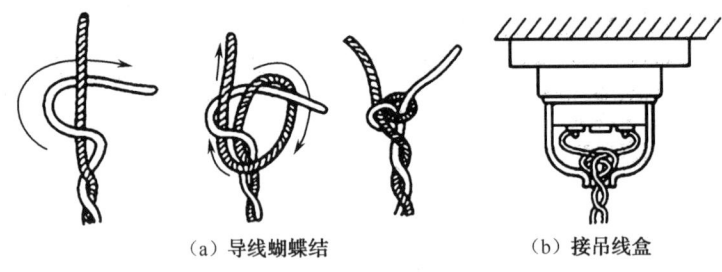

图 9-33 吊线盒内接线及蝴蝶结的打法

9.9.2 荧光灯的安装

荧光灯是很常用的一种灯具，灯管形式有直线形、蝶形、环形等；灯具结构有格栅式、盒式；安装形式有顶装、吊装、吸顶装、壁装；镇流器有电感式、电子式等。

1. 格栅荧光灯的安装

格栅荧光灯嵌入安装在吊顶内，格栅荧光灯的安装示意图及嵌入安装方式如图 9-34 所示。

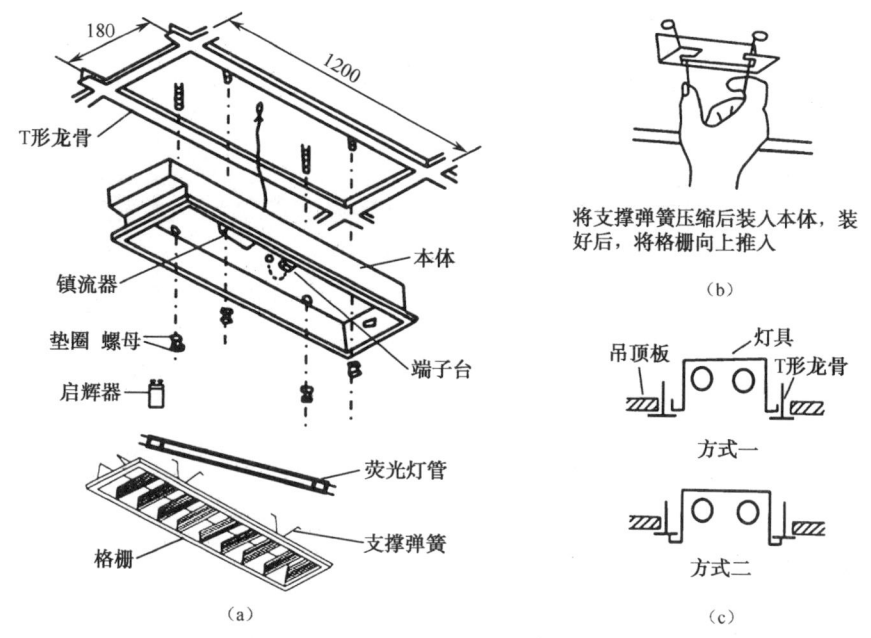

图 9-34 格栅荧光灯的安装示意图及嵌入安装方式

2. 荧光灯的嵌入式安装及吊装安装

嵌入式荧光灯安装在吊顶内；非嵌入式荧光灯安装在无吊顶的天花板上，可采用吊装方式。荧光灯的嵌入式安装及吊装安装示意图如图 9-35 所示。

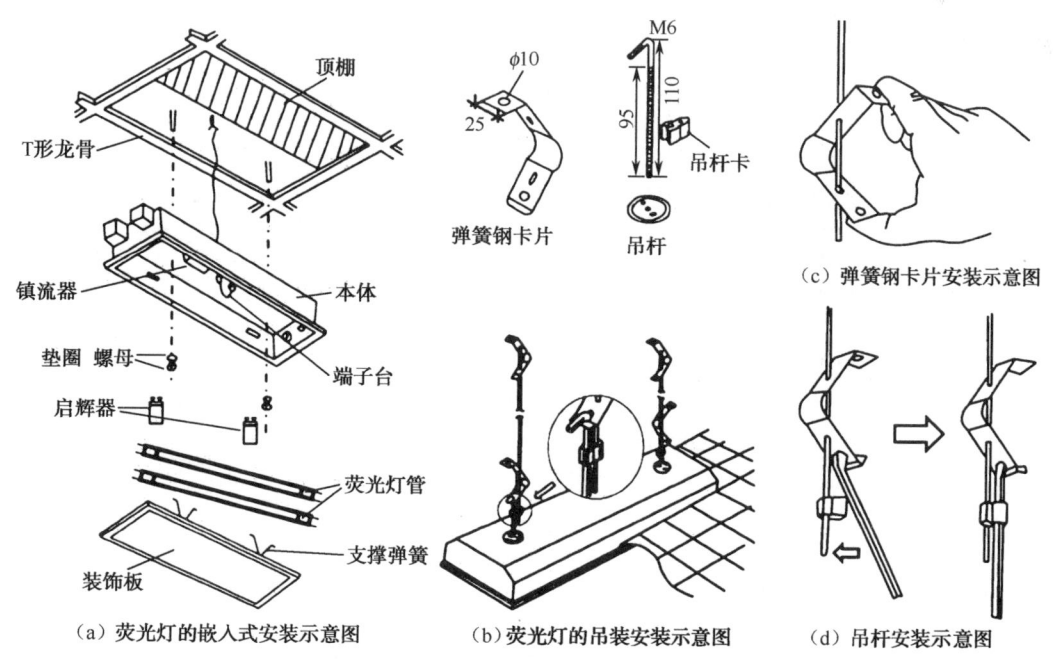

图 9-35 荧光灯的嵌入式安装及吊装安装

3. 荧光灯常见的安装方式

荧光灯常见的安装方式如图 9-36 所示。

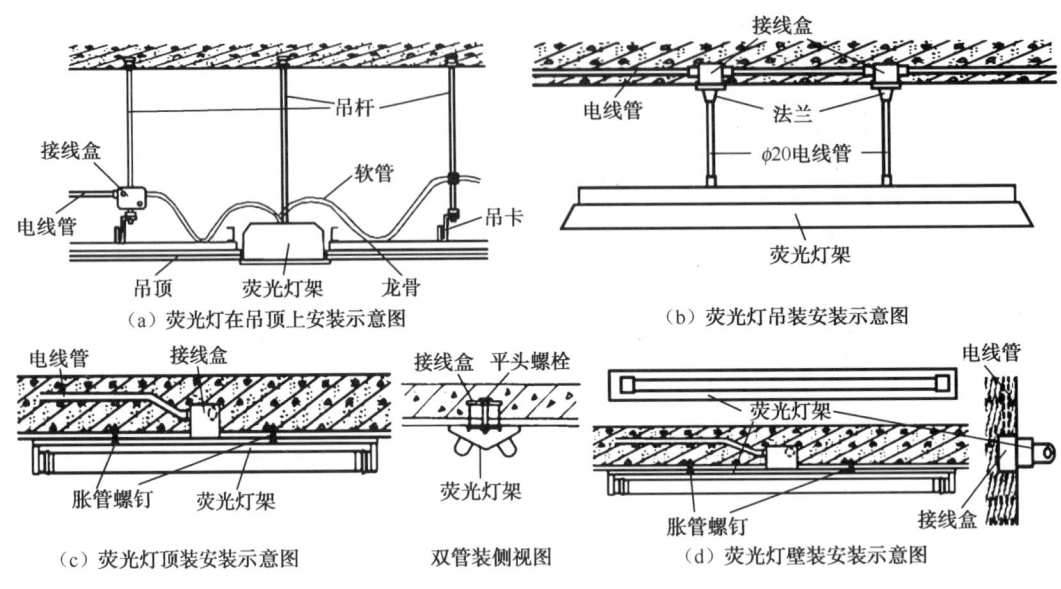

图 9-36　荧光灯常见的安装方式

4. 镜前荧光灯的安装

镜前荧光灯的安装示意图如图 9-37 所示。

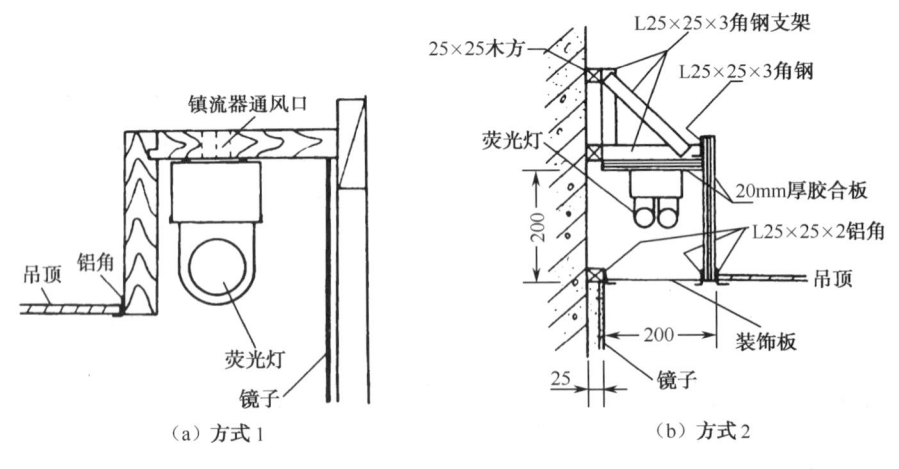

图 9-37　镜前荧光灯的安装示意图

5. 荧光灯在灯池的安装

荧光灯在灯池的安装示意图如图 9-38 所示。

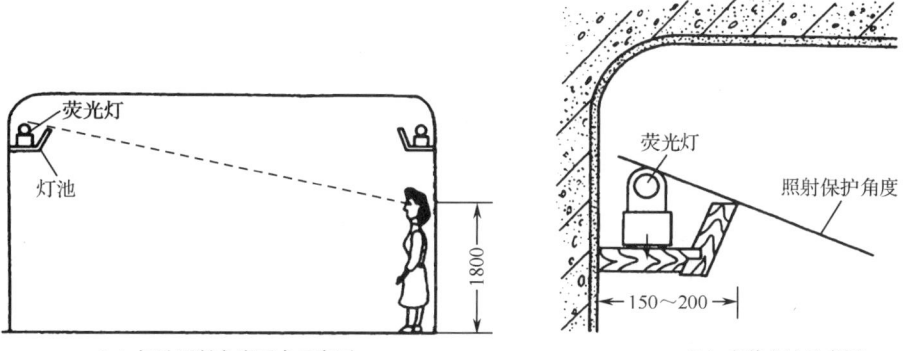

(a) 灯池照射角度要求示意图　　　　　　(b) 安装方法示意图

图 9-38　荧光灯在灯池的安装示意图

9.9.3　筒灯的安装

筒灯安装在吊顶上时，需在吊顶上按筒灯开出相应大小的圆孔，再将筒灯嵌入开孔中。筒灯有带镇流器与不带镇流器两种，其不同安装方式示意图如图 9-39 所示。射灯与筒灯的安装方式相似，安装示意图如图 9-40 所示。

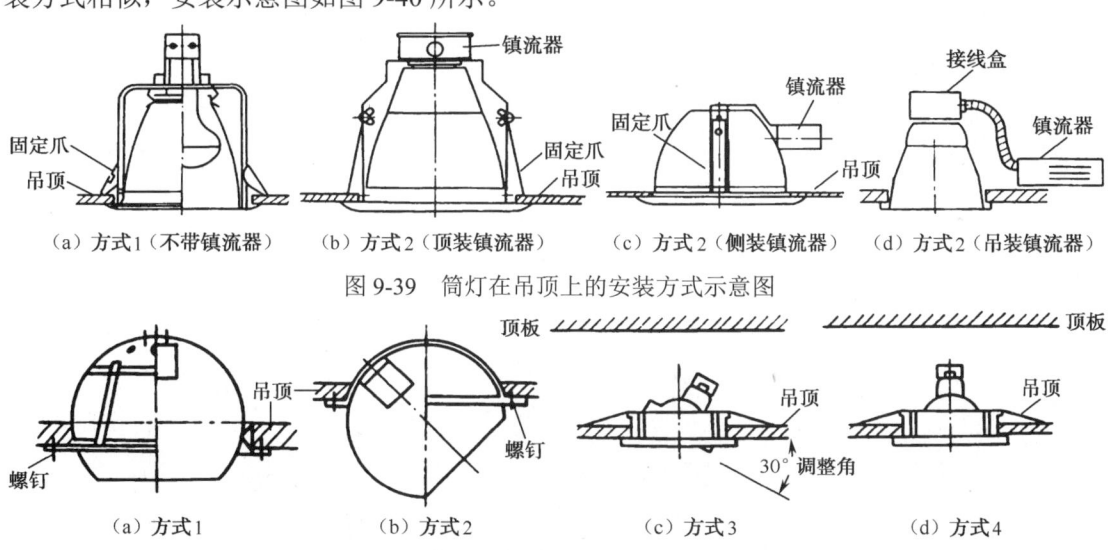

(a) 方式1（不带镇流器）　(b) 方式2（顶装镇流器）　(c) 方式2（侧装镇流器）　(d) 方式2（吊装镇流器）

图 9-39　筒灯在吊顶上的安装方式示意图

(a) 方式1　　　(b) 方式2　　　(c) 方式3　　　(d) 方式4

图 9-40　射灯在吊顶上的安装方式示意图

筒灯在吊顶上的具体安装操作方法如图 9-41 所示。

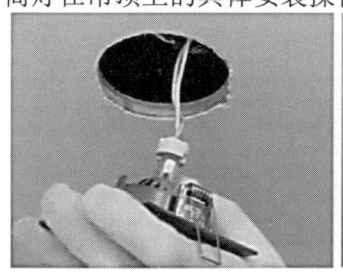 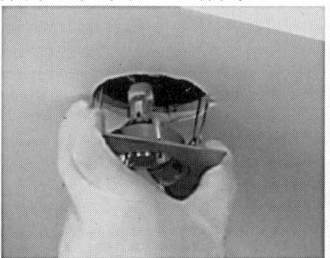 

(a) 插接电源线　　　　　(b) 将弹簧扣垂直　　　　(c) 推入天花板孔内

图 9-41　筒灯在吊顶上的具体安装操作方法

9.9.4 吸顶灯的安装

吸顶灯的种类很多，其质量、体积有大有小，不同质量、大小的吸顶灯，其安装方法不同。

1. 较轻的吸顶灯安装

质量较小的吸顶灯，可以直接将灯底板固定在接线盒上，具体安装方法见表9-30。

表9-30 较轻的吸顶灯安装

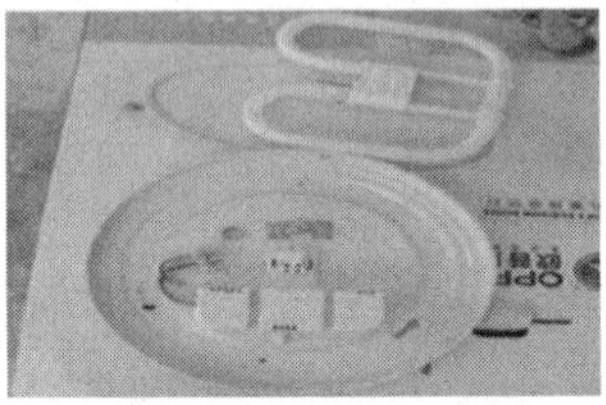 ① 将灯具拆开，并拆下灯管	 ② 将灯具电源接线头上的绝缘胶皮除去	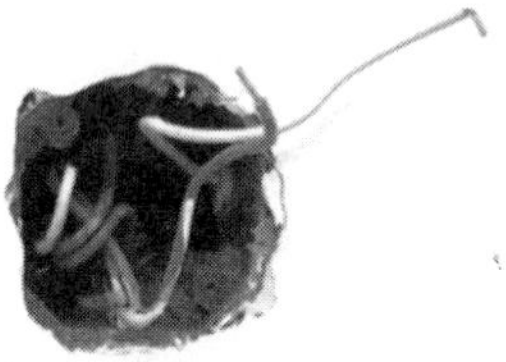 ③ 清理天花板上的接线盒，使接线盒的螺孔露出，作为灯具的固定螺孔
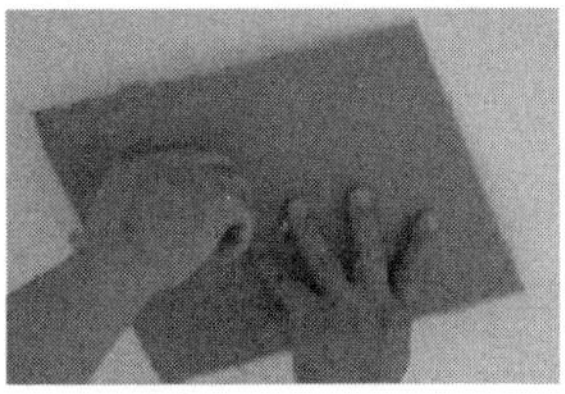 ④ 用硬纸板盖在接线盒上，用尖锥探准接线盒的螺孔，在螺孔位置锥出定位孔	 ⑤ 将硬纸板盖在灯具底板上，让定位孔尽可能处在底板中间位置并在底板上标下定位标记，再用尖锥在定位孔处锥出穿孔	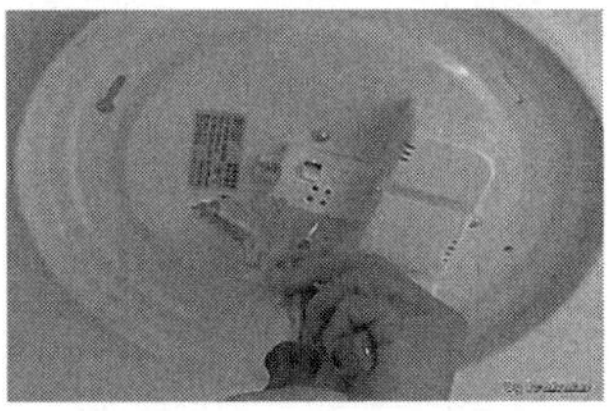 ⑥ 将电源线穿过底板的线孔，然后将底板固定孔对准接线盒的螺孔，用螺钉将底板紧固在接线盒上
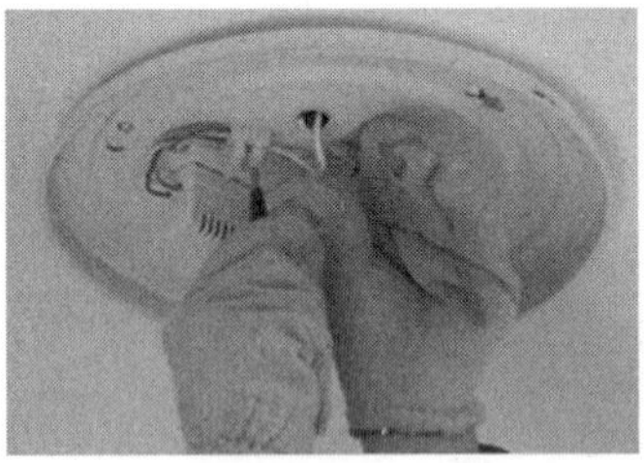 ⑦ 连接好电源线并用绝缘胶布包扎好	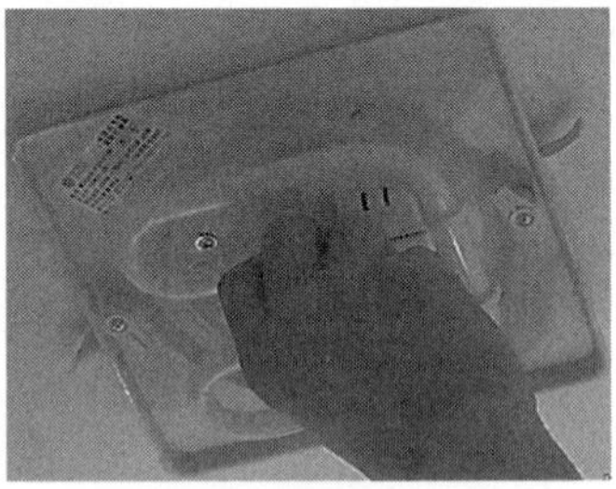 ⑧ 将灯管在灯座上卡紧	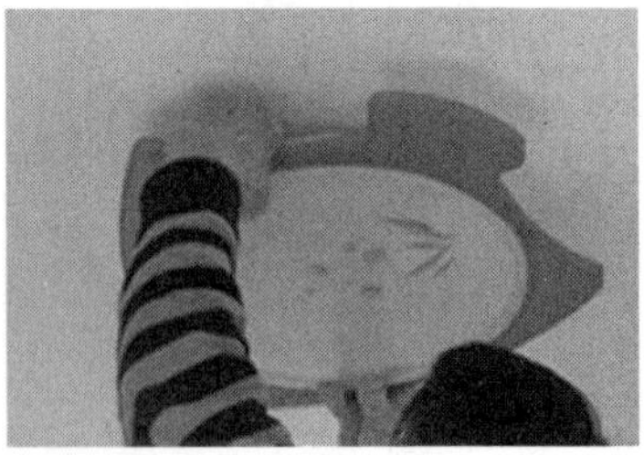 ⑨ 扣上灯罩

2. 较重的吸顶灯安装

吸顶灯质量较大时，不能将其固定在接线盒上，应根据质量的不同，用胀管或膨胀螺栓固定，或用胀管、膨胀螺栓固定过渡板，再将灯具固定在过渡板上。使用过渡板安装吸顶灯及过渡板的安装如图9-42所示。

在安装灯具时，一般先在地面组装好，再升举到安装位置固定。重型灯具用人力升举很难也很不安全，且很难对准安装孔的位置，因此现在网上出现一种灯具升降架，可自由移动和升举，组装好灯具后可轻松对准安装位置，使灯具安装变得很轻松，如图9-42所示。

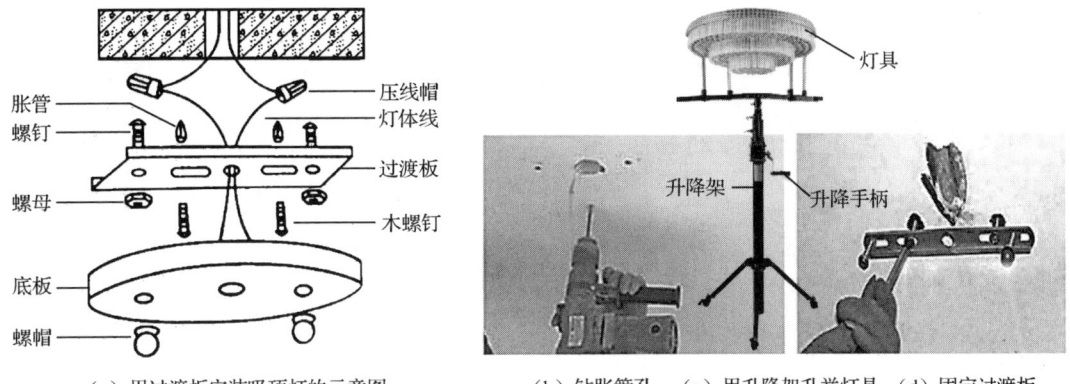

(a) 用过渡板安装吸顶灯的示意图　　(b) 钻胀管孔　(c) 用升降架升举灯具　(d) 固定过渡板

图 9-42　使用过渡板安装吸顶灯及过渡板的安装

9.9.5　吊灯的安装

安装小型吊灯与安装吸顶灯相似，大型吊灯的质量较大，需要预埋构件或用膨胀螺栓安装吊钩构件。吊灯的安装示意图及构件的安装如图9-43所示。

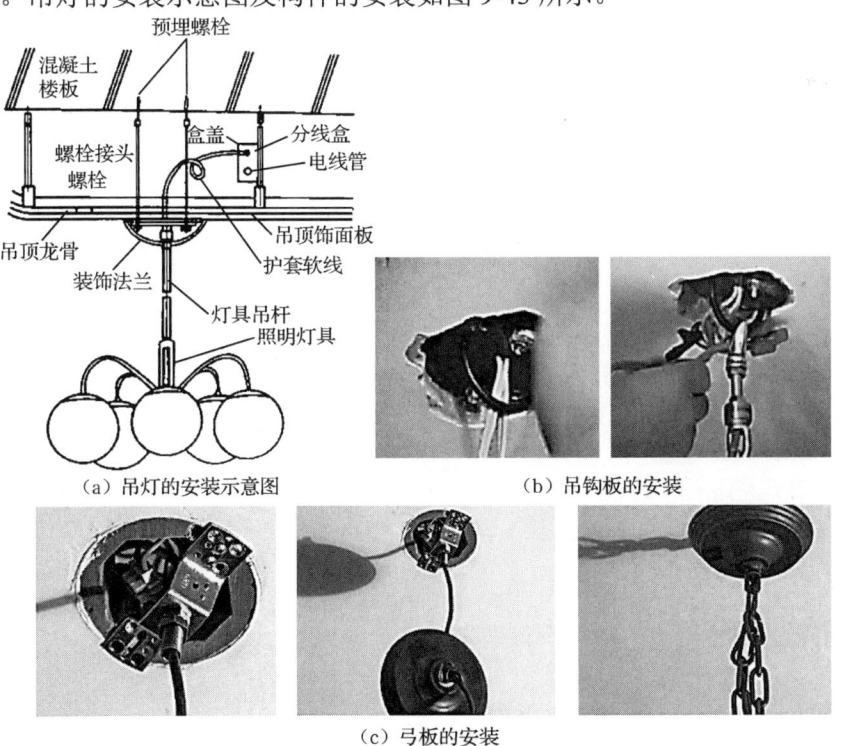

(a) 吊灯的安装示意图　　　　(b) 吊钩板的安装

(c) 弓板的安装

图 9-43　吊灯的安装示意图及构件的安装

9.9.6 壁灯的安装

壁灯一般不重,当导线明敷时,可将过渡板固定、预埋在木砖上,或用胀管固定在混凝土柱或砖墙上,然后将灯具固定在过渡板上;导线暗敷时,则用胀管将过渡板安装在接线盒附近。壁灯的安装示意图如图 9-44 所示。

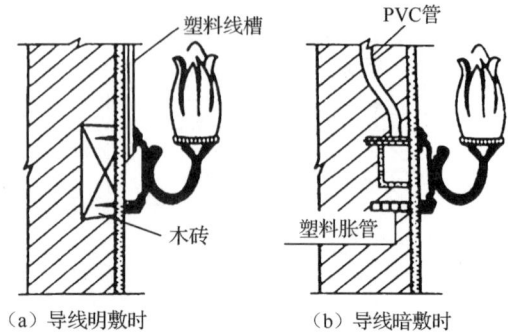

图 9-44　壁灯的安装示意图

9.9.7 灯具的安装规范

(1) 灯具安装得必须牢固,其固定件的承载能力应与电气照明装置的质量相匹配。

(2) 固定照明灯具的方式,可采用预埋吊钩、螺栓、螺钉及膨胀栓等,严禁使用木榫。

(3) 采用螺口灯头时,连接开关的线接入灯头的中心弹舌端子上,不得混淆。

(4) 普通吊线灯,当质量在 0.5kg 以内时,可用自身软线吊装;当质量为 0.5kg 以上时,应采用吊链吊装,软线应编在链内,以避免导线承受拉力。用软线吊灯时,在灯具吊盒及灯座内应做保险扣,以免接线端子受力。灯具质量超过 3kg 时,应固定在预埋的吊钩或螺栓上。

(5) 每个灯具固定用螺钉或螺栓不少于 2 个;当绝缘台直径在 75mm 及以下时,采用 1 个螺钉或螺栓固定。

(6) 花灯吊钩圆钢直径不小于灯具挂销直径,且不应小于 6mm;大型花灯的固定及悬吊装置,应按灯具质量的 4 倍做过载试验 1h 以上,悬吊装置不应有变形。

(7) 钢管做灯杆时,钢管内径不应小于 10mm,钢管厚度不应小于 1.5mm。

(8) 一般敞开式灯具灯头对地面距离不小于 2m(室内)。

(9) 除敞开式灯具外,其他各类灯具的灯泡容量在 100W 及以上时采用瓷质灯头。

9.10 浴霸的安装

9.10.1 吊顶式浴霸的安装

1. 安装前的准备工作

在安装浴霸之前,用户的浴室应该做好以下准备工作。

1) 电线、暗盒的预埋

(1) 电线、暗盒的预埋一般在水电安装及贴墙砖前进行。

(2) 电源线、开关控制线必须根据安装的具体型号要求能承载 10A 或 15A 以上的负载;

电线的线径至少要在 1.5～4mm² 之间（铜线不要超过 6mm²）。零线设为蓝色，火线设为红色，接地线设为黄绿双色。电线需穿入足够容纳控制线数量的 PVC 管来进行预埋。

（3）控制线的数量必须根据产品具体型号确定，并选用几种颜色的电线区分功能，以便安装接线。浴霸本身配有互连软线的，尽可能使用原配的互连软线。可选用浴霸专用电源线，如图 9-45 所示，有 5 芯与 6 芯之分，根据浴霸接线要求选用。

（4）浴霸开关的安装位置距离沐浴花洒距离不可小于 1000mm；其安装高度离地面应不小于 1400mm。

（5）选用国标 86 型开关暗盒，为了确保能轻松容纳开关控制电线，安装后开关不受挤压并紧贴墙面，暗盒沿边应低于瓷砖表面 20mm，沿边空缺用水泥填充并固定牢固。

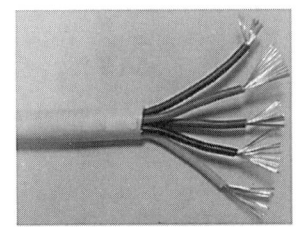
（a）5芯浴霸电源线

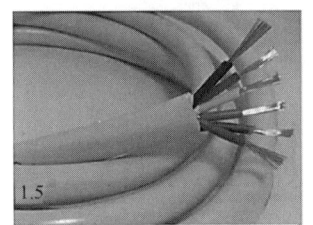
（b）6芯浴霸电源线

图 9-45　5 芯、6 芯浴霸电源线

2）开通风孔

确定墙壁上通风孔的位置（应在吊顶上方 150mm 处），在该位置开一个直径为 105mm 的圆孔。

3）安装通风窗

将通风管的一端套上通风窗，另一端从墙壁外沿通气孔伸入室内，将通风窗固定在外墙出风口处，通风管与通风孔的空隙处用水泥填封，如图 9-46 所示。

需指出，因通风管的长度为 1.4m，故在安装通风管时须考虑产品安装位置中心至通风孔的距离如超过 1.2m，需加长通风管。

4）确定浴霸的安装位置

为了取得最佳的取暖效果，浴霸应安装在浴缸或淋浴房中央正上方的吊顶内，安装完毕后，灯泡离地面的高度应为 2.1～2.3m，过高或过低都会影响使用效果。

5）吊顶准备

用 30mm×40mm 的木档铺设安装龙骨（龙骨应保证足够的强度），按照开孔尺寸在安装位置留出空间，吊顶与房屋顶部形成的夹层空间高度不能小于 200mm。按照箱体实际尺寸在吊顶上的产品安装位置切割出相应尺寸，方孔边缘距离墙壁应不小于 250mm，如图 9-47 所示。

2. 把浴霸固定在吊顶上

（1）取下面罩。把所有灯泡拧下，将弹簧从面罩的环上脱开并取下面罩。拆装红外线取暖灯泡时，手势要平稳，切忌用力过猛。

(2)接线。按接线图所示将互连软线的一端与开关面板接好，另一端与电源线一起从天花板开孔内拉出，打开箱体上的接线盒盖，按接线图及接线柱标志所示接好线，盖上接线盒盖，用螺钉将接线盒盖固定，然后将多余的电线塞进吊顶内，以便箱体能顺利塞进孔内。产品上提供的插头为试机使用，当产品连接电源时，应注意选择大于 $1mm^2$ 的铜芯线，同时注意要可靠接地。接线时两人协助进行，一人托箱体，另一人接线，如图 9-48 和图 9-49 所示。

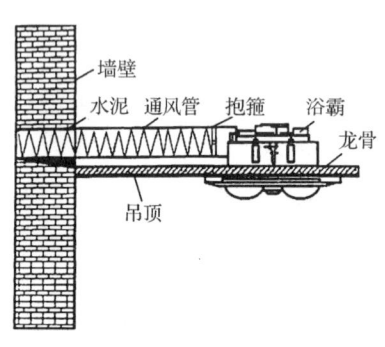

图 9-46 浴霸安装示意图

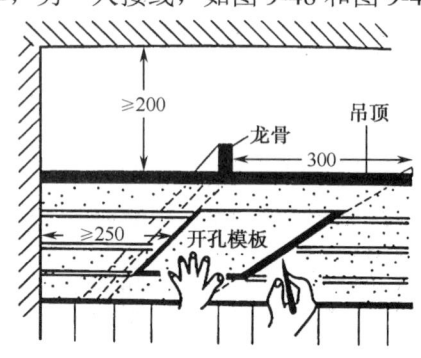

图 9-47 浴霸开孔示意图

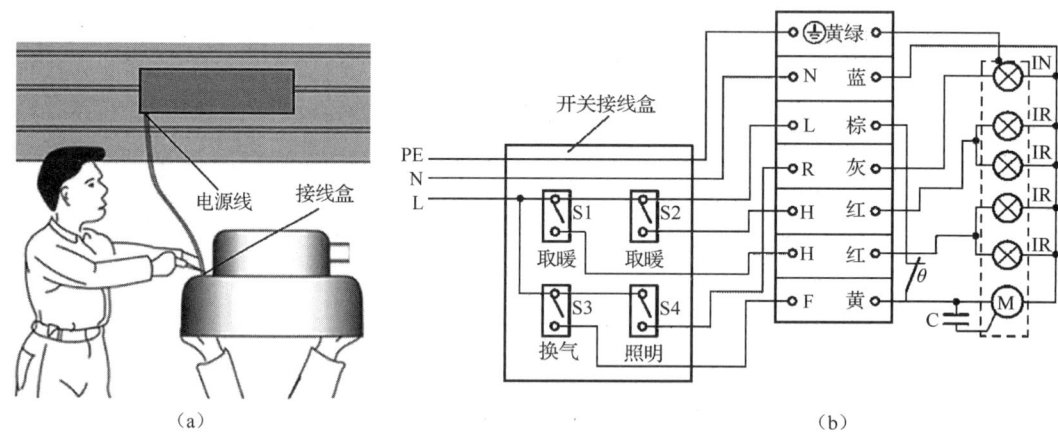

图 9-48 浴霸接线操作及接线图

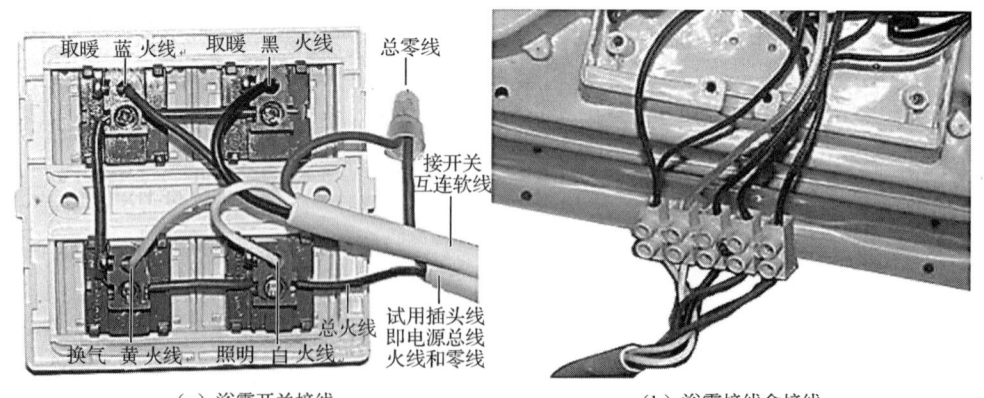

图 9-49 浴霸开关及接线盒接线

（3）连接通风管。把通风管伸进室内的一端拉出在浴霸出风罩壳的出风口上，用抱箍扎紧。注意通风管的走向要尽量保持笔直。

（4）将箱体推进开孔内。根据出风口的位置选择正确的方向把浴霸的箱体塞进开孔内，注意电源线不要碰到箱体。

（5）固定。用四颗木螺钉（φ4×20mm的沉头螺钉；石膏板安装螺钉长度应增加石膏板的厚度）将浴霸紧固在木龙骨上，如图9-50所示。

3. 最后的装配

（1）安装面罩。将面罩定位脚与箱体定位槽对准后插入，把弹簧钩在面罩对应的挂环上，如图9-50所示。

（2）安装灯泡。细心地旋上所有灯泡，使之与灯座保持良好的电接触，然后将灯泡与面罩擦拭干净。

（3）固定开关。将开关固定在墙上，以防止使用时电源线承受拉力。固定位置应能有效防止溅水。

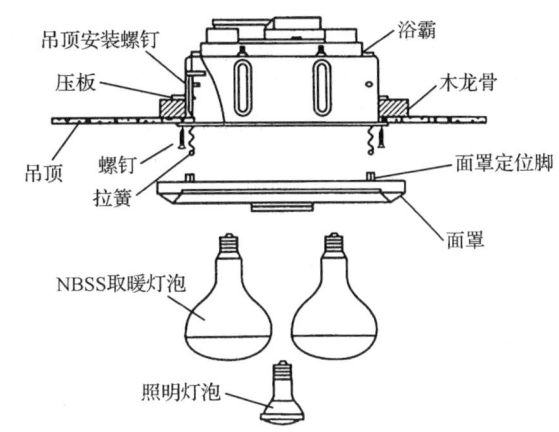

图9-50　浴霸的固定及装配

9.10.2　壁挂式浴霸的安装

壁挂式浴霸自带电源插头，其操作开关在浴霸面板上，因而壁挂式浴霸的安装非常简单，具体安装操作见表9-31。

表9-31　壁挂式浴霸的安装

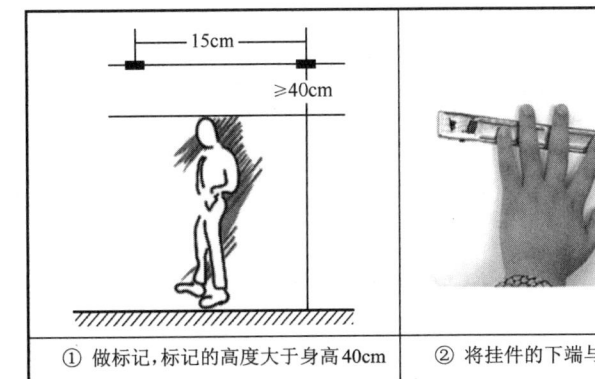	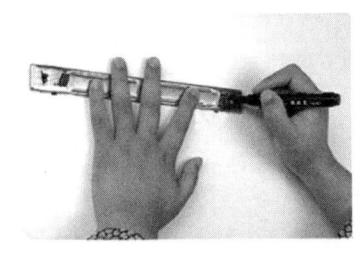	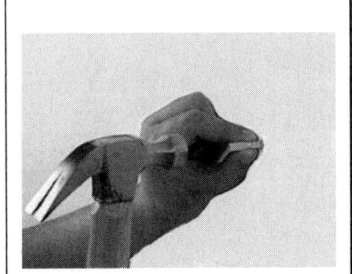
① 做标记，标记的高度大于身高40cm以上	② 将挂件的下端与标记平齐，用记号笔标出钻孔位置	③ 在记号处钻孔并打入塑料胀管

续表

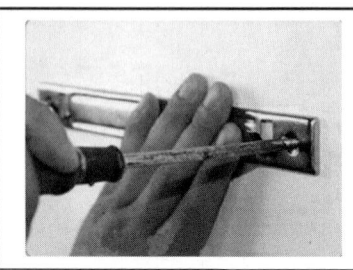	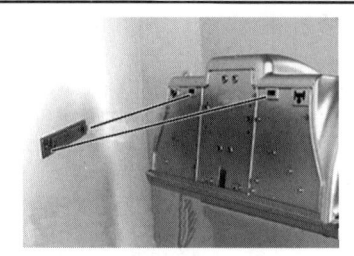	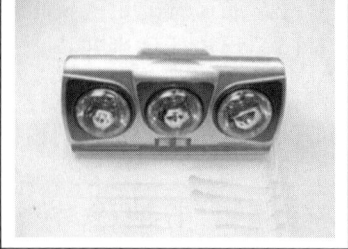
④ 用螺钉将挂件固定在胀管上	⑤ 将箱体后的安装孔对准挂件上的挂钩，并将箱体挂在挂件上	⑥ 安装完成的壁挂式浴霸

第 10 章　接 地 装 置

【本章导读】

电气接地装置是用电安全的重要保障，正确进行电气接地，可以保障用电者的人身安全，以及保护用电器不受损害，因此现代家装电气电路普遍要求采取可靠的接地措施。

本章介绍户外电气接地装置的几种做法及户内等电位连接的做法。

【学习目标】

① 掌握保护接地与保护接零的概念；

② 掌握人工接地装置的安装；

③ 掌握自然接地的要求及运用；

④ 掌握总等电位连接及局部等电位的安装。

10.1　保护接地与保护接零

保护接地与保护接零是防止触电事故发生的一种简单而较有效的措施。家用电器在使用过程中可能会出现绝缘层损坏、老化或导线端头松脱等故障，使金属外壳带电。若有保护接地或保护接零装置，就能使金属外壳所带电压大大降低，或将熔丝熔断，使金属外壳不带电，就能避免人体触及金属外壳时造成的触电事故。

住宅采用保护接地与保护接零措施及安装漏电保护器后，能大大减少触电事故的发生。若住宅已安装了漏电保护器，再采取保护接地（接零）措施确有困难时，也可不做。但从更为安全的角度考虑（万一漏电保护器失灵），在条件允许的情况下，还是应采取保护接地（接零）措施。

10.1.1　使用范围

电气设备和家用电器除下述部位和下述情况可以不采取保护接地或保护接零措施外，均应采取保护接地或保护接零措施。

1. 电气设备的下列金属部分可以不采取保护接地（接零）措施

（1）在木质、沥青等不良导电地面的干燥房间内，交流额定电压为 380V 及以下或直流额定电压为 440V 及以下的电气设备外壳。

但当有可能同时触及上述电气设备外壳和已接地（接零）的其他物体时，仍应接地（接零）。

(2) 安装在干燥场所，其交流额定电压为127V及以下或直流额定电压为110V及以下的电气设备外壳。

(3) 安装在配电屏、控制屏和配电装置上的仪表、继电器及其他低压电器等的外壳，以及当发生绝缘层损坏时，在支撑物上不会引起危险电压的绝缘子的金属底座等。

(4) 安装在已接地（接零）金属构架机座上的设备，如穿墙套管、机床上的电动机和电器外壳。

(5) 额定电压为220V及以下的蓄电池室内的金属支架。

2. 家用电器在下列情况下可以不采取保护接地（接零）措施

(1) 具有塑料等绝缘材料外壳的家用电器；采用双重绝缘保护的家用电器（没有裸露的金属部分）；使用安全电压（50V以下）的家用电器。具体地说，它们是电视机、收录机、收音机、录像机、吸尘器、电热梳和吹风机等。

(2) 所有灯具（除金属支座的壁灯外）及换气扇，一般也可不必采取保护接地（接零）措施。

(3) 虽然具有金属外壳，但悬挂在高处的家用电器，因人体一般不会触及，也可以不采取保护接地（接零），如壁挂空调，但在清洁检修这类家用电器时，为了安全，必须拔下插座，在断电状态下进行。

(4) 在地面装饰了木地板、塑料地板、地毯及其他绝缘物质的房间内，家用电器可以不采取保护接地（接零）措施。但在使用这些家用电器时，身体裸露的部分不要触及砖墙，否则有可能造成触电事故。

除上述情况外，具有金属外壳的家用电器需采取保护接地（接零）措施。它们是电冰箱、柜式空调、电热水器、洗衣机、台式或落地式电风扇、电熨斗、电饭锅、电烙铁、电热炊具、速热水器及具有金属外壳的手电钻和其他手提式电动工具。

10.1.2　表示方法

接地（接零）用符号"⏚"表示。有的家用电器（如收录机、电视机等），在电子电路中使用"⊥"或"⏚"符号，表示该设备以金属底板、机壳或某些公共接点的电位做零电位。

10.1.3　选择

1. 保护接地

保护接地就是将在正常情况下不应带电的家用电器金属外壳与接地装置之间做良好的电气连接，以保护人体安全。具体做法是，将需要采取保护接地的家用电器金属外壳和支架等用导线和埋设在地下的接地装置连接，如图10-1所示。

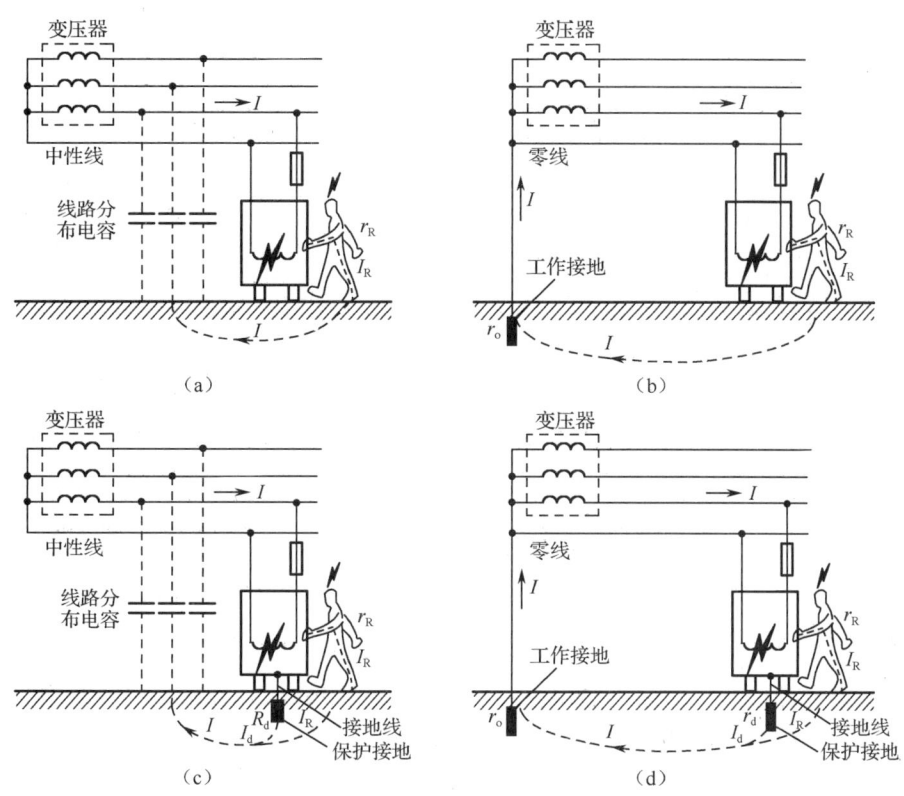

图 10-1 保护接地分析图

图 10-1（a）所示为 IT 系统（中性点不接地系统）中不接地（接零）的情况。当家用电器的绝缘层损坏时，其金属外壳就长期带电，同时由于线路与大地存在绝缘电阻 R 和对地电容 C，如果人体触及此家用电器的外壳，则接地电流 I 就全部通过人体形成回路，人就触电了，但由于绝缘电阻 R 值一般很大，所以其触电危险程度远比图 10-1（b）所示的情况轻。

图 10-1（b）所示为 TT 系统（中性点直接接地系统）中不接地（接零）的情况。当家用电器的绝缘层损坏时，其金属外壳就长期带电，如果人体触及此家用电器的外壳，则接地电流就经过人体和变压器的工作接地装置构成回路，其接地电流 I_R 达到 200mA 左右，人体流过的电流超过安全电流而有触电危险。

图 10-1（c）所示为 IT 系统中设有保护接地的情况，图 10-1（d）所示为 TT 系统中设有保护接地的情况。当家用电器的绝缘层损坏使金属外壳带电时，由于保护接地电阻 r_d 与人的对地电阻 r_R 并联，接地电流 I 将同时沿着接地体（通过电流为 I_d）和人体（通过电流为 I_R）两条通道流过。流过每一条通道的电流值将与其电阻的大小成反比。r_d 越小，则通过人体的电流也越小，保护作用就越大。通常人体的电阻比接地装置的电阻大数百倍，所以流经人体的电流只有流经接地装置电流的数百分之一。

图 10-1（d）中人体电阻和接地电阻并联，接地线有 27A 左右电流，人体有 100mA 左右电流。若住宅总熔断器的额定电流不大于 11A，则在 27A 故障电流下熔丝能迅速熔断，确保人身安全。若熔断器的额定电流过大，则不能保障人身安全。这就是 TT 系统保护接地作用的局限性。

2. 保护接零

保护接零就是把家用电器的金属外壳用导线与中性点接地的三相四线制供电系统（TT系统）中的中性线（即零干线）直接连接（构成 TN-C 系统）。当家用电器的金属外壳带电时，便形成相线对零线的单相短路，其短路电流是相当大的，能使线路上的断路器跳闸或总熔断器的熔丝迅速熔断，从而切断电源，保障人身安全，如图 10-2 所示。

保护接零方式不需要埋设接地装置，因此很经济，但这种方式只能在下列三种情况下使用：①装有专用保护零线 PEN（TN-C 系统）；②从 PEN 线分出零线 N 和保护零线 PE（TN-C-S 系统）；③采用三相五线制（TN-S 系统）布线的场所，直接从变压器中性点分出零线 N 和保护零线 PE。

在采取保护接零方式时，对接零线的要求是：①有足够的截面积和机械强度；②线中间避免接头；③严禁装设开关和熔断器；④电缆和架空线在引进建筑物内的配电箱等处时，保护零线应做重复接地，接地电阻不大于 4Ω。

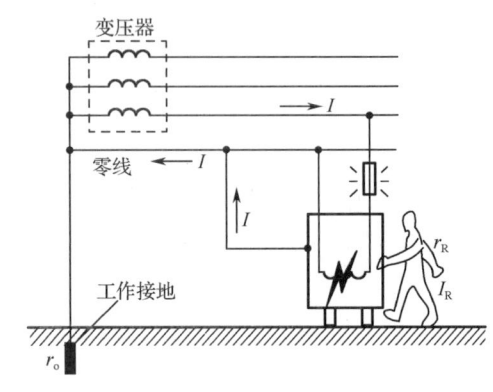

图 10-2　保护接零分析图

3. 保护接零与保护接地的选择

（1）由同一台变压器供电的低压线路，不应同时采用接零、接地两种保护方式。在低压电网中，全部采用保护接零确有困难时，也可同时采用接零、接地两种保护方式，但不接零的电力设备或线段，应装设能自动切除接地故障的继电保护装置。

（2）在采用 TT 系统供电的乡镇、农村及分散用户，因供电半径较长，线路阻抗较大，一相碰壳故障电流相对较小，采用保护接零有困难时，只好采用保护接地。

（3）有些农村地区规定，不管供电系统的中性点是否接地，一律采用保护接地方式，而不采用保护接零方式。这是因为农村电网不便于统一管理，且容易将保护接地与保护接零混用而引起触电事故。

（4）凡采用保护接地方式的，必须安装漏电保护器。

10.1.4　高层住宅保护接零的做法

（1）高层住宅一般设有专用供电变压器。采用 TN-S 系统供电，应配备漏电保护器，至少在各住户插座线路加装漏电保护器。消防电气线路则不宜配备漏电保护器。

（2）在各路电源进户处应设接地装置并引出 PE 线。接地装置应与建筑物的金属构件做总等电位连接；PE 线应环接，并在室内适当位置与建筑物的管道等金属构件做几处局部等电位连接，以增加故障电流分流回路，降低接触电压。

（3）当利用建筑物钢筋作为接地引线时，至少应有两根主钢筋从上至下焊接接通，并从中引出接头。其下端与钢筋混凝土桩基或地下层建筑物中的钢筋连接。

10.1.5 接地装置的组成及类型

1. 接地装置的组成及其要求

接地装置包括接地体和接地线。

接地体又称接地板，是埋入地下的金属导体，一般由两根或两根以上的导体组成。接地体起着将故障电流散流到大地的作用，使家用电器等接地金属外壳的电位与大地的电位相同，即零电位。接地体的结构及类型如图10-3所示。

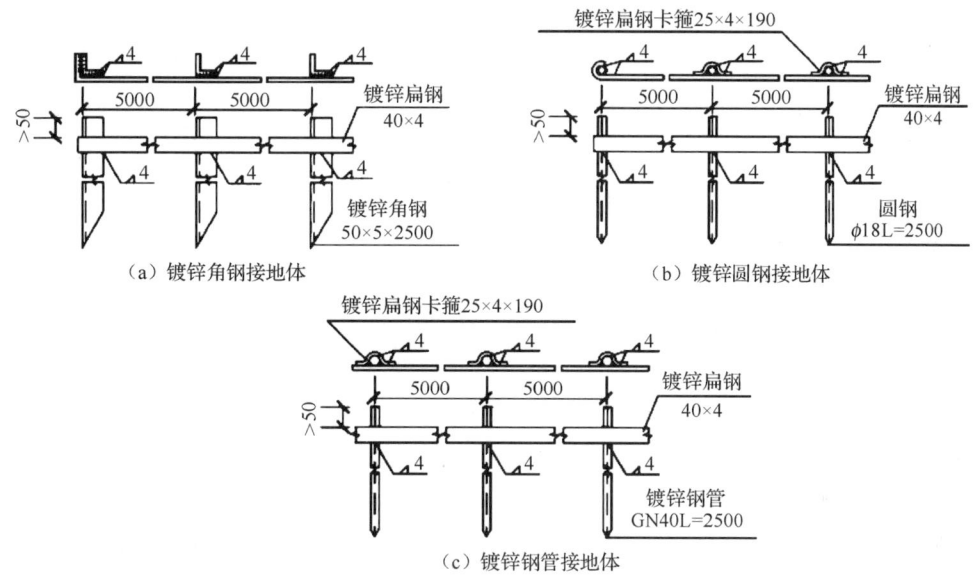

图10-3 接地体的结构及类型

接地线是连接接地体与家用电器等接地金属外壳的金属导线。地下进户及接地装置如图10-4所示；接地线路的安装如图10-5所示；接地装置的安装材料及安装要求见表10-1。

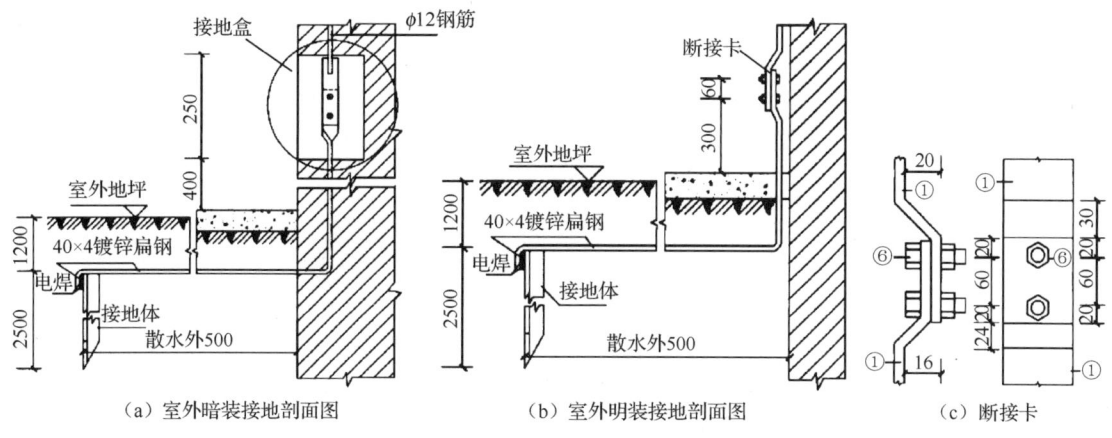

图10-4 地下进户及接地装置

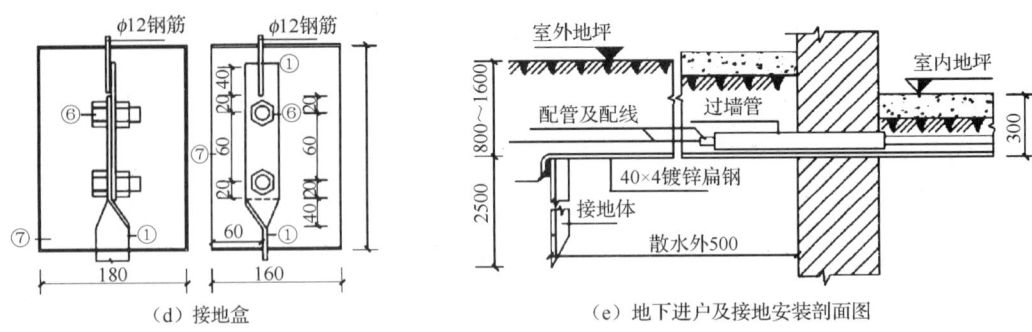

图 10-4 地下进户及接地装置（续）

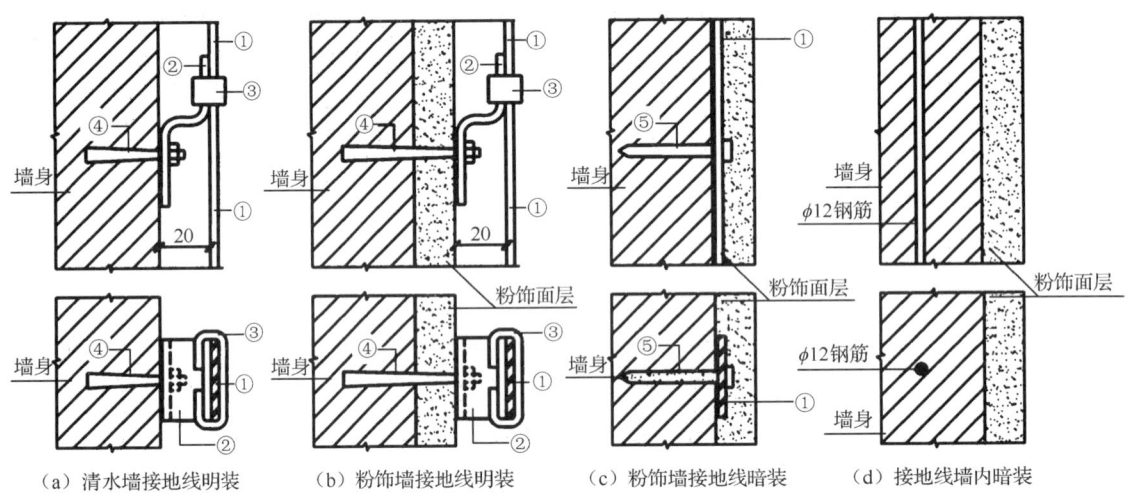

图 10-5 接地线路的安装

表 10-1 接地装置的安装材料及安装要求　　　　　　　　　　　　（单位：mm）

序号	说　　　　明	
1	材料：①接地线 40×4（mm，下同）镀锌扁钢；②S 形卡子镀锌扁钢 40×4×84；③套卡镀锌扁钢 15×2×120；④M8×80 镀锌膨胀螺栓；⑤射钉；⑥M10×30 镀锌螺栓；⑦接地盒高 250×宽 180×深 160，用厚为 2 的钢板制作	S 形卡子　卡套
2	接地线固定点间距：水平线路 1000；垂直线路 1500；转弯处及断接卡两端 500	
3	接地线的连接采用焊接，焊接的搭接长度不小于 80，焊缝长度不小于 160，焊缝厚度为 4，焊缝处应刷两道防锈漆，面层刷两道银灰色面漆	
4	化学降阻剂的使用，按工程设计要求操作，必须埋在冻土层以下	
5	接地装置有特殊要求时由工程设计确定	

接地体按其结构可分为人工接地体和自然接地体。人工接地体是指专门为接地而在地下埋设的接地体。自然接地体是指兼作接地体的各种已敷设在地下的金属件，如金属管道、建

筑物中的钢筋、自流井中的金属管等。

楼房及小区住宅，在建房之初就将建筑基础及柱子中的钢筋焊接成一体，形成一个很好的接地系统。正规的建筑单位，还将接地线引至总配电箱、集中电能表箱，直至住户配电箱。一般情况下不需要再埋设人工接地体。然而老式民宅或改建的住宅，通常还需埋设人工接地装置。

当利用自然接地体还不能满足接地电阻要求时，可再装设人工接地体，这样做有利于减小钢材用量和节省劳力。

2. 常用的自然接地体

并不是建筑物中的所有金属件都可以做自然接地体。常用的自然接地体有下列几种：

（1）各种敷设在地下的金属管道，但煤气管、输油管等有火灾和爆炸危险的管道不能做接地体。

（2）金属井管。

（3）与大地有可靠连接的建筑物、构筑物的金属结构。

（4）钢筋混凝土构件和基础内的钢筋。要求构件或基础内钢筋的接点应绑扎或焊接，各构件或基础之间必须连成电气通路；进出钢筋混凝土构件的导体与其内部钢筋体的第一个连接点必须焊接，且需与其主钢筋焊接。

（5）水工构筑物及类似构筑物的金属桩。

（6）金属铠装电缆的金属皮，但包有黄麻、沥青绝缘层的除外。

需要指出的是，不能用避雷针的接地体和电话的地线作为家用电器的接地体。因为当雷电击中避雷针或电话地线时，强大的雷电电流顺其接地线和电话地线流入大地，将在接地体或地线上产生电压降，从而使接在其上的家用电器外壳带电，造成触电事故，甚至有可能把雷电引到室内造成灾难。

3. 人工接地体及其安装要求

（1）人工接地体和自然接地体连接后，其电阻不得超过 4Ω。

（2）垂直接地体常用钢管和角钢（需镀锌，以防锈蚀）。钢管的直径为 38～50mm、壁厚不小于 3.5mm；角钢的规格为 50×50×5（mm）。在土质硬的场所宜采用 63×63×6（mm）的角钢，以免埋设时将角钢打弯。接地体的长度一般为 2.5m，土质硬时，可取 2m。接地体打入地下的一端应加工成尖头。

为了防止将接地钢管或角钢打劈，打入钢管时，可用一段与钢管内径相同的圆钢套入接地管的被击打端；打入角钢时，可用一块角钢（长约10cm）水平焊在接地角钢的被击打端。

（3）垂直接地体一般不少于两根，根数的多少视埋设地点的土壤情况而定。接地体相互之间的距离一般以 3～5m 为宜，在江南一带，因地下水位较高、土壤较湿润，一般打两根接地体即可。

（4）水平埋设的接地体，可采用扁钢、角钢或圆钢。人工接地体的尺寸不应小于下列数值：圆钢直径为 8mm；扁钢或角钢截面积为 $48mm^2$，厚度为 4mm。

（5）引下线一般采用圆钢，也可采用扁钢，其尺寸不应小于下列数值：圆钢直径为 8mm；扁钢截面积为 $48mm^2$，厚度为 4mm。

（6）接地体与接地线应采用焊接，焊接处应涂沥青保护。

4. 保护接地（接零）线的要求

（1）低压电气设备及家用电器地面上外露的铜和铝接地（接零）线的最小截面积应符合表 10-2 的规定。

表 10-2　低压电气设备及家用电器地面上外露接地线的最小截面积　（单位为 mm²）

名　　称	铜	铝
明敷的裸导体	4	6
绝缘导体	1.5	2.5
电缆的接地线芯及与相线包在同一保护层内的多芯导线的接地线芯	1	1.5
便携式电气设备的接地线	1.5（软铜绞线）	—

（2）当采用裸线或绝缘导线作为零干线（PEN）时，铜线截面积不应小于 10mm²，铝线截面积不应小于 16mm²。

（3）当采用多芯电缆的铜芯线作为零干线（PEN）时，其截面积不应小于 4mm²。

（4）当保护零线（PE）所用材质与相线相同时，其最小截面积应符合表 10-3 的规定。

表 10-3　PE 线的最小截面积　（单位为 mm²）

相线线芯截面积 S	PE 线最小截面积
$S \leqslant 16$	S
$16 < S \leqslant 35$	16
$S > 35$	$S/2$

注：采用此表若得出非标准截面，则应选用与之最接近的标准截面导体。

（5）装置处可导电部分严禁用作 PEN 线。

（6）在三相四线制或二相三线制的配电线路中，当用电负荷大部分为单相用电设备时，其 PEN 线及 N 线的截面积不应小于相线截面积；采用晶闸管调光的三相四线制及二相三线制配电线路，其 PEN 线及 N 线的截面积不应小于相线截面积的 2 倍；以气体放电灯为主要负荷的回路中，N 线截面积不应小于相线截面积。

（7）接地（接零）线不得有接头，并最好使用铜线，因为铝线的机械强度差，做接地（接零）线时可靠性较差。

（8）接地（接零）线与家用电器外壳一般采用螺栓压接，连接应紧密可靠，应加防松弹簧垫圈。接地（接零）线的颜色应与相线、零线有明显区别（按规定为黄/绿双色线）。接地（接零）线穿墙或过接板处应加套管保护。

5. 自来水管作为接地体的可靠性分析

为了方便，有的装修装饰电工或居民常将居室中的自来水管当作保护接地线用，即将家用电器或插座的保护接地（接零）线引至自来水管上。有的家用电器在产品说明书中也要求用户这样做。

他们这样做的理由是：自来水管埋设在地下，管路长，且管中的水是导体，应该说是良好的接地体。然而自来水管接头很多，为了防止水管漏水、锈蚀，管接头部分要涂漆、缠麻丝或聚四氟乙烯带等，而且有些水表接头是塑料的，绝缘性能好。因此居室中的自来水管若不采取措施，其接地电阻将会很大。实测表明，其接地电阻有些能达到电业部门的规定要求（不大于 4Ω），有些则达不到，甚至高出很多；有些在某个时期能达到要求，但在另一个时期又达不到要求。

如果单独用自来水管作为接地保护，当某户家庭的家用电器外壳带电时，由于自来水管的接地电阻可能达不到要求，接地电流不能使熔断器的熔丝熔断，从而使整座楼房的自来水管都带电，危及整座楼房人员的生命安全。

综上所述，如果以自来水管作为整座住宅楼的接地装置，应由自来水公司和施工单位一起施工，使自来水管道既能满足给水工程的要求，又能满足电气工程接地的要求，则可以单独用它作为接地保护。如果没有按上述方法施工，则用自来水管作为接地体是不可靠的。

10.1.6 接地体的埋设

1. 埋设地点的选择

接地体埋设地点的选择是否适当，直接影响钢材用量和接地效果。为了以尽可能少的材料达到设计的接地电阻要求，以及接地体不被腐蚀，接地体应选择埋设在以下地点：

（1）接地点附近的地下有可利用的自然接地体。
（2）尽量靠近有地下水或潮湿、土壤电阻率较低的地方。
（3）应避开烟道或其他热源，因为这些地方的土壤干燥，土壤电阻率高。
（4）不要在垃圾、灰渣等含有腐蚀物质的土壤中埋设，以免接地装置加速腐蚀。
（5）当必须埋设在腐蚀性较强的土壤中时，除接地装置必须做镀锌处理外，其截面积也应增大。
（6）当必须埋设在高电阻率的土壤中时，应采取人工方法处理土壤，以降低土壤的电阻率。

2. 埋设方法

在欲埋设接地体的场地，挖一条深约 0.8m 的沟，然后在沟内用重磅铁锤打入接地体，直至接地体顶端深入沟底。如果埋设场地的土质较硬，无法将接地体垂直打入，而附近又没有土质较软的地方，也可将接地体打弯，卧于沟道内。接地体之间用扁钢或圆钢焊连，然后在接地体上用焊接法引出接地线。

3. 降低接地电阻的方法

如果接地体埋深达不到2m 或埋设地点土壤电阻率高，在不能利用自然接地体的情况下，只有采用人工方法降低接地电阻。常用的方法有：

（1）换土法。用黏土、黑土及沙质黏土等代替原有的较高电阻率的土壤。置换半径是接地体周围 0.5m 以内，置换深度是接地体长的 1/3，如图 10-6 所示。

（2）化学处理法。该方法是在接地体周围土壤中加入食盐（可用工业盐）、煤渣、木炭、炉灰、焦炭等，以降低土壤的电阻率。最常用的是食盐和木炭。食盐对改善土壤电阻率的效果较显著，受季节性变动的影响较小。具体操作方法是：将食盐、木炭和土壤一层隔一层地依次填入坑中，一般盐层的厚度为 10mm。每层盐都用水润湿。每一根接地体的耗盐量为 30～40kg，耗木炭量为 10kg 左右。木炭不会被溶解、渗透和腐蚀，因此有效期较长。

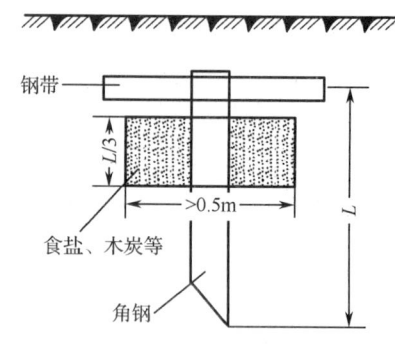

图 10-6　土壤置换法

经食盐处理的土壤，会因食盐逐渐溶化流失而使接地电阻再次变大，因此 2～3 年后需要对土壤进行再处理。

对于扁钢、圆钢等平行接地体，采用上述方法处理也可得到较好的效果。

（3）长效降阻剂处理法。长效降阻剂的类型很多，有尿醛树脂型、聚丙烯酰胺型、丙烯酰胺型、铬-木质素型、石膏型、水玻璃型、石墨型等。

具体做法是：

① 接地体水平敷设时，将接地钢板或圆钢等水平敷设在约 1m 深的沟内，倒入降阻剂，用降阻剂两侧包裹住接地体，厚度约 50mm，待降阻剂硬化后再填土夯实。

② 接地体垂直埋设时，埋设方法同普通垂直埋设方法，埋好后在接地体周围半径 50～80mm、高度约 2m 的范围内倒入降阻剂，待降阻剂硬化后，再填土夯实即可。

该方法的降阻效果很好。试验表明，对于简单的垂直或水平敷设的接地体，可使工频接地电阻降低 70% 左右；对于中小型接地网可使工频接地电阻降低 30%～50%、冲击电阻降低 20%～70%。降阻剂不易流失，有效使用期可达 5 年以上。

使用长效降阻剂时一般应注意两点：一是接地体通常采用棒状或板状；二是有的降阻剂要求使用铜质接地体，有的降阻剂（如中性降阻剂）可以使用钢质接地体。

4. 外引式接地法

当附近有水源或有电阻率低的土壤可利用时，利用水源或电阻率低的土壤可以采用外引式接地的办法，但必须考虑连接外引接地体干线自身电阻的影响，外引式接地体干线的长度不宜超过 100m。

5. 钻孔深埋法

钻孔深埋法适用于建筑物拥挤、敷设接地装置的区域狭窄的场合。当深层土壤电阻率较低时，尤为适用。由于含沙层一般在距地表 3m 以内的表面层，对于含沙土壤，采用深埋法最为有效。用此法可获得稳定的接地电阻，同时由于深埋，可使跨步电压显著减小，对人身安全有利。该方法施工方便，成本很低。

施工时，可用 ϕ50mm 及以上的小型人工螺旋钻钻孔或用钻机打孔，在打出的孔穴中埋设 ϕ20～75mm 的圆钢接地体，再灌入泥浆、炭粉浆或其他降阻剂，最后将同样处理的数个接地件焊接成一体，组成一个完整的接地装置。垂直接地件的长度视地质条件而定，一般为 5～10m，大于 10m，则效果显著降低。两垂直接地体之间的距离为 3～5m。

10.2 住宅等电位连接设计

在 GB 50096—1999《住宅设计规范》中，把总等电位连接和浴室内局部等电位连接作为一个电气安全基本要求加以实施。

等电位连接和保护接地都可以降低建筑物电气设备内出现的电位差，但前者降低电位差的效果更好。

等电位连接有总等电位连接、局部等电位连接和辅助等电位连接之分。

10.2.1 总等电位连接

总等电位连接能消除自建筑物外经电气线路和各种金属管道引入故障电压的危害，防止因接地故障导致触电事故的发生。

住宅总等电位连接是将建筑物内的下列导电部分汇接到进线配电箱近旁的接地母排（总接地端子板）上而互相连接。等电位连接线接至等电位端子箱内，等电位端子箱及其内端子排如图 10-7 所示。总等电位连接主要由以下几部分组成：

（a）等电位端子箱

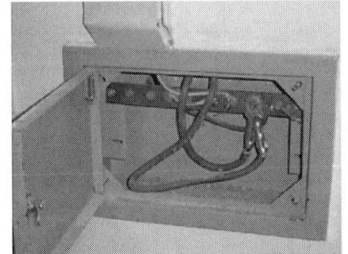
（b）等电位端子箱内端子排

图 10-7　等电位端子箱及其内端子排

- 电源进线配电箱内的 PE 母排；
- 信息系统（包括有线电视、电话、保安系统）；
- 自接地体引来的接地线；
- 金属管道，如给排水管、热水管、采暖管、煤气管、通风管、空调管等；
- 金属门窗和电梯金属轨道；
- 建筑物金属结构等。

住宅的每一电源进线处都应做好总等电位连接，各个总接地端子板应互相连通，实施中，可利用建筑物基础、梁主钢筋组成接地网，与每一个总接地端子板相连。自户外引入的上述各管道应尽量在建筑物内靠近入口处进行总等电位连接。

总等电位连接平面示意图如图 10-8 所示，示例如图 10-9 所示。

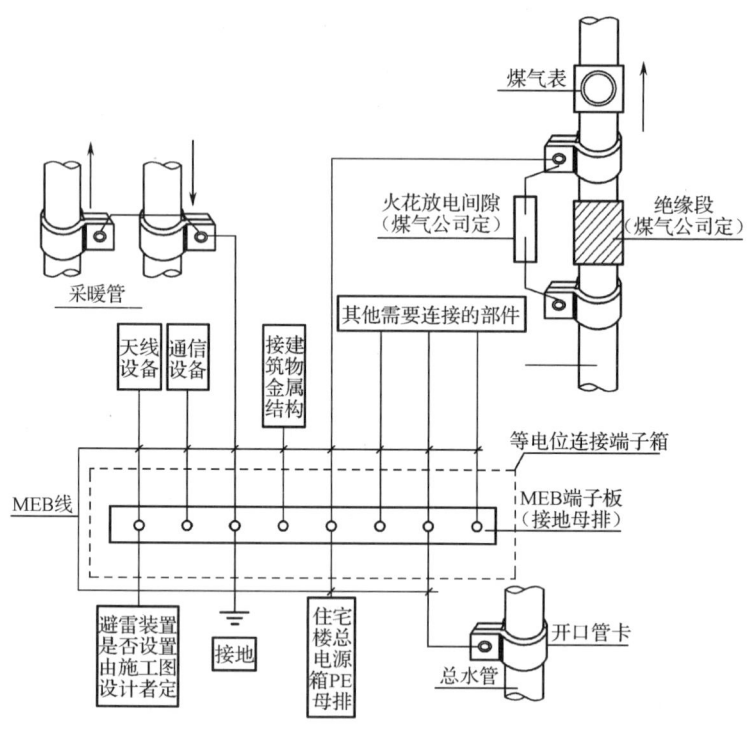

图 10-8　建筑物内的总等电位连接平面示意图

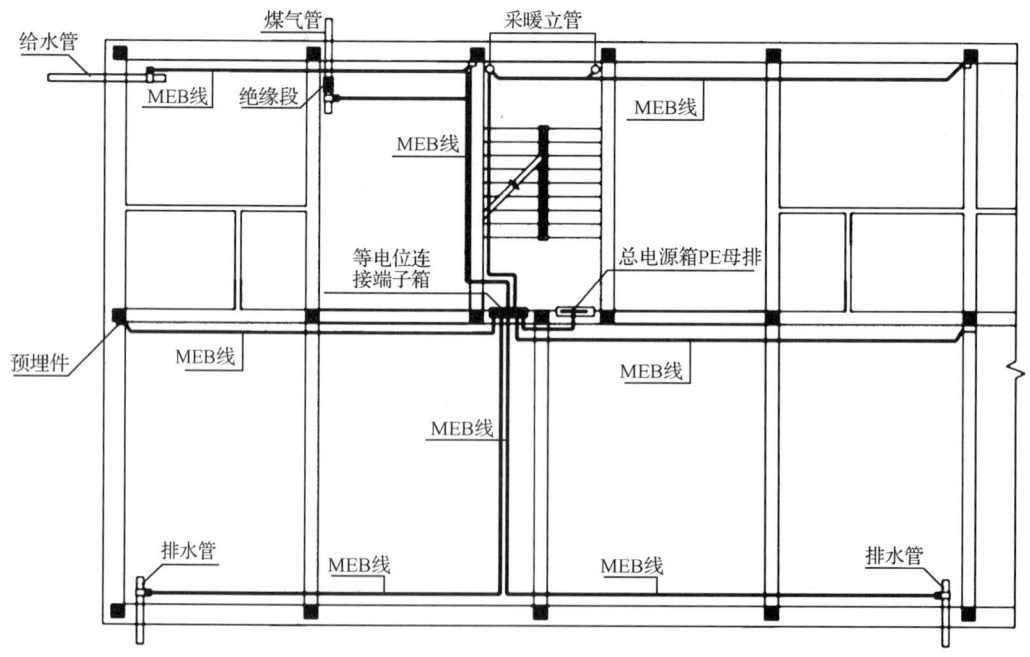

图 10-9　建筑物内的总等电位连接平面示例

需要指出，煤气管和暖气管虽纳入总等电位连接，但不允许用作接地体。因为煤气管在入户后应插入一段绝缘部分，并跨接一放电间隙（防雷用）；户外地下暖气管因包有隔热材料，不易采取措施。

10.2.2 局部等电位连接和辅助等电位连接

局部等电位连接是指在建筑物的局部范围内按总等电位连接的要求再做一次等电位连接。例如，在楼房的某楼层内，或在某个房间内（如在触电危险大的浴室内）所做的等电位连接。

浴室是潮湿场所，发生心室纤颤致死的接触电压值为25V（干燥场所为50V），而浴室内在人全身湿透的条件下该值更低。为确保安全，需对浴室做局部等电位连接。卫生间局部等电位连接示意图如图10-10所示，示例如图10-11所示。

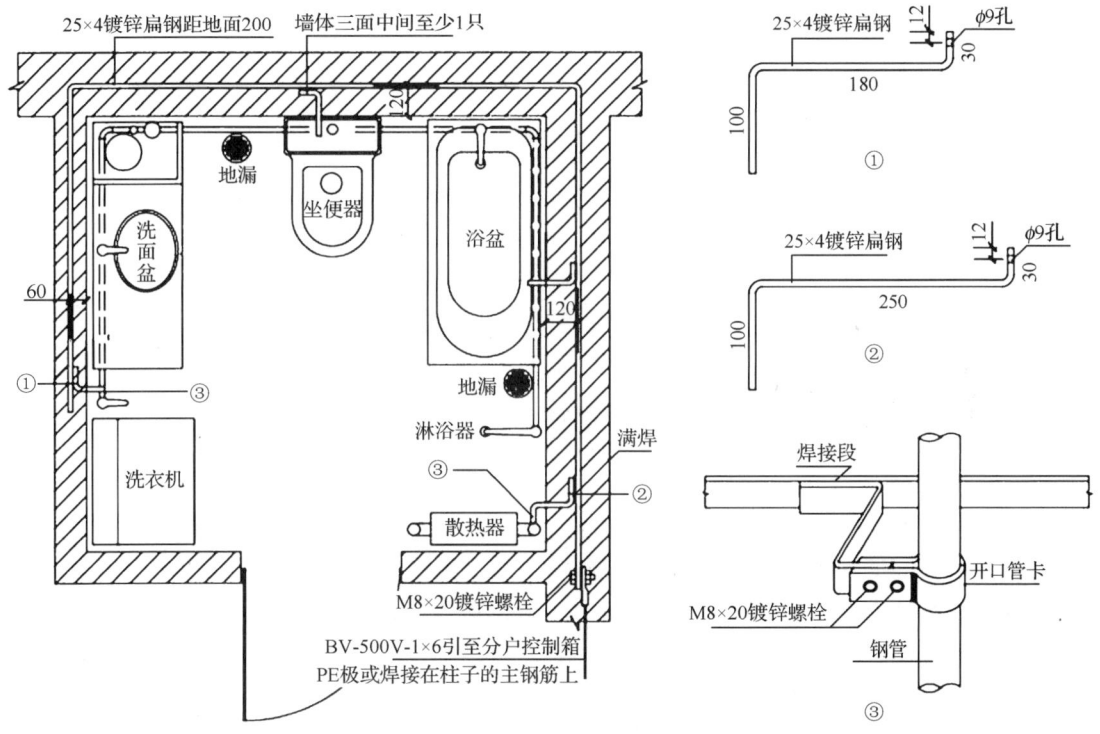

图 10-10 卫生间局部等电位连接示意图

辅助等电位连接是指在有可能出现危险电位差的地方和在可同时接触的电气设备之间或电气设备与装置外导电部分（如水管、暖气管、金属结构等）之间直接用导体做等电位连接。

当某一场所需做多个辅助等电位连接时可改做局部等电位连接，这样做的效果接近，但组织实施却简单、方便得多。

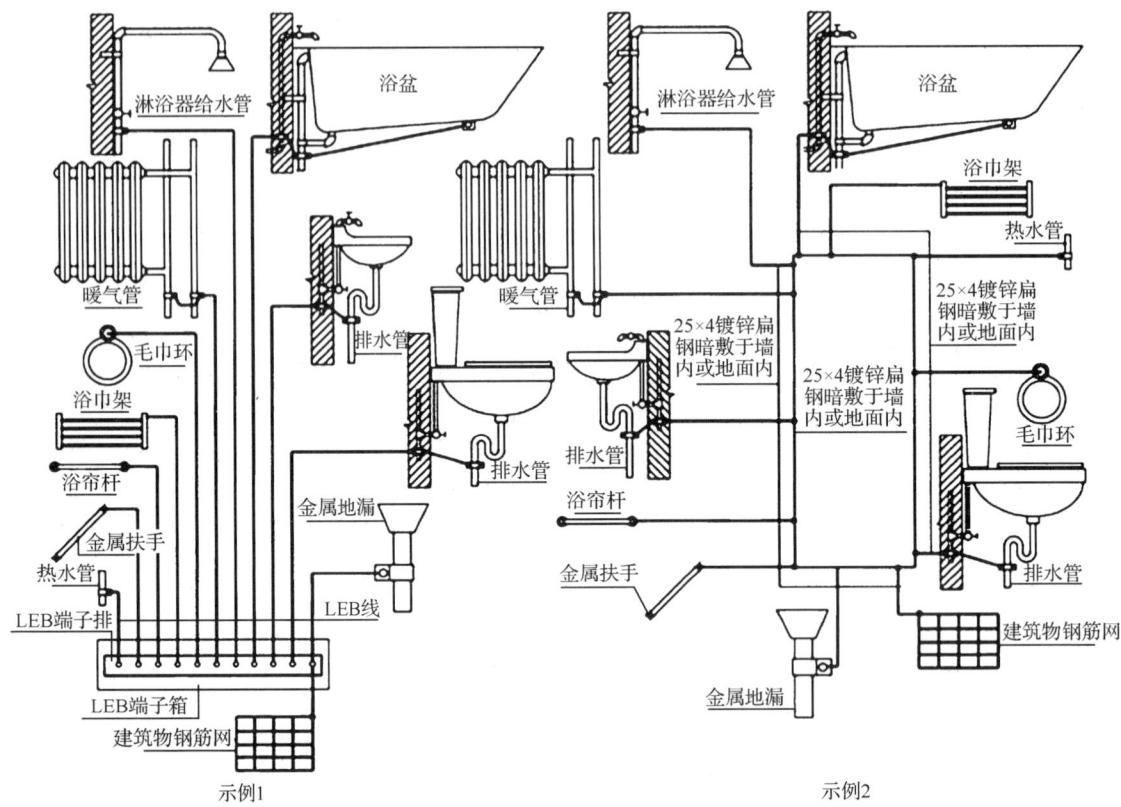

图 10-11 卫生间局部等电位连接示例

10.2.3 等电位连接的安装要求和导通性测试

1. 安装要求

(1) 金属管道的连接处一般不加跨接线。

(2) 给水系统的水表需加跨接线,以保证水管等电位连接和有效接地。

(3) 装有金属外壳的排风机、空调、金属门窗框或靠近电源插座的金属门窗框或距外露可导电部分伸臂范围内的金属栏杆、顶棚龙骨等金属体需做等电位连接。

(4) 一般场所离人站立处不超过 10m 距离内如有地下金属管道或结构,可认为满足地面等电位的要求,否则应在地下加埋等电位带。

(5) 等电位连接的各连接导体间可用焊接,也可用螺栓连接。若采用后者,应注意接触面的光洁,并有足够的接触压力和面积。等电位连接端子板应采用螺栓连接,以便定期拆卸检测。

(6) 等电位连接的钢材应采用搭接焊。

(7) 等电位连接线与基础中的钢筋连接时,应用镀锌扁钢,规格一般不小于 25×4(mm);等电位连接线与土壤中的钢管等连接时,可选用塑料绝缘电线 BVR-16mm^2 及以上,穿直径

为 $25mm^2$ 钢管；其他连线可用 20×3（mm）镀锌扁钢，或截面积不小于 $6mm^2$ 的铜线。

（8）等电位连接线用不同材质的导线连接时，可用熔接法和压接法，并进行搪锡处理。所用螺栓、垫圈、螺母等均镀锌。

（9）等电位连接线应有黄、绿相间的色标。在等电位连接端子板上刷黄色底漆，并标以黑色记号，符号为"⏚"，如图 10-12 所示。

 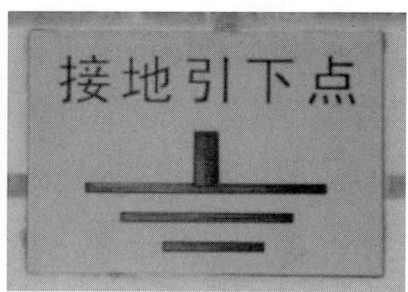

图 10-12　等电位测试点标志

（10）对暗敷的等电位连接线及连接处，应做隐检记录及检测报告。对隐蔽部分的等电位连接线及连接处，应在竣工图上注明其实际走向和部位。

（11）为保证等电位连接的顺利施工和安全运作，电气、土建、水暖等施工和管理人员需密切配合。进行管道检修时，应由电气人员在断开管道前预先接通跨接线，以保证等电位连接的导通。

（12）在有腐蚀性环境中进行等电位连接时，各种连接件均应做防腐处理。

2. 等电位做法

（1）等电位连接可在土建施工或电气施工中进行钢筋、扁钢等预埋，并留好端子箱连接预留，与端子排用螺钉连接或焊接。预埋及端子箱内端子板连接如图 10-13 所示。

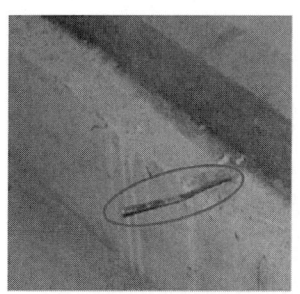 

（a）等电位预埋钢筋　　　（b）等电位端子箱内端子板螺钉连接

图 10-13　预埋及端子箱内端子板连接

（2）电气施工在需要进行等电位连接的器具旁预留等电位接线盒，并做好由等电位箱至端子接线盒的等电位线连接。等电位接线盒预留如图 10-14 所示。

 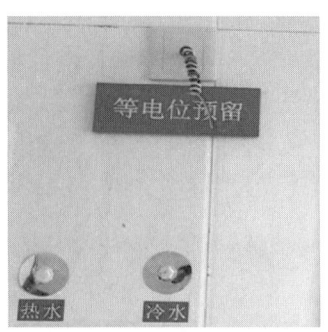

(a)等电位线预留在端子箱内连接　　(b)器具等电位端子盒预留

图 10-14　等电位接线盒预留

（3）在相应器具安装完成后，将等电位线按规范连接至器具上，等电位线与器具连接如图 10-15 所示。

(a)等电位线与地暖连接　　(b)等电位线与卫生器具连接

图 10-15　等电位线与器具连接

3. 导通性测试

安装等电位连接后，应进行导通性测试。测试电源可用空载电压为 4~24V 的直流或交流电源。测试电流不小于 0.2A。当测得等电位连接端子板与等电位连接内管道等金属体末端间的电阻不超过 5Ω 时，可认为合格。投入使用后应注意定期检查和测试。等电位电阻测试仪如图 10-16 所示。

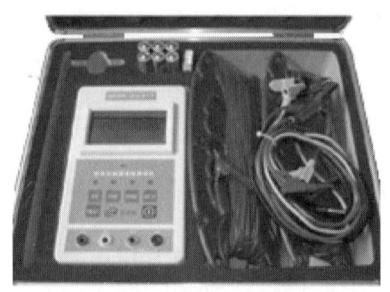

图 10-16　等电位电阻测试仪

下篇

水路安装

第 11 章 给排水常用材料

【本章导读】

给排水材料的正确选用是保障给排水安装质量的前提。因此在设计安装给排水管道前,只有充分了解给排水的常用材料及其性质,才能正确设计、安装给排水管道,并保障给排水管道日后的安全运行。

本章介绍给排水常用管材的性能特点,重点介绍室内给水常用 PP-R 管材及管件的选用,室内排水常用 PVC 管材及管件的选用。

【学习目标】

① 了解常用给水管道的性能特点。
② 掌握 PP-R 给水管材的选用方法。
③ 掌握 PVC 排水管材的选用方法。

11.1 室内给水管材

室内给水管材有镀锌管、UPVC 管、铝塑管、PP-R 管、铜管、不锈钢管、ABS 管、衬塑钢管等,现行家装常用的室内给水管材为 PP-R 管。

11.1.1 各种室内给水管材的性能特点

各种室内给水管材的性能特点见表 11-1。

表 11-1 各种室内给水管材的性能特点

管 材	图 例	性能特点说明
镀锌管	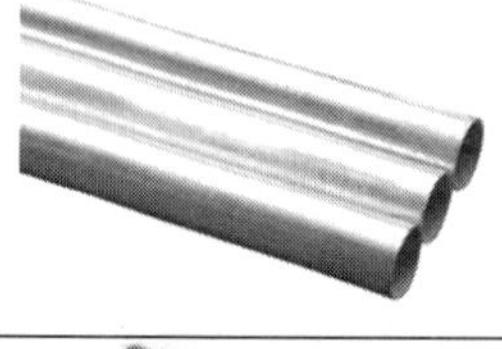	老房子大部分用的是镀锌管,现在煤气、暖气用的也是镀锌管。镀锌管作为水管,使用几年后,管内产生大量锈垢,流出的黄水不仅污染洁具,而且夹杂着不光滑内壁滋生的细菌,锈蚀造成水中重金属含量过高,严重危害人体健康。20 世纪六七十年代,发达国家开始开发新型管材,并陆续禁用镀锌管
UPVC 管	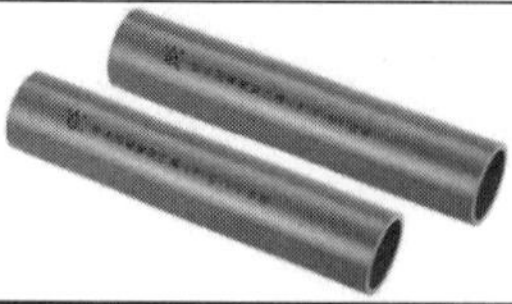	实际上是一种塑料管,接口处一般用胶黏结,UPVC 管的抗冻和耐热能力都不好,所以很难用作热水管,由于其强度不能适用于水管的承压要求,所以冷水管也很少使用。建议只有下水管可以使用该类管材,其他类型管道不宜使用该类管材

续表

管材	图例	性能特点说明
铝塑管		铝塑复合管是市面上较为流行的一种管材,由于其质轻、耐用且施工方便及可弯曲性,所以更适合在家装中使用。这种管的主要缺点是在用作热水管使用时,由于长期的热胀冷缩会造成管壁错位,以致造成渗漏,而漏水又是需要装修几年之后才能看出来,所以越来越少使用了
PP-R 管		一种新型的水管材料,既可以用作冷水管,也可以用作热水管。由于其无毒、质轻、耐压、耐腐蚀,正在成为一种推广的管材,PP-R 管不仅适用于冷水管道,也适用于热水管道,甚至可以用作纯净饮用水管道。PP-R 管的接口采用热熔技术,管子之间完全融合到了一起,一旦安装打压测试通过,不会存在时间长了老化漏水现象,PP-R 管号称永不结垢、永不生锈、永不渗漏、绿色高级给水材料
铜管		铜管具有耐腐蚀、消菌等优点。铜管的安装方式有卡套、焊接和压接三种,卡套跟铝塑管的安装方式一样,长时间存在老化漏水问题;安装铜管的用户大部分采用焊接式,焊接就是接口处通过氧焊接到一起,这样就能够跟 PP-R 水管一样,永不渗漏;压接是最新的一种安装技术,此种安装方法需要特殊工具,安装简单,抗漏水性能与焊接工艺不相上下。铜管的缺点是导热快,热水管外面覆盖塑料和发泡剂,可防止热量散失
不锈钢管		具有良好的耐腐蚀性,即使埋地使用也有优良的耐蚀性。内壁光滑,水阻非常小,减小了压力损失,降低了输送成本。不锈钢管可广泛用于冷、热水、饮用纯净水。不锈钢管连接有:挤压式连接、扩环式连接,操作工艺要求较低,但可靠性差;焊接式连接,可靠性好,而工艺要求高;插合自锁卡簧式连接是目前最简便的施工方法之一,可靠性接近焊接工艺
ABS 管		具有使用温度范围宽,冲击强度大,抗蠕变性、耐磨性、耐腐蚀性好,连接简单等特点,但其耐候性较差。ABS 管材可采用螺纹连接、冷溶连接、法兰连接等方式装配,连接方式多,接头牢固,安装方便且质量可靠
衬塑钢管		衬塑钢管继承了钢管和塑料管各自的优点,广泛应用于各类建筑冷热水的给水系统。连接方式有专用卡环式连接、沟槽(卡箍)连接或丝扣连接,施工工艺类似钢管的沟槽连接与钢管的丝扣连接

11.1.2 PP-R 管的规格

PP-R 水管具有质量小、耐腐蚀、不结垢、使用寿命长、无毒、卫生、保温节能、较好的耐热性、安装方便等特点,是现行家装给水最常用的管材,故这里作为重点介绍。

1. PP-R 管规格标识 S 系列

PP-R 管系列 S：用于表示 PP-R 管材规格的无量纲数值系列，有如下关系

$$S=\frac{DN-EN}{2EN}$$

式中　DN——PP-R 管公称外径，单位为 mm；
　　　EN——PP-R 管公称壁厚，单位为 mm。

一般常用的 PP-R 管规格有 5、4、3.2、2.5、2 五个系列。

PP-R 管规格用管系列 S、公称外径 DN×公称壁厚 EN 表示。

例如：PP-R 管系列 S5、PP-R 公称外径 DN25mm、PP-R 公称壁厚 EN2.5mm 表示为

S5、DN25×EN2.5mm

2. PP-R 管标准尺寸率 SDR

PP-R 管标准尺寸率 SDR 是控制管壁厚度、决定承受内压能力的重要参数，有如下关系

$$SDR=\frac{DN}{EN}$$

PP-R 管按标准尺寸率 SDR 值分为 11、9、7.4、6、5 五个系列，PP-R 管的 SDR 与 PP-R 管 S 系列的关系如下：SDR＝2S＋1。

3. PP-R 管的压力

管材压力包括公称压力（PN）、工作压力（Pt）和设计压力（Pe）。

公称压力：与管道系统部件耐压能力有关的参考数值，是指与管道元件的机械强度有关的设计给定压力，用 PN 表示。

工作压力：为了管道系统的运行安全，管道输送介质的各级最高工作温度所规定的最大压力，用 Pt 表示。

设计压力：给水管道系统作用在管内壁上的最大瞬时压力。一般为工作压力及残余水锤压力之和，用 Pe 表示。

三者关系：PN≥Pt，Pe＝1.5Pt，工作压力 Pt 由管网水力计算得出。

4. PP-R 管的压力等级

PP-R 管有 S5、S4、S3.2、S2.5、S2 五个系列，对应的压力等级根据管道系统总使用系数 C 的不同而不同，PP-R 管系列 S 与公称压力 PN 的关系见表 11-2。

表 11-2　PP-R 管系列 S 与公称压力 PN 的关系

使用系数（C）	管系列 S				
	S5	S4	S3.2	S2.5	S2
1.25 对应的公称压力（MPa）	1.25	1.6	2.0	2.5	3.2
1.5 对应的公称压力（MPa）	1.0	1.25	1.6	2.0	2.5

备注：使用系数 C（安全系数）的确定：一般场合，且长期连续使用温度小于 70℃，可选 C＝1.25；重要场合，且长期连续使用温度≥70℃，并有可能较长时间在更高温度下运行，可选 C＝1.5。

5. PP-R 管材规格尺寸与允许偏差

PP-R 管材规格尺寸与允许偏差见表 11-3。

表 11-3　PP-R 管材规格尺寸与允许偏差　　　　　　　　　　（单位为 mm）

公称外径 DN	平均允许偏差	壁厚 EN 管系列 S（公称压力为 MPa）									
		S5（PN1.0）		S4（PN1.25）		S3.2（PN1.6）		S2.5（PN2.0）		S2（PN2.5）	
		基本尺寸	允许偏差	基本尺寸	允许偏差	基本尺寸	允许偏差	基本尺寸	允许偏差	基本尺寸	允许偏差
20	+0.3	2.3	+0.4	2.3	+0.4	2.8	+0.4	3.4	+0.5	4.1	+0.6
25	+0.3	2.3	+0.4	2.8	+0.4	3.5	+0.5	4.2	+0.6	5.1	+0.7
32	+0.3	2.9	+0.4	3.6	+0.5	4.4	+0.6	5.4	+0.7	6.5	+0.8
40	+0.4	3.7	+0.5	4.5	+0.6	5.5	+0.7	6.7	+0.8	8.1	+1.0
50	+0.5	4.6	+0.6	5.6	+0.7	6.9	+0.8	8.3	+1.0	10.1	+1.2
63	+0.6	5.8	+0.7	7.1	+0.9	8.6	+1.0	10.5	+1.2	12.7	+1.4
75	+0.7	6.8	+0.8	8.4	+1.0	10.3	+1.2	12.5	+1.4	15.1	+1.7
90	+0.9	8.2	+1.0	10.1	+1.2	12.3	+1.4	15.0	+1.7	18.1	+2.0
110	+0.9	10.0	+1.1	12.3	+1.4	15.1	+1.7	18.3	+2.0	22.1	+2.4

11.1.3　PP-R 管的选择

选择管系列 S，其实质是在选择壁厚，而选择壁厚的目的又是为了保证管壁中所受的应力小于许用设计环应力 σ_D，因此许用设计环应力 σ_D 是压力管道系统强度设计的核心。

1. 冷水管管系列 S 的选择

冷水管管系列 S 的选择应符合表 11-4 的规定。

表 11-4　PP-R 冷水管管系列 S 的选择（安全系数 $C=1.5$）

工作压力/MPa	0.6	0.8	1.0	1.3	1.65
公称压力/MPa	1.0	1.25	1.6	2.0	2.5
管系列 S	5	4	3.2	2.5	2

家装中冷水管选择 S5、S4 系列即可，冷水管标示线为蓝线或绿线。标示线如图所示，现在很多家装冷水管与热水管选用同规格水管，以提高安全系数。

热水管红标线
冷水管蓝标线

2. 热水管管系列 S 的选择

对于聚丙烯管材来说，同一种管材在不同压力和温度的作用下其寿命是不同的，即其寿命与使用温度和压力紧密相关。

建筑用塑料管（国际上通用的）要求保证 50 年寿命，聚丙烯管材也应符合这一规定，而聚丙烯管材的寿命与其使用温度和应力有显著关系，特别是在实际工程运用中，给水温度和压力变化很大，为了保证聚丙烯管材能够达到 50 年寿命的要求，在 ISO 标准中对于使用条件进行了分级，见表 11-5，热水管管系列 S 的选择见表 11-6。

表 11-5 按管材的使用条件进行分级

使用分级	正常操作温度		最高工作温度		异常温度		典型应用范围
	℃	时间（年）	℃	时间（年）	℃	时间（h）	
1	60	49	80	1	95	100	供 60℃热水
2	70	49	80	1	95	100	供 70℃热水
4	40	20	70	2.5	100	100	低温地板辐射供暖
	60	25					
	20	2.5					
5	60	25	90	1	100	100	高温散热器供暖
	80	10					
	20	14					

注：表中用 3 个温度-时间分布来归纳，以地板辐射供暖为例，说明使用情况：地板辐射供暖使用条件为 4 级，在 50 年中，40℃下工作时间累积为 20 年，60℃下工作时间累积为 25 年，最高温度 70℃工作时间累积为 2.5 年，异常水温 100℃工作时间累积 100h，总计 47.5 年，其余 2.5 年为不供暖时间，其温度均按 20℃冷水温度计算。

表 11-6 PP-R 热水管管系列 S 的选择

设计压力 /MPa	管系列 S			
	级别 1 $\sigma_D=3.09\text{MPa}$	级别 2 $\sigma_D=2.13\text{MPa}$	级别 4 $\sigma_D=3.30\text{MPa}$	级别 5 $\sigma_D=1.90\text{MPa}$
0.4	5	5	5	4
0.6	5	3.2	5	3.2
0.8	3.2	2.5	4	2
1.0	2.5	2	3.2	—

注：家庭装修中一般 S3.2、S2.5 用于热水管，热水管的标识线为红色。

3. 家装给水管管径的选择

进户水表前面一般由自来水公司安装，给水管为镀锌钢管，水表之后管道为用户安装，一般使用 PP-R 给水管，进户管径要求可参考表 11-7。

表 11-7 进户 PP-R 管管径参考表

户 型	冷水管		热水管		热水回水管	
	入户管	水表	入户管	水表	入户管	水表
一厨一卫	De25	DN15	De25	DN15	De20	DN15
一厨二卫	De32	DN20	De32	DN20	De20	DN15
一厨三卫	De40	DN20	De40	DN20	De20	DN15

续表

户　　型	冷水管		热水管		热水回水管	
	入户管	水表	入户管	水表	入户管	水表
一厨四卫	De40	DN20	De40	DN20	De20	DN15

注：①De 为入户管外径，DN 为 PP-R 管公称直径，它既不是管的外径，也不是管的内径，又称平均外径。对于 PP-R 管，DN 接近管内径，如 DN15（4 分管）PP-R 管内径为 15mm，对应英制为 1/2 英寸（4 分），而外径约为 20mm。
②家装 PP-R 给水管常用 DN20（4 分管）、DN25（6 分管）。

4. 管径公英制对照

管道管径可用公制表示，也常用英制表示，公英制单位换算关系：
1 英寸＝25.4mm＝8 英分，俗称 8 分。
家装常用 PP-R 管管径公英制对照参照表 11-8。

表 11-8　家装常用 PP-R 管管径公英制对照表

内径（mm，公制）DN	内径（英寸，英制）	外径（mm）D_e	俗　　称
6	1/8	10	1 分管
8	1/4	14	2 分管
10	3/8	17	3 分管
15	1/2	20	4 分管
20	3/6	25	6 分管
25	1	32	8 分管（1 寸管）

注：管径的公制与英制换算不是绝对的，一般取近似值。

11.2　PP-R 给水管件、材料

1. PP-R 给水管件、材料及应用

PP-R 给水管件包括三通异径接头、等径三通接头、承口内螺纹三通接头、承口外螺纹三通接头、90°承口外螺纹弯头、等径 45°弯头、异径弯头、过桥弯等，材料主要有生胶带等。PP-R 给水管常用管件、材料及应用见表 11-9。

表 11-9　PP-R 给水管常用管件、材料及应用

管件名称	管件图例	管件应用图例	常用规格	用途说明
直接			DN20 DN25	有时一根管子不够长，需要用直接将直路走向的水管衔接在一起

续表

管件名称	管件图例	管件应用图例	常用规格	用途说明
90°弯头		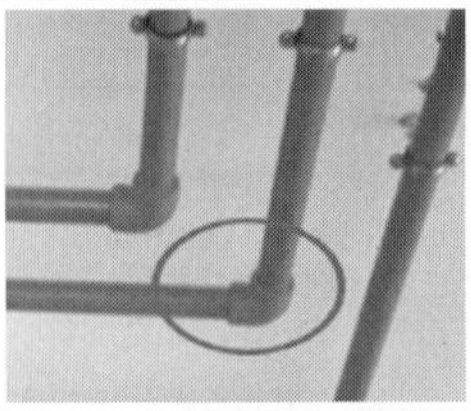	DN20 DN25	将管路走向打弯处衔接在一起，便于走"Z"字形管路，以防有漏水现象发生
45°弯头		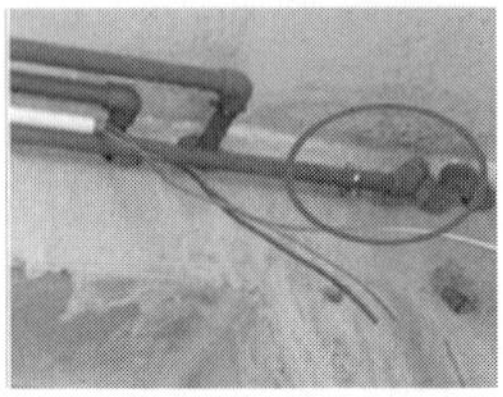	DN20 DN25	将两个并排走向管路的打弯处衔接在一起，便于走"Z"字形管路，以防有漏水现象发生
过桥弯			DN20 DN25	当两个管路交叉时，用过桥弯将两个管路错开
三通		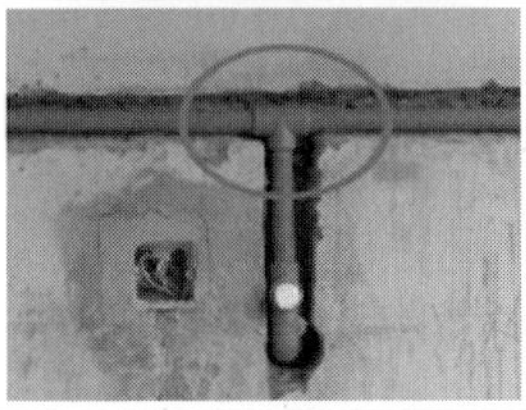	DN20 DN25	用三通从一路水管中分出一个分支水路
内丝三通			DN20 DN25	内丝三通是从一路水管中分出一个龙头，用于在水路中间分出设备接口
内丝弯头		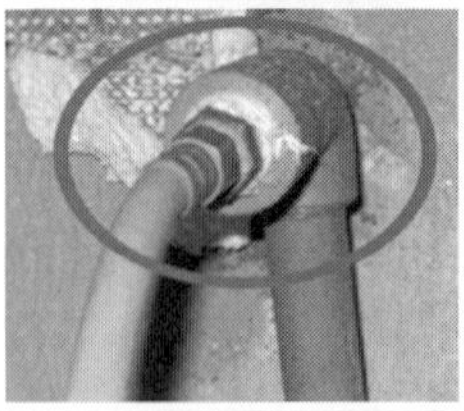	DN20 DN25	内丝弯头用于在水管末端接龙头、淋浴器等设备
双联内丝弯头		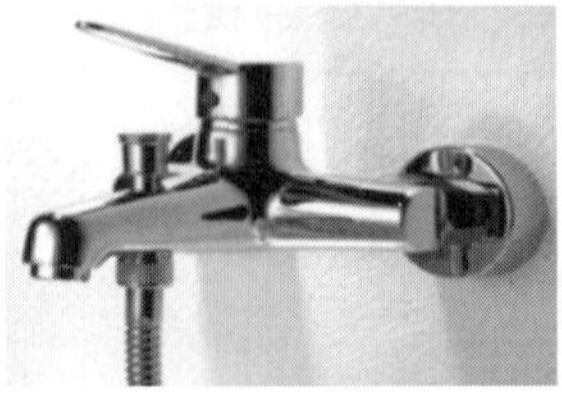	DN20 DN25	双联内丝弯头用于淋浴器衔接，可以克服两只独立内丝弯头在安装过程中出现间距尺寸跑偏的现象

续表

管件名称	管件图例	管件应用图例	常用规格	用途说明
角阀		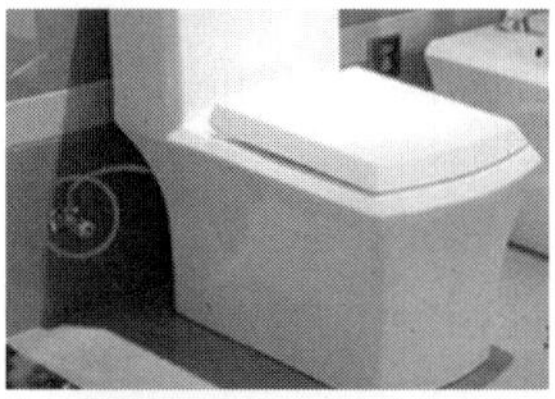	DE20	①用来连接水龙头、马桶、热水器等热水管。 ②调节器具的水压大小。 ③检修、排查水管时控制水路
管卡		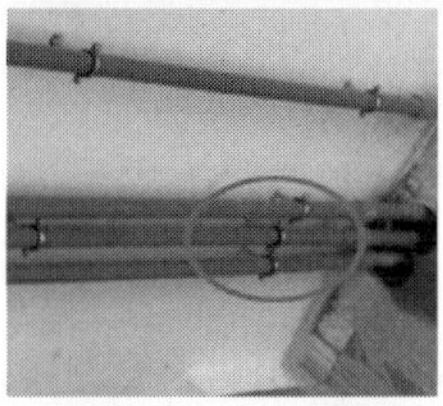	DN20 DN25	管卡的作用是固定水管，一个约80cm
堵头		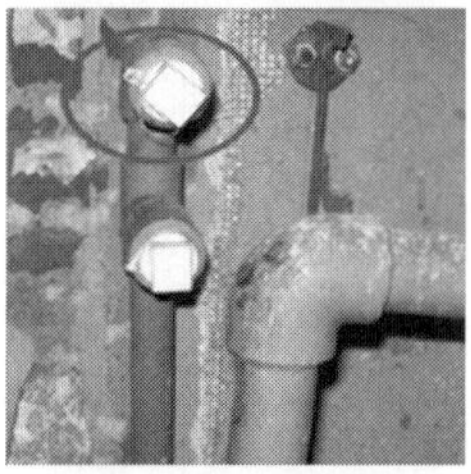	DN20 DN25	在做压力测试时，用来堵住丝口，便于试压
生胶带		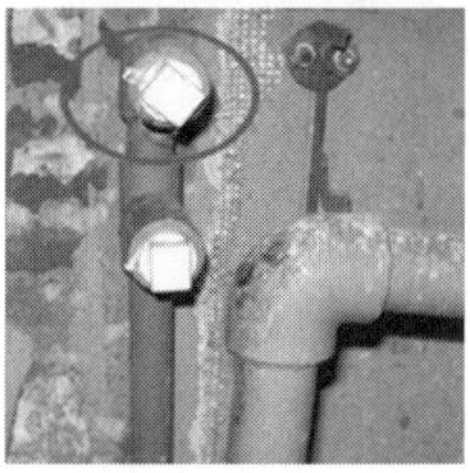		生胶带用于缠绕在丝口上，防止丝口漏水

注：还有外丝弯头与三通，可用于管路中连接热水器、水龙头、马桶等的软管，现在这些设备一般配有角阀，而角阀接水管端及接设备端都为外丝，故现在水路中使用外丝管件很少。

2. 家装工程中 PP-R 给水管件、材料数量的配比

一般家装工程中 PP-R 管件、材料数量可按表 11-10 所示配置。

表 11-10 PP-R 管件、材料数量的配比

管件名称	图例	适用管材	位置及长度、数量
热水管		4分管（DN20mm）或 6分管（DN25mm）	一卫一厨+阳台约40m 两卫一厨+阳台约70m
直接		4分管（DN20mm）或 6分管（DN25mm）	一卫一厨+阳台约7个 两卫一厨+阳台约9个

续表

管件名称	图 例	适用管材	位置及长度、数量
90°弯头		4分管（DN20mm）或 6分管（DN25mm）	一卫一厨＋阳台约35个 两卫一厨＋阳台约66个
45°弯头		4分管（DN20mm）或 6分管（DN25mm）	一卫一厨＋阳台约7个 两卫一厨＋阳台约10个
三通		4分管（DN20mm）或 6分管（DN25mm）	一卫一厨＋阳台约8个 两卫一厨＋阳台约10个
过桥弯		4分管（DN20mm）或 6分管（DN25mm）	一卫一厨＋阳台约2个 两卫一厨＋阳台约3个
堵头		4分管（DN20mm）或 6分管（DN25mm）	一卫一厨＋阳台约11个 两卫一厨＋阳台约14个
内丝弯头		4分管（DN20mm）或 6分管（DN25mm）	一卫一厨＋阳台约7个 两卫一厨＋阳台约12个
内丝三通		4分管（DN20mm）或 6分管（DN25mm）	一卫一厨＋阳台约1个 两卫一厨＋阳台约2个
角阀		4分管（DN20mm）或 6分管（DN25mm）	一卫一厨＋阳台约7个 两卫一厨＋阳台约10个
管卡		4分管（DN20mm）或 6分管（DN25mm）	一卫一厨＋阳台约30个 两卫一厨＋阳台约68个
生胶带		—	一卫一厨＋阳台约10个 两卫一厨＋阳台约20个

11.3 排水管件

室内排水管件主要有铸铁管件与PVC管件，由于铸铁管件有耐腐蚀性能差、质量大、内壁易结垢、易滋生细菌等缺点，现在室内家装中禁止选用，主要使用PVC管件。

11.3.1 常用室内 PVC 管件

1. 常用室内 PVC 管件的性能见表 11-11。

表 11-11 PVC 管件的性能

名　　称	图　例	结　　构	性 能 说 明
UPVC 管			硬聚氯乙烯（UPVC）管是各种塑料管道中应用最广泛的排水管，其内壁光滑、水阻力小、耐腐蚀、不结垢，能抑制细菌生长，有利于保护水质不受管道的二次污染。UPVC 管不适于输送热水，故适用于排水管
（PSP）芯层发泡管			芯层发泡管是采用三层共挤出工艺生产的内外三层结构，与普通 UPVC 管相同，中间是一种相对密度为 0.7~0.9 的低发泡层新型管材，具有吸能、隔音、隔热的特点
内螺旋静音管			内壁带有六条三角凸形螺旋线，使下水沿着管内壁自由连续呈螺旋状流动，起到良好的消能、降低噪声的作用。同时，其独特结构可以使空气在管中央形成气柱直接排出，不需另外设置专用通气管，使高层建筑排水通气能力提高 10 倍，排水量增加 6 倍

2. PVC 排水管的常用规格及选用

PVC 排水管的常用规格及选用见表 11-12。

表 11-12 PVC 排水管的常用规格及选用

规格 DN/mm	外径/mm	内径/mm	壁厚/mm	适用温度/℃	选　　用
32	32	28	2.0	0~60	面盆、洗菜盆、浴缸等排水支管
40	40	36	2.0		面盆、洗菜盆、浴缸等排水支管
50	50	46	2.0		面盆、洗菜盆、浴缸等排水支管
75	75	71	2.0		面盆、洗菜盆等排水横管
90	90	84.4	2.8		面盆、洗菜盆等排水横管
110	110	104	3.0		坐便器连接口、洁具排水横管、立管
125	125	118.6	3.2		立管
160	160	152	4.0		立管
200	200	190.2	4.9		立管
250	250	237.6	6.2		立管
315	315	299.4	7.8		立管

11.3.2 PVC 排水管件

室内 PVC 排水管件主要有直接、90°弯头、45°弯头、顺水三通、异径三通、斜三通、检查口、异径变径、P 形存水弯、S 形存水弯、伸缩节等，各种管件及其应用见表 11-13。

表 11-13 PVC 排水管件及其应用

名 称	图 例	应用图例	说 明
直接		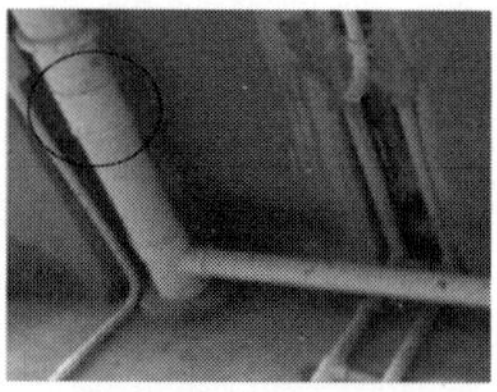	有时一根管子不够长，需要用直接将直路走向的排水管衔接在一起
90°弯头			将 90°打弯处排水管衔接在一起
45°弯头		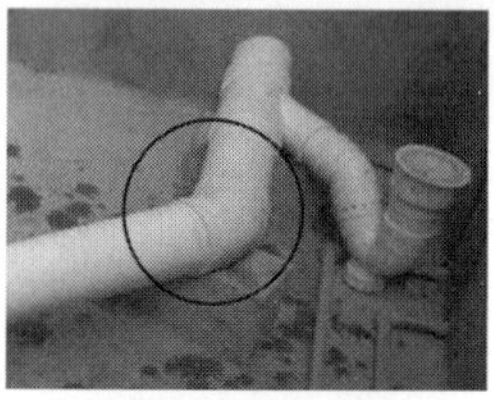	排水管的支管尽量不走 90°弯，如需弯曲常走 135°弯，以减小排水阻力，这样的管路弯处常用 45°弯头
顺水三通		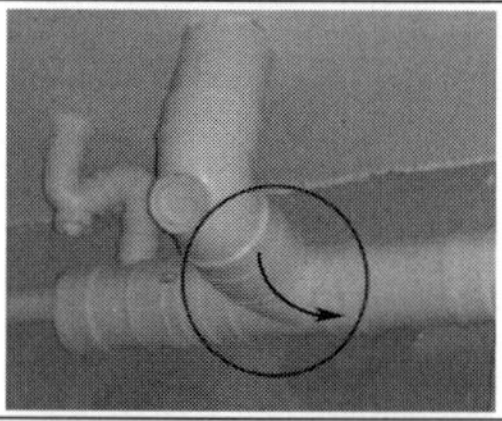	顺水三通一般用于支管与主管（如立管）间的连接。三通的支管连接中需与主管垂直，但在支管与主管接口处有沿水流方向的流线，以减小水流的冲击，安装时注意流线的方向应与水流方向一致
异径三通		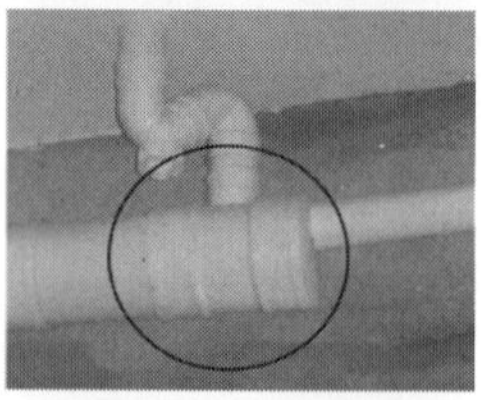	异径三通用于器具支管与横向支管直径不同排水管的衔接
斜三通	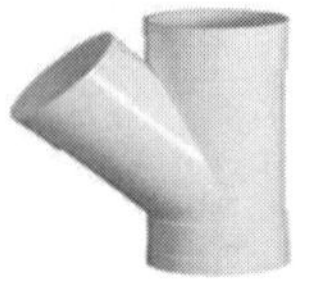	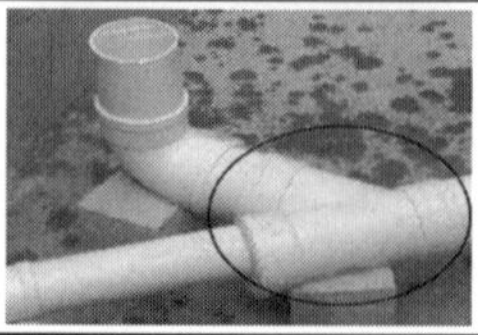	支管与横管、横管与立管等应用 45°斜三通、45°斜四通、90°斜三通、顺水三通，禁用正三通。这样做可减小排水管的堵塞率

续表

名称	图例	应用图例	说明
检查口		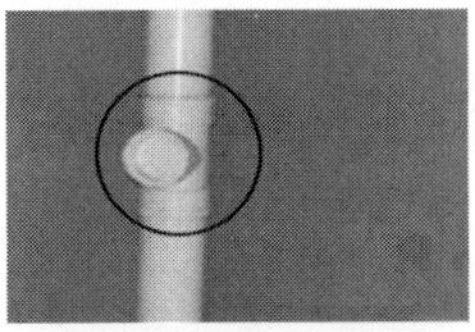	在立管、横管达到一定长度时，必须设置检查口，便于排水管在日后出现堵塞时，进行清扫疏通
异径变径		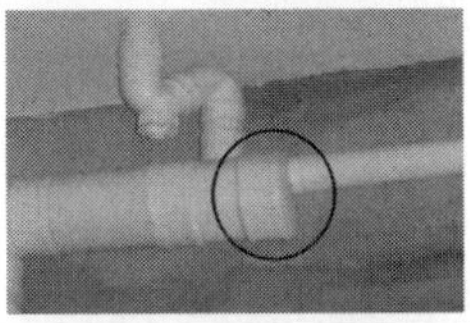	用于不同管径排水管的衔接，为了减小堵塞率，变径为偏心的，且安装时小径接口应安装在顶部
P形存水弯	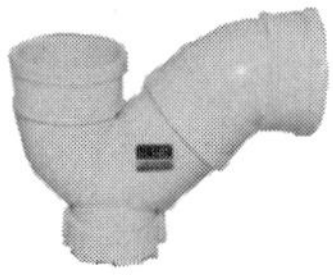	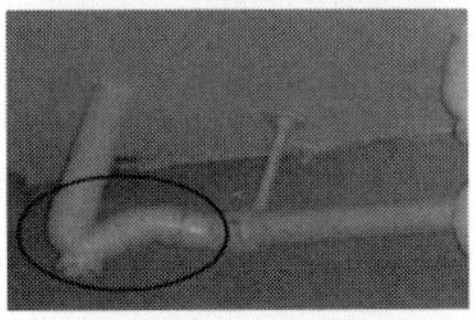	安装在支管与横管之间，利用存水弯的水封阻止横管中的浊气从支管中返回室内而污染室内空气。其中，P形存水弯用于与排水横管或排水立管水平直角连接的场所；而S形存水弯用于与排水横管垂直连接的场所
S形存水弯	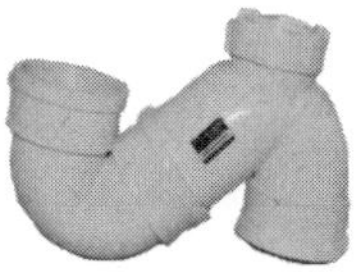	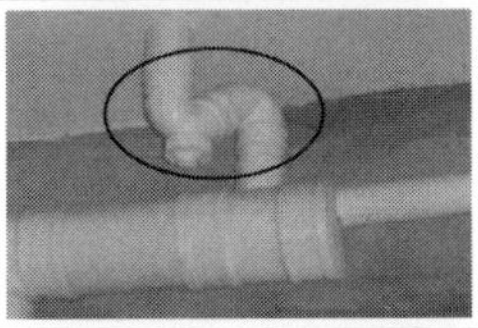	
伸缩节		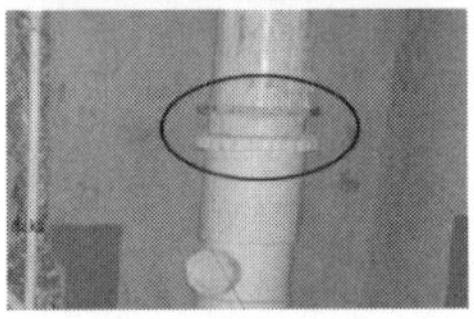	管道的热胀冷缩会使管道管壁产生应力和推拉力，伸缩节用于补偿吸收管道轴向、横向、角向受热引起的伸缩变形。PVC管伸缩节的间隔长度不大于4m

第 12 章 给排水设计与安装

【本章导读】

给排水的设计及安装直接影响日后的生活质量。不合理的设计安装，会造成漏水、卫生间易产生臭气等有害气体、排水不畅等影响生活质量的问题。

本章介绍给排水设计的基本方法，以及给排水的一般性定位数据、给排水安装方法、给排水常见问题等。

【学习目标】

① 掌握室内给水系统及排水系统类型。
② 了解厨卫常见布局。
③ 掌握给排水设计及安装方法。
④ 了解给排水常见问题及解决方法。

12.1 室内给排水系统

要进行给排水设计与安装必须先了解给排水系统的基本组成与结构。

12.1.1 室内给水系统

给水系统是指通过管道及设备，按照建筑物和用户生产、生活和消防的要求，有组织地将水输送到用水点的网络。其任务是满足建筑物和用户对水质、水量、水压、水温的要求，保证用水安全可靠。室内给水系统的组成如图 12-1 所示。

1. 引水管

建筑物的总进水管，是城市给水管网（配水管网）与建筑给水系统的连接管道。

2. 给水管道

（1）干管：水平管道，连接引水管和各个立管。
（2）立管：向各楼层供水的垂直管道。

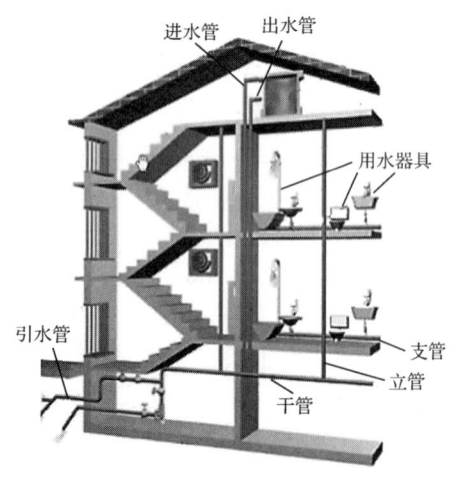

图 12-1 室内给水系统的组成

(3) 支管：立管后续接的各楼层的水平水管及家庭立管，直接供水给各用水点。

12.1.2 室内排水系统

排水系统是指通过管道及设备，把屋面雨水及生活和生产过程中的污水、废水及时排放出去的网络。家装中主要是生活污水、废水排水网络的安装，而雨水等排水网络开发商已安装好，这里主要介绍生活污水、废水排水网络的安装。

室内排水系统有隔层排水与同层排水两种。隔层排水是传统的排水方式，而同层排水是最新排水方式。

1. 隔层排水系统

隔层排水系统示意图如图 12-2 所示。

排水系统由排水立管、排水横管、器具排水支管组成。隔层排水系统的特点是，每个器具排水支管都需要穿越楼板，排水横管、器具支管存水弯等都在下层楼层。隔层排水的安装方式如图 12-3 所示。

图 12-2　隔层排水系统示意图

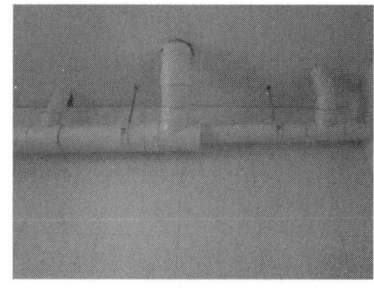

图 12-3　隔层排水的安装方式

2. 同层排水系统

所谓同层排水系统，是指排水横管、器具排水支管等都在用户同层内。同层排水系统又分为假墙排隐蔽式、局部降板沉箱式、局部垫层抬高式三种，如图 12-4 所示。

（1）假墙排隐蔽式：器具排水支管、排水横管做在假墙内，卫生器具采用壁挂式。这种方式主要在欧洲应用较广泛。

（2）局部降板沉箱式：卫生间的楼板较房屋其他地方的楼板低 300～400mm，安装好排水管后再回填至正常高度。这种方式在我国应用较普遍。

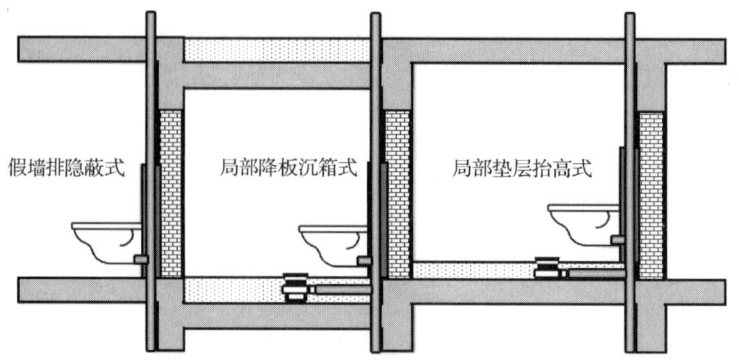

图 12-4　同层排水系统的三种模式

（3）局部垫层抬高式：卫生间楼板的建筑高度与房屋其他地方相同，为了隐藏排水管，需将卫生间地板垫起相应高度，使卫生间地板的安装高度高于其他地方。

同层排水安装方式如图 12-5 所示。

图 12-5　同层排水安装方式

3. 混合式排水系统

隔层系统存在排水噪声大、维修不方便、器具布局受管路安装限制等缺点，而同层排水系统受安装空间限制，排水落差小，易堵塞，对安装条件要求高，所以现在有些地方出现同层与隔层混合排水方式，即马桶、蹲便器等易出现堵塞的排水管采用隔层排水，而面盆、浴盆等生活中水、废水排水，堵塞可能性较小的排水采用同层排水。

12.2　给排水器具布局

住宅给水安装方式有明敷与暗敷两类，现在新住宅基本采用 PP-R 塑料管暗敷；在一些要求不高的住宅，或一些公共场所也采用 PVC 管明敷。给水管的安装方式应根据房间环境，对安全、美观的要求，线路的用途及住宅的安装条件等因素决定。

住宅排水基本为暗装方式，即无论是隔层排水还是同层排水，排水管都埋在卫生间、厨房装修地面以下。

给排水管道安装过程与电气布线的一般过程基本相似：规划器具布局定位→管道设计→弹线→开槽→管材连接加工及铺管→管道固定→闭水试验→打压测试。

根据给排水管道安装流程可以看出，只有在确定了器具的布局后才能进行器具定位，然后进行管道设计等后续安装流程。

12.2.1 卫生间布局

卫生间的形状与门窗结构各有不同，对布局设计有很大影响，表12-1对常见户型的卫生间类型进行了总结，可以看到不同空间中的卫生间布局。表12-1中，虽然空间形状、门窗位置各有区别，但布局时关注的都是生活活动线的梳理，以便捷舒适为原则。

（1）最常使用的功能布置在门口，大件和不常用的布置在最里面。

（2）易潮湿的区域布置在窗户附近，以保持干燥。

（3）有洗衣功能的卫生间要特别注意干湿分区。

（4）此外要注意给排水管道的位置，在原始结构基本合理的情况下，尽量不进行上、下水位置的变动。

表 12-1 常见户型卫生间布局

形式	开门对窗		开门不对窗		暗 卫	
方形空间	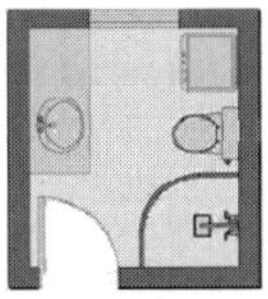	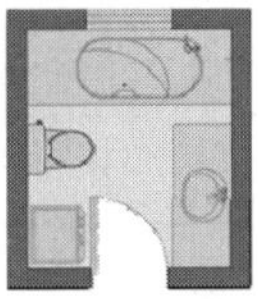	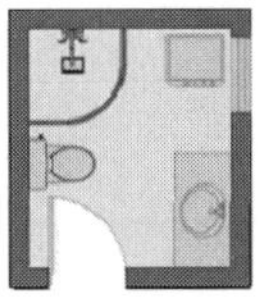	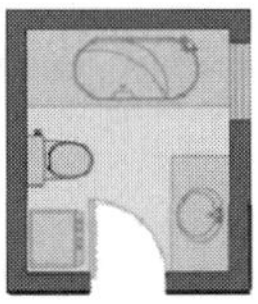	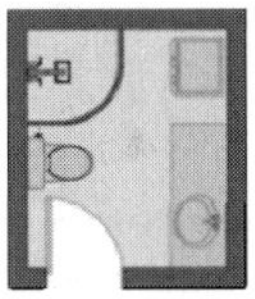	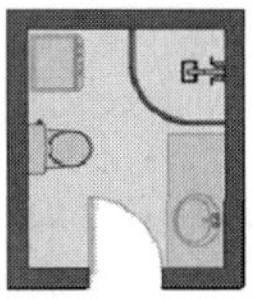
	一侧开门	居中开门	一侧开门	居中开门	一侧开门	居中开门
长条形空间	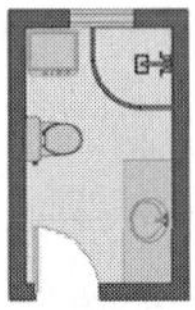	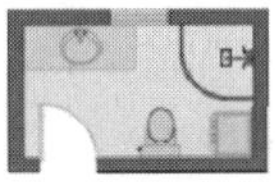	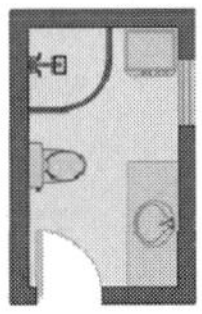	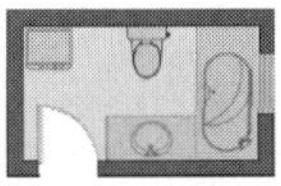	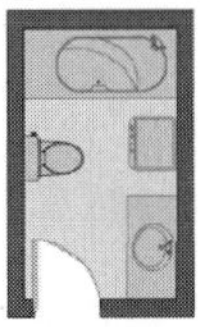	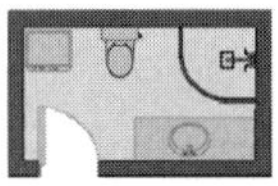
	短边开门	长边开门	短边开门	长边开门	短边开门	长边开门
特殊形状空间	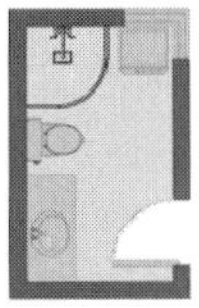	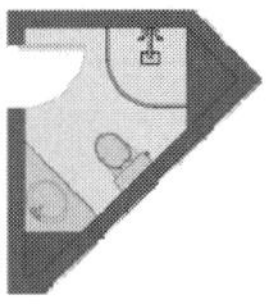	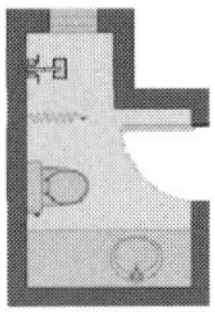	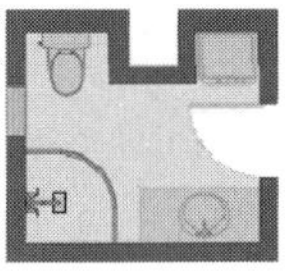		

随着人们生活水平的提高，人们对住宅生活方式的设计已经有了一定认知，在卫生间设计中，根据不同的使用偏好和户型面积特点，也可以按照生活活动线规划出不同的生活方式。表12-2所示是按生活方式进行的卫生间布局设计。

表 12-2　按生活方式进行的卫生间布局设计　　　　　　（单位为 mm）

12.2.2　厨房布局

影响厨房布局的因素有厨房的形状和空间限制、管线限制、通风和采光、厨用电器、个性化需求等。厨房布局可分为：I 型、L 形、U 形、中岛型等，各种布局的要求及特点见表 12-3。

表 12-3　厨房布局的空间要求及特点

布局	布局图例	说　明
I 型	冰箱　水槽　炉灶　2.4~3.6m	I 型厨房直线式的结构简单明了，通常需要面积为 $7m^2$、长度为 2m 的空间。依照使用者的习惯将烹调设备由左至右或由右至左摆放即可。如果空间条件许可，也可将与厨房相邻的空间部分墙打掉，改为吧台形式的矮柜，如此便可形成半开放式的空间，从而增加使用面积。冰箱与炉灶之间距离控制为 2.4~3.6m，过短橱柜的储藏空间和操作台会很狭窄，距离过长，则增加厨房操作往返路程，易疲劳而降低工作效率
双列型	炉灶　1.2~1.8m　1.2~2.7m　1.2~2.1m　水槽　冰箱	双列型厨房的布局即是在厨房空间相对的两面墙壁布置家具设备，可以重复利用厨房的走道空间，提高空间的作用效率。双列型厨房可以排成一个非常有效的"工作三角区"，通常是将水池和冰箱组合在一起，而将炉灶设置在相对的墙上。 此种布局形式下，水池和炉灶往返最频繁，距离为 1.2~1.8m 较合理，冰箱与炉灶间净宽应为 1.2~2.1m。同时人体工程学专家建议，双列型厨房空间净宽应不小于 2.1m。最好为 2.2~2.4m，适用于空间狭长的厨房，可容纳几个人同时操作，但分开的两个工作区仍会给操作带来不便
L 形	冰箱　水槽　1.2~2.1m　1.2~1.8m　1.2~2.7m　炉灶	L 形厨房的两边至少需要 1.5m 的长度，其特色就是将各项配备依据烹调顺序置于 L 形的两条轴线上。但为了避免水火太近，造成作业上的不便，最好将冰箱与水槽并排于一轴线，而炉具则置于另一轴线。如果想要在烹调上更加便利，可以在 L 形转角靠墙的一面加装一个置物柜，既可增加收藏物品的容量，也不占用平面空间，也可在 L 形的轴线上继续延伸，设计一个可以折叠或拉出式的置物台面，平时不用时可收起，待烹调料理多时再开启使用
U 形	1.2~1.5m　水槽　冰箱　炉灶	如果在 L 形厨房里再加设一个橱柜，即成为 U 形。U 形厨房可以在角处与左、右两边多规划些高深的橱柜，以增加收纳功能。U 形有两个转角空间，往往被人们忽略其置物的功能性，其实可加装可 180°或 360°旋转的转角旋转柜，当门开启时，里面放置的物品会随之旋转而出
中岛型	冰箱　水槽　炉灶	中岛型厨房是在厨房中央增设一张独立的桌台，可作为餐前准备区，也可兼作餐桌功能，但需要至少 $16m^2$ 的空间，适用于开放式厨房。无论是单独的操作岛还是与餐桌相连的岛，边长均不得超过 2.7m，岛与橱柜中间至少间隔 0.9m

12.3 器具定位

根据卫生间、厨房的建筑结构及空间大小、形状确定好器具布局,特别是与给排水有关的卫生器具、水槽等器具的布局,决定了给排水的管道设计及走向。

器具布局与定位需要与住户协商,根据卫生器具的设计原则同住户交换意见,并确认最终方案。器具定位的主要内容有:①确定卫生器具、水槽、地漏等在室内各处的具体安装位置,并在这些位置做好标记;②确定水管的具体走向,并做好走线标记。

12.3.1 器具定位的过程及方法

(1)根据卫生间、厨房的空间形式、大小,按12.2节所述原则确定卫生间、厨房的布局。

(2)根据器具布局确认器具定位,定位时用米尺确定器具的准确位置,并用铅笔或粉笔在墙上相应位置画出器具位置(见图12-6),并按要求以毫米为单位标出器具位置尺寸。

(3)冷热给水口,规定为左热右冷。

(a)用米尺确定器具位置

(b)用铅笔标记器具位置

(c)器具位置的标记

图12-6 器具定位的过程

12.3.2 常用器具给排水预留尺寸参考数据

厨卫器具给排水口的预留尺寸数据是否正确、合理,直接关系到器具是否能正确安装及安装的美观,下面给出一些常用厨卫器具的给排水预留尺寸。

1. 坐便器(马桶)给排水预留数据

1)坐便器(马桶)给水预留数据

坐便器通过角阀为水箱给水,角阀需预留内丝弯头或三通(G1/2丝、4分口径)接口,给水数据如图12-7(a)所示:距地面高度 $H=150\sim200\text{mm}$,一般取200mm为宜;水平距坐便器中心左侧距离 $L=200\sim250\text{mm}$,一般取250mm。

2）坐便器（马桶）排水预留数据

坐便器排水方式有下排水与后排水两种，下排水是传统的排水方式，后排水是现在新型排水方式，适用于同层排水墙排水方式安装。两种排水方式不能混用。

排水坑距预留距离误差不要超过 10mm，超过误差虽然可以安装，但会影响排水的密闭性能，以及排污的通畅性。下排水坑距示意图如图 12-7（b）所示。

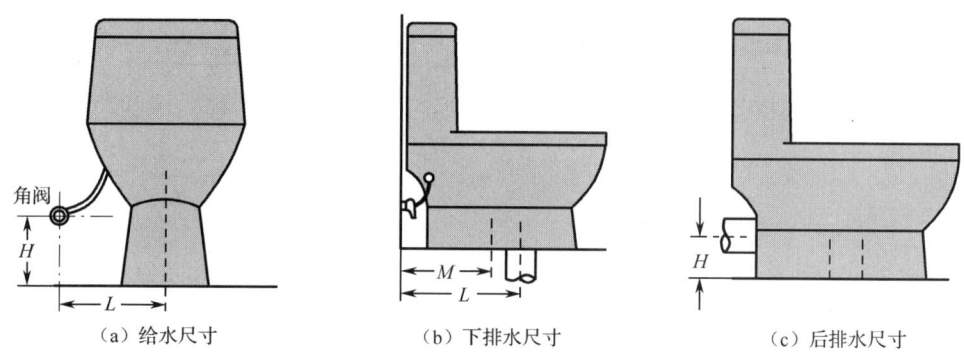

图 12-7　坐便器给排水尺寸示意图

（1）下排水坑距。下排水方式的坑距，是指地面下水孔中心点距未装修墙面的距离。

常用坑长距 $L=400$mm，短距 $M=305$mm。一般正规厂家生产的坐便器，坑距都预留20mm的贴砖空间，也就是说 305mm 的坐便器实际是 285mm；400mm 的坐便器就是 380mm。

国内下排水坑距还有 200mm、350mm、450mm 等规格，装修最好预留常用坑距 305mm 或 400mm。

（2）后排水坑距。后排水方式的坑距，是指排水孔中心点到做完地面的距离，故在预留时应在确定卫生间地面贴完瓷砖高度后再确定后排水坐便器的坑距。后排水坑距示意图如图 12-7（c）所示。

后排水坑距 $H=180$mm 的坐便器最常用，也有 $H=100$mm 的。

2. 蹲便器给排水预留数据

1）给水预留

蹲便器给水可以安装水箱，也可以安装冲水阀直接给水。

（1）水箱给水。使用角阀给水，角阀安装位置尺寸示意图如图 12-8 所示。角阀距地面高度 $H=200\sim300$mm，水平距水箱排水管中心距离 $L=120\sim150$mm。

（2）冲水阀直接给水。给水冲水阀有脚踏式与手按式两类，安装方式分单入墙与双入墙两种。冲水阀及安装形式如图 12-9 所示。

冲水阀入水口距离地面高度，手按式为 800～1200mm，脚踏式为 200～250mm。

双入墙安装方式冲水管预留与入水口相同的内丝接口，冲水管出水口与入水口的距离如图 12-9 所示，图（b）中 H 有 158mm、152mm 两种；图（e）中 H 约 184mm；图（d）、（f）、（g）中 H 约 97mm；图（f）、（g）中 L 为 110～120mm。

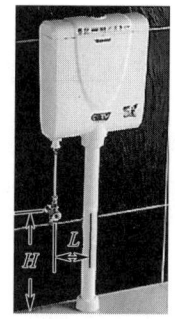

图 12-8　角阀安装位置

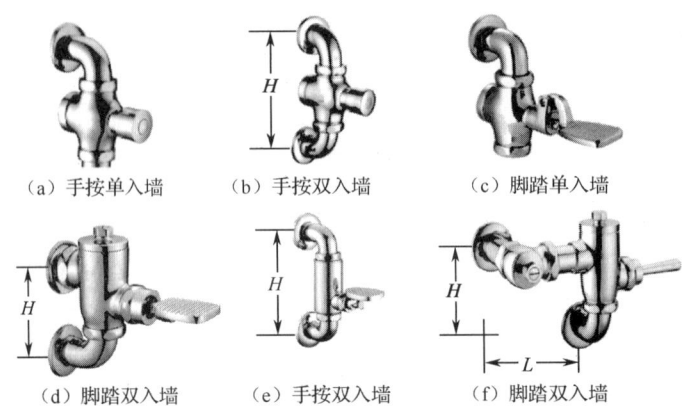

图 12-9　冲水阀及安装形式

2）排水预留

蹲便器有带存水弯与不带存水弯、前排水与后排水之分。四种蹲便器的排水示意图如图 12-10 所示。

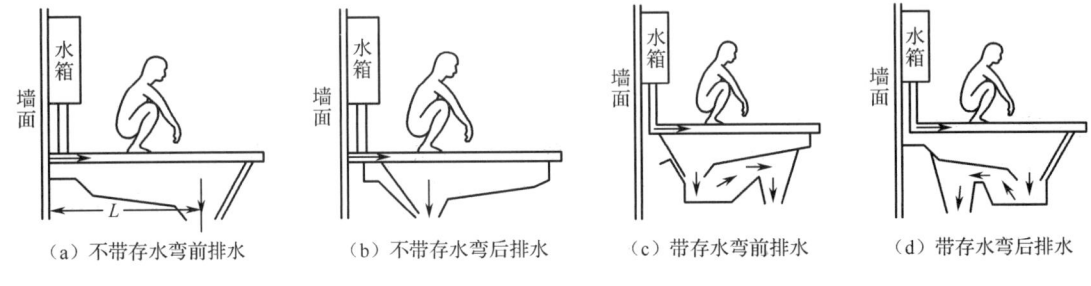

图 12-10　蹲便器的四种排水方式

安装蹲便器的时候，预留净面墙后面的距离一般为 340～580mm，侧边应不少于 450mm。安装进水和水箱时进水管内径为 28mm 左右，水箱的底部至蹲便器进水口的距离为 1500～1800mm。

前排水口至蹲便器后沿距离有 360mm、370mm、405mm 等，后排水口至蹲便器后沿距离有 150mm、170mm 等。蹲便器与后墙有一定距离，故坑距没坐便器那么严格。

前排水坑距为 480～580mm；后排水坑距为 340～440mm。

3. 地漏的安装位置

（1）干区地漏置于坐便器内侧等不起眼的位置，这样既保证了隐蔽性，也方便清理。

（2）淋浴房的地漏位于淋浴器侧，靠墙 5cm，方便迅速下水，也不影响淋浴者落脚。

（3）地漏的安装位置应位于瓷砖的中间位置。

地漏的常见安装位置如图 12-11 所示。

4. 其他厨卫器具的预留数据

其他厨卫器具的预留数据相对较简单，各种常用厨卫器具配件位置、尺寸要求见表 12-4。

(a) 地漏在墙角

(b) 沐浴房地漏的位置

(c) 地漏在马桶内侧

图 12-11 地漏的常见安装位置

表 12-4 常用厨卫器具配件位置、尺寸要求

器 具	配水口高度/mm	冷热水口间距/mm	排水坑距/mm	排水管径/mm	插座高度/mm
面盆	450～550	150～250	170	50～75	1800
淋浴器	950～1150	150	位于墙角，距两侧墙 200	50～75	—
浴盆	高 1200 中 650 低 250	150	≤250 宜 200	50～75	—
洗衣机	1200	—	专用地漏	50～75	1500
电热水器	1700	100	—	—	1800
燃气热水器	1200	150～250	墙面 1200	50	1800
立柱盆	450～550	150～250	在立柱内	50～75	—
拖把池	低 200 高 800	—	250～290 由具体器具定	50～75	—
坐便器	见前面	—	见前面	110	—

5. 常用厨卫器具预留应注意的问题

1）冷热水口间距

面盆、立盆、水槽、电热水器、燃气热水器等，冷热水口一般经角阀用软管与器具连接，所以此类冷热水口间距要求不是很严格，以上给出的数据可以作为参考，实际间距可以根据情况进行调整，并不会影响实际安装效果。从美观角度考虑，冷热水口应在同一水平线上，按以上给出的数据也较符合美学要求。

对于淋浴器、常用浴盆的混水阀，其冷热水口间距是固定的，安装时，要求阀的出水口间距与给水冷热水口误差不能超过 10mm，否则不能正确安装。超过此误差，虽然通过转接头也可以安上去，但失去了美观性。

为了保证冷热水口间距的准确性，除了在开槽、封槽时调整冷热水口间距，还可采用以下三种措施保证间距的准确性：一是使用双联弯头或双联三通，如图 12-12（a）、（b）所示；二是用木条或其他支撑物将冷热水口所连的水管绑定在规定的间距上，如图 12-12（c）所示，再进行封槽，这样做可以确保冷热水口的间距；三是使用双联定位器将冷热水口定位在 15cm

距离，如图 12-13 所示，再进行封堵。双联定位器可重复使用，定位器不通水时，丝堵可在试压时作为堵头使用，定位器通水时，丝堵可以连接试压机的水管。

在封槽时，需用水平尺检测并调整冷热水口高度，使冷热水口在同一水平上，露出墙面的高度也需一致，约等于 20mm，如图 12-12（d）所示。

 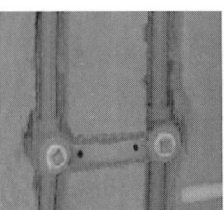  

（a）双联弯头应用　　（b）双联三通应用　　（c）支架固定弯头　　（d）冷热水口水平检测

图 12-12　冷热水口间距

 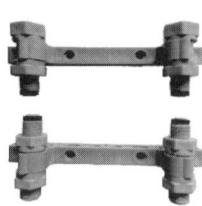 

（a）双联定位器的结构　　（b）双联定位器的组装　　（c）双联定位器的应用

图 12-13　双联定位器的结构及应用

2）台盆、水槽排水管

台盆、水槽的传统排水方式为地排水，即排水管在台盆下地面，这种排水方式的优点是排水通畅，不易堵塞，但有卫生死角，如没有台盆柜遮挡，美观性差。台盆地排水示意图如图 12-14 所示，给水按图 12-4 所示尺寸预留，排水在台盆下方即可。存水弯一般用 S 形。

 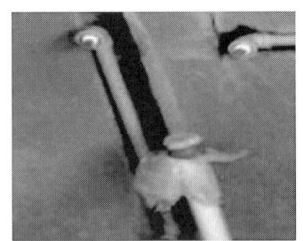

（a）台盆地排水　　（b）台盆地排水布管

图 12-14　台盆地排水

目前台盆出现墙排方式，即排水管预埋在墙内，占用空间少，安装美观性好。缺点是排水没有地排方式通畅，排水预留尺寸要求高，如适当提高排水管径，用 50mm 左右的排水管，基本可克服这些缺点。台盆墙排水如图 12-15 所示，存水弯一般用 P 形。

3）燃气热水器

国家强制标准要求燃气热水器为强排式，故需要使用交流电，热水器边需留电源插座。

一般燃气热水器只需冷热给水口，按以上数据预留即可；而现在一种新型节能冷凝燃气热水器，使用中有冷凝水排水，需要预埋排水口。因此建议无论房主安装什么形式的燃气热水器，均应预埋排水口。

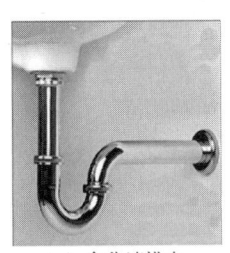 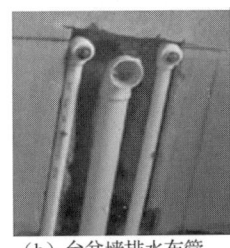 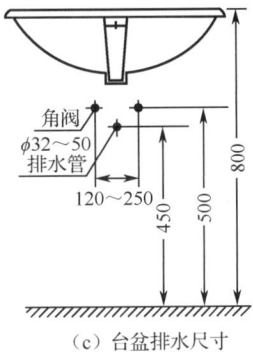

（a）台盆墙排水　　　　（b）台盆墙排水布管　　　　（c）台盆排水尺寸

图 12-15　台盆墙排水（单位为 mm）

燃气热水器排水可按台盆墙排水方式预埋排水管。由于冷凝水量小，出现堵塞的可能性小，也可用小管径的 PP-R 管接内丝弯头，与热水器排水管连接，如图 12-16（a）所示，这样更美观。燃气热水器排水安装及预埋如图 12-16（b）所示。

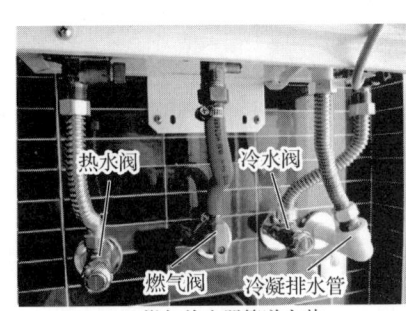 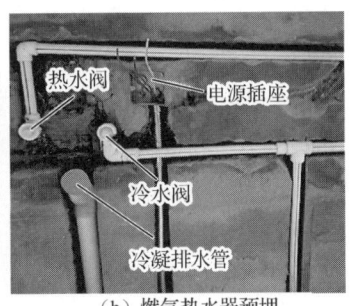

（a）燃气热水器管道安装　　　　（b）燃气热水器预埋

图 12-16　燃气热水器管道安装及预埋

4）房顶太阳能热水器

房顶太阳能热水器的上下水有双管与单管两种，双管上下水，即上冷水与下热水分开为两根冷、热水管；单管上下水则是冷热上下水共用同一根水管。现在热水器一般为单管上下水，双管上下水太阳能热水器较少见。

单管上下水太阳能热水器管路系统如图 12-17（a）所示，室内管路安装示意图如图 12-17（b）所示。

装修给排水管路时，如需要安装太阳能热水器，则要考虑太阳能热水器管路的预埋，避免安装太阳能热水器时，管路明装而影响美观。因此最好在水电安装时确定好热水器，并在专业人士的指导下，做好管路、电路的预埋。

将太阳能热水器系统的电磁阀隐藏起来有两种方式：一种是将电磁阀放在台盆下，方便日常维护；另一种是将电磁阀放在厨卫的吊顶上，管路安装简单。

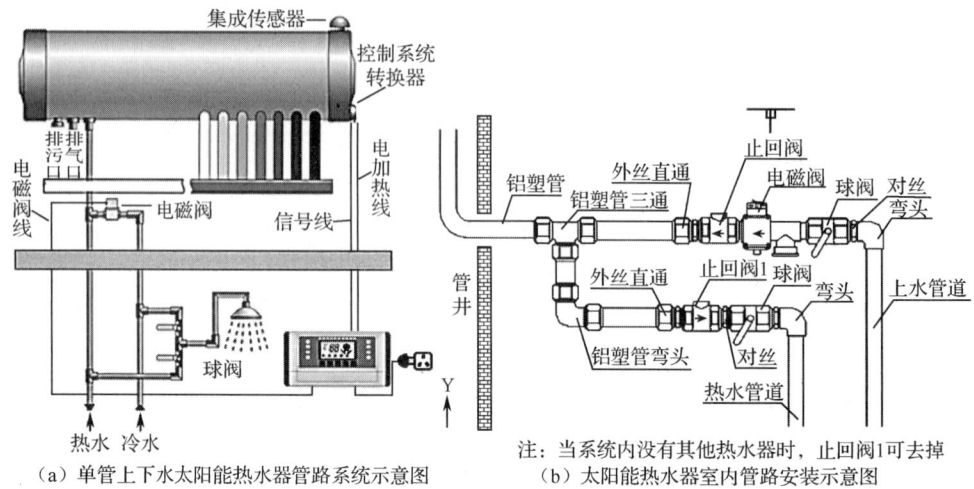

图 12-17　太阳能热水器管路系统及室内管路安装

图 12-18 所示为管路系统内只有太阳能热水器，电磁阀在台盆柜内的管路系统示意图，以及电磁阀的安装实物图。上面底盒安装控制器，线管内可以预先穿相应的线缆：控制器底盒至外墙穿 1.5mm² 的护套线，用于接电加热线；4 芯 0.2mm² 的护套线，用于接传感器。控制器到台盆柜下底，穿 2 芯 0.3mm² 的护套线，接电磁阀，也可以随便穿一根有一定强度的线，在安装热水器时，由专业人士用这根线来拉、穿相应的电源线、信号线。穿至墙外的线管穿的线多，直径应大些，故用 20～25 线管，且墙外留段向下的弯头，避免雨水流进线管内；至电磁阀的线管直径可小些，故用 16 线管即可；上下水管在墙外处接一内丝弯头，方便接墙外的上下水管，在没有安装热水器之前用堵头堵住。

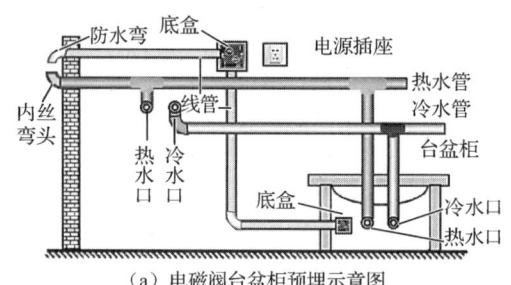 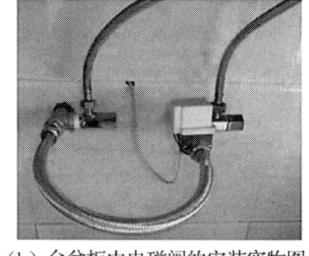

图 12-18　电磁阀在台盆柜内太阳能热水器的管路安装

图 12-19 所示为管路系统内装有其他热水器的预埋。在阴天太阳能热水器不能使用时，为了避免系统内热水回流至太阳能热水器，在上下水管进入系统热水管前，应加图 12-17 中的止回阀 1，故热水器的上下水管不能与淋浴器热水管共用。

图 12-20 所示为系统内只有太阳能热水器，电磁阀在吊顶内的安装示意图，如系统内有其他热水器，则按图 12-21 所示安装图 12-17 所示的止回阀 1。

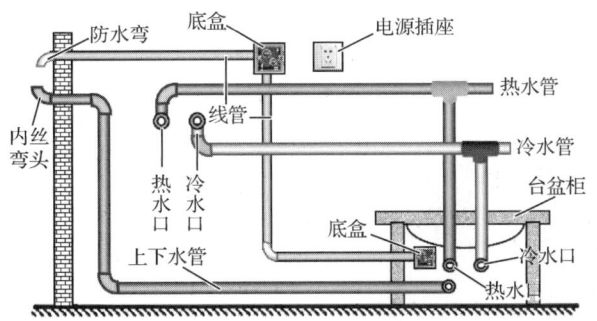

图 12-19　管路系统内装有其他热水器的预埋

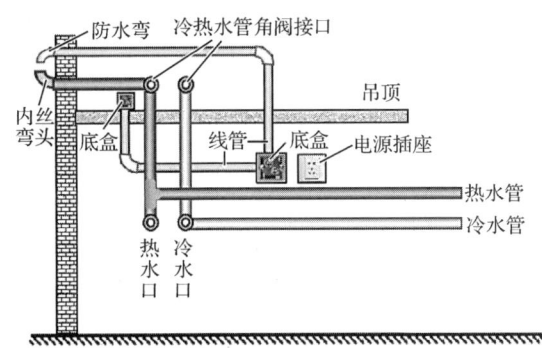
（a）电磁阀在吊顶预埋示意图

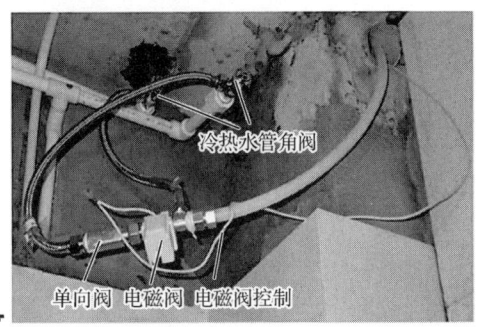
（b）吊顶内电磁阀的安装

图 12-20　电磁阀在吊顶内的安装（只有太阳能热水器）

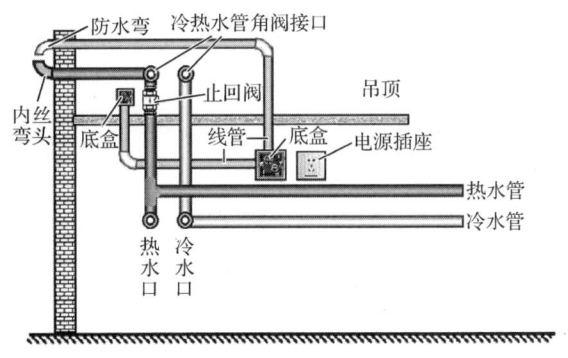

图 12-21　止回阀的安装

5）阳台太阳能热水器

高层建筑不适合安装房顶太阳能热水器，可以安装阳台太阳能热水器。阳台太阳能热水器储热水箱与集热器分离，安装灵活。储热水箱可以就近安装在阳台，也可安装在卫生间，储热水箱与集热器的距离不宜太远，介质循环管道为较短不锈钢波纹管，且日后需要维护，故不宜埋墙，只需将管路的冷热水引至储热水箱处，并预留电源插座即可。图 12-22 所示为阳台太阳能热水器的安装图，图 12-23 所示为其管道预埋。

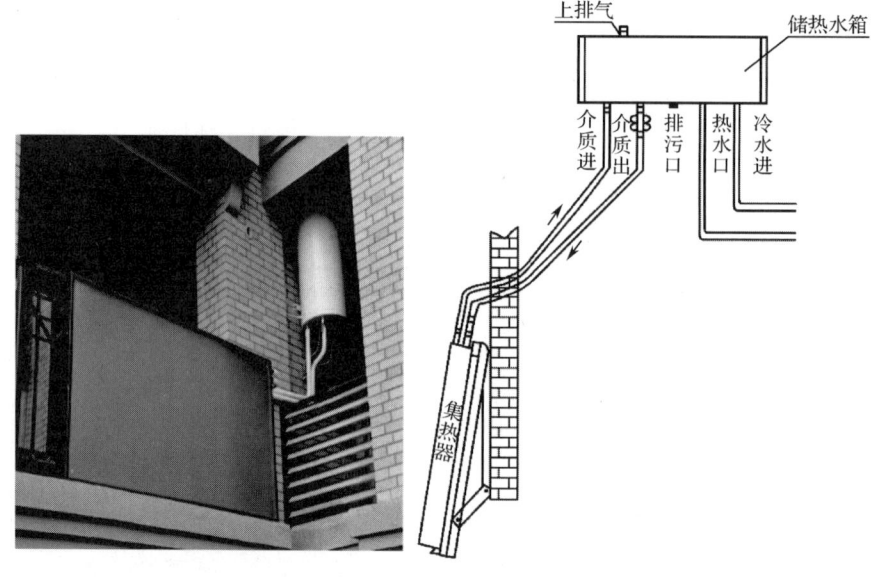

图 12-22　阳台太阳能热水器的安装图

图 12-23　阳台太阳能热水器的管道预埋

12.4　管路设计及画线定位

1. 给水管路走向

排水是在重力作用下完成的，故排水只能走地下；给水是有压力的，可以走地面，也可以走顶棚，如图 12-24 所示。现在一般建议给水走顶棚，走顶棚的依据是：给水管有压力，一旦熔接处出现渗漏，一方面可能漏到楼下用户，产生纠纷；另一方面管道埋于地下，检修不方便。而如果给水走顶棚，若出现渗漏，则可克服这些缺点。给水走顶棚的缺点是：施工难度相对大些，材料使用得可能多些。

厨卫电路也不允许走地面，只能走墙面或顶棚。这样顶棚上可能同时存在电线管、给水管、上层排水横向支管，三种管道由高到低的排列顺序是：电线管、给水管、排水管。

冷热给水管走向尽可能横平竖直，如图12-24所示。

（a）给水走地面　　　　　　　　（b）给水走顶棚

图12-24　给水管的两种走向

2. 冷热水管路间距

冷热水管路的平行间距不小于150mm，水平走向时，热水管在上，冷水管在下；竖直走向时，热水管在左，冷水管在右，如图12-25所示。

 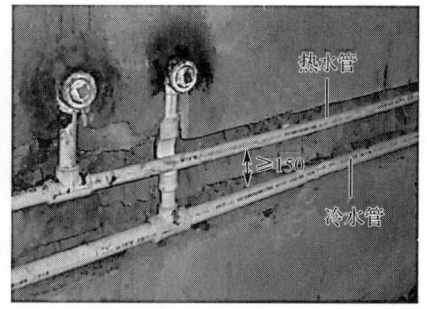

图12-25　冷热水管路的间距及位置

3. 排水管路走向

排水管路布置得不合理，容易出现堵塞、排水不顺畅等现象。为了使排水通畅，排水管路尽可能走最短路径。横平竖直布管，不利于排水通畅，如图12-26所示。

图12-26　排水管路横平竖直布管

为了使排水通畅，排水支管与排水横向支管间的连接尽可能使用斜三通，使支管在横管的入口方向顺着排水方向，如图 12-27 所示。

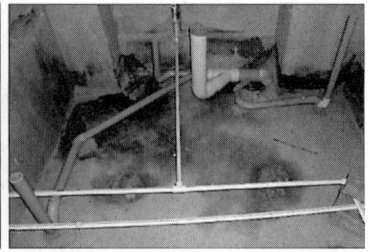

图 12-27 排水管路最短路径布管

4. 画线定位

在给排水管路器具位置、给排水接口位置确定后，沿管路走向设计，用墨斗弹线或彩色粉笔画线，标示出管路走向，然后进行开槽等后续操作，如图 12-28 所示。画线定位方法与电路相同，参见 7.2 节。

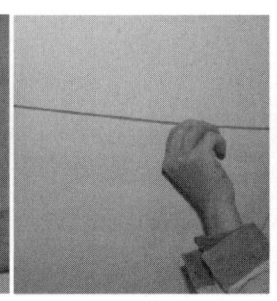

图 12-28 给排水管路画线定位

12.5　给排水管路的开槽

厨卫地面装修前较室内其他地方低，排水管直接在地面布置，然后再将地面回填至正常高度，所以排水管路不需要开槽。给水在地面或在顶棚布置时，也不需开槽，少量在墙上走向时，则需开槽，开槽方法同电路开槽，参见 7.3 节。

水路管道开槽的要求：

（1）水路开槽前必须弹线，所开的槽必须横平竖直，在同一水平线上，偏差≤5mm。

（2）给水管开槽的深度：冷水水槽≥（管径+12mm）；热水水槽≥（管径+15mm），混凝土墙上根据实际开槽。

（3）冷热水管须分开，其平行间距≥150mm。

（4）给水系统布局的走向要合理，严禁交叉斜走及破坏防水层，在高于地面 300mm 以上处开槽布管。

（5）在轻质墙或空心混凝土墙上开槽时，必须用切割机或开槽机切，或用电锤锤打。

(6）用过桥绕曲管的地方，应凿到相应深度。
(7）开槽须遵循左热右冷、上热下冷的原则。
(8）开槽前，必须对每个排水口进行封堵。

12.6　给排水管道的安装

1. 给水 PP-R 管道熔接

给水 PP-R 管道分为热水管与冷水管，在使用时绝不可将冷水 PP-R 管使用在热水管道上；暗装水管时，为了保障安全可靠，现大部分安装冷热管道都使用热水 PP-R 管。PP-R 的连接采用热熔熔接方式。

热熔法是将 PVC 管的接头加热熔化再套接在一起。在用热熔法连接 PVC 管时，常用到塑料管材熔接器（又称热熔机），如图 12-29 所示，图中的一套熔接器包括支架、熔接器、3 对（6个）模头、2个模头安装螺钉和一个内六角扳手。

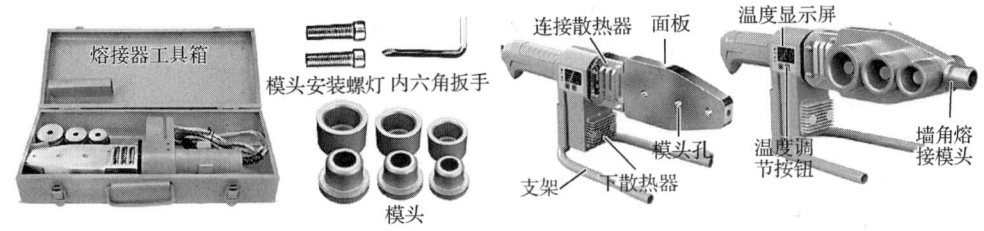

图 12-29　热熔机的结构

不同 PVC 管的热熔连接方法不同，厚壁 PVC 水管需使用管件热熔连接；薄壁 PVC 线管不用管件，可直接热熔。

用塑料管件熔接厚壁 PVC 水管的具体步骤如下。

（1）将熔接器的支脚插入配套支架的固定槽内，在使用时用双脚踩住支撑架。

（2）根据管子的大小选择一对合适的模头（凸凹），并检查模头表面是否光滑、完好。

（3）用螺栓将模头固定在熔接器加热板的两旁。

（4）用内六角扳手紧固模头。冷态安装时螺栓不能拧太紧，否则在工作状态拆卸时易将模头螺纹损坏；在工作状态更换模头时，要注意安全；拆下的模头应妥善保管，不能损坏模头表面的涂层，否则容易引起塑料黏结，影响管子的连接质量，缩短模头寿命。

（5）遇到熔接墙处的管道，可按图 12-29 所示将相应型号的凸模头安装在面板顶端，在面板侧面安装对应的凹模头。

组装热熔机模头如图 12-30 所示。

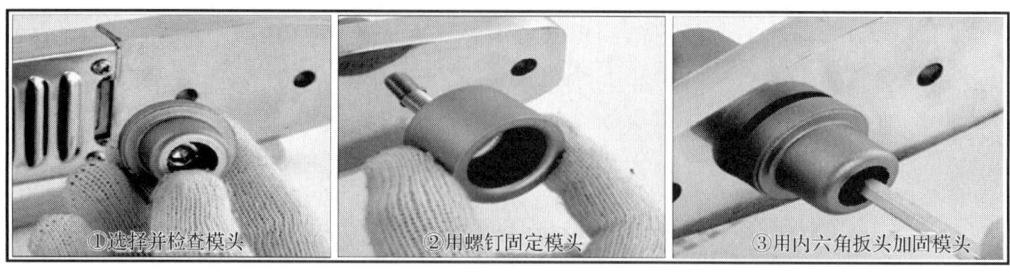

图 12-30　组装热熔机模头

PVC 管热熔连接如图 12-31 所示，具体步骤如下。

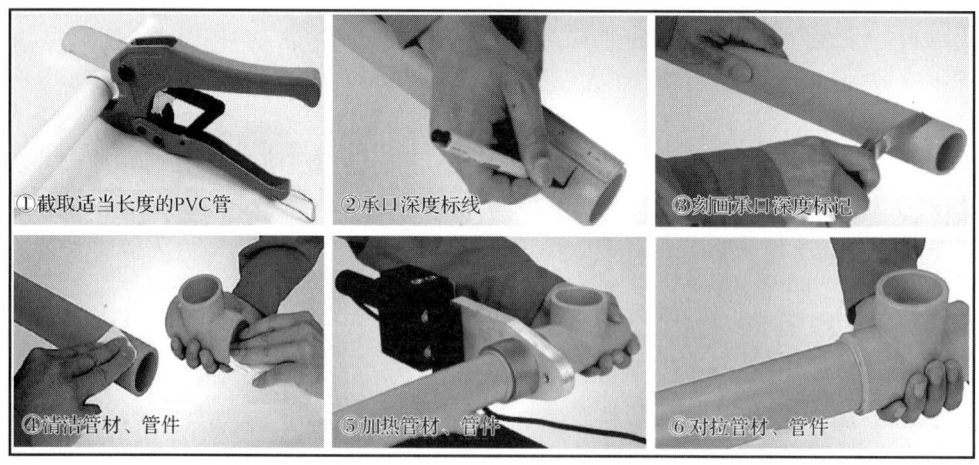

图 12-31　PVC 管热熔连接

（1）截取适当长度的 PVC 管。切割时必须使端面垂直管轴线，切割后应去除切口端面的毛边和毛刺。

（2）在管材承口处标记承口深度标记。承口深度符合表 12-5 的技术要求。

表 12-5　管材熔接深度及加热、把持、冷却时间

管材外径/mm	熔接深度/mm	加热时间/s	把持时间/s	冷却时间/min
20	14	5	4	3
25	16	7	4	3
32	20	8	4	4
40	21	12	6	4
50	22.5	18	6	5
63	24	24	6	6
75	26	30	10	8
90	32	40	10	8
110	38.5	50	15	10

（3）用刀在标记处轻轻刻画痕迹。

（4）清洁管材、管件。用清洁剂和无纺布（或用不低于 94% 的酒精和不脱毛的清洁纸，

如纯水浆纸）擦净焊接点管材的外表面和端面，以及管件内壁和端面。擦拭时仅将纸浸湿即可，不宜过湿也不宜过干。

（5）调节热熔机的温度，使其控制在270±5℃，用不脱毛的纸清洁模头，确保模头无污物（一定要确保模头上的特氟龙涂层不受破坏，以保证焊接质量）。

（6）接通熔接器的电源，红色指示灯亮（加热），待红色指示灯熄灭、绿色指示灯亮时，即可开始工作。

（7）将管材和管件水平插入加热器的模头，管材插入凹模，管件插入凸模，不要旋转。依照表12-5所示的时间加热管材、管件（注：插入过程时间不能太长，在3～5s内完成）。管材与管件插入模头深度应符合表12-5中的熔接深度。

（8）将管材、管件同时匀速从加热器模头上取出，应在3s内完成，不可过快和旋转。可上、下轻微晃动，但角度应小于5°。

（9）将管材和管件取下后，在3s内完成对接，同轴线插在一起，不可移动和转动。

（10）严格按照表12-5的把持时间与冷却时间，如环境温度过高，此时间应做相应延长。薄壁PVC线管热熔连接操作如下。

电管管壁薄，其操作方法与厚壁管相同，只是不使用管件，直接热熔。

薄壁PVC管热熔操作时间在表12-5所示时间的基础上适当减少。操作步骤是：将一根管头插入凹模，另一根管头插入凸模，加热数秒，再将两根管头迅速拔出，把一根管子垂直推入另一根已胀大的管子内，冷却数分钟即可；在推进时用力不宜过猛，以免管头弯曲。

2. 给水管道安装的相关标准和要求

（1）在安装PP-R管时，热熔接头的温度须达到250～300℃。尽量少用接头及90°弯头。

（2）连接后在允许时间内进行调整，但绝不能旋转，调整角度不得超过5°。

（3）PP-R管材进场时，应严格检查材料的规格、冷热水管的标号，不得冷热水管配件混用。

（4）管材与管件连接均采用热熔连接方式，不允许在管材或管件上直接套丝，与金属管道及用水器具连接必须使用带金属嵌件的管件。

（5）为防止因搬运不当而出现的细小裂纹，在管道操作前，须将管材两端去掉40～50mm，以去掉受损的管口。

（6）焊接前须将管材和配件的油渍、污渍清除干净，且必须确认管材和配件无水。

（7）蹲便器的给水管必须采用ϕ25mm以上的水管。

（8）严禁用锐器清理焊接模头污渍。当模头表面磨坏时应及时更换。

（9）冷、热水管固定的间距应符合表12-6与表12-7所示的要求。

表12-6 冷水管支架、吊架的最大间距 （单位为mm）

公称外径	20	25	32	40	50	63	75	90	110
横管	0.40	0.50	0.65	0.80	1.00	1.20	1.30	1.50	1.60
立管	0.70	0.80	0.90	1.20	1.40	1.60	1.80	2.00	2.20

表 12-7 热水管支架、吊架的最大间距　　　　　　　　　　（单位为 mm）

公称外径	20	25	32	40	50	63	75	90	110
横管	0.30	0.40	0.50	0.65	0.70	0.80	1.00	1.10	1.20
立管	0.60	0.70	0.80	0.90	1.10	1.20	1.40	1.60	1.80

注：热水管共用支架、吊架时，按热水管的间距确定，直埋式管道，冷、热水管的管卡间距均采用 1.00～1.50m。

（10）同位置的两个冷热水出口必须在同一水平线上，左热右冷，给水管出水口位置不能破坏墙面砖的腰线花砖，以及墙砖的边角。出水口位置必须平墙砖面或±2mm。

（11）煤气设备要外露，且不能改动移位。

（12）为提高热水管的保温性能，可在热水管外包裹保温层，如图 12-32 所示。

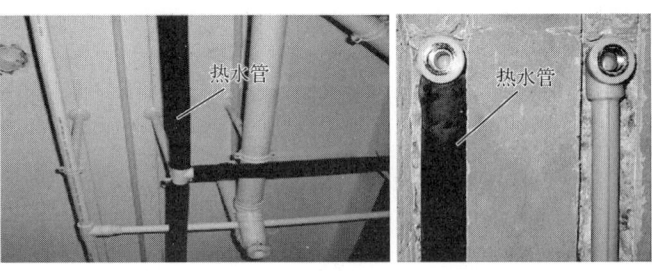

图 12-32　热水管外包裹保温层

（13）安装水表时，应注意哪端是进水，哪端是出水，水表入墙安装后，应便于读数和维修。水表的两端有螺母，安装水表时，应考虑拧动空间，如图 12-33（a）所示。远程抄表的底盒控制线均不能私自移动。

（14）截止阀的安装应考虑其更换维修方便，安装时需注意方向，截止阀两边应同时加活接，如图 12-33（b）所示。

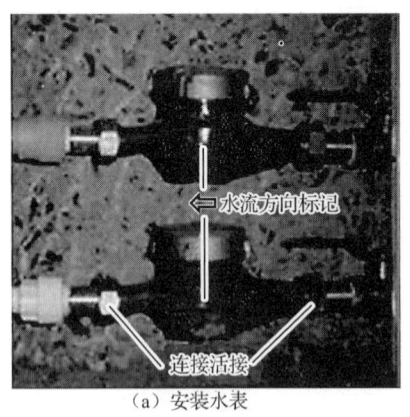 

（a）安装水表　　　　（b）截止阀

图 12-33　水表及截止阀的安装

3. 排水管道安装的相关标准和要求

（1）排水管道黏结参见 7.4 节。排水管道的安装顺序是：先安装横向干管，后安装支管。

（2）管道的固定：如管道埋在地面，则按坡向、坡度开槽并用水泥砂浆夯实；当管道采用托吊安装时,则按坡度做好吊架,如图 12-34 所示。

(a)排水吊装

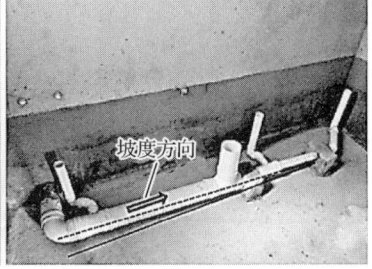
(b)排水埋在地面

图 12-34　排水管道的固定方式

(3)排水管道沿排水方向应有一定坡度,室内排水坡向以顺畅排水为准。排水管的坡度应符合表 12-8 所示要求。

表 12-8　生活污水排水管道的坡度

序　号	排水管管径/mm	标准坡度/‰	最小坡度/‰
1	32	40	30
2	40	40	30
3	50	35	25
4	75	25	15
5	110	20	12
6	125	15	10
7	150	10	7
8	200	8	5

坡度 $i=\dfrac{H}{L}$

(4)管道安装完毕后进行通水试验,以检测是否存在渗漏。

(5)确认一切合格,将所有的管口进行保护封闭,如图 12-35 所示。

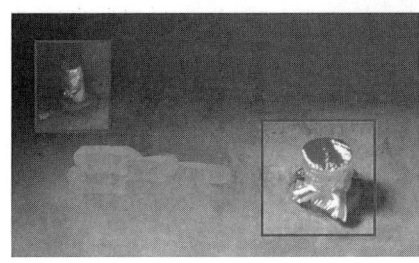

图 12-35　排水管口的保护封闭

(6)暗埋于地面的排水管管径必须是 ϕ40mm,蹲便器、坐便器排水管管径必须是 ϕ110mm。

(7)最低气温低于 0℃的地方,所做立管进口超过 4m 时必须装设伸缩节。

(8)地漏、沐浴房出水口、洗脸盆、洗菜盆、蹲便器必须安装存水弯,如安装的是吊管存水弯，则必须带有检查口，如图 12-36 所示。

（a）同层排水存水弯

（b）隔层排水存水弯

图 12-36　排水存水弯

（9）安装排水三通、四通，应注意配件的顺序。
（10）90°转弯处应用两个 45°弯头。

12.7　给水管道试压

给水管道试压是为了检验给水管道熔接质量，防止在日后使用中出现渗漏。

1. 试压工具

试压工具主要是试压泵，试压泵有手动与电动两种，在家装中使用手动试压泵即可。手动试压泵的结构如图 12-37 所示。

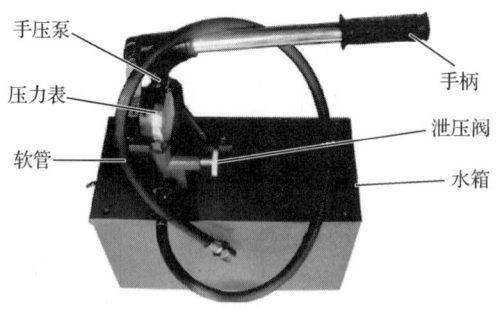

图 12-37　手动试压泵的结构

2. 试压前的准备

（1）用软管将冷热水管连通，如图 12-38（a）所示。
（2）用堵头将管道试压水口之外的其他水口封堵严密，如图 12-38（b）所示。

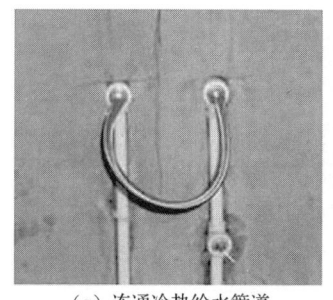

（a）连通冷热给水管道　　　　　（b）封堵其他水口

图 12-38　管道试压准备

3. 试压

（1）将试压泵上的软管连接到带内螺纹的出水口，如图 12-39 所示。

（2）打开进户总水阀，并打开试压泵泄压阀，使户内水管灌满水，泄压阀有水溢出后关闭泄压阀，此时压力表指针会上升到 0.3MPa 左右的位置。

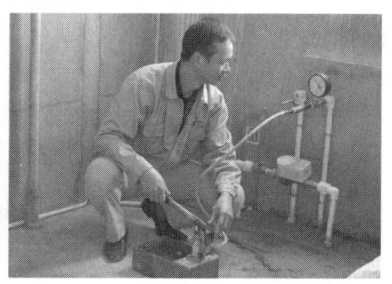

图 12-39　管路试压

（3）关闭进户总水阀，向试压泵水箱中注入清水，摇动手柄开始给管道打压。

（4）PP-R 管试压压力：冷水管的试验压力应为系统工作压力的 1.5 倍，但不得小于 0.9MPa；热水管的试验压力应为工作压力的 2 倍，但不得小于 1.2MPa。

（5）当压力表指针上升至规定的试验压力（0.9～1.2MPa）后，稳压 1h，压降不得超过 0.1MPa，即说明水管没有漏水点。

（6）在试压的时候要逐个检查接头、内丝接头、堵头，均不能有渗水。

4. 试压相关标准和要求

（1）水路试验压力≥0.6MPa。

（2）稳压 1h，压降不得超过 0.06MPa。

（3）直埋在地面和墙体内的管道，水压试验必须在封槽前进行，试压合格后方可继续动工。

（4）热熔连接的管道，水压试验应在管道连接 24h 后进行。

（5）试压前，管道应固定，接头须明露，且不得连接配水器具。

（6）试压合格后，必须拆下冷热水连接软管。

（7）用于封堵出水口的堵头应用金属堵头。

12.8 同层排水系统

同层排水系统的优点在前面已经做过介绍，但在设计与安装上比隔层排水系统难度要大。同层排水系统与隔层排水系统的存水弯、地漏等不尽相同，同层排水系统的卫生间沉箱回填深度要大，并且要做二次排水。

1. 同层排水系统商品

同层排水系统有成套商品，如果对同层排水系统不熟悉，可直接选用成套同层排水系统商品。典型同层排水系统结构图如图 12-40 所示，其实物安装图如图 12-41 所示。

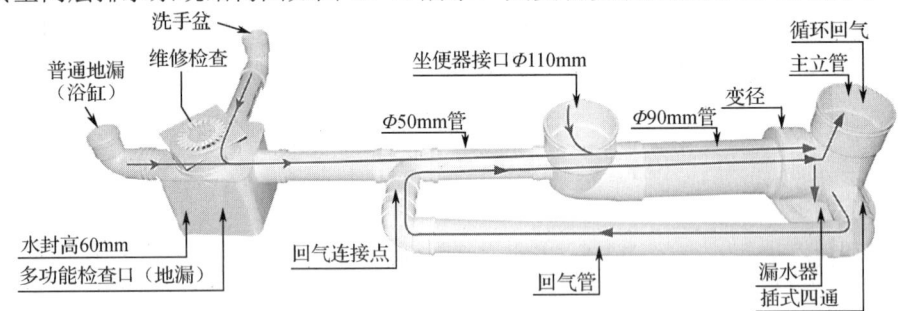

（a）坐式同层排水系统结构图

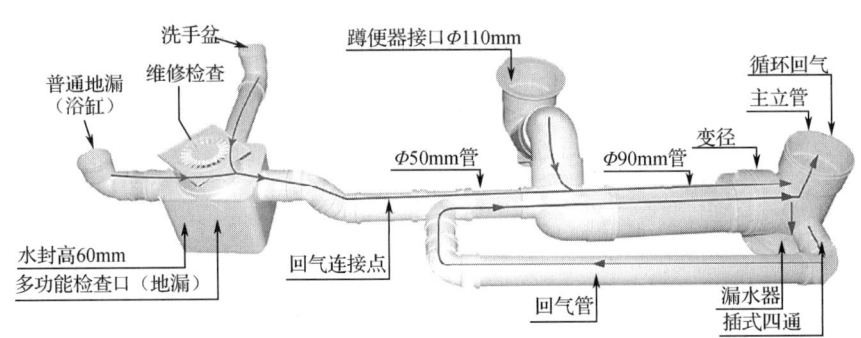

（b）蹲式同层排水系统结构图

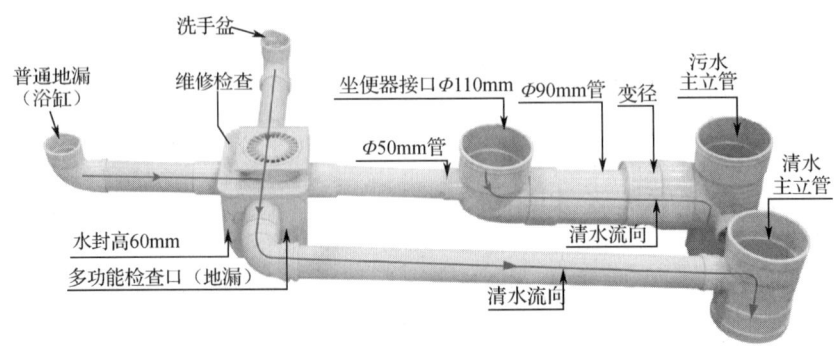

（c）清污分流同层排水系统结构图

图 12-40　同层排水系统结构图

降板式同层排水在土建施工、设备安装、装饰施工等环节由于操作不当仍会出现沉箱回填层积水问题，从而使沉箱漏水。为解决沉箱积水问题，目前业内大多采用沉箱二次排水，除了防水措施，还进行沉箱积水疏通，以确保万无一失。

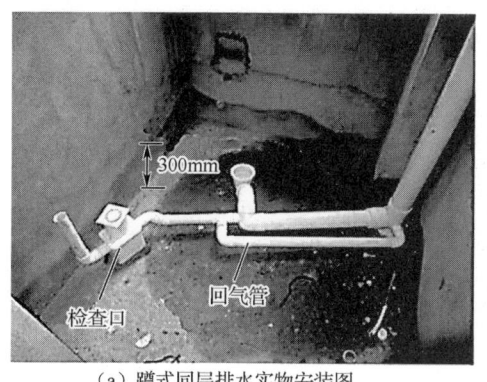
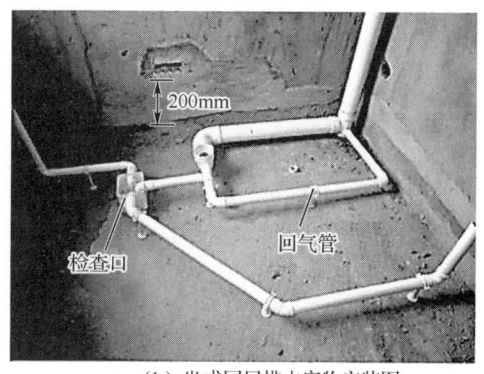

图 12-41　同层排水安装实物图

沉箱二次排水有侧排地漏、沉箱底部安装地漏，效果均不甚理想，积水排除器将渗水孔列于排水主立管周围，在沉箱底部进行找平，使沉箱积水沿坡度自然流入渗水孔，再由渗水孔排入主立管。

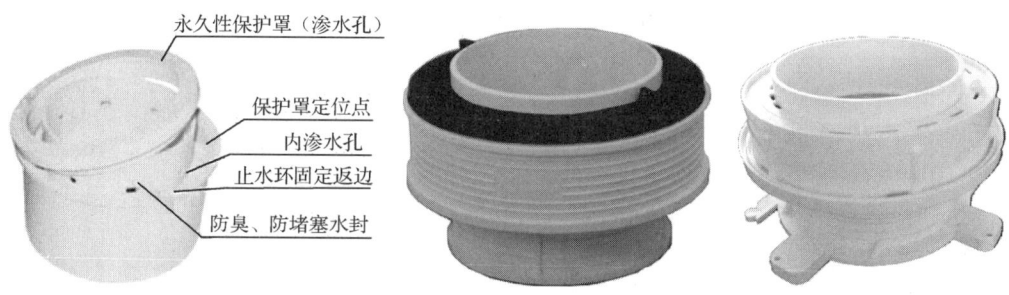

图 12-42　常见积水排除器的结构及外形

常见积水排除器（也叫漏水器、积水处理器）如图 12-42 所示，积水排除器的安装位置如图 12-43 所示。

图 12-43　积水排除器的安装位置

2. 现场二次排水的做法

商品住宅同层排水中的二次排水，积水处理器安装在排水立管处，在进行立管现场安装时，很方便安装积水排除器。而商品住宅给排水立管都由开发商安装，如果再安装这类积水排除器难度较大，这时可现场做二次排水。二次排水施工过程见表12-9。

表 12-9 二次排水施工过程

 ① 未安装前的沉箱，底部需要做一层防水	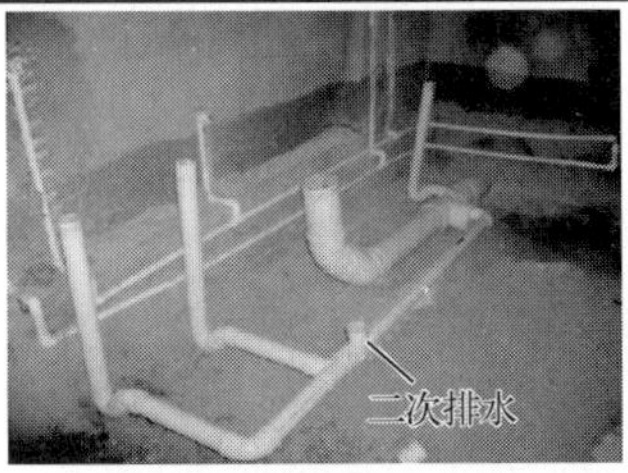 ② 安装给排水管道
 ③ 做卫生间的墙面和地面防水	 ④ 回填碎砖到比二次排水口低一点的位置
 ⑤ 用水泥砂浆抹平，二次排水口处于最低位置	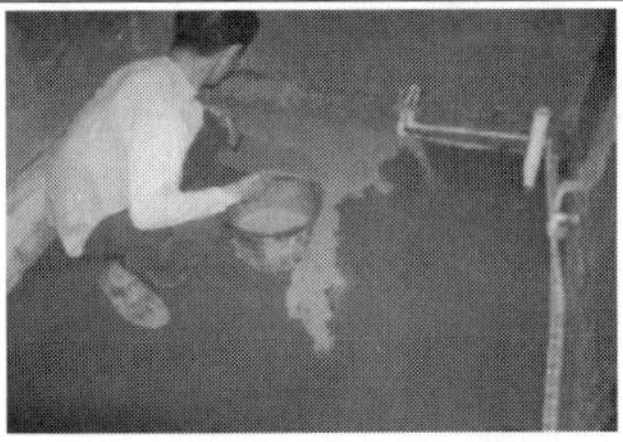 ⑥ 水泥砂浆干后再做一次防水
 ⑦ 填放陶粒，将二次排水口盖住	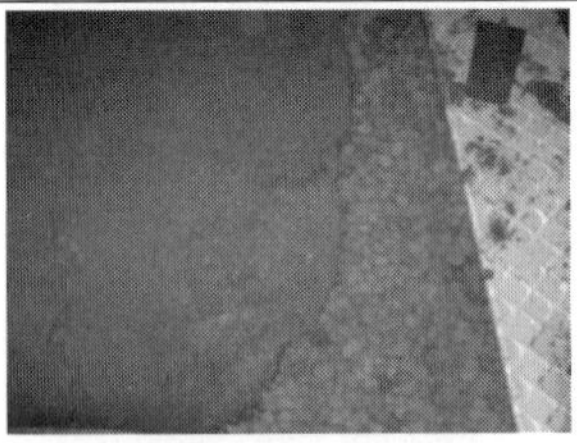 ⑧ 陶粒填好后再用水泥砂浆抹平
 ⑨ 在水泥砂浆上放置钢筋网	 ⑩ 再在上面抹一层水泥砂浆

12.9　排水系统的其他问题

1. 地漏反水问题

地漏排水管与洗衣机、台盆、水槽等排水量大的器具相连时，如果排水管设计不当，当这些器具排水时，会出现排水从地漏流出的反水现象。如图12-40（a）所示，如地漏支管与总下水横管垂直，如果没有止回阀，则洗衣机或洗衣池排水时，总下水管来不及排水，部分排水会沿箭头方向从地漏流出，形成地漏反水。

防止地漏反水的方法有两种：一种是如图12-44（a）所示在地漏支路加止回阀，只允许排水沿一个方向流动；另一种是在地漏排水支路多加几个弯头（要求加长3m以上的管子，加3个以上弯头），如图12-44（b）所示，使反水经排水弯的多次阻碍，反水被阻住，而地漏排水少，基本不受影响。

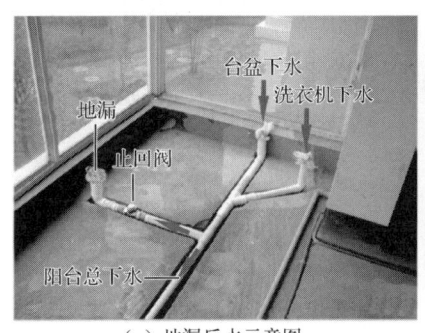 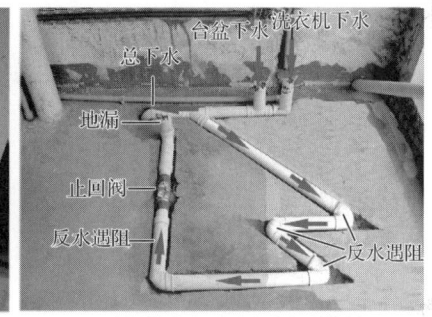

（a）地漏反水示意图　　　　　　（b）地漏排水弯对反水的阻碍作用

图12-44　地漏反水示意图及防止反水的方法

两种防止反水的方法中，止回阀的体积较大，如回填高度小，可能影响贴地砖，同时止回阀对地漏排水速度也会产生影响；增加排水弯的方法对地漏排水影响小，只是施工难度稍大。地漏防反水弯的形式如图12-45所示，止回阀防反水如图12-46（a）所示，图12-46（b）所示为45°斜三通的运用，对反水也有一定的抑制作用。

 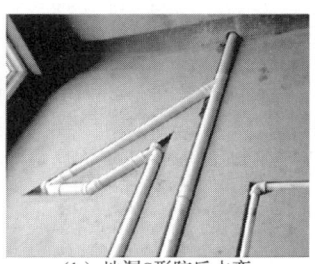

（a）地漏U形防反水弯　　　　　　（b）地漏S形防反水弯

图12-45　地漏防反水弯的形式

(a) 地漏止回阀防反水　　　　　　　　(b) 45°斜三通减少反水

图 12-46　止回阀防反水及斜三通的运用

2. 下水管降噪

隔层排水系统的上层排水会对下层产生噪声干扰，即便是同层排水，排水立管同样会有噪声产生。排水管降噪的通常方法是，将排水管用隔音棉包扎起来，这样可以起到一定的降噪作用。排水管的隔音包扎材料如图 12-47 所示。

图 12-47　排水管的隔音包扎材料

排水管的包扎方法如图 12-48（a）所示，排水立管及排水横向支管包扎如图 12-48（b）和（c）所示。

（a）排水管的包扎方法　　　　（b）排水立管包扎　　　　（c）排水横向支管包扎

图 12-48　排水管的隔音包扎方法

对于外露的立管，可以用一些塑料花等在隔音棉外再装饰，使排水立管变得美观，如图 12-49 所示。

给排水管道的安装过程并不复杂，而在给排水定位时较电路要复杂些，主要原因是给排水定位要求比电路要求高，特别是卫生器具的给排水定位。同时厨卫器具不断更新，因此建议对卫生器具给排水定位时，一定要与屋主协商，看是否有什么特殊要求，如有特殊要求，则应在器具确定后，根据具体器具的尺寸进行给排水定位。

图 12-49　排水立管的装饰

12.10　常用洁具的安装

1．安装和更换单冷水龙头

单冷水龙头是家庭常用的水龙头，虽然简单，但其他各种水龙头的安装方法与其大同小异。其安装过程见表 12-10。

表 12-10　单冷水龙头的安装过程

① 关掉总水阀并将龙头打开释放管内的水压	② 用扳手把水龙头倒着拧掉，尽量慢点，以防止龙头螺钉中断在里面

续表

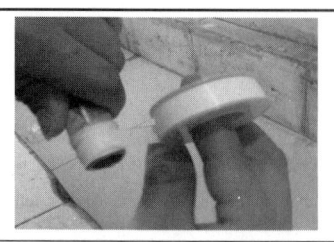	
③ 将需要换的水龙头正方向缠上生料带15圈左右	④ 对准丝扣拧紧,当拧着有些吃力的时候拧正不要再拧了

2. 安装冷热水龙头

冷热水龙头是面盆等常用的水龙头,与单冷水龙头相比,有冷热两个进水管。虽然冷热水龙头种类很多,但安装方法大同小异。其安装过程见表12-11。

表12-11 冷热水龙头的安装过程

	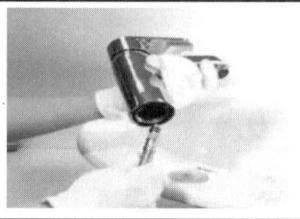
① 从包装中取出龙头,清点配件是否齐全	② 在龙头进水端口扣入胶垫圈,插入一根进水软管并拧紧
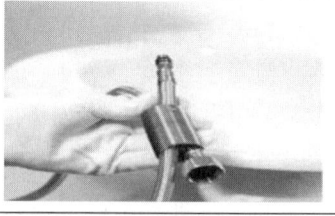	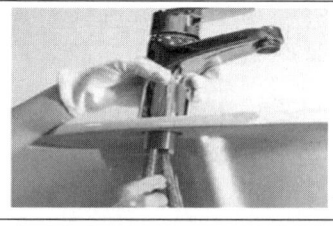
③ 给螺纹接头穿入第一根进水软管,然后把第二根进水软管穿过螺纹接头	④ 把第二根进水软管插入进水端口,注意方向要正确,用力拧紧,然后再拧紧螺纹接头
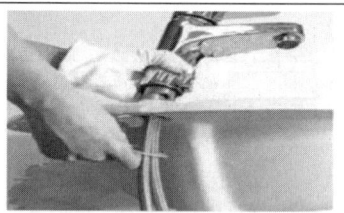	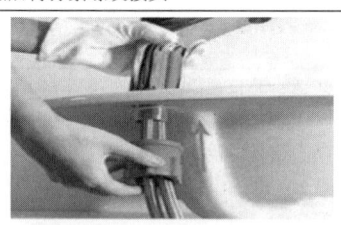
⑤ 把两根进水软管穿入白色胶垫中	⑥ 套上锁紧螺母以固定水龙头
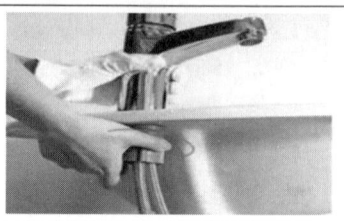	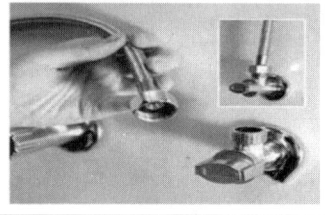
⑦ 拧紧锁紧螺母固定龙头	⑧ 把两根进水软管接入对应的角阀上

3. 安装淋浴水龙头和莲蓬头

淋浴水龙头和莲蓬头的安装与一般水龙头有较大差别，主要是需要与墙面的冷热水口安装间距相符才能安装到位，而墙面的冷热水口间距难以与淋浴龙头精准一致，所以淋浴龙头一般配有弯脚，匹配冷热水口间距的曲脚。其安装过程见表12-12。

表12-12 淋浴水龙头和莲蓬头的安装过程

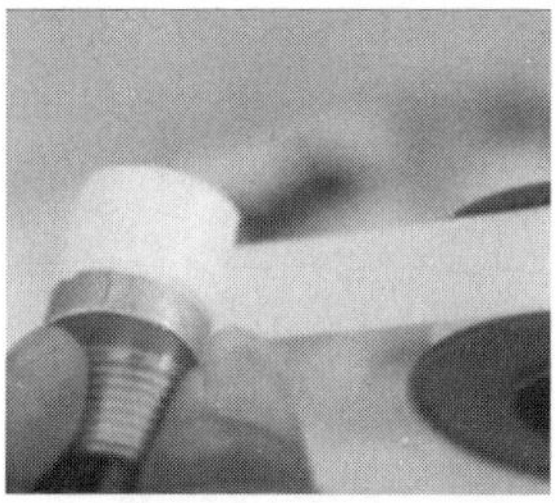 ① 在曲脚上缠上生胶带	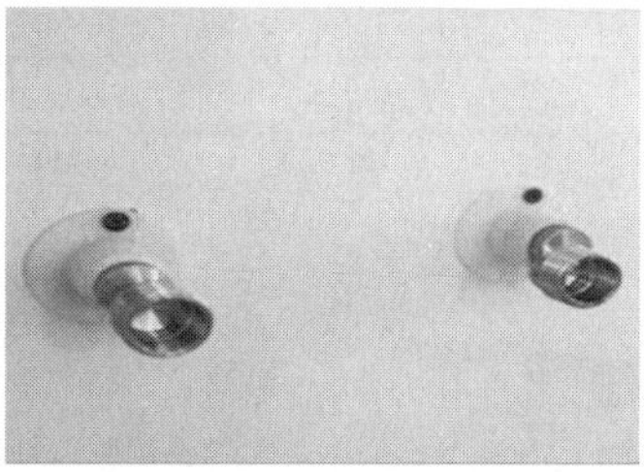 ② 将曲脚安装在冷热水口，调整好间距并保持水平
 ③ 在曲脚上套上装饰盖，然后放入橡胶垫圈	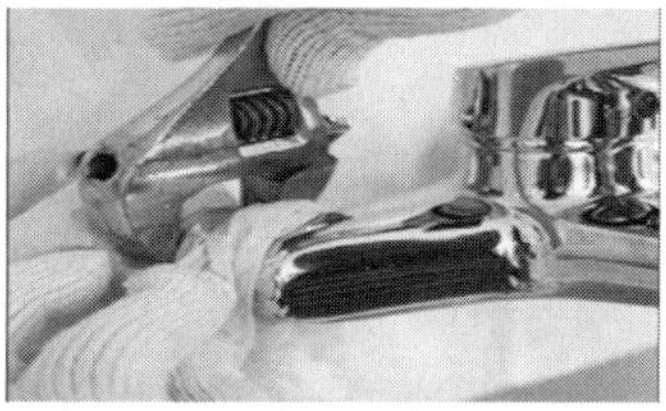 ④ 在龙头上垫上抹布，然后用扳手拧紧螺母
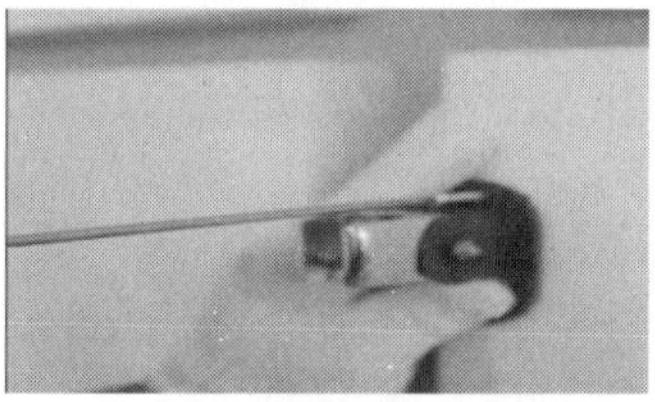 ⑤ 安装花洒固定座	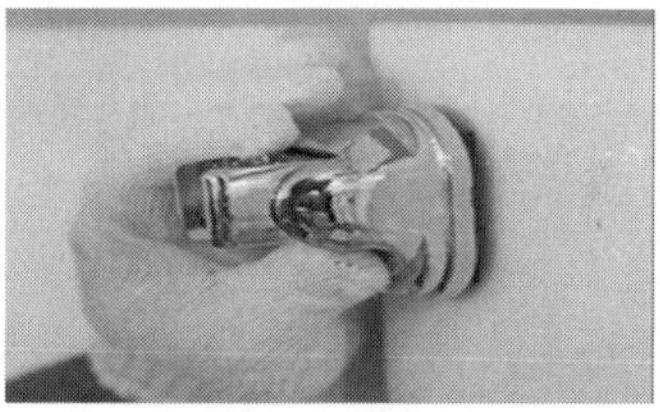 ⑥ 嵌入花洒底座
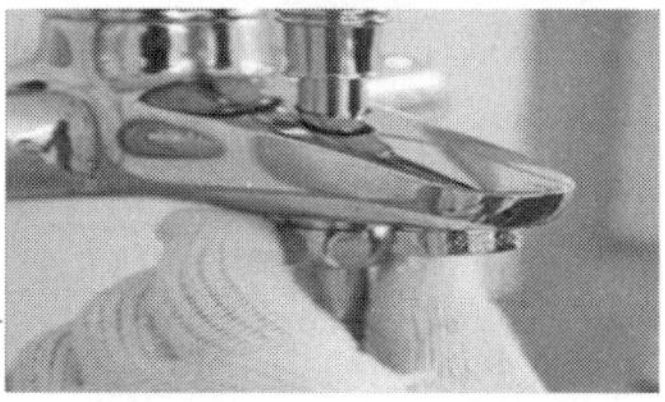 ⑦ 将淋浴软管连接龙头	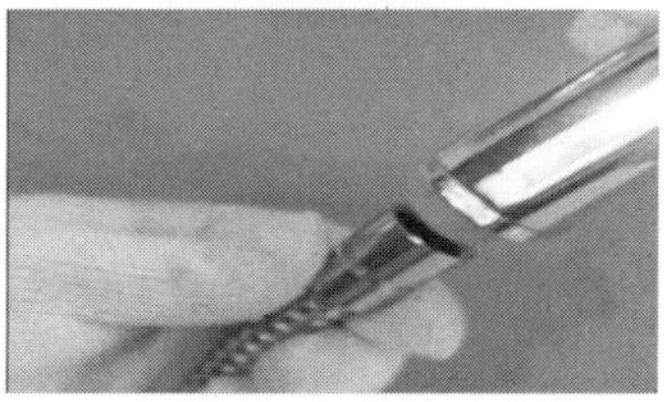 ⑧ 将淋浴软管与花洒连接

4. 单冷热龙头快开陶瓷阀芯的更换

水龙头的使用频率比较高，一旦水龙头出现漏水情况，不仅浪费水资源，其滴水声音及长期对空间的湿度影响也会对人的身体健康产生影响。水龙头阀芯是可以自己动手更换的。单冷热龙头快开陶瓷阀芯更换见表12-13。单冷龙头、角阀、水槽龙头等都是这种阀芯，掌握了一种龙头阀芯的更换，其他类似龙头的更换方法与之相似。

表 12-13 单冷热龙头快开陶瓷阀芯更换

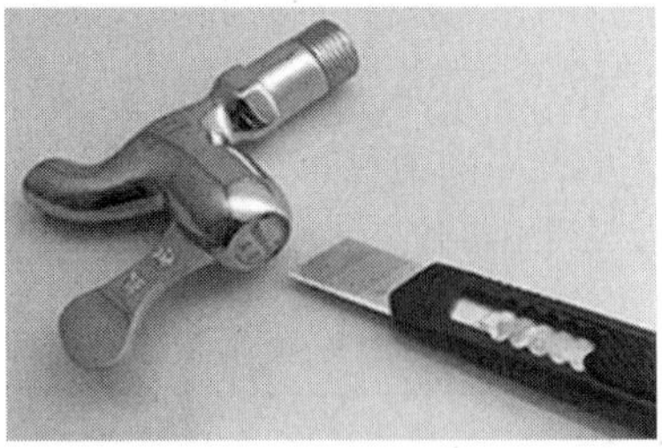 ① 用刀片卸下装饰片	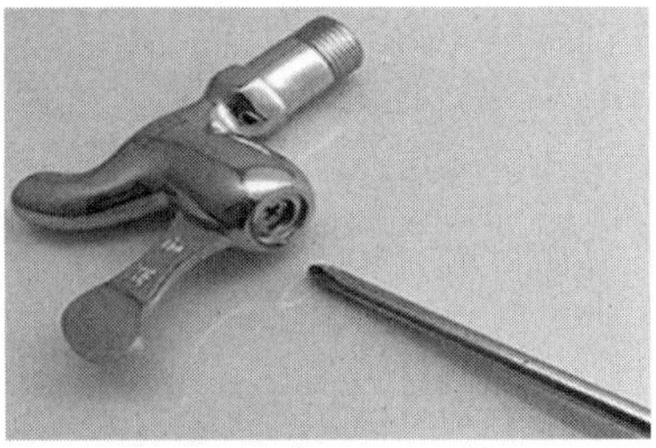 ② 用十字螺丝刀卸下坚固螺钉
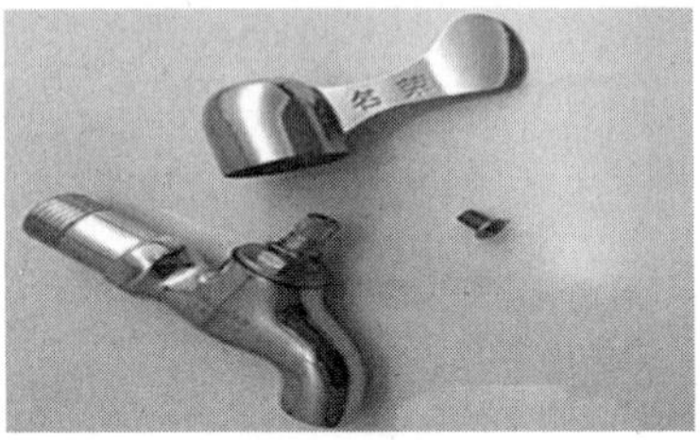 ③ 卸下手柄	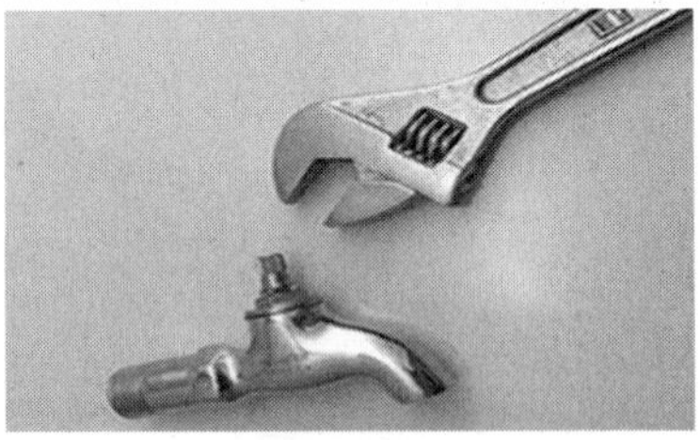 ④ 用扳手卸下阀芯
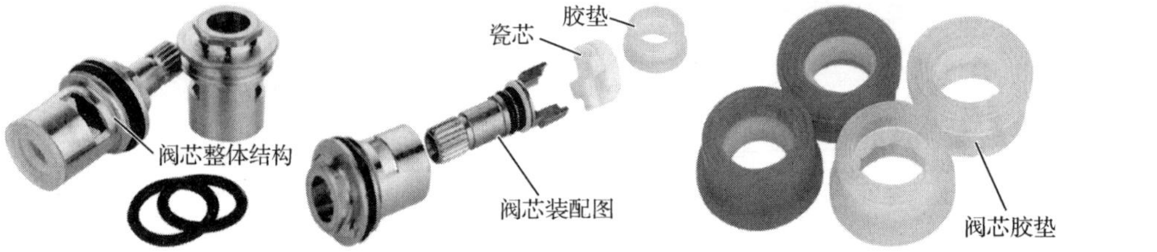 ⑤ 如阀芯磨损严重，更换整个阀芯；如磨损不是很严重，可只更换阀芯胶垫，或在胶垫上叠加薄胶垫圈，按与拆卸相反的顺序装配回去即可。角阀阀芯有正、反两种打开方向，在更换时注意这两种打开方向的阀芯区别	

5. 冷热龙头快开陶瓷阀芯的更换

冷热龙头阀芯将冷热阀芯组合在一起，并能调节冷热水出水比例。阀芯较单芯阀芯精密，了解了冷热阀芯的结构，阀芯的更换和组装也是很容易的。冷热阀芯的更换与组装见表 12-14。

表 12-14 冷热阀芯的更换与组装

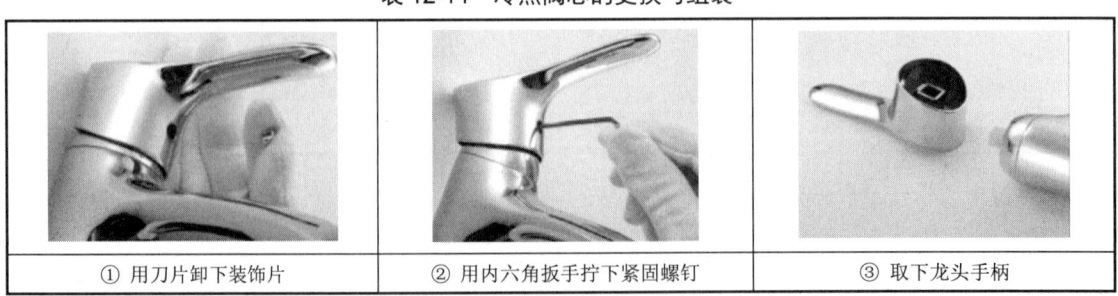

① 用刀片卸下装饰片	② 用内六角扳手拧下紧固螺钉	③ 取下龙头手柄

续表

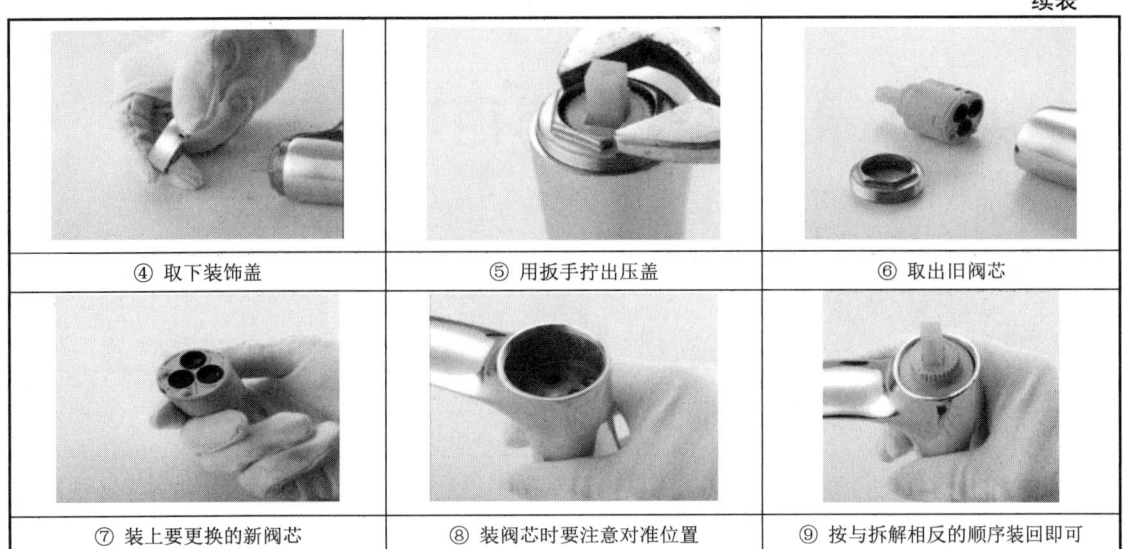

家装洁具的种类很多，功能款式不断更新，本书不可能做到面面俱到，但是只要掌握基本的安装方法，无论种类、款式怎么变化，我们都能自如应付。

附录 A 家装常用尺寸数据

家装常用尺寸数据见表 A-1～表 A-5。

表 A-1 常用导线截面积与导线直径对照表

规格/mm²	直径/mm	误差/mm
0.5	0.798	±0.01
0.75	0.977	±0.01
1.0	1.128	±0.01
1.5	1.382	±0.01
2.5	1.784	±0.01
4.0	2.257	±0.01
6.0	2.764	±0.01
10	3.569	±0.01
16	4.515	±0.01
25	6.643	±0.01
35	6.677	±0.01

表 A-2 电路导线的选用及安全距离等

序号	项目	说明
1	导线的选择	照明导线的截面积≥1.5mm²；插座导线的截面积≥2.5mm²；2匹空调的导线截面积≥2.5mm²；3匹空调的导线截面积≥4mm²；进户线的截面积为4～6mm²；PE线的截面积为2.5mm²；相线可用红、黄、绿色，宜用红色；零线可用蓝、黑色，宜用蓝色；接地线（PE）用黄绿双色线；灯头线用白色
2	安全距离	电气管道与燃气管、水管同平面敷设时，间距≥100mm；不同平面敷设时，间距≥50mm；电气开关、插座与燃气管的间距≥150mm；导线与压缩空气管同一平面敷设时，间距≥300mm；不同平面敷设时，间距≥10mm
3	绝缘电阻	相零、相地绝缘电阻值应大于0.5MΩ
4	线管的使用规格	2.5mm² BV导线采用直径为16mm的管，4mm² BV导线采用直径为20mm的管，保证暗敷导线管穿线后的空余量≥60%
5	开槽深度	开槽深度和宽度为线管直径加10mm，水管按直径加20mm选择
6	线盒导线余量	线盒内导线余量不得≤150mm，配线箱内长度为500mm，背景音乐出口处线长1500～2000mm
7	电箱开孔、底盒开孔	电箱开孔按尺寸扩大50mm，线盒开孔按尺寸扩大20mm，配电箱凸出粉刷面5～8mm，其余电箱、线盒与粉刷面齐平

表 A-3　家装常见插座开关的高度

序号	名　称	高　度　尺　寸
1	一般开关	1200～1400mm，同一高度，误差不超过 5mm，门边开关距门框 150～200mm
2	一般插座	300mm，同一高度，误差不超过 5mm
3	洗衣机插座	1200～1500mm
4	冰箱插座	300mm 或 1500mm，（根据冰箱位置尺寸定）
5	柜式空调	插座高 300mm，预埋φ70mm PVC 管孔，离地 120mm，距侧墙 150mm
6	挂式空调	插座高 2200mm，预埋φ70mm PVC 管孔，离地 2100mm，距侧墙 150mm
7	电视柜插座	电视柜下 200～250mm；电视柜上 450～500mm
8	电热水器	1400～1500mm
9	燃气热水器	1800～2300mm，距热水器中心 250mm，并避开抽油烟道
10	露台插座	1400mm 以上，尽可能避开阳光、雨水所及范围
11	书桌、床边	开关在书桌、床头柜上 500mm，距床边 100～150mm
12	普通电视	700mm
13	壁挂电视	客厅 800～900mm，卧室 1100～1200mm
14	油烟机	欧式 2150～2200mm，或烟机围板内；中式 2150mm，距烟机中心 250mm
15	床头插座	600mm，距床边 100～150mm
16	厨卫插座	1200mm 且高于台面 300mm，一般装 4 个五孔
17	橱柜内面板	650mm
18	弱电箱	300～350mm
19	强电箱	1800mm
20	强弱线盒	间距大于 500mm，强弱线管平行距离大于 300mm
21	壁灯	距地 1500～2000mm
22	镜前灯	1850mm
23	大吊灯	最小高度 2400mm
24	壁式床头灯	高 1200～1400mm
25	微波炉	1600mm，在微波炉上方
26	消毒柜	500mm，在消毒柜后方
27	小厨宝	500mm，并在水槽相邻橱柜内
28	垃圾处理器	500mm，并在水槽相邻橱柜内，1300mm 预留防水开关
29	烤箱	500mm，烤箱后面
30	煤气灶	带电灶头的煤气灶插座放在柜里，距地面 500mm 左右
31	橱柜灯	柜子后面距地 1700mm 左右，甩出电线，灯接到吊柜下面，开关 1300mm
32	面板高度差	同一区域同类面板高度差不得超过 2mm，间距 10mm，垂直度误差控制在 2mm
33	电位端子箱	底距地 500mm

表 A-4　给排水常用数据

序号	项　目	说　明
1	台盆	给水口离地 500～550mm，墙排水口较给水口低 50mm，下排水在台盆正下方
2	洗菜盆	给水口离地 400～500mm，墙排水口较给水口低 50mm，下排水在台盆正下方

续表

序号	项目	说明
3	拖把池	给水口高度为800mm，以高出池本身200mm为宜
4	淋浴器	冷热水管中心间距150mm，距地1000～1200mm；淋浴器管距侧墙面400mm，排水管口中心距墙角面150mm×150mm，排水管做存水弯
5	洗衣机	上翻盖洗衣机进水口高度为1250mm，滚筒洗衣机进水口离地面约为800mm
6	电热水器	冷热水口高度1700mm，直径200mm，间距100mm
7	燃气热水器	冷热水口高度1200mm，间距150～250mm，冷凝式安装墙排水口，高1200mm，排水管径为30～50mm
8	坐便器	给水口距地200mm，距马桶后中心一般靠左250mm，前排水305mm、400mm、后排水（墙排水）高180mm、100mm
9	蹲便器	水箱给水角阀高度H＝200～300mm，水平距排水管中心L＝120～150mm；冲水阀距地面高度，手按式为800～1200mm，脚踏式为200～250mm；前排水距离有360mm、370mm、405mm几种，后排水距离有150mm、170mm几种
10	排污管	卫生间排污管用110mm PVC管，下水管用50～75mm PVC管
11	净水器	给水距地300mm，排水口距墙260～300mm
12	立柱盆	冷热水口离地高度为550～500mm，间距为100～150mm，下水道一定要安装在立柱内
13	太阳能热水器	水阀高度为1100～2000mm，宽度为150mm
14	浴盆	冷热给水高度为630mm，间距为150mm，排水管中心水平距浴盆头墙面216mm，水平距侧墙面368mm，或由具体浴盆确定

表A-5 家装常用尺寸

序号	项目	说明
1	吊柜安装高度	1450～1500mm
2	吊柜与操作台间距	600mm
3	厨房活动最小宽度	1200mm
4	衣橱	深度：一般600～650mm。推拉门：70mm。门宽度：400～650mm
5	推拉门	宽度：750～1500mm。高度：1900～2400mm
6	矮柜	深度：350～450mm。柜门宽度：300～600mm
7	电视柜	深度：450～600mm。高度：600～700mm
8	单人床	宽度：90cm、105cm、120cm；长度：180cm、186cm、200cm、210cm
9	双人床	宽度：135cm、150cm、180cm、200cm；长度180cm、186cm、200cm、210cm
10	圆床	直径：186cm、212.5cm、242.4cm（常用）
11	床头柜	宽：400～600mm，深：350～450mm，高：500～700mm 常见尺寸（单位为mm）：480×440×576，600×480×550，600×550×450 620×440×650，520×400×415，520×400×550，560×440×650 560×500×550，590×430×635，620×430×660，590×430×635 660×450×650
12	室内门	宽度：80～95cm；高度：190cm、200cm、210cm、220cm、240cm
13	厨卫门	宽度：80cm、90cm；高度：190cm、200cm、210cm

续表

序号	项目	说明	
14	窗帘盒	高度：12～18cm；深度：单层布12cm，双层布16～18cm（实际尺寸）	
15	单人沙发	长度：80～95cm；深度：85～90cm	坐垫高：35～42cm 背高：70～90cm
16	双人沙发	长度：126～150cm；深度：80～90cm	
17	三人沙发	长度：175～196cm；深度：80～90cm	
18	四人沙发	长度：232～252cm；深度：80～90cm	
19	小型长方形茶几	长度：60～75cm；宽度：45～60cm；高度：38～50cm（38cm最佳）	
20	中型长方形茶几	长度：120～135cm；宽度：38～50cm或60～75cm；高度：38～50cm	
21	小型方形茶几	边长：75～90cm；高度：43～50cm	
22	大型长方形茶几	长度：150～180cm；宽度：60～80cm；高度：33～42cm（33cm最佳）	
23	圆形茶几	直径：75cm、90cm、105cm、120cm；高度：33～42cm	
24	方形茶几	边长：90cm、105cm、120cm、135cm、150cm；高度：33～42cm	
25	固定式书桌	深度：45～70cm（60cm最佳）；高度：75cm	下缘离地至少58cm；长度：最少90cm（150～180cm最佳）
26	活动式书桌	深度：65～80cm；高度：75～78cm	
27	方形餐桌	边长：120cm、90cm、75cm	中式高度：75～78cm；西式高度：68～72cm
28	长方形餐桌	宽度：80cm、90cm、10cm、120cm；长度：150cm、165cm、180cm、210cm、240cm	
29	圆形餐桌	直径：90cm、120cm、135cm、150cm、180cm	
30	办公桌	长：1200～1600mm；宽：500～650mm；高：700～800mm	
31	办公椅	高：400～450mm；长×宽：450×450（mm）	
32	书架	深度：25～40cm，每格长度：60～120cm；下大上小型下方深度：35～45cm，高度：80～90cm	
33	踢脚板	高：80～200mm	
34	墙裙	高：800～1500mm	
35	挂镜线	高：1600～1800mm（镜中心距地面高度）	
36	活动未及顶高柜	深度：45cm；高度：180～200cm	
37	浴缸	长度：一般有1220mm、1520mm、1680mm；宽：720mm；高：450mm	
38	坐便器	750×350（mm）	
39	蹲便器	580×450×270、535×430×240、535×430×190、520×420×220、520×420×280、520×420×190（mm）	
40	洗面盆	550×410（mm）	
41	淋浴器	高：2100mm	
42	化妆台	长：1350mm；宽：450mm	
43	桌椅的标准高度	720mm是桌子的中等高度，而椅子的通常高度为450mm	
44	吊灯和桌面间的距离	720mm	
45	卫生用具面积	盥洗池：70×60（cm）；正方形淋浴间：80×80（cm）；浴缸：160×70（cm）	
46	浴缸墙之间的间隙	600～1000mm	

续表

序 号	项 目	说 明
47	沙发与茶几的间距	300mm
48	沙发与电视的间距	3000mm
49	沙发靠背高度	800~900mm
50	镜子高度	1350mm
51	衣柜高度	2400mm
52	陶瓷墙砖规格	60×240（mm）、100×200（mm）、115×240（mm）、150×200（mm）、150×225（mm）、200×300（mm）